火电厂烟气污染物超低排放技术

HUODIANCHANG YANQI WURANWU
CHAODI PAIFANG JISHU

西安热工研究院　编著

内 容 提 要

随着我国环保法规的日益严格和节能减排政策的大力推行，燃煤机组主要污染物排放要求达到天然气燃气轮机机组排放标准限值，即超低排放水平。以超低排放为标志的煤炭清洁高效利用将成为燃煤发电的新常态。为满足火电厂烟气污染物超低排放改造工程建设的需要，加快超低排放技术的工程应用，西安热工研究院组织相关技术领域的专家编写了本书。

本书全面介绍了火电厂烟气主要污染物控制技术，详细分析了各种技术的特点、应用条件，介绍了火电厂实现烟气污染物超低排放改造工程的技术途径和工程应用，同时对一体化协同脱除技术、典型的超低排放改造工程案例进行了介绍，并对降低超低排放改造工程的造价、节能和新技术作了进一步的研究。

本书理论与工程应用融为一体，内容丰富、实用性强，可供电力、能源、环境、化工等相关专业的技术人员、管理人员阅读参考；对于能源与环境领域的学生和科技工作者，也具有一定的参考价值。

图书在版编目(CIP)数据

火电厂烟气污染物超低排放技术/西安热工研究院编著．—北京：中国电力出版社，2016.6 (2020.3重印)

ISBN 978-7-5123-8645-7

Ⅰ.①火… Ⅱ.①西… Ⅲ.①火电厂-烟气排放-研究 Ⅳ.①TM621

中国版本图书馆CIP数据核字(2016)第001823号

中国电力出版社出版、发行

(北京市东城区北京站西街19号 100005 http://www.cepp.sgcc.com.cn)

三河市万龙印装有限公司印刷

各地新华书店经售

*

2016年6月第一版　2020年3月北京第三次印刷

787毫米×1092毫米 16开本 16.75印张 372千字

印数3501—4500册 定价**58.00**元

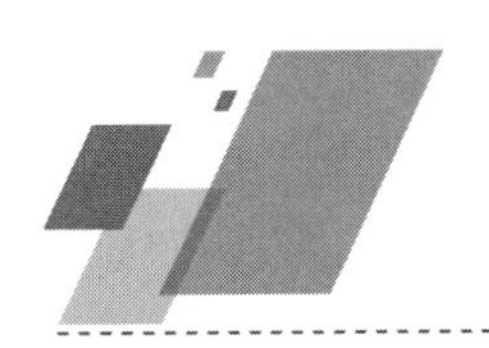

前 言

我国的一次能源消费以煤为主，煤的主要利用方式是燃烧。煤燃烧会产生粉尘、硫氧化物、氮氧化物和有害重金属等。我国动力用煤中高灰分、高硫分煤的比例较大，而且基本未经洗选等预处理，因此，燃煤电厂污染物排放总量大且集中，成为我国最主要的大气污染源之一。当前，雾霾、酸雨、温室效应、臭氧层破坏等环境问题日益严重，燃煤污染已成为制约我国经济社会可持续发展的一个重要问题，引起社会的高度关注。

我国对燃煤电厂大气污染物排放的环保要求不断提高，仅“十二五”期间就有两次提升。党的十八大提出“推动能源生产和消费革命”，国家发展和改革委员会、环境保护部、国家能源局联合下发《煤电节能减排升级与改造行动计划（2014—2020年）》，对燃煤发电行业的节能减排提出了新要求和升级改造的“时间表”，在此基础上部分地方政府相继出台了更为严格的环保标准，要求燃煤机组主要污染物达到天然气燃气轮机机组排放标准限值，即超低排放水平。以超低排放为标志的煤炭清洁高效利用将成为燃煤发电的“新常态”。

随着我国环保法规对排放要求的日益严格和节能减排政策的大力推行，深入研究火电厂烟气污染物超低排放技术，探索火电厂烟气多污染物一体化协同脱除技术成为能源与环境工程领域的重要课题。为积极响应国家加强煤炭清洁高效利用的政策，满足火电厂烟气污染物超低排放改造工程建设的需要，加快超低排放技术的工程应用，西安热工研究院组织相关技术领域的技术专家，在原有多种污染物控制技术的基础上，深入火电厂调研，反复论证和工程实践，总结和研发了实现多污染物一体化脱除的技术方案、技术路线，并在华能陕西铜川照金电厂、山东黄台电厂等改造工程中成功应用，实现了超低排放的环保要求，并由此提炼出一整套完整的超低排放技术方法。为使相关工程设计、管理、建设人员全面了解超低排放的最新技术，西安热工研究院组织相关技术专家编写了本书。本书全面介绍了火电厂烟气主要污染物控制技术，详细分析了各种技术的特点、应用条件，介绍了火电厂实现烟气污染物超低排放改造工程的技术途径、工程应用方法，同时对一体化协同脱除技术、典型的超低排放改造工程案例进行了介绍，并对降低超低排放改造工程的造价、节能和新技术作了进一步的探究。

本书由林伟杰任主编，对全书内容进行策划并对全书格局进行了统筹，牛国平任副主编，负责全书统稿和技术审核。全书共分七章，第一章由白少林编写，主要介绍了我国燃煤电厂烟气污染物的生成和烟气污染物的主要控制技术；第二章由张广才、周虹光、徐党旗、房凡、姬海民编写，主要介绍了煤燃烧过程中的 NO_x 控制技术；第三章由牛国平、罗志、董陈、王晓冰编写，详细介绍了烟气脱硝技术；第四章由何育东、李兴华编写，主要介绍了燃煤电厂的 SO_2 控制技术和相关工艺、设备；第五章由聂孝峰、李东阳、郭斌、刘玺璞编写，详细介绍了除尘器及烟尘超低排放技术；第六章由王月明、牛国平、谭增强编写，主要介绍了火电厂超低排放的一体化协同脱除技术，同时介绍了陶瓷催化滤管一体化脱除技术；第七章由牛国平、李帅英、李强编写，主要介绍了陕西铜川照金电厂 1、2 号机组和山东黄台电厂 9 号机组超低排放改造工程案例。柴华强承担了组织协调工作。

本书内容丰富、实用性强，理论与工程应用融为一体，深入浅出，可供电力、能源、环境、化工等相关专业的技术人员、管理人员阅读参考；对于能源与环境领域的学生和科研工作者，也具有一定的参考价值。

本书的成稿得益于西安热工研究院大量的环保技术研发、工程设计及组织实施的经验积累，参考了相关领域国内外的科技论文、专著教材；同时，有关电厂技术专家也提出了宝贵的建议和意见，谨在此致以谢意。在编写过程中，也得到了西安热工研究院相关专家、领导、技术部门及教育培训部的大力支持，在此一并致谢。

限于编者水平和编写时间，本书难免有不妥之处，敬请读者批评指正。

2016 年 4 月

目 录

概　　述

第一节　燃煤电厂烟气污染物的生成

一、煤炭主要元素

煤炭是一种有机可燃岩石，成分及结构极其复杂。从原煤、煤燃烧产物中可以检测出 H、C、N、O、Na、Mg、Al、Si、S、K、Ca、Fe 等 12 种常量元素，检测出 Li、Be、B、F、P、Cl、Cr、As、Se、Hg、U 等 68 种微量元素；从煤层气中检测出 He、Ne、Ar、Kr、Xe 等 5 种惰性气相元素。可以估计，原煤、煤层气及煤燃烧产物中几乎包括了地壳中的所有元素。常量元素在煤中的含量超过 0.1%，微量元素在煤中的含量低于 0.1%。

一般认为煤中常见有害元素主要有 S、Cl、P、Hg、As、F、Be、Cr、Pb、Mn、Cu、Ni、U 等，还有多环芳烃（PAHs）类有机化合物。其中 S、Cl、P 对工业生产过程有害，其余的微量元素对人类及环境生态有害，多环芳烃（PAHs）类有机化合物对人类健康有害。

二、煤炭燃烧产生的有害物质

煤炭在开采、运输、储存、使用过程中多种有害元素高度富集、迁移、扩散，侵入周围环境，进而危害动物、植物及人类的健康与生存，损坏设施。

煤炭在燃烧过程中主要产生 SO_2、SO_3、NO、NO_2、CO、CO_2、微量金属元素、放射性微粒、多环芳烃（PAHs）、细颗粒物（$PM_{2.5}$）等，这些有毒有害化合物、有害元素可快速、大量富集与扩散，尤其是重金属元素，大部分会随同亚微米颗粒排放到大气中，这些亚微米粒子在大气中以气溶胶形式存在，不易沉降，长时间停留在大气中，进入人类呼吸系统；同时影响大气能见度，还会随降水对水环境、土壤产生污染，进入食物链，使人类及其他生物受到重金属的危害。据美国环境保护协会报道，从燃烧炉内排放出的空气污染物中，最重要的是硫化物、氮氧化物、末完全燃烧物、重金属及有机类有害物质（如苯并芘），其中以亚微米颗粒形式存在的重金属排放物具有最大的威胁性，是造成几乎所有癌症的原因。

1. 二氧化硫

煤中的硫在燃烧过程中产生 SO_2 气体，SO_2 溶于水中时，会形成亚硫酸。SO_2 在工艺流程中若形成亚硫酸，会严重腐蚀设备，影响工业生产。SO_2 排入大气遇到水蒸气结合成酸性降水即酸雨，污染江河湖泽土壤，严重破坏生态环境，危害动植物的生长，腐蚀建筑物。

SO_2 是一种有毒气体。空气中 SO_2 的浓度为 1μL/L 时，人会有不适感；当浓度达到 8μL/L 时，人会感到呼吸困难；当浓度达到 10μL/L 时，咽喉纤毛就会排出黏液。SO_2 会影响呼吸系统和肺功能，并刺激眼睛。呼吸道的炎症导致咳嗽、黏液分泌、加重哮喘和慢性支气管炎并使人更易患呼吸道感染。统计表明，在空气中 SO_2 水平较高的日子里，心脏病人就诊的人数增多，死亡率增长。

2. 氮氧化物

在高温燃烧时，煤中的元素氮和空气中的氮被氧化成 NO，NO 在大气中与氧发生反应生成 NO_2。在温度较高或有云雾存在时，NO_2 进一步与水分子反应形成硝酸（HNO_3），硝酸沉降于地面形成酸雨。在太阳光和热的作用下，氮氧化物还与空气中的挥发性有机化合物 VOC 反应形成臭氧（$VOC+NO_x \rightarrow O_3$），O_3 是大气中光化学烟雾的重要物质，导致空气质量变差。空气中过多的臭氧对人类健康造成显著影响，它可引发哮喘、降低肺功能并引起肺部疾病。

流行病学研究表明，哮喘儿童发生支气管炎症状的增多与长期接触 NO_2 有关。有关研究表明，欧洲和北美一些城市中肺功能减弱现象的增加也与目前测量（或观察到）的 NO_2 的浓度有关。若干欧洲研究报告称，对臭氧的暴露每增加 10μg/m^3，日死亡率上升 0.3%，心脏病增加 0.4%。

3. 汞

我国多数煤的汞含量在 0.01～0.5μg/g，少数煤中汞含量达到 2～6μg/g。煤燃烧时，煤中的汞在约 1500℃下蒸发并以单质汞的形态存在于烟气中，随着烟气温度降低，单质汞与烟气中其他物质发生反应，部分单质汞转化为其他形态的汞，如 Hg^0、$HgCl_2$、HgO、$HgSO_4$、Hg^p。$HgCl_2$、HgO 和 $HgSO_4$ 中的汞为氧化汞；Hg^p 为颗粒汞；气态单质汞 Hg^0 难溶于水，不能被脱除，随烟气排入大气。大气中的汞沉降到地面，侵入环境，通过水体及食物链被人体吸收积累，体内积累最多的部位为骨骼、肾、肝、脑、肺、心脏等，造成这些部位受损。汞是剧毒性的微量元素，高水平的汞接触将对人的神经系统和生长发育产生影响。

4. 砷

我国多数煤的砷含量在 0.4～10μg/g，少数煤中砷含量达到 40～450μg/g。砷是一种挥发性的元素，熔点为 1090K，升华温度为 889K。煤中的砷在燃烧过程中气化，随后富集到飞灰随灰粒子迁移和转化，尤其是形成剧毒氧化物 As_2O_3（砒霜）和 As_2O_5 进入大气、水及土壤中，能通过呼吸道、消化道、皮肤接触等进入人体。砷中毒的主要症状为皮肤色素的改变和手掌角质细胞的增多，并伴随有神经系统和消化系统的炎症，对器官的损坏表现为不明显的肝肿大，对皮肤的损害是最明显的症状，这些症状包括黑变病，更严重的影响诸如手脚角质细胞增多，Bowen. r 病和皮肤癌，因此煤中的砷是环境学和煤地球化学最关注的具有环境敏感意义的有害元素之一。

5. 氟

我国多数煤的氟含量在 20～100$\mu g/g$，少数煤中氟含量达到 400～800$\mu g/g$。氟为易挥发性的有害元素，煤在燃烧时，煤中的氟以 HF 或以少量的 SiF_4、CF_4 等气态形式排入大气中。人通过呼吸系统吸入含氟较高的气体或氟通过食物链的形式进入体内，沉积在牙齿和骨骼里从而形成人们常见的地方性氟病，先期症状为氟牙症，严重症状为氟骨症，并影响儿童智力。植物对氟具有敏感性，植物长期接触氟，植物叶子产生伤痕、落叶、枝条枯死等症状。

6. 多环芳烃（PAHs）

原煤中含有多环芳烃（PAHs），原煤在燃烧过程中高温裂解也会产生多环芳烃。分子量较小的多环芳烃主要分布在气相中，分子量较大的多环芳烃大多分布在细颗粒物上。多环芳烃随烟气及灰渣侵入环境，大气中的多环芳烃通过呼吸系统进入人体，还会被植物吸收，或积累在土壤中，通过食物链进入人体，多环芳烃对人体具有致癌和致突变隐患。

7. 可吸入颗粒物及细颗粒物

可吸入颗粒物及细颗粒物（PM_{10}、$PM_{2.5}$）种类很多，包括飞灰粒子、重金属化合物、硫酸盐、硝酸盐、氨、氯化钠、黑碳等，还包括悬浮在空气中的有机和无机物的固体和液体复杂混合物。

煤炭含有多种矿物质，燃烧后形成飞灰，飞灰粒子绝大多数被除尘设施收集，但仍有少量排入大气，这些没有被收集的飞灰粒子绝大多数为 PM_{10}、$PM_{2.5}$。同时，燃烧产生的 SO_2、NO_x 等排入大气，与大气中的其他物质通过大气化学反应生成二次颗粒物，实现气体到粒子的相态转换。如 SO_2、NO_x 与水及氨反应生成硫酸盐、硝酸盐颗粒等。

$$H_2SO_4 + NH_3 \longrightarrow NH_4HSO_4$$

$$H_2SO_4 + 2NH_3 \longrightarrow (NH_4)_2SO_4$$

$$HNO_3 + NH_3 \longrightarrow NH_4NO_3$$

细颗粒飞灰比表面积大、吸附能力强，燃烧产生的重金属等有害物质容易附着在其表面，因此可吸入颗粒物对人的影响要大于其他污染物，是毒性很大的污染物。研究表明，10μm 直径的颗粒物通常沉积在上呼吸道，2μm 以下的可进入到细支气管和肺泡再进入血液。长期暴露于这些颗粒物可能导致罹患心血管、呼吸道疾病及肺癌。哈佛大学学者曾在 1974—1991 年对美国圣路易（St. Louis）地区的 6 个城市做了多年的跟踪对比研究，证实了大气中粉尘颗粒物对健康的负面影响。这一研究的主要目的是了解人类长时间暴露在 SO_2 和粉尘环境下的肺部病变情况，研究结论显示，无论是日常还是在一段时期内暴露于高浓度的可吸入颗粒物及细颗粒物（PM_{10} 和 $PM_{2.5}$），都与死亡率或发病率的增加有着数量上的密切关联。相反，如果小颗粒和细颗粒的浓度降低，则相关死亡率也会降低。

第二节　燃煤电厂烟气污染物主要控制技术

一、烟尘控制技术

20世纪70年代前，我国燃煤电厂普遍使用水膜除尘器与旋风除尘器。水膜除尘器最早是横置洗海棒栅水膜除尘器，实际运行时横置洗海棒栅易堵灰，几乎全部被拆掉，致使水膜除尘器的效率一般都降到90%以下。后来经过改进，洗海棒栅改造成倾斜放置，洗海棒栅堵灰大大减轻，运行效率有所提高。70年代初，我国开发了文丘里湿式除尘器。文丘里湿式除尘器比普通离心水膜除尘器效率要高10%以上，在燃煤电厂得到了广泛的应用。旋风除尘器主要分多管除尘器和旋风子除尘器两种型式，长期运行情况下，旋风除尘器多数因堵塞和风量分配不均效率低下，效率都在80%以下，特别是多管除尘器，效率在70%以下。

80年代起，我国自主开发宽极距电除尘器，同时分别从瑞典Flakt公司、美国GE公司、德国Lurgi公司引进电除尘器技术，电除尘器得到广泛使用，除尘效率达到99.6%的水平。

2000年后，我国环保标准提高，燃煤灰分增加，煤灰中SiO_2、Al_2O_3成分比重增加（>80%），高比电阻煤种增多，电除尘器对这些煤种敏感，燃煤电厂烟尘排放变大，袋式除尘器及电袋除尘器开始引进、研究及使用。2001年，第一台袋式除尘器在200MW机组上投入运行，烟尘排放浓度小于$50mg/m^3$（标态、干基、6%O_2，后文如无特殊说明，均指该状态），运行效果良好，随后袋式除尘器及电袋除尘器得到广泛应用。

2010年后我国环境持续恶化，出于对湿法脱硫系统石膏雨控制，并达到特别排放限值的需求，我国开始研究湿式电除尘技术。2012年，我国燃煤电厂开始使用湿式电除尘器，烟尘排放浓度达到低于$10mg/m^3$的水平。

二、二氧化硫控制技术

2000年后我国开始治理SO_2。采用炉内喷钙、流化床添加石灰石进行炉内脱硫，采用石灰石湿法、半干法及干法进行烟气脱硫，也有使用氨法、活性炭进行烟气脱硫。

炉内喷钙脱硫是石灰石（$CaCO_3$）受热分解成氧化钙（CaO）和二氧化碳（CO_2），氧化钙再与烟气中二氧化硫（SO_2）反应生成亚硫酸钙（$CaSO_3$）和硫酸钙（$CaSO_4$），最终被氧化成硫酸钙。石灰石－石膏湿法脱硫是烟气进入吸收塔后与吸收剂浆液接触混合，进行物理、化学反应，最后产生固化二氧化硫的石膏副产品。即石灰石（$CaCO_3$）、二氧化硫(SO_2)、水(H_2O)进行反应生成亚硫酸氢钙[$Ca(HSO_3)_2$]，亚硫酸氢钙、碳酸钙、水进行氧化反应生成石膏($2CaSO_2 \cdot 2H_2O$)。氨法脱硫是二氧化硫、氨(NH_3)发生反应生成硫酸铵[$(NH_4)_2SO_4$]，硫酸铵为无色结晶或白色颗粒，主要用作肥料。

活性炭脱硫是利用活性炭吸附作用去除烟气中二氧化硫的脱硫工艺。活性炭是一种多孔物质，孔的尺寸在纳米级。活性炭孔的比表面积大，对烟气中的污染物具有物理吸附作用，可将烟气中的污染物截流在活性炭内，利用微孔与分子半径大小相当的特征，将污染物分子限制在活性炭内。同时活性炭具有化学吸附作用，依靠活性炭表面品格有缺陷的C原子、含氧官能团和极性表面氧化物所带的化学特征，有针对性地将污染物固定在活性炭内表面上。二氧化硫、汞、砷等重金属，HF、HCl和二噁英等大分子氧化物，被活性炭吸附从烟气中脱除。

燃烧中脱硫系统简单，运行经济性好，但脱硫效率偏低，SO_2难以达到现行环保标准。石灰石半干法及干法耗水少，脱硫效率较低，SO_2也难以达到现行环保标准。石灰石—石膏湿法脱硫工艺效率高、工艺成熟，已成为国内外的主流脱硫技术。氨法脱硫技术成熟，有少数电厂使用，因副产物市场问题难以推广，净化后的烟气含有微量的NH_3和亚硫酸铵、硫酸铵气溶胶，存在二次污染的隐患。活性炭脱硫技术成熟，脱硫效率高，鉴于副产物硫酸市场问题及脱硫成本高等原因，在垃圾焚烧炉、冶金行业应用较多。

三、氮氧化物控制技术

燃煤电厂氮氧化物（NO_x）控制技术有两大类：第一是低氮燃烧技术，在燃烧过程中控制氮氧化物的生成；第二是烟气脱硝技术，从烟气中脱除生成的氮氧化物。

低氮燃烧技术是控制燃煤电厂氮氧化物生成及排放的重要手段，以低氮燃烧器（LNB）、空气分级技术为主。在燃烧优质烟煤情况下，NO_x 排放最好可达到 160mg/m^{3}左右。低氮燃烧技术已经在燃煤电厂大规模应用。

烟气脱硝技术主要包括选择性催化还原（SCR）脱硝、选择性非催化还原（SNCR）脱硝和SNCR/SCR联合脱硝。选择性催化还原脱硝系统是将液态无水氨或氨水蒸发，氨和稀释空气或烟气混合，随后利用喷氨格栅将其喷入烟气中，一般在300～430℃温度下，NH_3与 NO_x 在SCR反应器中与催化剂接触，NO_x 转化为氮气和水。选择性催化还原（SCR）脱硝效率高，可满足各种排放要求，已经在燃煤电厂大规模应用。选择性非催化还原是指无催化剂的情况下，采用炉内喷氨、尿素水溶液或氢氨酸作为还原剂，在850～1100℃的“温度窗口”区域内还原剂迅速分解成NH_3，NH_3将烟气中的氮氧化物还原为氮气和水。SNCR系统简单投资少，但脱硝效率一般不超过40%左右，对于大多数锅炉NO_x 达到100mg/m^{3}排放浓度较难，在燃煤电厂中应用较少。

四、燃煤电厂烟气污染物控制政策要求及技术发展趋势

（一）燃煤电厂烟气污染物控制政策的演变

我国于1973年8月5日召开全国第一次环境保护会议，会议确定了环境保护工作的方针和政策，并向全国发出了消除污染，保护环境的动员令。第一次全国环境保护会议之后，我国建立起环境保护机构，加强对环境的管理。

1973年，我国颁布了第一个环境保护标准《工业“三废”排放试行标准》（GBJ 4—73），根据对人体的危害程度，并考虑到我国现实情况，GBJ 4—73首次提出了十三类有害物质的排放标准限值，其中与燃煤电厂有关的有害物质为SO_2、烟尘。GBJ 4—73规定了7种不同高度排气筒所对应的SO_2、烟尘允许单位时间的排放量。如烟囱高度30m时，SO_2、烟尘排放82kg/h；烟囱高度150m时，SO_2、烟尘排放2400kg/h。由于该标准以大气环境质量标准为依据，允许排放量限值随着烟囱增高而逐渐增大，所以刺激了电厂高烟囱和多烟囱的建

设。然而，高烟囱排放虽然在一定程度上利用了大气的自净能力，但不能从根本上解决污染问题，虽然能降低近距离污染物落地浓度，却不能减少污染物排放总量。随着机组容量增大、烟囱高度的增加，污染范围扩大，污染物在空中停留时间增长，也使形成酸雨的机会增加。总之，该标准尚未意识到排放标准中的污染物总量控制、电厂污染物排放浓度和污染物的区域性转移问题，也没有考虑气象、地形等因素的地区性差异，且要求过低，未能有效控制电厂污染物的排放。

1991 年，国家环保局颁布了《燃煤电厂大气污染物排放标准》(GB 13223—1991)，规定了燃煤电厂烟尘排放浓度限值，对于现有燃煤电厂，使用不同灰分煤种不同除尘器时提出了不同烟尘排放浓度限值。对于新扩改火电厂，大于 670t/h 锅炉在县及以上城镇建成区内外使用不同灰分煤种提出了烟尘排放浓度限值。如对于现有电厂燃用原煤灰分 A_{ar} 大于 40％的煤种，使用电除尘器烟尘排放允许达到 1000mg/m^3，使用其他除尘器允许达到 3300mg/m^3。SO_2 允许排放量从定值发展到计算公式，根据大气环境质量标准所允许的地面浓度，通过模式计算，给定烟囱高度即可计算出 SO_2 按每小时允许排放量。对城市、农村等不同功能区的电厂污染物排放限值作了区别对待。该标准对 SO_2 排放标准较宽松且未实行浓度控制，按此标准，只有较大的火电厂才可能超标，因此不能显著地削减 SO_2 排放量。

1996 年，国家环保局颁布了《火电厂大气污染物排放标准》(GB 13223—1996)，这个标准划分了第Ⅰ、Ⅱ、Ⅲ时段，第Ⅰ、Ⅱ时段与 GB 13223—1991 的现有火电厂及新扩改火电厂对应，第Ⅲ时段增加了对≥1000t/h 锅炉的 NO_x 排放浓度控制。在国家划定酸雨和 SO_2 污染控制的“两控区”，第Ⅲ时段 SO_2 实行排放总量与排放浓度双重控制，只有使用低硫煤（燃煤含硫量小于 1％）才能达标，起到了限制燃用高硫煤的作用。如在第Ⅲ时段“两控区”内新建电厂 SO_2 排放浓度标准为 1200mg/m^3（S＞1％）、2100mg/m^3（S＜1％）。在烟尘的控制上，在第Ⅲ时段烟尘排放浓度限值为 200～600mg/m^3。在 NO_x 的控制上，在第Ⅲ时段固态排渣炉 NO_x 排放浓度控制 650mg/m^3。该标准不能显著地、有效地削减 SO_2 排放量；只对第Ⅲ时段排放 SO_2 和氮氧化物有浓度限值，对第Ⅰ、Ⅱ时段却没有浓度限值，造成大量电厂不受排放浓度限值的约束，此外第Ⅲ时段浓度限值过于宽松，也不能起到有效的控制作用。

2003 年，国家环保总局颁布了《火电厂大气污染物排放标准》(GB 13223—2003)，这个标准调整了大气污染物排放浓度限值，取消了按除尘器类型和燃煤灰分、硫分规定不同排放浓度限值；给出了所有 3 个时段的 SO_2、烟尘、氮氧化物的排放浓度限值，使火电厂的大气污染物排放控制形成一个有机的整体，规定了现有火力发电锅炉达到更加严格的排放限值的时限。如第 3 时段，2004 年 1 月 1 日起，煤粉锅炉粉尘排放浓度 50mg/m^3，SO_2 排放浓度 400mg/m^3，对于燃煤 V_{daf} 大于 20％的锅炉，NO_x 排放浓度 450mg/m^3。该标准极大地促进了燃煤电厂单个机组 SO_2 排放量的减少。

2011 年，国家环保部颁布了《火电厂大气污染物排放标准》(GB 13223—2011)，这个标准大幅调整了大气污染物排放浓度限值，取消了全厂 SO_2 最高允许排放速率的规定，增设了燃气锅炉 SO_2、烟尘排放浓度限值，增设了重点地区大气污染物特别排放限值，增设了汞及其化合物污染物排放限值自2015年1月1日起执行的要求。如燃煤锅炉，重点地区大气污染物特别排放限值，烟尘为20mg/m^3，SO_2为50mg/m^3，氮氧化物为100mg/m^3，汞及其化合物为0.03mg/m^3。大气污染物排放控制更加严格。

2010年后，我国雾霾天气频繁出现，我国大气污染形势严峻，以可吸入颗粒物（PM_{10}）、细颗粒物（$PM_{2.5}$）为特征污染物的区域性大气环境问题日益突出。2013年9月10日，国务院公布了“大气污染防治行动计划”，提出经过五年努力，全国空气质量总体改善，重污染天气较大幅度减少；京津冀、长三角、珠三角等区域空气质量明显好转。力争再用五年或更长时间，逐步消除重污染天气，全国空气质量明显改善。到2017年，全国地级及以上城市可吸入颗粒物浓度比2012年下降10%以上，优良天数逐年提高；京津冀、长三角、珠三角等区域细颗粒物浓度分别下降25%、20%、15%左右，其中北京市细颗粒物年均浓度控制在60μg/m^{3}左右。随后各地方政府研究制定相关环保政策。

2014年6月27日，国家能源局印发《关于下达2014年煤电机组环保改造示范项目的通知》，2014年煤电机组环保改造示范项目中，共涉及天津、河北、山东、江苏、浙江、上海、广东等7省（市）的13台在役燃煤发电机组，13个环保改造示范项目原则上将在2014年底前完成改造，改造完成后，国家能源局将会同有关部门安排验收，并及时进行总结。

2014年9月12日，国家发改委、环保部、国家能源局发布了《煤电节能减排升级与改造行动计划（2014—2020年）》，明确了新建煤电机组的减排目标，东部地区新建燃煤发电机组大气污染物排放浓度基本达到燃气轮机组排放限值，中部地区新建机组原则上接近或达到燃气轮机组排放限值，鼓励西部地区新建机组接近或达到燃气轮机组排放限值。到2020年，东部地区现役30万kW及以上公用燃煤发电机组、10万kW及以上自备燃煤发电机组以及其他有条件的燃煤发电机组，改造后大气污染物排放浓度基本达到燃气轮机组排放限值，即在基准氧含量6%条件下，烟尘、SO_2、氮氧化物排放浓度分别不高于10、35、50mg/m^3。至此，我国燃煤电厂大气污染物控制迈向燃气机组排放限值的时代。

（二）燃煤电厂烟气污染物控制技术发展趋势

1. 烟尘协同控制

燃煤电厂烟尘主要有两个来源，第一个为煤燃烧产生的烟尘，第二个为脱硫过程硫酸钙、石膏及其他颗粒物。对于燃烧产生的烟尘，目前可以采用电除尘器、脱硫塔、湿式电除尘器协同收集。对于脱硫过程产生的颗粒物，使用脱硫塔、湿式电除尘器协同收集。

（1）电除尘器。电除尘器可采用高频电源系统，提高电场平均电压，可降低烟尘排放，降低电耗40%～80%。在电除尘器前增设烟气余热利用系统，将烟气温度从约120～150℃冷却到100℃左右，进入电除尘器的烟气体积流量减少，烟尘比电阻降低，除尘效率提高。

（2）脱硫塔。脱硫塔采用流场控制技术、托盘技术、氧化风均布技术，提高脱硫效率，减少石膏浆液喷淋量，增加烟尘捕集；使用高效多级除雾器，提高烟尘、石灰石及石膏液滴的捕集效率，控制粉尘及雾滴的逃逸。

（3）湿式电除尘器。脱硫塔出口湿烟气中包括烟尘、石灰石、石膏等颗粒物，一般在15～40mg/m^{3}左右，利用湿式电除尘器可以高效稳定地除去烟气中包括$PM_{2.5}$等细颗粒物、酸雾、石膏微液滴、汞等污染物，使排放可达到5mg/m^{3}以下。

2. 二氧化硫控制

SO_2主流控制技术主要为石灰石—石膏法，具体有单塔技术、托盘技术、U形塔（液柱＋喷淋双塔）技术、串联双吸收塔技术、双回路吸收塔技术、双向多喷嘴技术等。另外，在常规的脱硫塔基础上增加喷淋层数量和浆池容量，也能增加脱硫效率，如采用串联双塔，脱硫效率可达到99%左右。

3. 氮氧化物协同控制

氮氧化物控制主要由低氮燃烧技术和烟气脱硝技术协同构成。对于燃用优质烟煤，使用低氮燃烧技术NO_x浓度可达到160mg/m^{3}左右，可联合使用SCR烟气脱硝技术脱除烟气中NO_x以达到排放限值。对于无烟煤等难燃煤种，可使用低氮燃烧技术、SNCR烟气脱硝技术、SCR（多层催化剂）烟气脱硝技术协同控制烟气氮氧化物。

4. 汞的控制

煤燃烧后汞会释放出形成单质汞，单质汞与烟气中其他成分（飞灰）发生反应，部分转化为其他形态的汞，SCR催化剂促使单质汞氧化形成Hg^{2+}化合物。Hg^{2+}化合物也会被颗粒吸附，颗粒汞可以用静电除尘器和布袋除尘器来捕获。气态Hg^{2+}化合物易溶于水，能被湿法烟气脱硫系统的循环浆液吸收，湿式除尘器也会捕获溶于水的Hg^{2+}化合物及颗粒汞。因此，电厂现有环保设施自身具有协同去除Hg^{2+}的能力。

在协同除汞的基础上不能满足脱汞要求的情况下，需要采用专门除汞技术。活性炭粉末吸附脱汞是使用最多且工艺较成熟的脱汞技术，一般在空气预热器和除尘器之间喷入粉状活性炭，活性炭颗粒吸附汞后与飞灰一起被除尘器收集。

5. 燃煤电厂烟气污染物控制协同技术方案

目前情况下，燃煤电厂烟气中SO_2、NO_x、烟尘和Hg等多种污染物已经面临严格的控制，多种污染物需要综合各种技术才能够脱除。《火电厂大气污染物排放标准》（GB 13223—2011）中的重点地区燃煤发电锅炉特别排放限值是目前世界上最严格的排放标准。2014年9月12日发布的《煤电节能减排升级与改造行动计划（2014—2020年）》，提出了更高的排放限值要求，即烟尘10mg/m^3、SO_2 35mg/m^3、氮氧化物50mg/m^3，与包括美国在内的所有国家的煤电机组排放标准限值相比，三项指标均是超低。要使燃煤机组排放达到“超低排放”，一种技术很难控制污染物排放达到限值，需要一整套技术进行协同，因此烟气多污染物协同控制是燃煤电厂烟气污染物控制技术趋势。图1-1是燃煤电厂烟气污染物协同控制超低排放典型系统，图1-2为某燃煤电厂烟气污染物协同超低排放系统的参数。

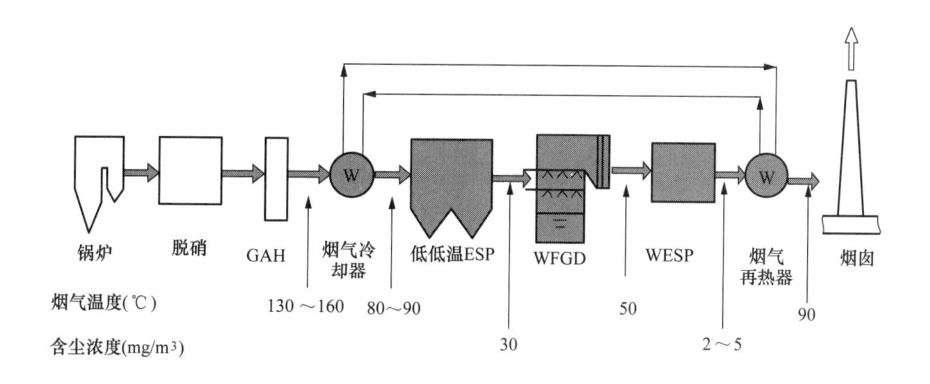

图 1-1 燃煤电厂烟气污染物协同控制超低排放系统

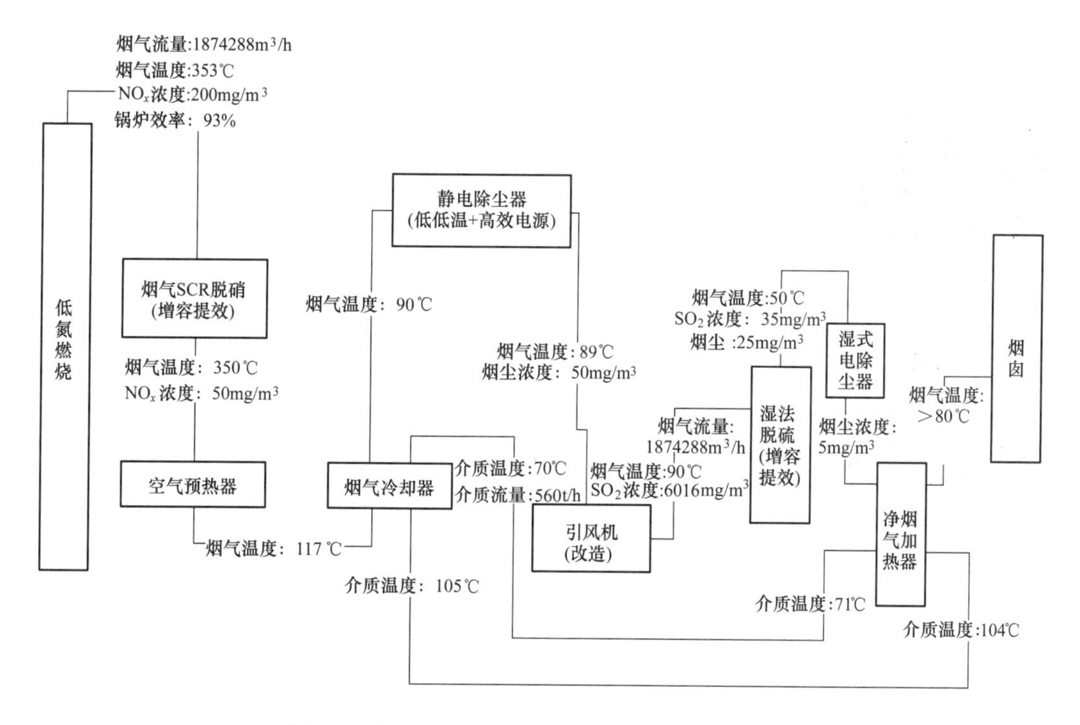

图 1-2 某燃煤电厂烟气污染物协同超低排放系统

NO_x 燃烧控制

第一节　概　　述

煤燃烧过程中影响 NO_x 生成的主要因素有：

（1）煤种特性，如煤的挥发分含量、氮量、燃料中固定碳/挥发分之比以及挥发分中含氢量与含氮量之比；对于大型燃煤锅炉，相对而言，烟煤 NO_x 排放较低，其次为贫煤，无烟煤相对较高。

（2）可燃物在反应区中的停留时间。

（3）燃烧区域温度峰值的影响；无烟煤锅炉炉内火焰温度峰值高，NO_x 相对排放较高。

（4）反应区中氧、氮、一氧化氮和烃根等的含量。

针对上述 NO_x 形成机理和影响因素，与之对应的低 NO_x 燃烧技术原理为：

（1）减少燃料周围的氧浓度。包括减少炉内空气总量；减少一次风量和减少挥发分燃尽前燃料与二次风的掺混，以减少着火区氧浓度。

（2）在氧浓度较少的条件下，维持足够的停留时间，使燃料中的氮不易生成 NO_x，而且使生成的 NO_x 经过均相或多相反应而被还原分解。

（3）在过剩空气的条件下，降低温度峰值，以减少热力型 NO_x 的生成，如采用降低热风温度和烟气再循环等。主要低 NO_x 燃烧技术有：低氧燃烧技术、空气分级燃烧技术、再燃技术、烟气再循环技术、低 NO_x 燃烧器技术。

一、低氧燃烧技术

该技术是一种简单而有效的低 NO_x 燃烧技术。通过燃烧及制粉系统优化调整，在满足锅炉汽温汽压的情况下，减少入炉总风量，即氧气浓度，使燃烧过程在尽可能接近理论空气量的条件下进行，一般可降低15%～20%的 NO_x 排放。具体实施时，需要根据不同负荷控制不同入炉空气量，保持每只燃烧器喷口合适的风煤比，同时减少一次风粉偏差，尽量通过一、二次风的调整使得氧浓度分布均匀。四角燃烧及墙式燃烧烟煤锅炉采用低氧燃烧技术，满负荷时省煤器出口氧量由4%降为3%，NO_x 下降大约20%。但是烟气中CO浓度和飞灰可燃物含量可能上升，燃烧经济性下降。会造成CO浓度的急剧增加，从而大大增加化学不完全燃烧热损失。同时，也会引起飞灰含碳量的增加，导致机械不完全燃烧热损失增加，燃烧效率将会降低。对于贫煤和无烟煤问题更加突出。此外，低氧浓度会使炉膛内的某些区域成为还原性气氛，从而降低灰熔点引起炉壁结渣和腐蚀。因此采用低氧燃烧技术应在保证锅炉安全运行基础上，兼顾燃烧效率和 NO_x 排放两个因素，综合考虑确定最佳氧量，避免出现为降低 NO_x 排放而产生其他的问题。

二、空气分级燃烧技术

空气分级燃烧是目前应用最广泛的低 NO_x 燃烧技术，最早在美国 20 世纪 50 年代发展起来。该技术通过送风方式的控制，降低燃烧中心的氧气浓度，抑制主燃烧区 NO_x 的形成，燃料完全燃烧所需要的其余空气由燃烧中心区域之外的其他部位引入，使燃料燃尽。在主燃烧区，由于风量减少，形成了相对低温，贫氧而富燃料的区域，燃烧速度低，且燃料中的氮大部分分解为 HCN，HN，CN，CH 等，使 NO_x 分解，抑制 NO_x 生成。再将剩下的部分空气送入，使燃料燃尽。空气分级分为垂直分级和水平分级两种。垂直分级常用的方法是将部分二次风移到燃烧器上部，并拉开适当的距离，从而造成下部主燃烧区的过量空气减少，提高煤粉浓度，使其处于缺氧燃烧状态，在上部的二次风（OFA）的加入会进一步使燃料燃尽。主燃烧区缺氧是促使 NO_x 还原成 N_2 的有利因素。垂直空气分级可降低 NO_x 30%，如图 2-1 所示。

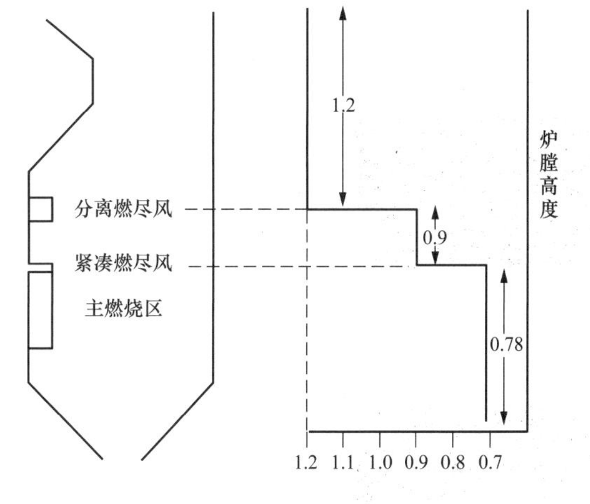

图 2-1　垂直空气分级燃烧示意图

另一种为水平空气分级，它是通过将二次风射流部分偏向炉墙来实现的（见图 2-2）。使部分二次风射流偏离炉膛，远离燃烧中心，延迟煤与空气的混合，减少火焰中心氧量分级燃烧，不仅可以使主燃区处于还原性气氛从而降低 NO_x 的排放量，还可使炉墙附近处于氧化性气氛，从而可以避免水冷壁的高温腐蚀以及因还原性气氛使灰熔点下降而导致的燃烧器附近的结渣。如 CFSI/CFSII 燃烧技术。CFS（Concentric Firing System）即同心圆燃烧技术，将二次风偏转一定的角度，但仍与一次风切圆方向相同，CFSII 则将二次风偏转一定的角度后与一次风形成同心反向切圆。CFSI 和 CFSII 比较而言，前者有加剧炉内旋转动量的趋势，这意味着炉膛出口烟气的残余旋转强烈，易造成较大的出口烟温偏差，对易结焦的煤种，CFSI 应慎用。空气分级减少了 NO_x 的生成同时保证了锅炉的燃烧效率，但是前提是必须合理设置分段风量的位置和分配比例。如果风量分配不当，会增加锅炉的燃烧损失，造成受热面结渣。

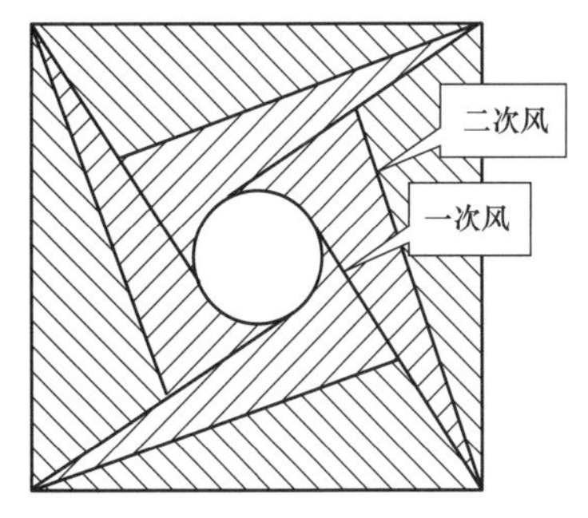

图 2-2　水平向空气分级燃烧示意图

炉内空气分级燃烧约能降低 NO_x 排放量 25%～30%，一些大型煤粉炉采用该技术后取得了显著的效果。

采用空气分级燃烧时，由于第一级的低过量空气系数，产生大量的不完全燃烧产物，以及大量没有完全燃烧的燃料，十分有利于抑制 NO_x 的生成。在第一级燃烧区内的过量空气系数越小，对抑制 NO_x 的生成效果越好，但是产生的不完全燃烧产物却越大，因而导致燃烧效率降低及引起结渣和腐蚀的可能性也越大。因此，为了保证锅炉的经济可靠燃烧，必须正确地组织空气分级燃烧过程。

对于不同的煤种特性，要达到一定的 NO_x 降低率，烟气在第一级燃烧区内的停留时间和相应的过量空气系数是不相同的，应合理选择。

三、低 NO_x 燃烧器技术

燃烧器是锅炉设备的重要组成部分，目前，世界各国主要是应用低 NO_x 燃烧技术对锅炉燃烧器进行改进。从 NO_x 的生成机理来看，占 NO_x 绝大部分的燃料型 NO_x 的生成是在煤粉着火阶段完成的。因此，通过对燃烧器进行特殊设计及改进，改变燃烧器风粉分配，将空气分级、燃料分级和烟气再循环等原理用于燃烧器的设计，尽可能降低着火区氧的浓度和温度，可抑制燃烧初期 NO_x 的生成。低 NO_x 燃烧器不仅要满足对锅炉燃烧可靠性和经济性的要求，还要满足控制 NO_x 排放的要求。国外自 20 世纪 70 年代就开始研制低 NO_x 燃烧器，使 NO_x 排放值降至最小，如对 NO_x 排放要求非常严格的国家（如德国和日本），均是先采用低 NO_x 燃烧器减少一半以上的 NO_x。

NO_x 燃烧器按其出口流动特性可分为直流式与旋流式两大类。根据燃烧技术和原理分，低 NO_x 燃烧器分成空气分级燃烧、燃料分级燃烧及烟气再循环三大类型。本节内容将根据燃烧原理，分类介绍低 NO_x 燃烧器的发展现状。

现在几乎各大公司都有自己品牌的低 NO_x 燃烧器，包括直流和旋流，低 NO_x 燃烧器基本上都是根据空气分级燃烧、燃料分级燃烧降低 NO_x 排放机理来实现的。浓淡燃烧的基本思想是将一次风分成浓淡两股气流，浓煤粉气流是富燃料燃烧，挥发分析出速度加快，造成挥发分析出区缺氧，使已形成的 NO 还原为氮分子。淡煤粉气流为贫燃料燃烧会生成一部分燃料型 NO，但是由于温度不高，所占份额不多。浓淡两股气流均偏离各自的燃烧最佳化学当量比，既确保了燃烧初期的高温还原性火焰不过早与二次风接触，使火焰内的 NO_x 还原反应得以充分进行，同时挥发分的快速着火，使火焰温度能维持在较高的水平；又防止了不必要的燃烧推迟，从而保证煤粉颗粒的燃尽。比较典型的低 NO_x 燃烧器有 CE 公司早期的 WR 燃烧器，三菱公司的 PM 燃烧器，FW 公司的旋风分离式燃烧器，美国 B&W 公司的 DRB-XCL 双调风旋流燃烧器及 PAX 型燃烧器，Rileystoeke 公司的多股火焰燃烧器，德国 Babcock 公司的 WSF 型、DS 型低 NO_x 燃烧器，日本巴布科克 - 日立公司（BHK）所开发的一系列 HT-NR 型燃烧器，哈尔滨工业大学提出并开发的径向浓淡旋流煤粉燃烧器。目前，新一代的低 NO_x 燃烧器可在原有的基础上进一步降低 NO_x 20%，并把对燃烧的影响降到最小。

四、烟气再循环技术

烟气再循环是指将一部分燃烧后的烟气再返回燃烧区循环使用的方法。由于这部分烟气的温度较低，含氧量也较低（8%左右），从空气预热器前抽取部分烟气，直接送入

炉膛或者与一、二次风混合后通过燃烧器进入炉膛，减少炉膛氧浓度，降低燃烧温度，从而降低 NO_x 排放浓度。图 2-3 所示为锅炉烟气再循环系统示意图。

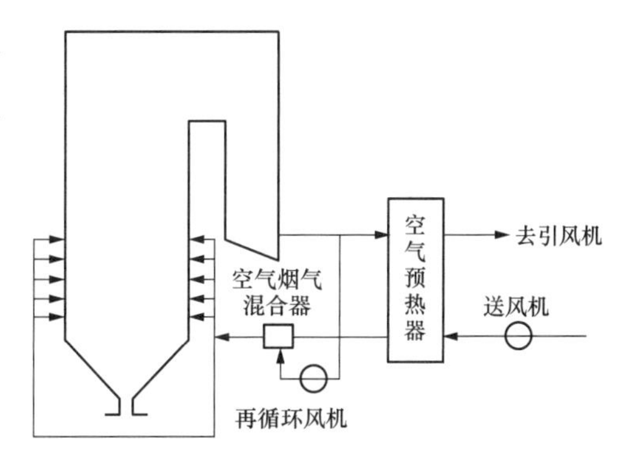

图 2-3　锅炉烟气再循环系统示意图

再循环烟气量与不采用烟气再循环时的烟气量之比称为烟气再循环率，其计算式为

$$再循环率=\frac{再循环烟气量}{无再循环时的烟气量}\times 100\%$$

该技术的关键是烟气再循环率的选择和燃料种类的变化。再循环率的提高是有限度的，烟气再循环率越高，入口速度增大，会影响火焰稳定，同时增加未完全燃烧的热损失。对于燃煤锅炉，一般再循环控制在 15%～20%，此时 NO_x 排放可以降低 25%。该技术需要加装再循环风机和增加烟道，改造费用较一般常规低 NO_x 技术稍高。

烟气再循环法可以单独使用，也可以和其他低 NO_x 燃烧技术配合使用。它可以用来降低主燃烧器空气的浓度，也可以用来输送二次燃料，具体如何使用需要进行技术经济比较来确定。

五、再燃技术

燃料分级燃烧，又称为燃料再燃技术。在炉膛内采用燃料分级燃烧方式，就是通过合理组织燃料的再燃与还原 NO_x 的过程，使已生成的部分 NO_x 发生还原反应。图 2-4 所示为燃烧器在炉膛内实施燃料分级的基本布置、方法。一般情况下将燃烧所需燃料的 80%左右经主燃烧器送入燃烧器区域，其余 20%左右的燃料作为还原燃料送入炉膛上部区域，在其上部再送入相应的空气作为燃尽风。燃尽风在再燃区的下游喷入，当总的过量空气系数为 1.15～1.25 时，燃尽风通常是总风量的 20%。燃尽风率的选取主要是考虑减少 CO 的排放和飞灰中未燃碳损失。由于在燃尽区，燃烧温度比较低，因此该区域热力型 NO_x 生成很少。

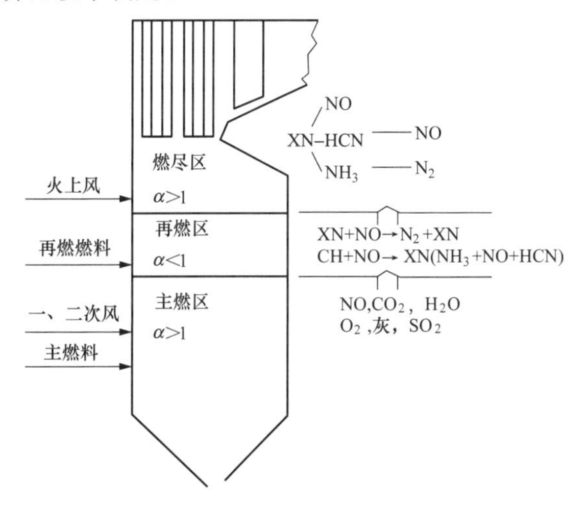

图 2-4　燃料分级燃烧示意图

利用燃料分级再燃和还原技术，NO_x 排放降低幅度至少超过 50%，如果与其他先进的降低 NO_x 的技术措施结合，NO_x 排放量还可以进一步降低。

影响再燃技术降低 NO_x 的影响因素主要包括：再燃燃料的种类、再燃燃料的含氮量、再燃燃料的煤粉细度、再燃燃料的比例、燃料的反应性、再燃区的位置和温度、再燃区的过量空气系数、再燃燃料的输送介质等。

20世纪80年代初，再燃技术被三菱重工第一次应用于传统的全尺寸锅炉，NO_x 排放降低幅度超过50%；Babcock-HitachiK. K. 公司成功地将再燃技术应用于大量的墙式燃烧锅炉。

第二节　燃烧产生 NO_x 的机理

氮氧化物主要由一氧化氮（NO）和二氧化氮（NO_2）组成，统称为 NO_x。在绝大多数燃烧方式中，煤燃烧产生的氮氧化物主要成分是NO，约占 NO_x 总量的90%。在大气中NO会迅速地被氧化为 NO_2。在燃烧过程中，NO_x 的形成主要有两条途径：一种是有机地结合在煤中的杂环氮氧化物在高温火焰中发生热分解，并进一步氧化而生成 NO_x；另一种是供燃烧用的空气中的氮气在高温状态与氧发生化合反应而生成 NO_x。氧化亚氮（N_2O）不是燃烧过程的主要产物，但是由于氧化亚氮（N_2O）是形成温室效应的气体并且会破坏臭氧层，所以成为人们所关注的一个问题。大量研究认为，燃烧过程中生成的 NO_x 有三种类型：热力型、快速型和燃料型。影响燃烧中 NO_x 生成的因素有燃料特性（如煤种）、含氮量、含氮物质结构颗粒粒径等；运行条件如燃烧方式、负荷、温度、氧量、反应（停留）时间等。

一、热力型 NO_x

热力型 NO_x 主要由燃烧空气中的 N_2 与反应物O根和OH根以及分子 O_2 反应生成，其生成过程是一个不分支的链式反应，又称为捷里多维奇（Zeldovich）机理，反应机理如下：

$$O_2 = 2O \tag{2-1}$$

$$N_2 + O = NO + N \tag{2-2}$$

$$N + O_2 = NO + O \tag{2-3}$$

如考虑下列反应：

$$N + OH = NO + H \tag{2-4}$$

则称为扩大的捷里多维奇模型，其生成过程是一个不分支连锁反应。氮原子只能从式（2-2）中产生，而不能通过氮分子分解得到。空气中氮分子 N=N 键能为946 kJ/(g·mol)，比一般有机化合物中的 C—N 键能[一般为252～630kJ/(g·mol)]大很多，故式(2-2)反应的活化能大，控制着反应速度，是整个连锁反应的关键反应。

在富燃料的火焰中，N和OH生成的NO的反应也很重要［式（2-4）］。热力型 NO_x 的反应时间很短暂，通常只需要微秒的1/10，但是生成量取决于温度水平、停留时间和氧原子浓度。

温度影响是所有影响中最强烈的，均超过了 O_2 浓度和反应时间的影响。热力 NO_x 的生成是一种缓慢的反应过程，达到平衡需要有一定的时间。分级燃烧的目的是将反应物在达到平衡前从反应区转移到低温区，使得生成的NO量低于在相应燃烧温度下可能生成的NO量。为了降低锅炉 NO_x 的生成，可以采取以下措施：

（1）降低炉内最高温度区域的局部氧浓度。

（2）降低在最高温度区域的停留时间。

（3）降低峰值温度。

在煤粉燃烧过程中，热力型 NO_x 占总 NO_x 排放量的15%～25%。在工程实践中采用烟气再循环、浓淡燃烧、水蒸气喷射以及高温空气燃烧技术都是利用机理抑制热力型 NO_x 生成的措施。

二、快速性 NO_x

快速型 NO_x 是1971年费尼莫尔（Fenimore）通过实验发现的。碳氢化合物燃料燃烧在燃料过浓时，在反应区附近会快速生成 NO_x，因此也叫瞬发型 NO_x。

快速型 NO_x 是碳氢燃料在过量空气系数小于1的富燃料条件下，在火焰面内快速生成的 NO_x，它不同于空气中的 N_2 按捷里德维奇机理生成的 NO_x，由碳氢燃料高温分解出的CH自由基和空气中的 N_2 反应生成HCN和N，进而在 O_2 的作用下以极快的速度形成 NO_x。其总体生成过程如图2-5所示。

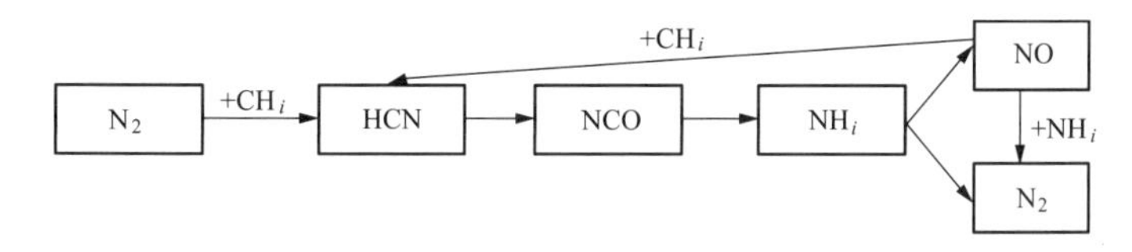

图2-5 快速型 NO_x 生成机理

快速型 NO_x 生成反应所需要的时间大概为60ms，生成量和炉膛压力的0.5次方成正比，温度依赖性很低。过量空气系数对快速型 NO_x 影响比较大。由于快速型 NO_x 需要碳氢化合物热解碳氢自由基和 N_2 的反应，所以在富燃料火焰中生成量较多，总体来说，快速型 NO_x 从氮的来源看，类似于热力型 NO_x，都来自于燃烧空气中的 N_2，但是其反应机理却与热力型 NO_x 不同。它是由 N_2 与 CH_i 反应生成HCN后进一步氧化生成NO。快速型 NO_x 在煤燃烧过程中生成量很少，一般在全部 NO_x 的5%以下。

三、燃料型 NO_x

燃料型 NO_x 生成于燃料本身所含有的氮，燃料所含氮多见于煤和石油燃料，燃料中的氮在燃烧过程中经过一系列的氧化—还原反应而生成的 NO_x，它是煤燃烧过程中 NO_x 生成的主要来源，约占 NO_x 生成量的80%。煤燃烧过程由挥发分燃烧和焦炭燃烧两个阶段组成，故燃料型 NO_x 的形成也相应由气相氮的氧化（挥发分）和焦炭中残余氮的氧化（焦炭）两部分组成。挥发分氮约占总燃料氮的75%～95%，焦炭氮约占25%。如挥发分中HCN、NH_3 与自由基O、OH、O_2 等的氧化反应，以及焦炭N的氧化反应生成燃料型 NO_x，同时生成的部分NO又与挥发分HCN、NH_3 等发生还原反应生成 N_2，如图2-6所示。

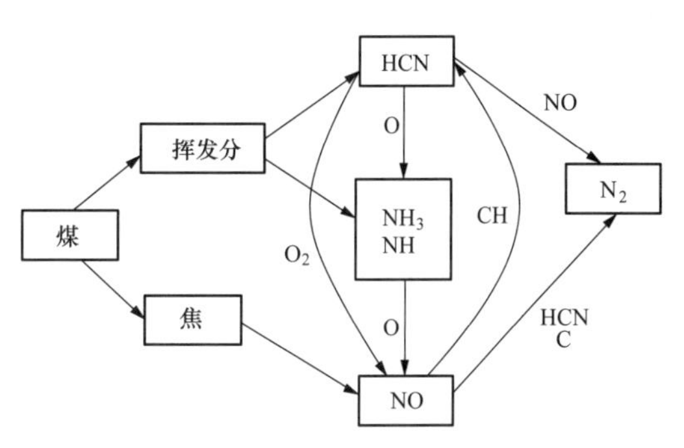

图2-6 燃料转化模型

燃料氮并非在烟气中完全以NO的

形式出现。利用下面的转换公式可以定量描述燃料氮的转换率，即

转化率=转换为NO的氮/原始燃料氮≤1

随着氮含量的增加，燃料氮的转换率趋势降低。但NO_x排放总量却会增加，因为还有其他因素会影响NO_x的生成。煤中燃料氮向NO_x转换可以划分为三步：煤中的氮挥发、挥发分氮燃烧、焦炭氮燃烧；挥发氮的转化率随燃烧温度而增加；当锅炉燃烧温度较低时（如流化床燃烧时的情况），燃烧氮的挥发分额明显降低。

燃料型NO_x的生成与火焰附近的氧浓度有关。因此，降低氧浓度对于降低燃料型NO_x有重要影响。同时燃料型NO_x受燃烧温度、过量空气系数、煤种、煤颗粒大小等的影响，同时也受燃烧过程中燃料—空气混合条件的影响。

第三节　四角切圆直流燃烧器降低NO_x

一、低NO_x直流燃烧（器）系统原理

（一）概述

低NO_x燃烧技术就是根据NO_x的生成机理，在煤的燃烧过程中通过改变燃烧条件或合理组织燃烧方式等方法来抑制NO_x生成的燃烧技术。在燃煤过程中，燃料型NO_x尤其是挥发分NO_x的生成量占的比例最大，因此低NO_x燃烧技术的基本出发点就是抑制燃料型NO_x的生成。

根据燃料型NO_x的生成机理，可以将其生成过程归纳为下列竞争反应，即

$$\text{燃料氮} \rightarrow \mathrm{I} \quad \left. \begin{array}{l} \mathrm{I} + \mathrm{RO} \longrightarrow \mathrm{NO} + \cdots \quad (2\text{-}5) \\ \mathrm{I} + \mathrm{NO} \longrightarrow \mathrm{N_2} + \cdots \quad (2\text{-}6) \end{array} \right\}$$

其中I代表含氮的中间产物（N、CN、HCN和NH_i），RO代表含氧原子的化学组分（OH、O、O_2）。反应（2-5）是指含氮的中间产物被氧化生成NO_x的过程，反应（2-6）指生成的NO_x被含氮中间产物还原成N_2的反应。因此抑制燃料型NO_x的生成，就是如何设计出使还原反应（2-6）显著优先于氧化反应（2-5）的条件和气氛。

除此之外，抑制热力型NO_x的生成也能在一定程度上减小NO_x的排放量，只是效果不显著。通常抑制热力型NO_x的主要原则如下：

（1）降低过量空气系数和氧气的浓度，使煤粉在缺氧的条件下燃烧。

（2）降低燃烧温度并控制燃烧区的温度分布，防止出现局部高温区。

（3）缩短烟气在高温区的停留时间。

显然，以上原则多数与煤粉炉降低飞灰含碳量、提高燃尽率的原则相矛盾，因此在设计开发低NO_x燃烧技术时必须全面考虑。

目前常见的低NO_x燃烧技术主要有低NO_x燃烧器技术和空气分级燃烧技术，各项技术的利用方式不同，在燃煤锅炉中的布置位置也不同。

（二）空气分级低NO_x燃烧系统

空气分级燃烧技术是目前最为普遍的低NO_x燃烧技术，它是通过调整燃烧器及其附近的区域或是整个炉膛区域内空气和燃料的混合状态，在保证总体过量空气系数不变

的基础上，使燃料经历“富燃料燃烧”和“富氧燃尽”两个阶段，以实现总体 NO_x 排放量大幅下降的燃烧控制技术。

空气分级燃烧能从总体上减少 NO_x 排放的基本原理是：在富燃料燃烧阶段，由于氧气浓度较低，燃料的燃烧速度和温度都比正常过氧燃烧低，从而抑制了热力型 NO_x 的生成；同时由于不能完全燃烧，部分中间产物如 HCN 和 NH_3 会将部分已生成的 NO_x 还原成 N_2，从而使燃料型 NO_x 的排放也有所减少。然后在富氧燃烧阶段，燃料燃尽，但由于该区域的温度已经降低，新生成的 NO_x 量十分有限，所以总体上 NO_x 的排放量明显减少。

在空气分级燃烧技术中，合理分配两级燃烧的过量空气系数是影响 NO_x 排放控制效果的关键因素。经验表明：富燃料区的过量空气系数如果太低，煤粉不易点燃而且燃烧不稳定；如果太高，则 NO_x 的生成量也会上升，一般取 0.8 左右。根据分级燃烧实现的区域和方式，可将其大致分为通过燃烧器设计实现空气分级、通过加装一次风稳燃体实现空气分级和通过炉膛布风实现空气分级三类。

（1）通过燃烧器设计实现空气分级。对煤粉炉来讲，燃烧器是燃烧系统中最为重要的设备，它的结构和布置直接决定了燃料和空气的混合情况，从而影响到燃料的着火及燃烧过程。不管是何种燃烧器，空气的送入通常都已经分为一次风、二次风和三次风等，这为进一步的分级燃烧降低 NO_x 的形成创造了良好的条件。因此可以通过燃烧器设计来实现空气分级燃烧。在利用不同方法实现降低 NO_x 排放的燃烧器，即低 NO_x 燃烧器（LNB）中，空气分级方式是最为常见的。

对于直流燃烧器其组织煤粉燃烧采用四角切圆布置，通过整体火焰发生旋转来强化煤粉和空气的混合，所以其采用的空气分级方式可从组织燃烧的特点方面入手。

如图 2-7 所示，同轴燃烧技术又有两种形式：一种是使同轴的两个切圆旋转方向同向；另一种则是反向。一般同向时会加剧炉内整体旋转的动量，引起炉膛出口烟气与空气的混合。在实际应用中，经常在炉内的不同高度分别布置反向和正向切圆，既可以使混合程度加强，也可以互相产生抵消降低炉内整体的旋转。

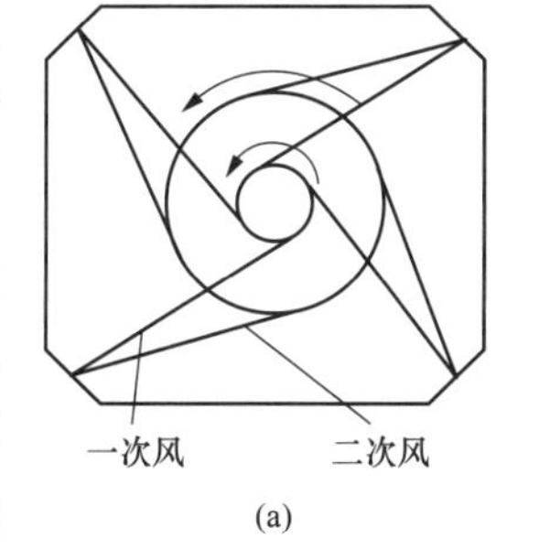

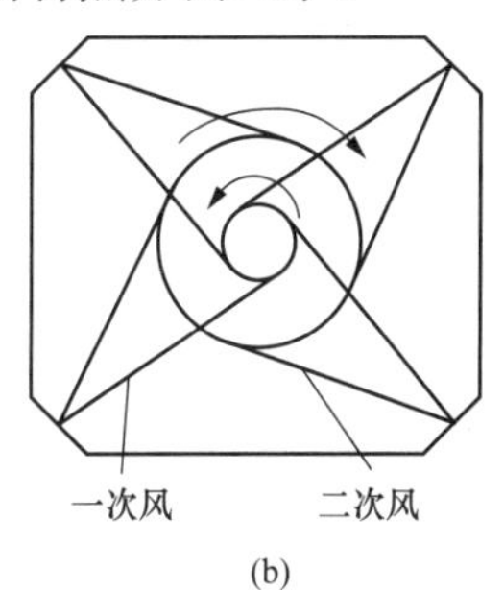

图 2-7 切圆燃烧炉膛横断面布置示意图

（a）同向；（b）反向

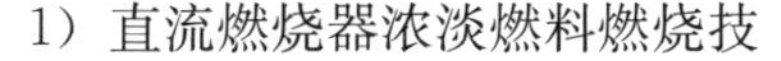

1）直流燃烧器浓淡燃料燃烧技术。燃料浓淡燃烧的基本原理是在燃烧器喷口前，经过惯性分离等方法使一次煤粉气流分离成煤粉浓度不同的两股煤粉气流。一股煤粉气流实现富燃料燃烧，其火焰稳定，有利于着火过程，同时由于其相对含氧量低，可有效控制燃料型 NO_x 的形成；另一股煤粉气流进行贫燃料燃烧，燃烧温度较低，可使热反应型 NO_x 生成量减少，然后再混合完成整个燃烧过程。通常燃料可以在水平或是垂直方向上实现浓淡分离。

水平浓淡燃烧方式见图 2-8。将浓相煤粉气流喷向向火侧，稀相煤粉气流喷向背火

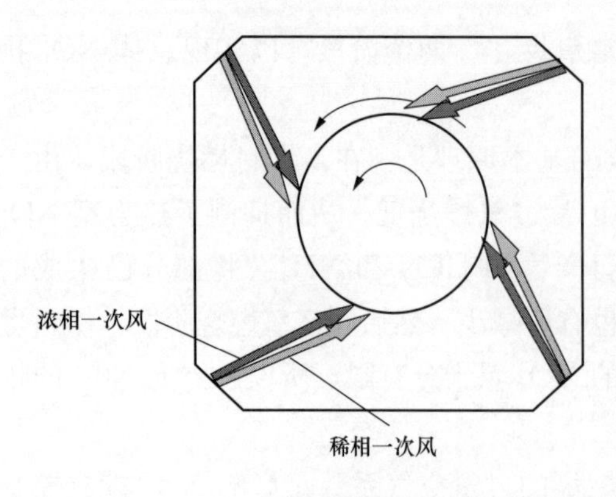

图 2-8　水平浓淡燃烧示意图

侧，形成内浓外稀两层切圆的分级燃烧方式。

垂直浓淡燃烧方式是将一次煤粉气流分离成两股后，将原来的一个一次风喷口分成垂直方向分开有一定距离的上下两个喷口，从而形成上下浓淡的燃烧方式。图 2-9 所示为日本三菱公司的 PM 型低 NO_x 燃烧器，这是一种典型的垂直浓淡燃烧技术。一次风和煤粉混合气流在进入燃烧器前，先经过一个弯头进行惯性分离，因煤粉的密度大于气体而因惯性分离成浓煤粉气流进入上面的相对富燃料的喷口，而相对煤粉浓度较低的煤粉气流进入下面的贫燃料喷口，从而实现了上下垂直浓淡燃烧。试验表明这种浓淡燃烧方式可以降低 30%左右的 NO_x 排放。

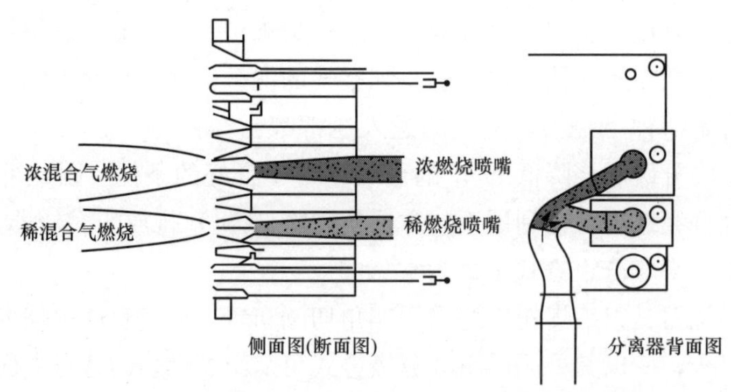

图 2-9　垂直浓淡燃烧示意图

2）通过加装一次风稳燃体实现空气分级燃烧。在燃烧器喷口处增设不同形状的稳燃体不仅可以起到稳定燃烧和强化着火的作用，同时可以改变喷口区域空气与煤粉的混合和流动状态，使之在某些区域首先发生富燃料反应，因此也是一种简单的分级燃烧方式。其中比较典型的有清华大学开发的火焰稳定船低 NO_x 燃烧技术（见图 2-10）。该技

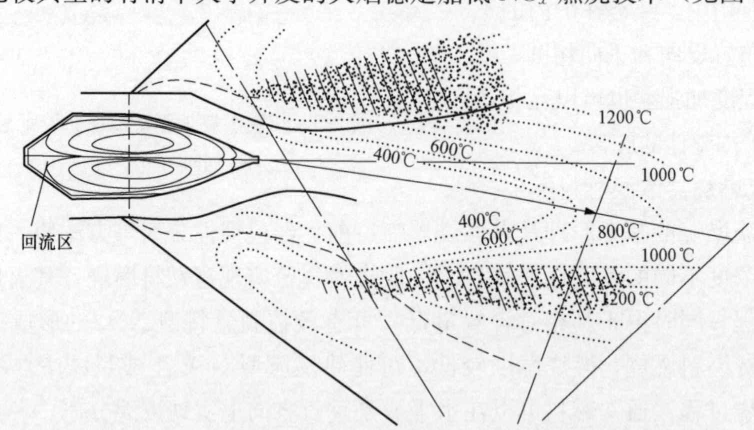

图 2-10　船型钝体燃烧器出口煤粉浓度及燃烧温度分布示意图

术在直流燃烧器喷口附近增设了一个类似于船体的稳燃体，由于它是研究直流燃烧器在低负荷下燃烧低质煤稳燃问题时的成果，因此称为船形稳定器。但在研究中发现它除了能够稳燃以外，还具有降低 NO_x 生成的效果。

（2）通过炉膛布风实现空气分级燃烧。仅通过燃烧器周围进行分级燃烧，燃料在富燃料区停留时间往往不够，NO_x 的还原还未达到平衡，而且富氧区的温度较高，燃料燃烧会有新的 NO_x 生成，因此 NO_x 的最终排放量下降幅度不是很大。通过炉膛布风空气分级燃烧将范围扩大到接近整个炉膛，可以合理地控制燃料在富燃料区的停留时间，并使富氧区的温度降得更低。

其基本方法是，使燃烧器附近的空气过量系数控制在 0.8 左右，发生富燃料燃烧。然后在燃烧器上方通入剩余空气，在第一段燃烧区与所生成的烟气混合，在富氧的条件下完成全部燃烧过程。在工业上第二段通入的空气又称火上风（over fire air，OFA），见图 2-11。其中 SOFA 即采用炉膛布风时的火上风。

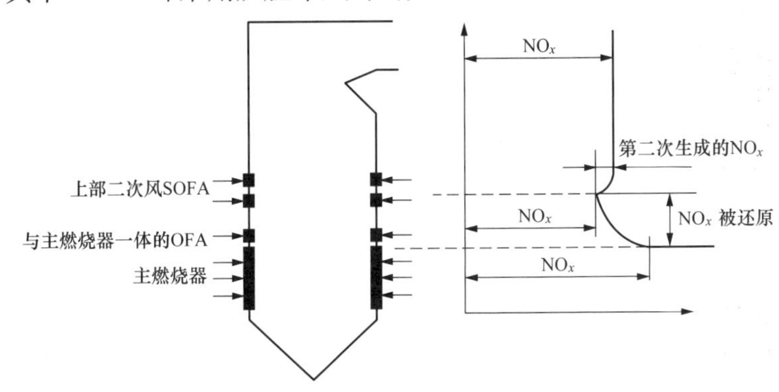

图 2-11　炉膛内空气分级燃烧系统的布置及 NO_x 浓度分布

由于燃烧器附近均为还原性气氛，灰熔点比氧化气氛中降低 100～120℃，容易引起结渣和水冷壁高温腐蚀，因此应尽可能防止高温还原性气流和炉墙接触。工业上常采用的方法是通边界风（boundary air），在炉底或侧墙上布置风口，使空气沿炉墙上升，保持水冷壁表面的氧化性气氛，防止结渣和水冷壁的高温腐蚀。

在同等条件下，仅采用这种方式进行分级燃烧，也可以减少 20%～30%的 NO_x 排放量。在实际工程中，往往将该方式与低 NO_x 燃烧器同时应用，以提高降低 NO_x 排放的效果。

二、影响低 NO_x 直流燃烧（器）系统降 NO_x 的因素

对于低 NO_x 直流燃烧（器）系统，其降低 NO_x 幅度主要受燃用煤质、制粉系统型式、炉膛结构参数、运行参数条件等因素的限制。

（一）燃用煤质的影响

对于燃煤电厂锅炉来说，60%～80%的 NO_x 生成来自燃料型 NO_x，因此控制燃料型 NO_x 显得尤为重要。简单而言，燃用煤种的 N 含量越高，燃烧生成的 NO_x 就越高。根据对全国不同地域、不同煤矿的 306 个煤样进行分析，我国动力燃煤的 N 含量基本在 0.52%～1.41%的范围。试验研究表明，燃煤锅炉中大约只有 20%～25%的燃料氮

转化为 NO_x，其转化程度与过量空气系数、炉膛温度等相关。

燃煤的固态碳及挥发分含量之比也是影响 NO_x 生成的因素。从资料统计数据可以得出，固态碳与挥发分之比越大，其成煤程度越高，燃烧生成 NO_x 量就越大。

燃煤挥发分是影响 NO_x 生成的最重要的因素，同等条件下，挥发分越高，NO_x 排放量就越低。这是因为燃料型 NO_x 主要由挥发分 NO_x 构成，焦炭 NO_x 相比生成量较少。

燃煤灰分也是影响 NO_x 生成的重要因素之一，灰分越高，其影响燃煤挥发分析出的程度越大，不利于挥发分中还原官能团对已生成 NO_x 的还原，也就造成 NO_x 生成量大。

综合以上，选用氮含量低、灰分低、挥发分高的煤种有利于 NO_x 排放控制。

（二）制粉系统型式的影响

燃煤电厂锅炉目前广泛采用的制粉系统型式有中间储仓式热风送粉、中间储仓式乏气送粉、中速磨煤机直吹式制粉系统、双进双出磨煤机直吹式制粉系统、风扇磨煤机直吹式制粉系统。基本同等煤质、同等燃烧型式的条件下，NO_x 排放浓度由低至高依次是：风扇磨煤机直吹式制粉系统、双进双出磨煤机直吹式制粉系统、中速磨煤机直吹式制粉系统、中间储仓式乏气送粉制粉系统、中间储仓式热风送粉制粉系统。分析 NO_x 排放浓度不同的原因主要表现在一次风率、一次风含氧量、燃用煤种等因素，具体分析见表 2-1。

表 2-1　　不同制粉系统 NO_x 排放浓度分析

序号	制粉系统型式	适宜煤种	一次风率（%）	一次风氧含量（%）	NO_x 排放浓度（mg/m^3）
1	风扇磨煤机直吹式	褐煤	14 左右	12 左右	150～250
2	中速磨煤机直吹式	低水分褐煤、烟煤、贫煤	20～35	21	150～500
3	双进双出直吹式	烟煤、贫煤、无烟煤	14～20	21	200
4	中间储仓式乏气送粉	烟煤、贫煤	18 左右	21	250～450
5	中间储仓式热风送粉	贫煤、无烟煤	40 左右（含三次风）	21	450～750

（三）炉膛结构参数的影响

参照《大容量煤粉燃烧锅炉炉膛选型导则》（DL/T 831—2002），重点分析炉膛容积热负荷、断面热负荷、燃烧器区域热负荷、最下层燃烧器距冷灰斗拐角距离、最下层与最上层燃烧器间距离、最上层燃烧器距离屏底距离等参数。一般而言，炉膛容积越大、断面面积越大，也就是容积热负荷越小、断面热负荷越小，对于在役机组，改造所获取的 NO_x 排放浓度值越小；若在役机组炉膛结构较为紧凑，也即容积热负荷及断面热负荷偏大，低 NO_x 燃烧系统改造时应采取相应的拉大燃烧器区域间距以获取较小的燃烧断面热负荷和燃烧器区域热负荷，同时应减小煤粉细度，以获取较低的飞灰可燃物。表 2-2 所示为炉膛特征参数的推荐值。

表 2-2 炉膛特征参数的推荐值

设计煤质	V_{daf}>25%，IT<700℃		V_{daf}<20%，IT>700℃	
机组额定电功率	300MW	600MW	300MW	600MW
q_V（BMCR）上限值 kW/m^3	95～115	85～100	85～105[c]	(80～95)[b]
q_F（BMCR）可用值 MW/m^2	4.0～4.8	4.2～5.1	4.2～5.0	(4.4～5.2)[b]
q_B（BMCR）上限值 MW/m^2	1.2～1.8	1.3～2.0	1.2～1.8	(1.2～2.0)[b]
q_m（BMCR）上限值[a] kW/m^3	200～260		200～260	(180～240)[b]
h_1 下限值[a] m[a]	17～20	18～21	18～22	(19～23)[b]

a q_m 和 h_1 两种特征参数可以任选其一。

b 括号内数值为参考值。

c 对于低结渣性煤，如炉膛敷设卫燃带，q_V上限可增加到 $110kW/m^3$。

（四）运行参数的影响

运行参数对 NO_x 排放浓度影响较大，主要影响参数有运行氧量、燃烧器投运、配风方式及一（三）次风风速等。

运行氧量对 NO_x 排放浓度的影响最为直接，运行氧量越大，NO_x 排放浓度约高，且对于褐煤、烟煤机组表现尤为明显，对贫煤、无烟煤机组表现因受限于飞灰可燃物略微显弱。

燃烧器投运及出力对 NO_x 排放浓度影响也较大，通过对采用低氮燃烧系统四角切圆燃烧锅炉的统计发现，在汽温、壁温等参数允许的条件下，"倒宝塔"投运燃烧器及其出力相对于其他方式有 $10\sim30mg/m^3$ 的 NO_x 排放浓度收益。

主燃烧器区配风方式结合燃烧器投运及出力的使用对 NO_x 排放浓度影响较小，但燃尽风的投运对 NO_x 排放浓度影响很大。对于烟煤锅炉，燃尽风的投运与否可影响 NO_x 排放浓度 $200\sim300mg/m^3$；而对于贫煤、无烟煤锅炉，燃尽风的投运与否对 NO_x 排放浓度影响相对弱一些。

一般而言，降低一（三）次风速可降低 NO_x 排放浓度。

三、低 NO_x 直流燃烧（器）系统设计

（一）基础数据分析

改造前对改造对象的基础数据分析非常重要，重点分析炉膛结构参数、燃用煤质、燃烧及制粉系统设计参数等，通过这些基础数据的分析，获得改造基本信息。

1. 炉膛参数

参照 DL/T 831—2002，重点分析炉膛容积热负荷、断面热负荷、燃烧器区域热负荷、最下层燃烧器距冷灰斗拐角距离、最下层与最上层燃烧器间距离、最上层燃烧器距离屏底距离等参数。通过与同等类型锅炉比对，得出改造对象炉膛改造后可能的运行特点（结渣、腐蚀、超温等），再结合改造手段，在进行低氮燃烧系统改造的同时，消除或缓解未来改造所带来的问题。

2. 燃用煤质

参照西安热工研究院煤性—炉型专家耦合系统，重点分析改造对象目前燃用及未来

可能燃用煤种的结渣、燃尽、可磨等参数，结合制粉系统型式，设计合理的一次风率、主燃烧器区二次风率、燃尽风率等关键参数。

3. 原燃烧系统设计参数

重点分析原燃烧系统一次风率、风温、风速等参数，二次风率、风温、风速等参数以及相关参数。

4. 制粉系统设计参数

重点分析制粉系统各功能风量，例如干燥、送粉等，对燃烧造成较大影响的参数进行详细分析，例如三次风。

（二）改造前运行数据分析

改造前运行数据的分析有助于在改造中通过合理设计避免出现诸如结焦、超温、蒸汽温度低、飞灰可燃物高等问题。

1. 结焦、腐蚀

结焦、腐蚀问题可通过合理设计燃烧器切圆或燃烧器旋口来缓解或解决。一般将切圆或者旋口较原设计缩小，即可缓解或解决水冷壁结焦、腐蚀问题。

2. 过/再热器超温或温度偏低

过/再热器超温一般由运行氧量过大、燃烧器摆动角度不合适、燃烧器旋口角度不合适、高缸排汽温度高、受热面布置不合理等原因引起，一般通过燃烧系统改造可解决由于运行原因引起的现象，设计原因引起的现象很难通过燃烧系统改造解决。

3. 飞灰可燃物高

飞灰可燃物高一般是由于煤粉细度粗、运行氧量小等原因造成的，低氮燃烧系统改造时应考虑降低燃烧器标高、优化制粉系统等手段来解决这一问题。

（三）改造目标确定

低氮燃烧系统改造目标的确定在整个设计过程中非常重要，通过统计分析，在不降低锅炉效率的前提下，目前烟煤锅炉所能达到的 NO_x 排放水平为 120～260mg/m^3；贫煤锅炉所能达到的 NO_x 排放水平为 380～600mg/m^3；无烟煤锅炉所能达到的 NO_x 排放水平为 800～1300mg/m^3。不同炉型、制粉系统型式、燃烧方式所能达到的 NO_x 排放水平不同，根据改造对象的特点，合理确定改造目标，不一味追求极致 NO_x 减排，才能达到较好的综合收益。

（四）系统设计

低氮燃烧系统改造设计必须遵从以下原则：立足现场试验及工程经验为基础，低风险，简单实用。

（1）立足现场。以锅炉现场条件为改造基础，通过最少的设备改动获得改造效果，节省改造费用和减小改造工期。设计燃烧器和 OFA 改造方案时，现场空间、管道走向、钢梁布置等都应纳入考虑范围。

（2）以试验及工程经验为基础。以同等容量及燃烧制粉系统型式各项试验以及低 NO_x 燃烧系统改造成功的工程经验作为改造技术方案设计基础，增加方案应用的可行性。

（3）低风险原则。改造方案在设计时，尽量吸收原燃烧器和行业内现有几种典型低 NO_x 燃烧器的技术特长，回避其短处，并在技术上创新，获得最优化的燃烧器结构和参数设计，并做系统设计。特别是通过低 NO_x 燃烧系统的工程改造经验，进一步优化燃烧器结构设计，改进制造和安装，回避技术风险。

（4）强调简单实用。由于锅炉运行条件较为特殊苛刻，需要关键部件能长期可靠地工作，因此在改造方案设计时，在性能达到要求的前提下，应尽量采用简单实用的机械结构和控制方式，以保证设备能够长期稳定运行，并方便检修维护。采用简单实用的设计理念还可以明显降低改造费用。

四、低 NO_x 直流燃烧（器）系统运行调试

低 NO_x 直流燃烧（器）系统运行调试分为两部分，即冷态调试和热态调试。

（一）冷态调试

冷态调试内容包括风量标定及风速调平、二次风门挡板开度检查、喷口安装切圆检查、一次风射流火花示踪等。

风量标定及风速调平对于不同制粉系统工作内容基本相同，但有所侧重。对风扇磨煤机直吹式制粉系统，由于一次风量在整个运行过程中几乎没有调整手段进行调整，所以仅通过磨煤机出口分配器及各层燃烧器入口相应的调节机构使同层燃烧器、同角燃烧器出口风速达到规范要求的偏差以内即可；对于中速磨煤机直吹式制粉系统，标定磨煤机入口风量，同时调平磨煤机出口各粉管风速在规范要求偏差以内；对双进双出磨煤机，标定磨煤机入口各表盘显示风量（含容量风、旁路风），通过同台磨煤机出口各粉管上的可调缩孔调整粉管风速在规范要求偏差以内；对中间储仓式乏气送粉系统，仅调整各排粉机出口对应粉管的风速在规范要求偏差以内；对中间储仓式热风送粉系统，不仅调整单侧热风风箱对应各一次风管风速在规范要求偏差以内，同时还要调整排粉机对应三次风管风速在规范要求偏差以内。

（二）热态调试

热态调试主要在不同负荷条件下通过对氧量、配风方式、燃尽风投运、磨煤机组合、煤粉细度、周界风量、二次风箱与炉膛差压试验、一次风量（风速）调整等，并根据锅炉运行表现出的不同特性进行相应的专项调试试验，例如吹灰、燃烧器摆角等。

通过热态调试试验，达到 NO_x 排放浓度与锅炉运行安全（超温、结焦等）、经济（效率）相统一的效果。

五、低 NO_x 直流燃烧（器）系统改造实例及运行经验

（一）风扇磨煤机直吹式制粉系统

某电厂一期 2×500MW 机组配套超临界直流锅炉，由俄罗斯波道尔斯克奥尔忠尼启泽机械制造厂生产，型号为Πn-1650-25-545BT，单炉体、全悬吊、T 型结构，按烟气流向在水平烟道中布置有二级屏式过热器，费斯顿-1，一级屏式过热器，三级屏式过热器，二级对流过热器，二级对流再热器，费斯顿-2，费斯顿-3，在对流竖井中布置一级对流再热器-1，一级对流过热器，一级对流再热器-2，两级省煤器，锅炉总图见图 2-12。

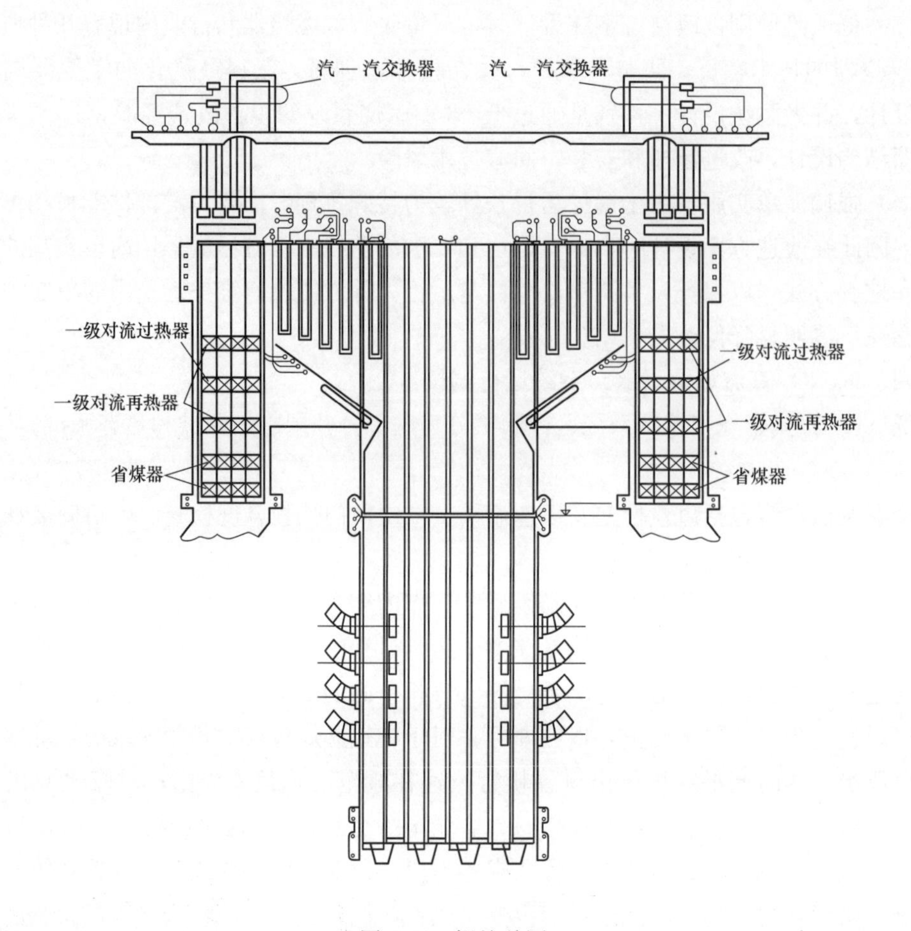

图 2-12　锅炉总图

锅炉采用风扇磨煤机直吹式制粉系统，燃烧器八角布置切向燃烧。配备 8 台 MB-3400/900/490 风扇磨煤机，6 台磨煤机运行可满足锅炉 MCR 负荷。

每台磨煤机的出口粉管通过钟罩式煤粉分配器接同角的 4 个燃烧器喷口（见图 2-13），燃烧器共设置 4 层，共 32 个喷口。每面墙每层各有 2 个燃烧器。燃烧器的几何轴线分别切于直径为 2330mm 和 2570mm 的两个假想切圆，与炉膛水冷壁的夹角为 63.5°，按水冷壁平面垂直线，所有燃烧器的几何轴线向下倾斜 10°角。燃烧器平面布置图见图 2-14，单个燃烧器喷口立面图见图 2-15。

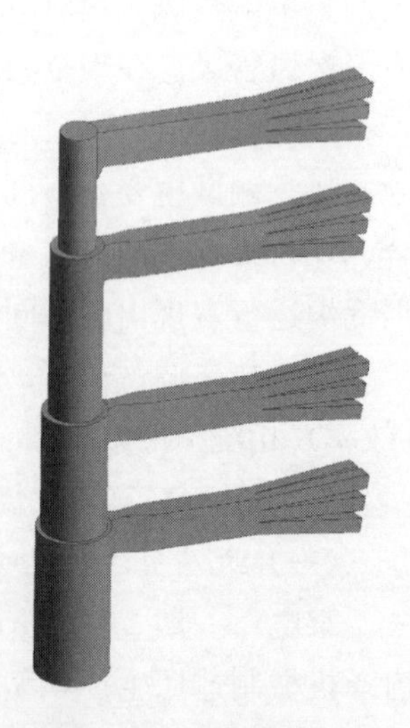

图 2-13　同角四层燃烧器位置示意图

每个燃烧器喷口由 6 个小一次风喷口组成，一次风喷口与箱壳内部之间的间隙及一次风喷口之间的间隙为二次风。三次风属于二次风的一部分，位于锅炉底部，起到托住煤粉的作用。

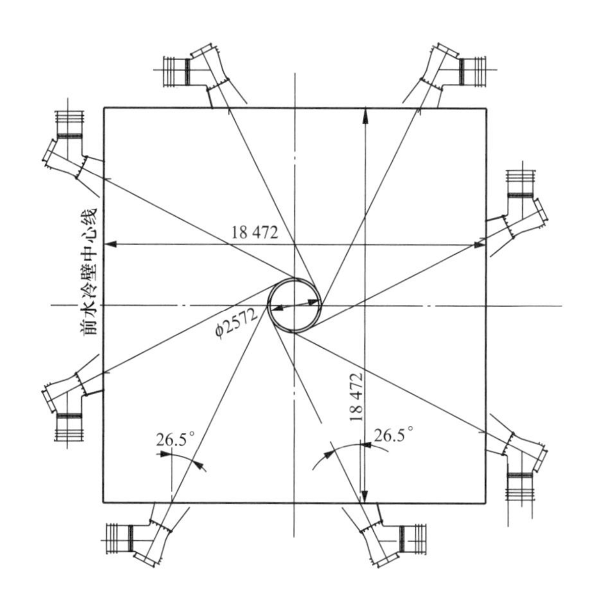

图 2-14 燃烧器平面布置图

图 2-15 单喷口立面布置图

锅炉及燃烧器特性参数见表 2-3。

表 2-3 锅炉及燃烧器特性参数

项目	单位	数据	项目	单位	数据
炉膛深度	m	18.472	一/二/三次风速	m/s	14/45.2/66.8
炉膛宽度	m	18.472	一/二/三次风温	℃	140/307/307
炉膛容积	m^3	20667	一/二/三次风率	%	19.6/75.4
炉膛容积热负荷	kW/m^3	64.67	单个喷嘴热功率	MW	60.5
炉膛截面热负荷	MW/m^2	3.92	磨煤机型号台数		MB3400-900/8
燃烧器区域热负荷	MW/m^2	1.09	干燥剂组成		热+冷炉烟
冷灰斗拐点标高	m	—	一次风层数		4
锅炉屏底标高	m	66.34	上下煤粉喷嘴间距 h_1	m	13.6
上排煤粉喷嘴中心到屏底高度 L	m	32	下排煤粉喷嘴中心到冷灰斗距离 h_2	m	—

实际燃用煤种见表 2-4。

表 2-4 煤种特性参数

项目	单位	数据	项目	单位	数据
全水分	M_t	39.41%	收到基氢	H_{ar}	1.78%
空气干燥基水分	M_{ad}	11.1%	收到基氮	N_{ar}	0.38%
收到基灰分	A_{ar}	9.8%	收到基氧	O_{ar}	11.34%
干燥无灰基挥发分	V_{daf}	45%	全硫	$S_{t,ar}$	0.4%
收到基碳	C_{ar}	36.89%	收到基低位发热量	$Q_{net,v,ar}$	11800MJ/kg

锅炉运行情况分析：锅炉 NO_x 排放较低，为 380～400mg/m^3。原因如下：褐煤里

水分较高，导致炉膛温度水平较低，减少了高温型 NO_x 的生成；由于褐煤灰熔点较低，为了防止锅炉结焦，在锅炉设计时锅炉截面选取较大，炉膛热负荷偏低，也减少了高温型 NO_x 的生成。

锅炉大渣偏高，在10%以上。由于采用了风扇磨煤机，煤粉细度较粗；而且一次风下没有托底二次风，大渣偏高。

1. 系统设计

低 NO_x 改造有利条件包括：上层燃烧器中心到屏底距离 32m，较高，利于布置 SOFA 燃烧器；锅炉炉膛尺寸大，热负荷低；一次风由于掺入烟气，含氧量低，前期燃烧处于欠氧状态，NO_x 生成较低；煤粉挥发分较高，适于进行低 NO_x 改造。

低 NO_x 改造不利条件包括：由于燃烧器与水冷套为滑性连接形式，燃烧器不易进行大的改动；一、二次风不能通过设置各自单独的喷口进入炉膛；一、二次风混合时间较短。

低 NO_x 改造后注意事项包括：增加 SOFA 燃烧器后，主燃烧器区域处于欠氧状态，需保证燃烧器区域水冷壁不发生结渣、高温腐蚀等影响锅炉安全运行的问题；由于大渣含碳量较高，需特别注意设计托住煤粉的能力。

根据上述分析结果，本台炉低氮改造原则如下：

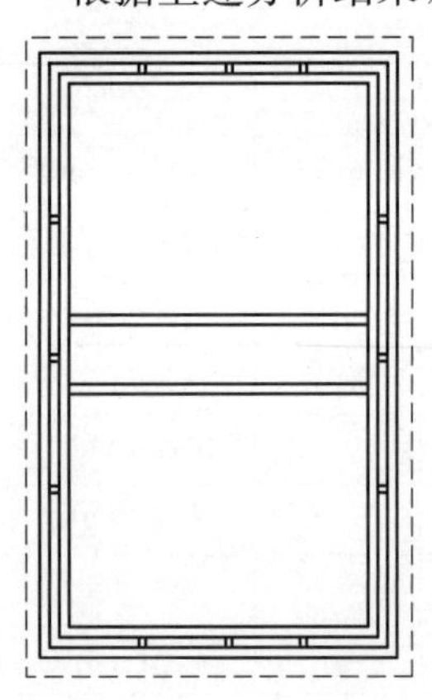

图 2-16　强化着火喷嘴

(1) 燃烧器进入炉膛角度和一次风气流切圆大小保持不变。

(2) 一次风/煤粉喷嘴采用强化着火型煤粉喷嘴，见图 2-16，并在一次风/煤粉气流周围和中心补充初始燃烧用空气量。

(3) 采用立体分级燃烧技术，在主燃烧器上方布置两组 SOFA 燃烧器。

(4) 原燃烧器结构及参数设计不合理。原燃烧器设计时采用了长的预混段、大的喷嘴、低的一次风速度（14m/s），适合高水分、高挥发分、低灰分、低热值的伊敏地区年轻褐煤。

但是由于预混段太长，二次风和煤粉气流的刚性变弱，对锅炉结焦有不利影响并提高 NO_x 初期的排放率，应减少预混段长度。

一次风速偏低，会造成大渣含碳量偏高，应提高到 16～17m/s 左右。

(5) 对喷口进行改进，减少主燃烧器二次风喷口出口面积，新设计喷口降低了十字形二次风的面积，降低了燃烧器初期的氧量，有利于降低燃烧初期 NO_x 排放。

具体改造方案说明如下：

(1) 预混段的长度从 840mm 缩短为 540mm。

(2) 一次风喷口面积缩小，提高一次风速到 16.7m/s。

(3) SOFA 燃烧器中心位于标高 44340mm 处，SOFA 风量占总风量的 25%，离主燃烧器最上层一次风喷口中心有 10m 的距离，离屏底有 22m。

(4) 在最下层燃烧器喷口下增设一层二次风喷口，加强托粉能力。

(5) 主燃烧器二次风面积进行优化。

改造范围如下：

(1) 主燃烧器喷口整体更换，煤粉燃烧器部分更换。

(2) 新增 SOFA 燃烧器及区域水冷壁弯管。

(3) 新增 SOFA 连接风道。

(4) 新增燃尽风组件引起的刚性梁、保温、油漆、钢架、楼梯平台等改造。

(5) 涉及的热控系统改造。

2. 系统调试

低氮改造后，调试结果如下：

(1) 500MW 负荷投运 1～4、6～8 号磨煤机时，SCR 进口 NO_x 浓度表盘值最低能够达到 178.3mg/m^3 (标准状态、干基、6%O_2)，CO 浓度为 137μL/L，锅炉热效率能够达到 92.20%。试验期间锅炉运行参数稳定，主/再热汽温、各受热面壁温正常。

(2) 500MW 负荷投运 1～3、6～8 号磨煤机时，SCR 进口 NO_x 浓度表盘值最低能够达到 174.9mg/m^3 (标准状态、干基、6%O_2)，CO 浓度为 24μL/L，锅炉热效率能到达到 91.96%。试验期间锅炉运行参数稳定，主再汽温、各受热面壁温正常。

(3) 400MW 负荷投运 1～3、6～8 号磨煤机时，SCR 进口 NO_x 浓度表盘值最低能够达到 234.5mg/m^3 (标准状态、干基、6%O_2)，CO 浓度为 4μL/L，锅炉热效率能到达到 91.63%。试验期间锅炉运行参数稳定，主再汽温、各受热面壁温正常。

3. 运行经验

锅炉采用风扇磨煤机直吹式制粉系统，配 8 台 MB3400/900-490 型磨煤机，每台磨煤机供给 4 个煤粉燃烧器，在磨煤机出口装有惯性分离器，用以调节磨煤机出口的煤粉细度。在磨煤机惯性分离器后装有可调节旋流式煤粉分配器，通过调节分配器叶片角度来调节各层煤粉燃烧器的煤粉浓度。但由于自 1998 年投运以来，惯性分离器和煤粉分配器未进行检修和更换，在锅炉调试时煤粉细度和每层燃烧器的给粉量基本不能调节，给调试带来了困难，建议对此进行检修。

由于褐煤水分较高，如果煤粉管道温度较低，则容易引起堵管、压磨等现象，因此规定磨煤机出口温度不低于 130℃；而由于引入磨煤机的干燥热烟气温度偏低，为了保证磨煤机出口温度，有时必须多投一台磨煤机运行，即增大了一次粉风率，对降低 NO_x 排放不利，又增加制粉电耗，建议提高制粉系统干燥能力。

(二) 中速磨煤机直吹式制粉系统

某电厂一期 4×300MW 机组锅炉为哈尔滨锅炉厂采用美国燃烧工程公司 (CE) 的引进技术设计和制造的亚临界压力一次中间再热自然循环汽包炉，1 号炉为 HG1025/18.2-YMII 型，3 号炉为 HG1025/17.5-YMII 型。锅炉为单炉膛紧身封闭，Π型布置，采用平衡通风，中速磨煤机正压直吹式制粉系统，四角切圆燃烧方式，摆动燃烧器调温，固态排渣，设计燃料为烟煤。锅炉采用全悬吊结构，炉顶采用大罩壳热密封方式。

燃烧器采用四角布置摆动式直流燃烧器，可协调同步上下摆动；二次风喷口 (除燃尽风喷口）最大摆动角为±30°（其中燃尽风喷口摆动手动控制，可向上摆动25°，向下摆动5°）；一次风喷口最大摆动角为±25°，燃烧角为3°。每角燃烧器有17个喷口，其中6只一次风喷口，另外11只为二次风喷口，其中OA层、OB层、OC层内布置有油枪，在油枪近旁配有高能点火器，可满足锅炉二级点火。在MCR工况，投运5台磨煤机20只一次风喷口，磨煤机出口煤粉混合物温度为71.1℃，煤粉细度R_{90}=25%，每台炉设12只油枪。切圆直径分别为1005mm（1、3号角）、926mm（2、4号角）。

锅炉采用的是一次风正压直吹式制粉系统，共设置6台磨煤机，五运一备，每台磨煤机出口4根煤粉管，分别对应同一层燃烧器的4个喷口。磨煤机采用的是上海重型机器厂的碗式磨煤机（HP803），煤粉细度R_{90}=25%。

锅炉及燃烧器特性参数见表2-5。

表2-5　锅炉及燃烧器特性参数

项目	单位	数据	项目	单位	数据
炉膛深度	m	14.019	一/二次风速	m/s	28.6/50.06
炉膛宽度	m	14.048	一/二次风温	℃	76.7/331
炉膛容积	m^3	8915	一/二次风率	%	21.8/74.2
炉膛容积热负荷	kW/m^3	87.42	单个喷嘴热功率	MW	41.8
炉膛截面热负荷	MW/m^2	3.97	磨煤机型号台数		HP803/6
燃烧器区域热负荷	MW/m^2	1.13	干燥剂组成		热风+冷风
冷灰斗拐点标高	m	16.274	一次风层数		6
锅炉屏底标高	m	45.774	上下煤粉喷嘴间距h_1	m	7.1
上排煤粉喷嘴中心到屏底高度L	m	17.646	下排煤粉喷嘴中心到冷灰斗距离h_2	m	4.754

实际燃用煤种见表2-6。

表2-6　煤种特性参数

项目	单位	数据	项目	单位	数据
全水分	M_t	15.5%	收到基氢	H_{ar}	3.2%
空气干燥基水分	M_{ad}	9.33%	收到基氮	N_{ar}	0.56%
收到基灰分	A_{ar}	18.01%	收到基氧	O_{ar}	9.43%
干燥无灰基挥发分	V_{daf}	37.89%	全硫	$S_{t,ar}$	0.47%
收到基碳	C_{ar}	52.83%	收到基低位发热量	$Q_{net,v,ar}$	19 330MJ/kg

摸底试验各负荷下NO_x排放数据见图2-17。

1. 系统设计

低NO_x改造有利条件包括：炉膛大，炉膛热负荷低；六层一次风布置，单个燃烧器热负荷低；煤粉挥发分较高，灰分较低，适于进行低NO_x改造。

低NO_x改造不利条件包括：上一次风到屏底距离L偏小，对布置SOFA燃烧器不利。

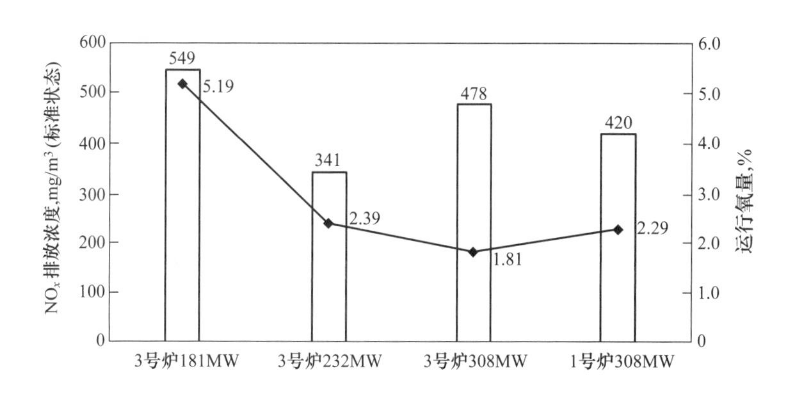

图 2-17 锅炉各负荷下 NO_x 排放与运行氧量对应值

低 NO_x 改造后注意事项包括：增加 SOFA 燃烧器后，主燃烧器区域处于欠氧状态，需保证燃烧器区域水冷壁不发生结渣、高温腐蚀等影响锅炉安全运行的问题。

根据上述分析结果，该台锅炉低氮改造原则如下：

（1）一次风采用水平浓淡技术。采用水平浓淡煤粉燃烧器后，可以有效改善着火阶段煤粉气流的供风，使煤粉在偏离化学当量比环境中着火，大幅度降低 NO_x 排放水平。

（2）采用立体分级燃烧技术。在主燃烧器上方布置一组 SOFA 燃烧器，由于上一次风到屏底距离 L 偏小，可通过降低上一次风标高来增大 L，使 SOFA 燃烧器易于布置。

（3）采用二次风偏置技术。采用预置水平偏角的辅助风喷嘴设计，在燃烧区域及上部四周水冷壁附近形成富空气区，能有效防止炉内结渣和高温腐蚀。

具体改造方案见图 2-18，说明如下：

（1）上一次风标高降低 1272mm，在上一次风标高上 7644mm 处布置一组 4 层 SOFA 燃烧器，SOFA 风量按锅炉总风量的 25%进行设计，SOFA 喷口可上下左右摆动。

（2）取消 CD1、CD2、OFA2 二

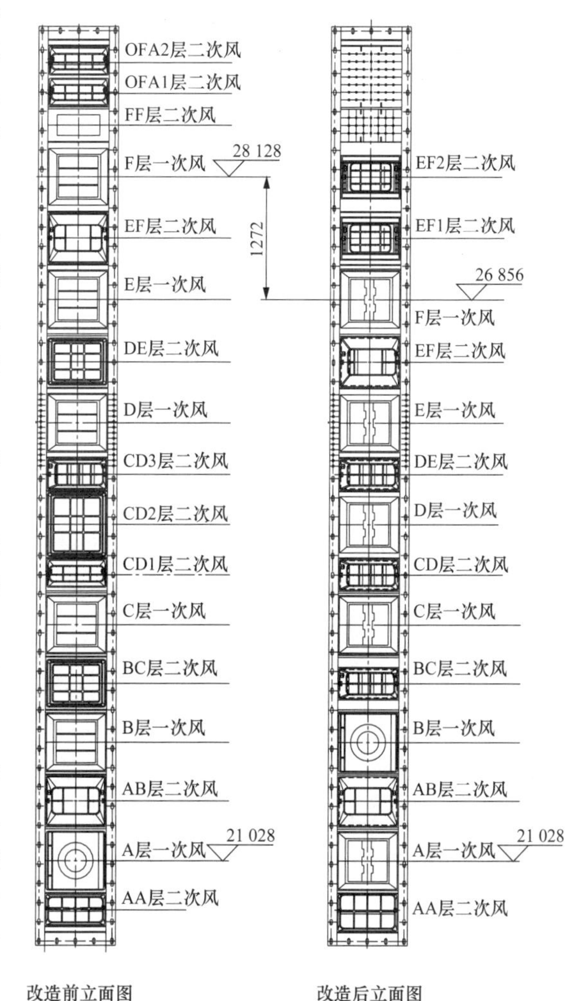

图 2-18 改造前后燃烧器立面图对比

次风，BC、CD、DE、EF 二次风射流方向与主气流形成偏置。

(3) 一次风切圆大小保持不变。

(4) 为了减少炉膛出口烟温偏差，主燃烧器顶部二次风 FF1、FF2 二次风设置为可左右摆动喷口，增加燃烧调节手段。

(5) 原 OFA1、OFA2、FF 二次风位置用开小孔的布风板密封。

改造范围如下：

(1) 主燃烧器系统及上三层一次风组件及一次风管道下移。

(2) 煤粉燃烧器及二次风喷口进行更换。

(3) 新增 SOFA 燃烧器及区域水冷壁弯管。

(4) 新增 SOFA 连接风道。

(5) 新增燃尽风组件引起的刚性梁、保温、油漆、钢架、楼梯平台等改造。

(6) 涉及的热控系统改造。

2. 系统调试

低氮改造后，调试结果如下：

(1) 300MW 电负荷下，飞灰可燃物含量为 0.50%，炉渣可燃物含量为 3.70%，修正后锅炉效率为 93.25%；脱硝入口实测 NO_x 排放浓度为 153.3mg/m^3，脱硝入口实测 CO 排放浓度为 79μL；过热汽温甲/乙侧分别为 540.1℃/541.6℃，再热汽温甲/乙侧分别为 540.4℃/538.2℃，主/再热汽温能够达到额定值；过热器一、二级减温水量分别为 6.42、5.40t/h，再热器减温水量为 10.40t/h，减温水量均在正常调节范围。

(2) 240MW 电负荷下，飞灰可燃物含量为 0.22%，炉渣可燃物含量为 3.35%，修正后锅炉效率为 93.37%；脱硝入口实测 NO_x 排放浓度为 138.5mg/m^3，脱硝入口实测 CO 排放浓度为 23μL/L；过热汽温甲/乙侧分别为 536.6℃/536.1℃，再热汽温甲/乙侧分别为 537.8℃/536.4℃，主/再热汽温基本能够达到额定值；过热器一、二级减温水量分别为 5.21、5.23t/h，再热器减温水量为 3.26t/h，减温水量均在正常调节范围。

(3) 180MW 电负荷下，飞灰可燃物含量为 0.26%，炉渣可燃物含量为 4.09%，修正后锅炉效率为 92.85%；脱硝入口实测 NO_x 排放浓度为 127.8mg/m^3，脱硝入口实测 CO 排放浓度为 6μL/L；过热汽温甲/乙侧分别为 541.3℃/541.3℃，再热汽温甲/乙侧分别为 540.5℃/541.3℃，主/再热汽温能够达到额定值；过热器一、二级减温水量分别为 17.82、2.85t/h，再热器减温水量为 0.70t/h，减温水量均在正常调节范围。

锅炉自 2014 年 6 月低氮改造运行以来，在各种负荷下 NO_x 均低于 150mg/m^3，主/再热汽温均能满足要求，各项经济指标均优于设计值，未出现受热面局部超温、炉内水冷壁高温腐蚀现象。

3. 运行经验

维持锅炉其余参数不变，300MW 负荷下只在不同氧量下进行了工况 1 与工况 2 的测试对比，两工况下主/再热汽温能够达到额定值，结果见表 2-7；从表中得知，虽然降低氧量到 2.02%后可进一步降低 NO_x 排放浓度，但此时 CO 浓度偏高，会缩短锅炉受热面高温腐蚀的时间，给锅炉安全运行带来了隐患。因此应在锅炉的经济性和安全性寻求平衡点，建议锅炉在表盘氧量 3.0%附近长期运行。

表 2-7　　不同氧量下参数对比

工况	表盘氧量	飞灰可燃物	锅炉效率	脱硝入口 NO_x 浓度	脱硝入口 CO 浓度
工况 1	2.02%	0.33%	93.40%	117.1mg/m^3	172μL/L
工况 2	2.82%	0.23%	93.25%	150.2mg/m^3	26μL/L

（三）双进双出磨煤机直吹式制粉系统

某发电有限公司 2×330MW 机组，分别于 2006 年 10 月和 2007 年 5 月建成投产；锅炉为上海锅炉厂有限公司生产的亚临界压力控制循环锅炉，产品型号为 SG-1036/17.5-M882。采用正压直吹四角切圆燃烧方式，双进双出钢球磨煤机冷一次风正压直吹系统，设计燃用本地高挥发分烟煤，锅炉采用全悬吊结构，炉顶采用大罩壳热密封方式。

制粉系统配置 2 台 BBD4366 双进双出磨煤机。每台磨煤机的一端带四角一层一次风喷嘴，一台磨煤机带 2 层一次风喷嘴，2 台磨煤机共带 4 层一次风喷嘴，单烧煤工况下投运 2 台磨煤机可带 MCR 工况，掺烧水煤气工况下，2 台磨煤机也能带 MCR 工况。

一次风采用水平浓淡型燃烧器。利用百叶窗煤粉浓缩器将一次风在水平方向上分成浓度差异适当的浓淡两股。主燃烧器采用原美国 CE 公司的技术设计制造，大风箱、大切角式燃烧器，四角布置，原燃烧器一次风喷口和部分辅助风喷口射流中心线与前墙水冷壁夹角分别为 37°和 45°。在炉内形成两个逆时针旋转的假想切圆，其直径分别为 1289mm 和 1176mm。A、AB 和 B 层二次启旋风与一次风顺时针 20°布置，启旋风顺时针直径分别为 4817、4926mm，主燃烧气流顺时针，OFA1、OFA2 消旋风与一次风−17°布置，AA、BB 二次风与一次风同角度布置。顶层 OFA1、OFA2 手动上摆+30°下摆−5°；所有一次风可上下摆动±20°；所有二次风喷口可上下摆动±30°。

锅炉及燃烧器特性参数见表 2-8。

表 2-8　　锅炉及燃烧器特性参数

项目	单位	数据	项目	单位	数据
炉膛深度	m	14.022	一/二次风速	m/s	27/45
炉膛宽度	m	12.615	一/二次风温	℃	70/313
炉膛容积	m^3	7641	一/二次风率	%	19.6/75.4
炉膛容积热负荷	kW/m^3	105.5	单个喷嘴热功率	MW	55.31
炉膛截面热负荷	MW/m^2	4.55	磨煤机型号台数		BBD4366/2
燃烧器区域热负荷	MW/m^2	1.56	干燥剂组成		热风
冷灰斗拐点标高	m	15.78	一次风层数		4
锅炉屏底标高	m	45.6	上下煤粉喷嘴间距 h_1	m	4.59
上排煤粉喷嘴中心到屏底高度 L	m	19.5	下排煤粉喷嘴中心到冷灰斗距离 h_2	m	5.73

实际燃用煤种见表 2-9。

表 2-9　　　　　　　　　　　煤 种 特 性 参 数

项目	单位	数据	项目	单位	数据
全水分	M_t	7.85%	收到基氢	H_{ar}	2.92%
空气干燥基水分	M_{ad}	2.22%	收到基氮	N_{ar}	0.8%
收到基灰分	A_{ar}	36.69%	收到基氧	O_{ar}	6.52%
干燥无灰基挥发分	V_{daf}	42.87%	全硫	$S_{t,ar}$	1.22%
收到基碳	C_{ar}	44%	收到基低位发热量	$Q_{net,v,ar}$	16 710MJ/kg

摸底试验各负荷下 NO_x 排放数据，目前 2 台锅炉 NO_x 排放浓度范围约为 520～650mg/m^3；锅炉运行氧量对 NO_x 排放影响较大，300MW 负荷时，运行氧量从 3.60% 减小至 2.52%，NO_x 排放浓度从 628mg/m^3 降低至 516mg/m^3。

1. 系统设计

低 NO_x 改造有利条件包括：下排煤粉喷嘴中心到冷灰斗距离 h_2 高于设计推荐值 4.2m，可适当下移下一次风标高，利于布置 SOFA 燃烧器。煤粉挥发分较高，适于进行低 NO_x 改造。

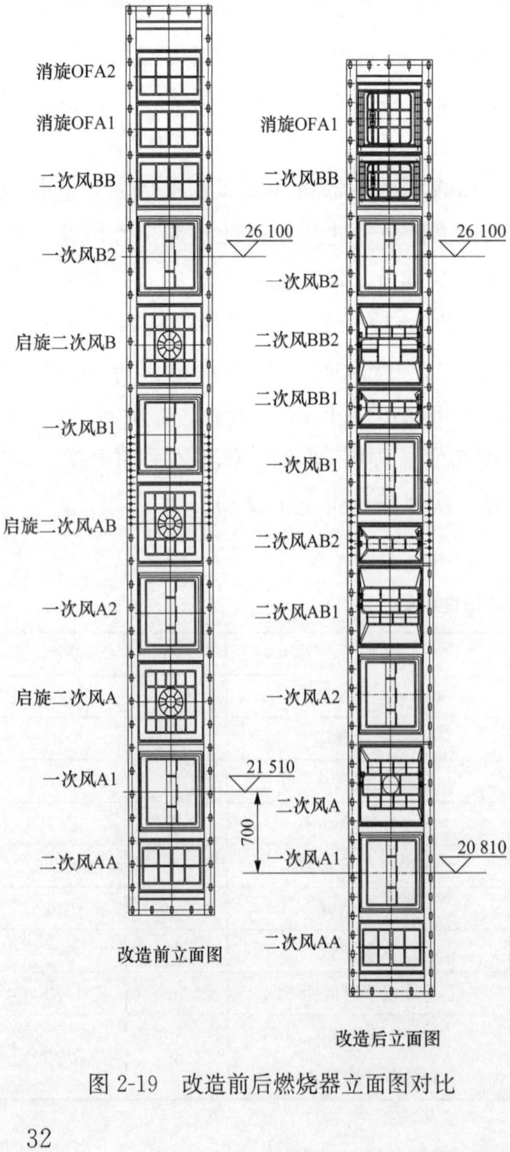

改造前立面图

改造后立面图

图 2-19　改造前后燃烧器立面图对比

低 NO_x 改造不利条件包括：四层一次风布置，单个燃烧器热负荷高；上下一次风间距偏小，燃烧器区域热负荷较高；煤粉灰分较高，延缓了煤粉的前期燃尽，不利于进行低 NO_x 改造。

低 NO_x 改造后注意事项包括：增加 SOFA 燃烧器后，主燃烧器区域处于欠氧状态，需保证燃烧器区域水冷壁不发生结渣、高温腐蚀等影响锅炉安全运行的问题；由于煤粉灰分较高，需特别注意煤粉的燃尽，应采取强化燃烧的措施。

根据上述分析结果，该台炉低氮改造原则如下：

（1）重新设计切圆形式，维持顺时针启旋风结构，切圆方向与原设计主旋转方向一致，顺时针。

（2）一次风采用水平浓淡技术。

（3）采用立体分级燃烧技术。在主燃烧器上方布置一组 SOFA 燃烧器。

（4）增大上下一次风间距，减少燃烧器区域热负荷。

（5）采用二次风偏置技术；采用预置水平偏角的辅助风喷嘴设计。

具体改造方案见图 2-19，说明如下：

（1）A1 层一次风标高下移 700mm，B2 层一次风标高不动。燃烧器一次风间距由 4590mm 增加为 5290mm，燃烧器区域壁面热负荷由改前 1.56MW/m^2 下降为 1.43MW/m^2。

（2）在上一次风标高上 8015mm 处布置一组 4 层 SOFA 燃烧器，SOFA 风量按锅炉总风量的 25%进行设计，SOFA 喷口可上下左右摆动。

（3）在 A2、B1 层一次风之间增加一层二次风，减少一层 OFA 风。

（4）一次风切圆大小保持不变。

（5）A、AB1、BB2 为启旋风，与一次风偏 4.5°顺时针布置；AB2、BB1 层二次风喷口为偏斜风喷口，该喷口与一次风偏 22°顺时针布置。

（6）原 OFA1、OFA2、FF 二次风位置用开小孔的布风板密封。

改造范围如下：

（1）主燃烧器整体更换，含箱壳、喷口、煤粉燃烧器、主燃烧器水冷套等。

（2）新增 SOFA 燃烧器及区域水冷壁弯管。

（3）新增 SOFA 连接风道。

（4）新增燃尽风组件引起的刚性梁、保温、油漆、钢架、楼梯平台等改造。

（5）涉及的热控系统改造。

2. 系统调试

低氮改造后，调试结果如下：

（1）燃烧调整试验后，在 300MW 负荷下，SCR 入口实测 NO_x（标准状态、干基、6%O_2）浓度为 246.8mg/m^3，CO 含量为 12μL/L，修正后锅炉热效率为 91.44%，且试验期间锅炉运行参数稳定，主/再汽温、各受热面壁温正常，两侧偏差较小。

（2）燃烧调整试验后，在 250MW 负荷下，SCR 入口实测 NO_x（标准状态、干基、6%O_2）浓度为 255.5mg/m^3，CO 含量为 19μL/L，试验期间锅炉运行参数稳定，主/再汽温、各受热面壁温正常，两侧偏差较小。

（3）燃烧调整试验后，在 200MW 负荷下，SCR 入口实测 NO_x（标准状态、干基、6%O_2）浓度为 273.2mg/m^3，没有 CO 气体，试验期间锅炉运行参数稳定，主/再汽温、各受热面壁温正常，两侧偏差较小。

3. 运行经验

在各负荷段，随着 SOFA 风量的逐渐开大，SCR 入口 NO_x 含量逐步明显降低，对锅炉运行经济性的影响也不尽相同。在 300MW 负荷时，随着 SOFA 风量的逐渐增大，锅炉热效率有一定的降低，但在中低负荷时，这种影响相对较小。

在各负荷段，在没有进行燃烧器与 SOFA 风水平摆角调整之前，随着 SOFA 风量的逐渐开大，汽温与壁温偏差明显增大，且在开大到一定程度时导致壁温超温；在水平摆角调整后，在相同的 SOFA 风门开度下，汽温与壁温偏差问题明显缓解，由于下三层 SOFA 风水平摆角进行了调整，当逐渐开大下三层 SOFA 风量时，偏差问题逐渐缓解，因此可见 SOFA 风的水平摆角调整对缓解两侧烟温、汽温与壁温偏差效果明显。

（四）中间储仓式乏气送粉系统

某电厂二期扩建工程3、4号炉为HG-670/13.7-YM11型超高压、中间再热、自然循环、固态排渣煤粉炉，其受热面整体布置成Π型，燃烧器燃烧方式四角切圆燃烧、自然平衡通风、全钢架悬吊结构、室内布置、固态排渣，设计煤种为当地公岛素矿区原煤掺烧海勃湾地区洗中煤。炉膛四周布满了$\phi60\times7$mm膜式水冷壁，炉膛上方布置有前屏过热器，在炉膛出口处布置有后屏过热器。水平烟道由斜坡水冷壁和侧包墙管道组成，水平烟道内布置有对流过热器和再热器热段。转向室竖井由前、后、侧包墙管组成，布置有再热器冷段、上级省煤器。尾部竖井由上至下布置上级空气预热器、下级省煤器、下级空气预热器（分上下两段）。

燃烧器与水冷壁为固定式连接方式，运行时燃烧器随水冷壁一起向下膨胀，其膨胀力由风粉管道吸收。煤粉燃烧器布置在炉膛四角，切圆燃烧。四角切圆燃烧器中心线与炉膛中心形成一个假想切圆相切，假想切圆的直径是949mm。每角燃烧器有四层一次风喷口，采用百叶窗式水平浓淡燃烧器，一二次喷口均为耐热铸钢件。

该燃烧器采用CE传统的大风箱结构，由隔板将大风箱分隔成若干风室，在各风室的出口处布置数量不等的燃烧器喷嘴。一次风喷嘴可上下摆动各20°，二次风喷嘴可作上下各30°的摆动，顶部燃尽风室可作向上30°、向下5°的摆动，以此来改变燃烧中心区域的位置，调节炉膛各辐射受热面的吸热量，从而调节再热汽温。每只燃烧器共15个喷嘴。包括4层一次风喷口（A、B、C、D层），1层顶二次风（OFA）喷口，8层二次风喷口，2层油喷嘴，一次风喷口布置周风。

该炉制粉系统采用钢球磨煤机中间储仓式制粉系统，每台锅炉配2台型号为380/720的钢球磨煤机。

锅炉及燃烧器特性参数见表2-10。

表2-10　　锅炉及燃烧器特性参数

项目	单位	数据	项目	单位	数据
炉膛深度	m	11.66	一/二次风速	m/s	30/48
炉膛宽度	m	11.66	一/二次风温	℃	59/316
炉膛容积	m^3	4128	一/二次风率	%	30/67
炉膛容积热负荷	kW/m^3	134.5	单个喷嘴热功率	MW	37.26
炉膛截面热负荷	MW/m^2	4.08	磨煤机型号台数		DTM380/720/2
燃烧器区域热负荷	MW/m^2	1.58	干燥剂组成		热风+冷风
冷灰斗拐点标高	m	13.591	一次风层数		4
锅炉屏底标高	m	35.743	上下煤粉喷嘴间距h_1	m	4.52
上排煤粉喷嘴中心到屏底高度L	m	14.898	下排煤粉喷嘴中心到冷灰斗距离h_2	m	4.754

实际燃用煤种见表 2-11。

表 2-11 煤种特性参数

项目	单位	数据	项目	单位	数据
全水分	M_t	13.3%	收到基氢	H_{ar}	2.67%
空气干燥基水分	M_{ad}	3.46%	收到基氮	N_{ar}	0.73%
收到基灰分	A_{ar}	31.04%	收到基氧	O_{ar}	6.64%
干燥无灰基挥发分	V_{daf}	34.04%	全硫	$S_{t,ar}$	1.24%
收到基碳	C_{ar}	44.38%	收到基低位发热量	$Q_{net,v,ar}$	16 360MJ/kg

以下为摸底试验各负荷下 NO_x 排放数据：

200MW 下运行氧量为 3.3%，实测空气预热器出口平均氧量为 4.0%，飞灰含碳量平均为 5.11%，炉渣含碳量为 1.57%，锅炉效率为 89.53%，实测空气预热器出口 NO_x 浓度（O_2、6%）为 992.9mg/m^3。

200MW 下当运行氧量降低为 2.2%后，飞灰含碳量平均为 6.75%，炉渣含碳量为 1.05%，锅炉效率为 88.85%，实测空气预热器出口 NO_x 浓度（O_2、6%）为 889.6mg/m^3。

1. 系统设计

低 NO_x 改造有利条件包括：四层一次风布置，单个燃烧器热负荷较低；煤粉挥发分较高，适于进行低 NO_x 改造。

低 NO_x 改造不利条件包括：一次风率高，燃烧前期补充进入的氧量较高，不利于 NO_x 排放控制；锅炉容量较小，锅炉热负荷偏高；煤粉灰分较高，延缓了煤粉的前期燃尽，不利于进行低 NO_x 改造。

低 NO_x 改造后注意事项包括：增加 SOFA 燃烧器后，主燃烧器区域处于欠氧状态，需保证燃烧器区域水冷壁不发生结渣、高温腐蚀等影响锅炉安全运行的问题；由于煤粉灰分较高，需特别注意煤粉的燃尽，应采取强化燃烧的措施。

根据上述分析结果，该台炉低氮改造原则如下：

（1）一次风切圆大小合适，不进行调整。

（2）一次风采用水平浓淡技术。

（3）采用立体分级燃烧技术；在主燃烧器上方布置一组 SOFA 燃烧器。

（4）上下一次风间距进行调整，延长煤粉停留时间。

（5）采用二次风偏置技术；采用预置水平偏角的辅助风喷嘴设计。

具体改造方案见图 2-20，说明如下：

（1）上一次风标高降低 724mm，在上一次风标高上 5700mm 处布置一组四层 SOFA 燃烧器，SOFA 风量按锅炉总风量的 25%进行设计，SOFA 喷口可上下左右摆动。

（2）取消 BC1、BC3、CD2、OFA2 二次风，AB、BC、CD 二次风射流方向与主气流形成偏置。

（3）一次风切圆大小保持不变，浓侧采用小切圆反切形式。

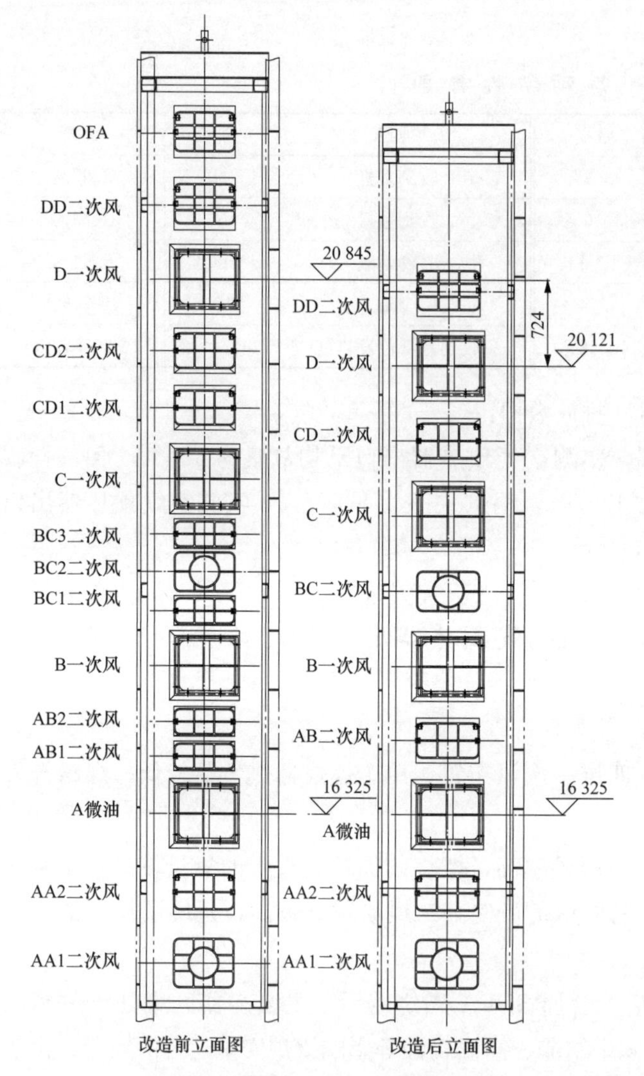

图 2-20　改造前后燃烧器立面图对比

(4) 为了减少炉膛出口烟温偏差，主燃烧器顶部二次风 DD 二次风设置为可左右摆动喷口，增加燃烧调节手段。

(5) 底部二次风与一次风同角度进入炉膛，加强托粉能力。

改造范围如下：

(1) 主燃烧器整体更换，含箱壳、喷口、煤粉燃烧器、主燃烧器水冷套等。

(2) 新增 SOFA 燃烧器及区域水冷壁弯管。

(3) 新增 SOFA 连接风道。

(4) 新增燃尽风组件引起的刚性梁、保温、油漆、钢架、楼梯平台等改造。

(5) 涉及的热控系统改造。

2. 系统调试

低氮改造后，调试结果如下：

(1) 在 160MW 电负荷下，空气预热器入口实测 NO_x 浓度（转化至标准状态 6% O_2）甲、乙侧分别为 350.9、348.4mg/m^3，平均值为 349.7mg/m^3；空气预热器入口实测 CO 浓度（转化至标准状态 6% O_2）甲、乙侧分别为 25.8μL/L、26.0μL/L，平均值为 25.9μL/L；修正后排烟温度为 147.46℃；修正后锅炉效率为 90.00%。

(2) 在 200MW 电负荷下，空气预热器入口实测 NO_x 浓度甲、乙侧分别为 398.6、393.4mg/m^3，平均值为 396.0mg/m^3；空气预热器入口实测 CO 浓度甲、乙侧分别为 16.0、42.8μL/L，平均值为 29.4μL/L；修正后排烟温度为 154.2℃；修正后锅炉效率为 88.88%。

3. 运行经验

锅炉甲、乙磨煤机煤粉细度 R_{90} 分别为 27.81%、32.77%，根据试验期间的煤质特性来看，干燥无灰基挥发分 V_{daf} 在 32%～35%之间，因而适合的煤粉细度 R_{90} 应该在 20%左右，建议对 3、4 号锅炉煤粉细度进行适当调整。

（五）中间储仓式热风送粉系统

某电厂一、二期装机容量 4×300MW。其中 4 号锅炉是由武汉锅炉厂生产的。1025t/h 亚临界自然循环煤粉炉，采用Ⅱ型全露天布置，全钢结构。锅炉采用单炉膛，四角切圆燃烧，一次中间再热，挡板调温，平衡通风，固态机械排渣，燃烧器采用 WR 可摆动燃烧器，尾部设置容克式回转空气预热器。锅炉主视结构见图 2-21。

锅炉采用钢球磨煤机中间仓储制粉，热风送粉系统。燃烧系统采用引进 GE 技术的 16 只垂直浓淡 WR 燃烧器分上下两组在炉内四角切圆布置，燃烧器一次风喷口设置锯齿形稳燃钝体，以利于低负荷下煤粉的着火和稳燃。每组燃烧器由 4 层一次风喷嘴，8 层二次风喷嘴，2 层三次风喷嘴组成。2 层三次风集中布置在顶部二次风下方，其喷嘴角向下倾斜 10°，不进行摆动。除顶部二次风摆动为手动外，其余喷嘴的摆动均由气缸驱动。一次风摆动的角度为±13°，二次风的摆动角度为±15°，最下层二次风喷嘴（AA）挡板为手动，处于常开位置。一次风和三次风喷嘴内均设有周界风，一次风切圆直径大小为 857/613mm。

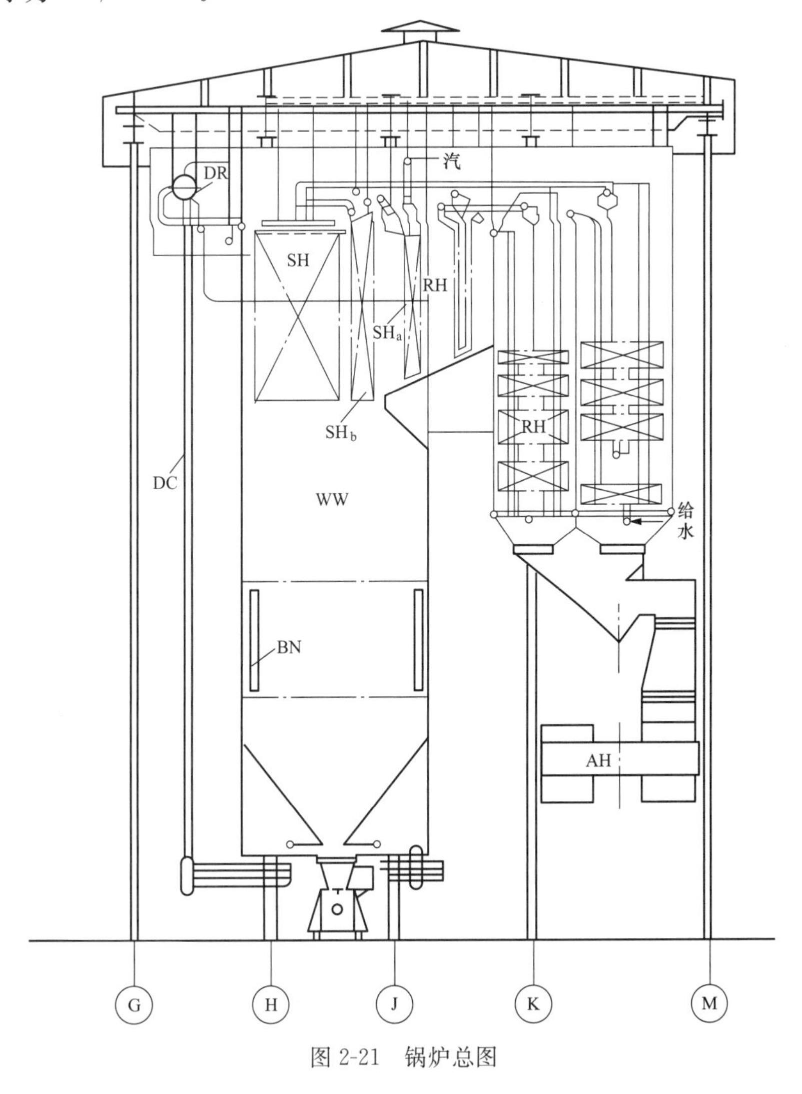

图 2-21　锅炉总图

锅炉及燃烧器特性参数见表2-12。

表2-12　锅炉及燃烧器特性参数

项目	单位	数据	项目	单位	数据
炉膛深度	m	13.26	一/二/三次风速	m/s	25.8/46/48
炉膛宽度	m	12.5	一/二/三次风温	℃	260/369/110
炉膛容积	m^3	6631	一/二/三次风率	%	18/57.6/20.4
炉膛容积热负荷	kW/m^3	110.2	单个喷嘴热功率	MW	48.6
炉膛截面热负荷	MW/m^2	4.719	磨煤机型号台数		MTZ3570
燃烧器区域热负荷	MW/m^2	1.963	干燥剂组成		热风+冷风
冷灰斗拐点标高	m	14.969	一/三次风层数		4/2
锅炉屏底标高	m	45.1	上一/三次风到下一次风煤粉喷嘴间距 h_1	m	4.736/6.943
上排一/三次风中心到屏底高度 L	m	21.284/18.977	排煤粉喷嘴中心到冷灰斗距离 h_2	m	4.211

实际燃用煤种见表2-13。

表2-13　煤种特性参数

项目	单位	数据	项目	单位	数据
全水分	M_t	8.5%	收到基氢	H_{ar}	2.82%
空气干燥基水分	M_{ad}	1.52%	收到基氮	N_{ar}	0.73%
收到基灰分	A_{ar}	35.95%	收到基氧	O_{ar}	3.92%
干燥无灰基挥发	V_{daf}	14.85%	全硫	$S_{t,ar}$	1.3%
收到基碳	C_{ar}	46.78%	收到基低位发热量	$Q_{net,v,ar}$	18 190MJ/kg

摸底试验数据如下：

试验期间煤质干燥无灰基挥发分较高，约为18.18%。

负荷降低时，由于运行氧量增加，NO_x 浓度由956mg/m³逐渐升高到1000mg/m³；满负荷下，NO_x 生成浓度随运行氧量变化较大，锅炉富氧燃烧时，NO_x 浓度升高，降低氧量相对贫氧燃烧时，NO_x 降低到937mg/m³；满负荷下，锅炉燃烧二次风配风方式对 NO_x 生成有较大影响。锅炉正宝塔运行时，NO_x 浓度最高约1054mg/m³，倒宝塔运行时 NO_x 降到949mg/m³，对减少 NO_x 相对有利。

1. 系统设计

贫煤锅炉由于燃用煤质挥发分低，挥发分越高，在燃烧初期利用欠氧气氛燃烧生成的HCN和 NH_3 等中间产物越多，这些中间产物可以起到抑制和还原已经生成的 NO_x 的作用；而且由于贫煤燃烧性能差，为了保证煤粉的燃尽，锅炉炉膛设计较小，炉膛热负荷较高，热力型 NO_x 排放较高；这是贫煤锅炉较烟煤锅炉 NO_x 排放量高的两个主要原因。

贫煤锅炉在选用钢球磨煤机中间储仓式热风送粉系统时，为了保证初期煤粉的燃尽，一次风温选取较高，这对降低初期 NO_x 是不利的；而且热风系统里乏气（含有较稀的煤粉）作为三次风进入炉膛，一般放置于燃烧器的顶部，相当于一部分燃料从顶部进入炉膛，推迟了煤粉的着火燃尽，对于在还原区抑制和还原已经生成的 NO_x 是非常不利的。

低 NO_x 改造无有利条件。

低 NO_x 改造不利条件包括：炉膛小，炉膛热负荷高；四层一次风布置，单个燃烧器热负荷高；煤粉挥发份较低，灰分较高，不适于进行低 NO_x 改造；三次风在燃烧器顶部进入炉膛燃烧，弱化了还原 NO_x 的能力。

低 NO_x 改造后注意事项包括：增加 SOFA 燃烧器后，主燃烧器区域处于欠氧状态，需保证燃烧器区域水冷壁不发生结渣、高温腐蚀等影响锅炉安全运行的问题。

贫煤需要燃烧完全，需处于富氧状态，而分级燃烧却使主燃烧器区域处于贫氧状态，因此低氮改造后煤粉的燃尽是需要着重考虑的问题。

另外三次风的处置需要考虑，如果还放置在燃烧器顶部，对于降低 NO_x 排放和控制飞灰含碳量都是不利的。

根据上述分析结果，该台炉低氮改造原则如下：

(1) 一次风采用水平浓淡技术。一次风切圆大小进行优化。

(2) 采用立体分级燃烧技术。在主燃烧器上方布置一组 SOFA 燃烧器。

(3) 采用二次风偏置技术。采用预置水平偏角的辅助风喷嘴设计。

(4) 顶部三次风移至主燃烧器中心。

(5) 对原有锅炉卫燃带进行改造，减少燃烧器区域热负荷。

具体改造方案见图 2-22，说明如下：

(1) 上一次风标高不动，在上一次风标高上 5900mm 处布置一组四层 SOFA 燃烧器，SOFA 风量按锅炉总

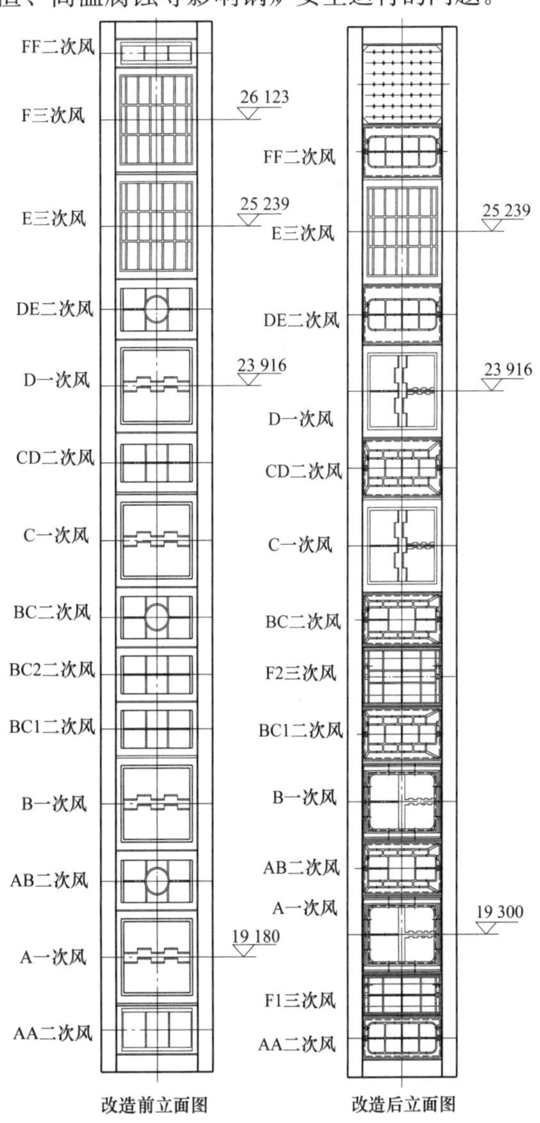

图 2-22　改造前后燃烧器立面图对比

风量的25%进行设计，SOFA喷口可上下左右摆动。

(2) BC1、BC、CD、DE为上下对称偏斜二次风喷口，形成风包粉结构。

(3) 一次风燃烧器的假想切圆直径减小到416mm。

(4) F三次风分为F1、F2两层三次风，F1三次风位于底部二次风上端，F2三次风位于原BC2二次风位置。

(5) 原F层三次风、FF二次风位置用开小孔的布风板密封。

(6) 卫燃带面积从200m^{2}削减至107m^2。

改造范围如下：

(1) F层三次风管道走向进行改造。

(2) 煤粉燃烧器及二次风喷口进行更换。

(3) 新增SOFA燃烧器及区域水冷壁弯管。

(4) 新增SOFA连接风道。

(5) 新增燃尽风组件引起的刚性梁、保温、油漆、钢架、楼梯平台等改造。

(6) 涉及的热控系统改造。

2. 系统调试

低氮改造后，调试结果如下：

(1) 300MW负荷经过优化组合调整后，在BD、AD、ABD、BCD、BC磨煤机组合下NO_x排放浓度分别为577.3、556.1、653.4、725.7、668.4mg/m^3，与习惯运行工况时NO_x排放浓度在1040mg/m^{3}左右相比，下降幅度很大；飞灰可燃物含量在2.79%～4.06%之间。

(2) 由于A、D磨煤机的三次风下移，从试验结果来看，投运AD磨煤机组合时，与投运BC磨煤机组合相比，NO_x排放浓度下降了120mg/m^{3}左右，即三次风的下移对降低NO_x是有利的，但主/再热汽温分别会下降6℃、11℃左右。

3. 运行经验

通过试验摸索，对SOFA风燃烧器进行扇形配风，即4层SOFA风对应不同的水平摆角，上层的SOFA风形成的假想切圆较大；如此配风后，日常运行时NO_x可控制在550mg/m^3。

第四节　墙式燃烧旋流燃烧器降低NO_x

一、墙式燃烧方式和旋流燃烧器

墙式燃烧方式（见图2-23）是煤粉锅炉上一种使用广泛的燃烧组织方式，在50～1000MW等级的烟煤、贫煤和无烟煤锅炉上都有应用。墙式燃烧方式在炉膛前后墙或两侧墙上配置旋流燃烧器，燃烧器出口的气流多与炉墙垂直，燃烧器整体布置一般以炉膛中心线为对称。

早期部分300MW级以下容量锅炉的旋流燃烧器布置在前墙上，以方便煤粉管道的布置。随着锅炉容量的提高，所需燃烧器数量增多，前墙布置较为困难，燃烧器只得以对冲（交错）布置在锅炉的前后墙或两侧墙上。对冲燃烧布置方式在各种容量的墙式燃烧锅炉上都有采取，与前墙布置方式比较，对冲燃烧方式可以获得更好的炉膛充满度，炉内温度分布较为均匀，能更好地保证较高的锅炉燃烧效率。

旋流燃烧器出口的一、二次风部分或全部以旋转气流的型式进入炉膛，气流旋转在燃烧器出口形成一个负压区卷吸炉膛高温烟气，同时旋转气流的外缘也引射高温烟气，一次风粉与这些高温烟气混合达到着火温度后开始燃烧。因此旋流燃烧器一般认为是自组织燃烧，燃烧稳定性和 NO_x 控制与燃烧器的性能关系密切，其工作原理如图 2-24 所示。

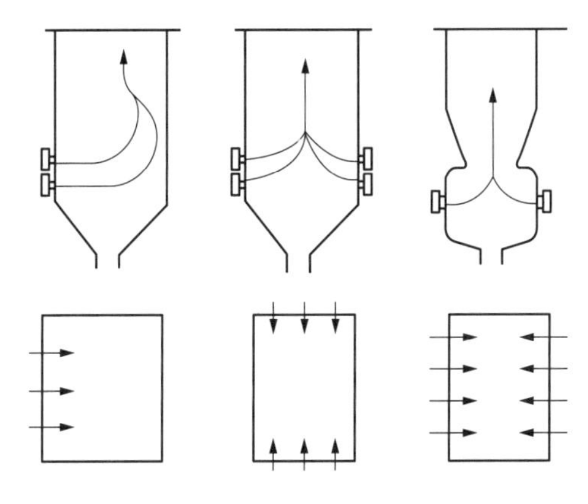

图 2-23　墙式燃烧方式

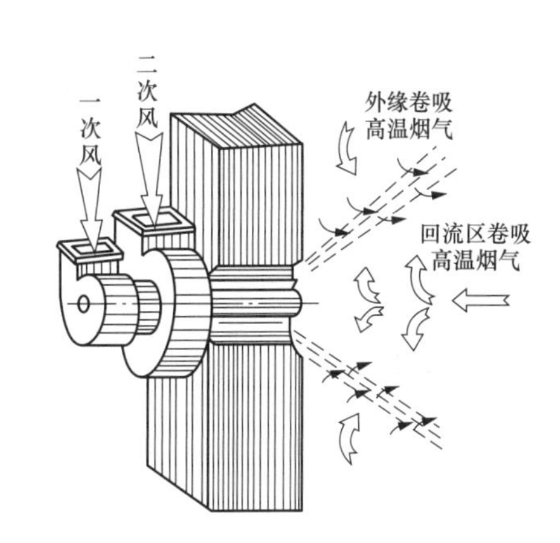

图 2-24　旋流燃烧器的工作原理

旋流燃烧器的最基本的结构如图 2-25 和图 2-26 所示，由布置在燃烧器中心的输送一次风（粉）通道，外围的送二次风输通道以及出口喷口组成。根据设计煤质条件的不同，旋流燃烧器一次风可以是直流也可以是旋流，旋流的产生主要依靠一次风切向进风弯头、轴向布置耐磨的旋流叶片等装置。此外，为获得更好的性能，一些旋流燃烧器的一次风通道内部布置均流或浓缩装置，以使得燃烧器出口形煤粉气流均匀分布或按一定要求的浓淡分布旋流燃烧器的外围二次风设计成旋流，早期多为一层二次风结构，采用

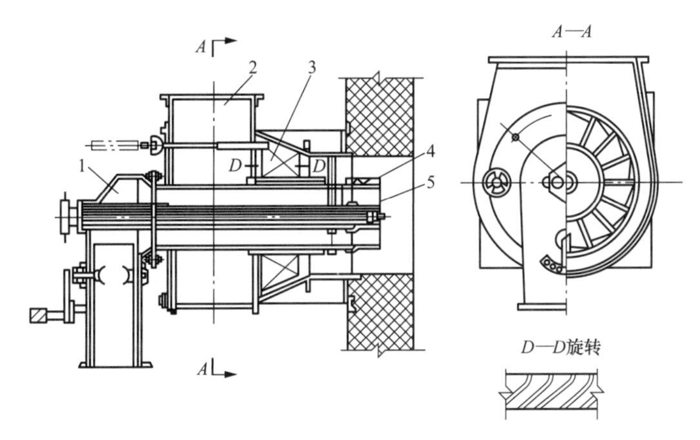

图 2-25　旋流燃烧器结构（二次风未分层）

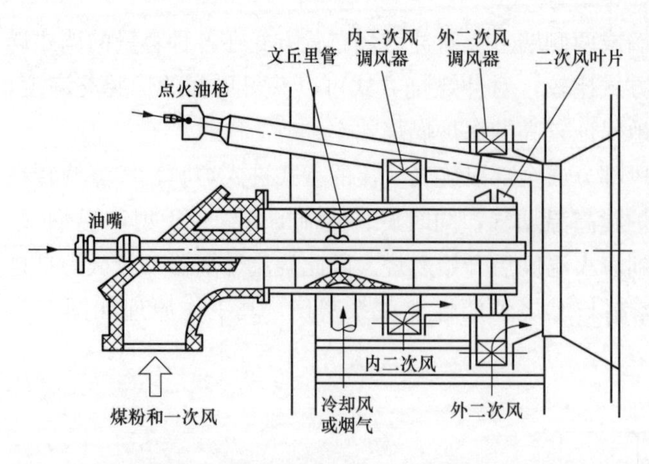

图 2-26　旋流燃烧器结构（二次风分层）

蜗壳、旋流挡板（叶片）产生旋转。随着技术进步和低氮燃烧控制的需要，出现两层或多层二次风结构（见图 2-26）。部分类型燃烧器一次风通道内部另布置一个中心风通道，中心风多设计成直流，与燃烧器二次风的来源相同。

为使从燃烧器进入炉膛的风粉分布合理，实现稳定地组织燃烧并满足相关性能要求，燃烧器出口喷口设计较为重要。二次风喷口多采取扩锥状的扩散结构，扩锥的角度对燃烧器出口气流的组织形态影响很大。一次风喷口有各种形式，许多燃烧器采用在燃烧器出口布置齿形的稳焰环结构以稳定着火，还可以起到降低 NO_x 生成的作用。早期燃用褐煤等高挥发分煤的旋流燃烧器，还设置了惰性气体的喷口，引入炉烟，防止燃烧器煤粉气流着火过近，防止燃烧器喷口烧损。

研究认为，燃烧器出口气流的旋流强度是对燃烧组织影响的最关键因素。旋流强度计算式为

$$n=M/KL$$

式中：M 为旋转动量矩；K 为轴向动量；L 为燃烧器喷口特征尺寸。

旋流强度越大，则燃烧器出口气流旋转越强，由喷口射出的旋转射流的扩张角越大，同时燃烧器射流中心的烟气回流越多，燃烧器的燃烧稳定性越好。但当燃烧器的旋流大到一定的程度时，在燃烧器出口气流与炉墙之间的负压增大，出口气流扩散角过大，形成紧贴炉墙流动的飞边气流，对烟气卷吸的能力反而下降，发生燃烧不稳的情况。

旋流燃烧器出口气流因为旋转而刚性相对较弱，墙式燃烧锅炉的炉膛采用宽深比较大的矩形。旋流燃烧器的布置应从炉膛截面形状尺寸、炉膛高度等方面综合考虑，根据锅炉容量等级的大小布置 2～6 层燃烧器，每一层布置 4～8 只燃烧器，相邻两旋流燃烧器的气流方向一般是相反的。在具体布置时应根据煤质条件等，合理安排好两只流燃烧器之间、燃烧器与炉墙之间的间距，同时下层燃烧器与冷灰斗上缘之间的间隔尺寸，上层燃烧器与炉膛大屏底部的间隔尺寸都十分重要。

二、墙式燃烧锅炉 NO_x 排放情况

旋流燃烧器的设计和布置除考虑燃烧设备自身的安全可靠性外，主要考虑锅炉的煤种适应性、低负荷下的燃烧稳定性和锅炉燃烧效率的保证以及运行检修便利性。随着环保要求的提高，旋流燃烧器的低氮控制性能也得到日益重视，发展了大量的低 NO_x 旋流燃烧器。

西安热工研究院曾调研过 23 组墙式燃烧锅炉，主要由国外公司设计制造，即使少量

由国内锅炉制造厂的，也是属于技术引进。每台锅炉基本代表了当时的煤粉燃烧 NO_x 污染控制水平。墙式锅炉基本选用了旋流燃烧器，燃烧器之间的独立性较强，火焰中心局部区域的热负荷较高，其固有的设计特性直接影响到燃尽与污染物排放。总的来说，墙式燃烧锅炉 NO_x 排放水平在 326～1385mg/m³范围（见图 2-27），变化幅度较大。这除了与煤种和炉型有关外，最重要的一点就是所用低 NO_x 燃烧器技术水平上的差异。

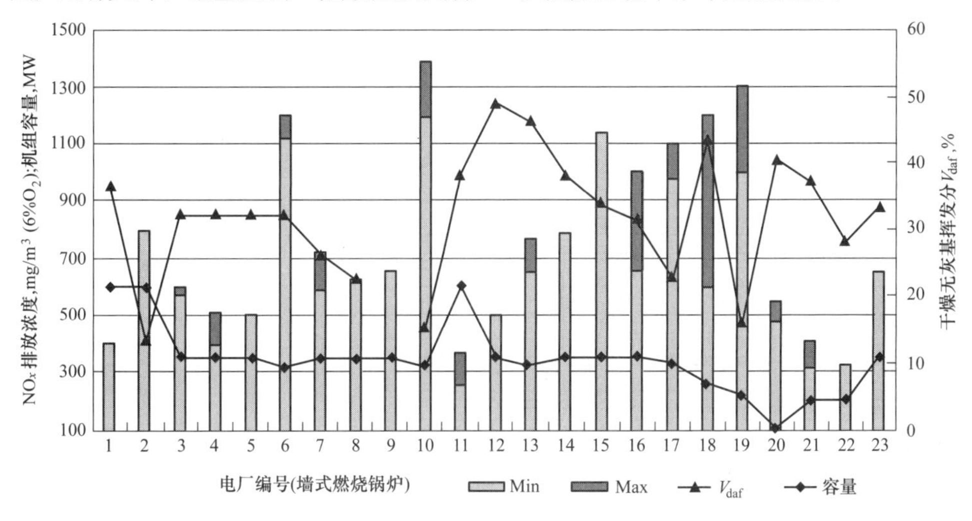

图 2-27　墙式燃烧锅炉 NO_x 排放现状

所调研墙式燃烧锅炉大部分燃用干燥无灰基挥发分含量超过 20%的烟煤，NO_x 排放在 326～1200mg/m³范围。两台 600MW 机组的容积负荷相对较低，且采用最先进的低 NO_x 燃烧器（11 号机组 EI-XCL 型低 NO_x 燃烧器，1 号机组 HTNR 型低 NO_x 燃烧器与炉内空气分级）与分级风系统，NO_x 的排放比 300MW 锅炉低，某些燃烧条件下甚至可降低到 300mg/m³。300～350MW 机组的 NO_x 排放在 500～1108mg/m³范围，巨大差异主要源于燃烧器的 NO_x 控制水平不同。6 号机组为前苏联制造的不具备 NO_x 控制能力的最早期的湍流燃烧器，15 号机组为 F&W 设计的最早期的 CF 型燃烧器，17 号机组选用了比 DRB 型燃烧器（18 号机组）更注重燃尽的 WFS 型燃烧器。这些燃烧器的一、二次风在燃烧初期发生强烈混合，无法在燃烧初期有效形成燃料型 NO_x 的自还原区域，导致 NO_x 排放超过 1100mg/m³。采用了 LNASB 型与 DRB-XCL 型低 NO_x 燃烧器和空气分级技术的部分机组，其 NO_x 排放低于 700mg/m³。对于小机组（20、21 与 22 号），采用先进的 HTNR 型燃烧器，NO_x 排放在 300～500mg/m³之间。上述分析表明，对于烟煤墙式锅炉，低 NO_x 燃烧器水平的高低直接决定了锅炉整体 NO_x 的排放水平。

贫煤墙式锅炉的数量相对较少（2、10 及 19 号），NO_x 排放在 800～1385mg/m³。10 号机组与 19 号机组均采用强化燃烧方式的燃烧器（湍流燃烧器与 PAX 型和煤粉浓缩预热燃烧器），NO_x 排放都超过 1300mg/m³；2 号 600MW 机组采用 DS 型低 NO_x 燃烧器和炉膛空气分级 OFA 技术，在燃烧器区域敷设了卫燃带，以在主燃烧区采用深度欠氧燃烧方式，NO_x 排放虽然可以降低到 800mg/m³左右，但存在严重的结焦问题。

三、墙式燃烧锅炉低氮燃烧系统

（一）墙式燃烧锅炉低氮燃烧系统的原理

空气分级燃烧技术是当今最为可行和主流的低氮燃烧方式，墙式燃烧锅炉的空气分级燃烧技术典型布置为低氮旋流燃烧器＋OFA。典型的墙式燃烧锅炉低氮燃烧系统如图2-28所示。OFA喷口布置在燃烧器的上方，以此为界限，锅炉炉膛被明显地划分为主燃烧区和燃尽区。在主燃烧区低氮旋流燃烧器送入全部锅炉燃料和80%左右的助燃空气，完成大多数燃料的燃烧，并且在整体欠氧条件下将生成的部分 NO_x 还原。在燃尽区，20%左右的助燃空气通过OFA送入炉膛用于完成燃料的燃尽，由于进入还原区的所剩燃料不多，加上整体氧量偏低、温度下降等原因，此时仅有少量 NO_x 生成。

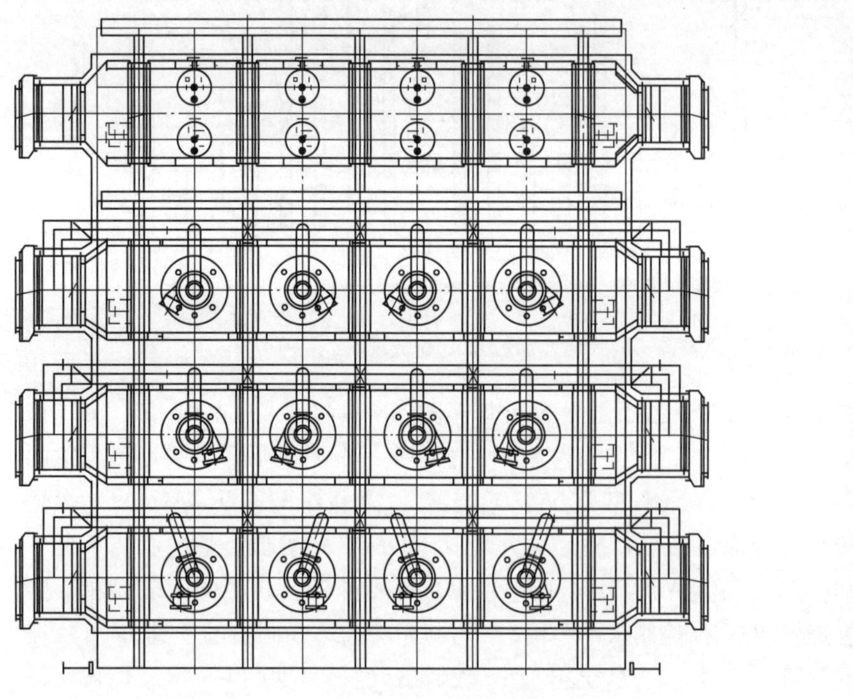
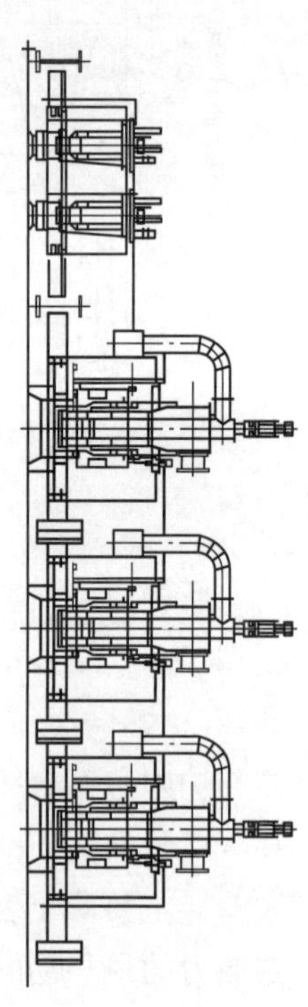

图2-28　低氮燃烧系统布置图

锅炉系统风量的合理分配、低氮旋流燃烧器和OFA喷口的合理设计是取得有效 NO_x 控制和保持较高锅炉效率的三个关键。

(1) 锅炉系统合理配风是影响燃烧性能的重要环节。为控制 NO_x 生成需建立空气分级燃烧方式，即在主燃烧区从低氮旋流燃烧器送进的空气占总风量的75%～85%，过量空气系数一般控制在0.95以下；在燃尽区通过OFA送入的空气占总风量的15%～25%，炉膛出口过量空气系数升高至1.15左右。合理选择主燃烧区和燃尽区的过量空气系数对于锅炉燃烧性能十分重要。如果主燃烧区过量空气系数偏低，则意味着主燃烧区欠氧气氛浓厚，锅炉 NO_x 虽然较易被控制，但进入燃尽区的未燃尽燃料过多，锅炉燃烧效率难以得到保证。与此相反，如果主燃烧区过量空气系数选择较高，则锅炉 NO_x 不易被控制，但锅炉燃烧效率可能比较高。通常，锅炉燃用易着火和燃尽的烟煤，主燃烧区的过量空气系数可以选择得较低；对于难着火和燃尽的低挥发分贫煤和无烟煤，则主燃烧区的过量空气系数只能选择得较高，否则锅炉飞灰可燃物可能偏高，影响锅炉效率。

值得提出的是，有些采用低氮燃烧系统的锅炉在低负荷下 NO_x 排放偏高，主要原因是低负荷情况下为满足锅炉蒸汽参数达标使锅炉运行氧量偏大，致使主燃烧区过量空气系数超过 1，低氮燃烧器的功能得不到充分发挥，因此尽管负荷较低，炉内燃烧温度整体不高但锅炉 NO_x 排放仍然较高。

墙式燃烧锅炉存在一个炉内风粉不匀导致炉内燃烧偏差的问题，因此锅炉的运行氧量较切圆燃烧锅炉控制得更高，某种程度上影响了锅炉效率和 NO_x 的控制。为实现墙式燃烧锅炉的合理配风，要求单只燃烧器和 OFA 喷口的风量能单独调节，并且增加相应的测风和调节装置。

（2）主燃烧区低氮旋流燃烧器燃烧组织的效果基本决定了锅炉 NO_x 的排放量，同时也对燃烧效率有重要的影响。燃尽区的整体氧量和炉膛温度都较低，且离炉膛出口较近，受这些因素的影响，燃尽区不利于固态焦炭颗粒的燃尽；而气态的 CO 等可燃气体由于易扩散，所要求的燃烧温度不高等原因，受到的影响较小。因此希望低氮旋流燃烧器能高效地组织燃烧，在合理配风的条件下，完成绝大多数燃料的燃烧，并尽可能地让未燃尽燃料以可燃气体的形式存在，避免遗留大量固态的未燃尽炭粒。从以上分析可以看出，低氮旋流燃烧器在锅炉组织高效清洁燃烧中的重要性，这也是大量出现各种类型的低氮旋流燃烧器的原因。

（3）OFA 的布置是实现全炉膛空气分级燃烧降低 NO_x 生成，同时也是最终保证锅炉燃烧效率的关键。OFA 能够分流部分助燃空气以使得通过燃烧器进入的空气的过量系数降低到 1 以下，如此低氮燃烧器自身的 NO_x 控制作用才能得到充分发挥。同时 OFA 的合理设计是其喷入的风量、喷入点的位置能利于建立合适的空气分级燃烧，OFA 风能根据整体需要扩散到炉膛相应区域，以保证后期燃烧未燃尽燃料的充分燃尽。

OFA 的布置有多种形式（见图 2-29），有在燃烧器上方布置一层 OFA 喷口，也有

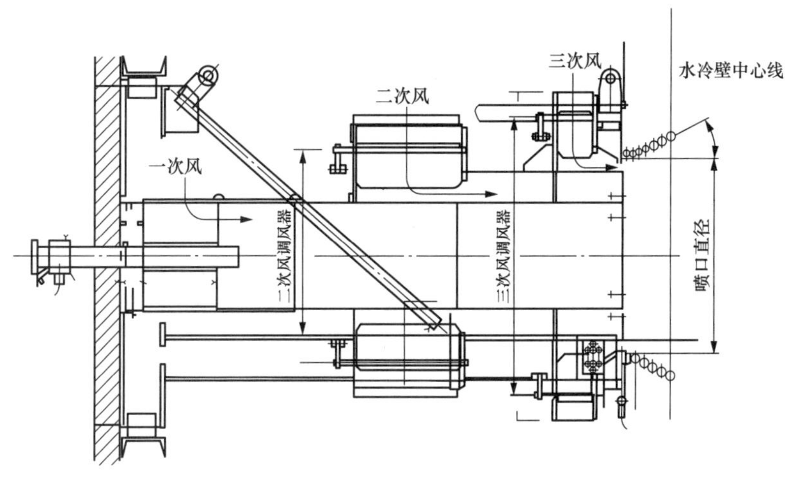

图 2-29　一种 OFA 喷口结构

布置两层OFA喷口，还有在炉膛四面墙都布置有OFA喷口。OFA喷口采用简单的直筒圆喷口，也有内直流风外旋流风的结构。但总的来说，为保证OFA可穿透至炉膛中心，OFA喷口的风速要求尽量较高。

（二）墙式燃烧锅炉与切圆燃烧锅炉低氮燃烧控制的比较

在600MW以下机组锅炉，无论是新建锅炉还是老式锅炉技术改造，墙式燃烧方式较切圆燃烧方式在降低NO_x排放方面表现得都差一些。同样煤质条件下，墙式燃烧锅炉NO_x通常较切圆燃烧锅炉高100～200mg/m^3。其中主要的原因如下：

（1）旋流燃烧器自组织燃烧的特点决定燃烧初期煤粉气流（一次风＋煤粉）与助燃的二次风不能做到有效隔离。墙式燃烧方式不容易做到如切圆燃烧方式那样，燃烧器出口的煤粉气流与助燃二次风完全分离而直接接触高温烟气被点燃。旋流燃烧器出口煤粉的点燃很大程度上依赖外围的二次风旋流产生的回流卷吸的高温烟气所带来的热量，因此在燃烧器出口空气分级燃烧的程度先天比切圆燃烧方式弱，限制了NO_x控制。

（2）墙式燃烧锅炉炉内烟气混合整体不如切圆燃烧锅炉，对风粉分配的均匀性要求较高，这要求锅炉运行氧量不宜过低，限制了NO_x控制。高负荷条件下，采用切圆燃烧方式的烟煤锅炉可将运行氧量控制在2%，甚至1.5%，尾部CO和飞灰可燃物不会过高（若煤粉细度合适）。但对于墙式燃烧锅炉，由于炉内风粉混合不均匀性等原因，很难控制CO和飞灰可燃物至较低水平，只能适当提高运行氧量至3%左右，导致NO_x有所升高。

（3）切圆燃烧锅炉燃烧器喷口可以上下摆动改变燃烧中心高度，以改善锅炉蒸汽温度；墙式燃烧锅炉燃烧器没有摆动功能，燃烧中心高度改变相对较困难，在低负荷条件下以提高运行氧量为主要手段来改善锅炉主蒸汽和再热蒸汽温度，因此限制了NO_x控制。

600MW以上更高容量锅炉情况发生了改变，使得墙式燃烧锅炉在NO_x控制方面与切圆燃烧锅炉的差距缩小，部分情况下还体现出一定的优势。其中的原因分析如下：

（1）随着机组容量增大和锅炉炉膛选型优化，炉膛空间相对增大了，炉膛的容积热负荷和断面热负荷都呈下降趋势。在NO_x控制上OFA所起到的作用得到提高，而低氮燃烧器的贡献逐渐缩小，这很大程度上弱化了墙式燃烧还是切圆燃烧的差异。

（2）1000MW级锅炉容量大，如采用Π锅炉型式，则炉膛断面较大，普通四角切圆燃烧方式的煤粉气流的出口速度难以射到炉膛中心，则只能采用类似三菱-哈锅技术的双切圆炉膛的八角燃烧方式，或只能采取ALSTOM—上锅的塔式炉型式。双切圆炉膛的两侧存在风粉不匀的问题，这其实是与墙式燃烧方式一样的缺陷。而墙式燃烧锅炉，炉膛放大可以选取大的长宽比矩形炉膛，只通过增加炉膛的宽度就可满足燃烧器布置要求，对旋流燃烧器和OFA喷口的布置和风速设计影响不大。目前看，1000MW级锅炉NO_x排放浓度大致处于切圆燃烧塔式锅炉和双切圆燃烧锅炉之间。

四、低氮旋流燃烧器

（一）低氮旋流燃烧器的基本功能、原理和结构

低氮旋流燃烧器是墙式燃烧锅炉低氮燃烧系统的重要组成部分，其主要功能有：①

组织煤粉快速稳定着火，确保锅炉煤质和负荷变动时仍有足够的燃烧稳定性；②组织完成大部分燃料燃烧，满足锅炉带负荷的需要，并且将进入燃尽区域的焦炭颗粒尽可能转化为气态CO可燃气体，为锅炉高效燃烧创造条件；③实现低氮燃烧，整体限制锅炉NO_x的生成，满足排放要求。

低氮旋流燃烧器基本的低氮燃烧原理有：①通过增加煤粉气流浓缩文丘里和凸台等装置，设置稳焰齿等手段促进煤粉迅速着火，在初始燃烧区域建立高温条件，利于燃料N迅速转化为易还原的挥发氮，同时快速消耗燃烧器出口附近区域空气，为扩大建立利于NO_x还原的欠氧区创造条件；②优化一、二次风喷口设计，推迟一、二次风混合，利于煤粉迅速着火，同时防止煤粉着火后由于大量空气混入而导致燃烧不稳，或着火后由于富氧而导致燃烧温度急剧上升，以致NO_x不可控地大量生成；③二次风分内外两层送入，煤粉在中后期燃烧过程中逐渐掺混二次风，煤粉一直在限氧的气氛下燃烧，这样既可以控制炉膛温度限制热力NO_x生成，也利于已经生成的NO_x可以被HCN_i、NH_i等还原性气体还原，同时使煤粉大量燃烧，焦炭粒子在欠氧条件下转化为可燃气体CO等物质，以便于在下一阶段充分燃尽。

低氮旋流燃烧器是旋流燃烧器上附加了低氮燃烧的功能，因此低氮旋流燃烧器的是在旋流燃烧器的基本结构上根据前面所述的三个基本机理增加了一些特殊的结构设计，主要包括：①围绕一次风煤粉浓缩，采用了包括文丘里装置、扭曲叶片装置、齿形稳焰环或钝体凸台结构等装置；②围绕推迟一、二次风混合，采用包括较大的二次风喷口璇口扩角、较小的内二次风通道面积设计等；③围绕二次风按分层送入，采用了内、外二次风甚至第三层二次风喷口的设计，各层二次风的旋流和风量根据需要配置相应的调节装置。

目前国内使用最为广泛的低氮旋流燃烧器分属哈尔滨锅炉厂、东方锅炉厂和北京巴威三个主要的锅炉厂生产制造，背后依次为三菱、日立和美国巴威三家外国公司。此外，还有在国内应用不太广泛但较具特色的低氮旋流燃烧器。

（二）低氮旋流燃烧器形式

1. LNASB低氮同轴旋流燃烧器

根据制造厂提供的相关资料，LNASB（低氮轴向旋流燃烧器）由三井—巴布科克公司开发，20世纪80年代后期在英国发展起来，1989年首次安装在英国Drax（660mWe）电厂，据称世界上有超过2000只此种燃烧器安装在超过21 000MWe的电厂上，在一层或两层OFA配合下可减少40%～70%的NO_x。LNASB燃烧器能够适应不同煤种的要求，既可用于燃烧优质烟煤的锅炉，也可用于燃烧贫煤、劣质烟煤、泥煤等一系列燃料的锅炉，机组的容量从小的蒸发量200t/h的工业锅炉到大型的820MW的电厂锅炉。哈锅引进后在自己350、600MW墙式燃烧锅炉上使用。LNASB低氮旋流燃烧器如图2-30所示。

LNASB燃烧器设计的准则是：①增大挥发分从燃料中释放出来的速率，以获得最大的挥发物生成量；②在燃烧的初始阶段除了提供适量的氧以供稳定燃烧所需要以外，尽量维持一个较低氧量水平的区域，以最大限度地减少NO_x生成；③控制和优化燃料

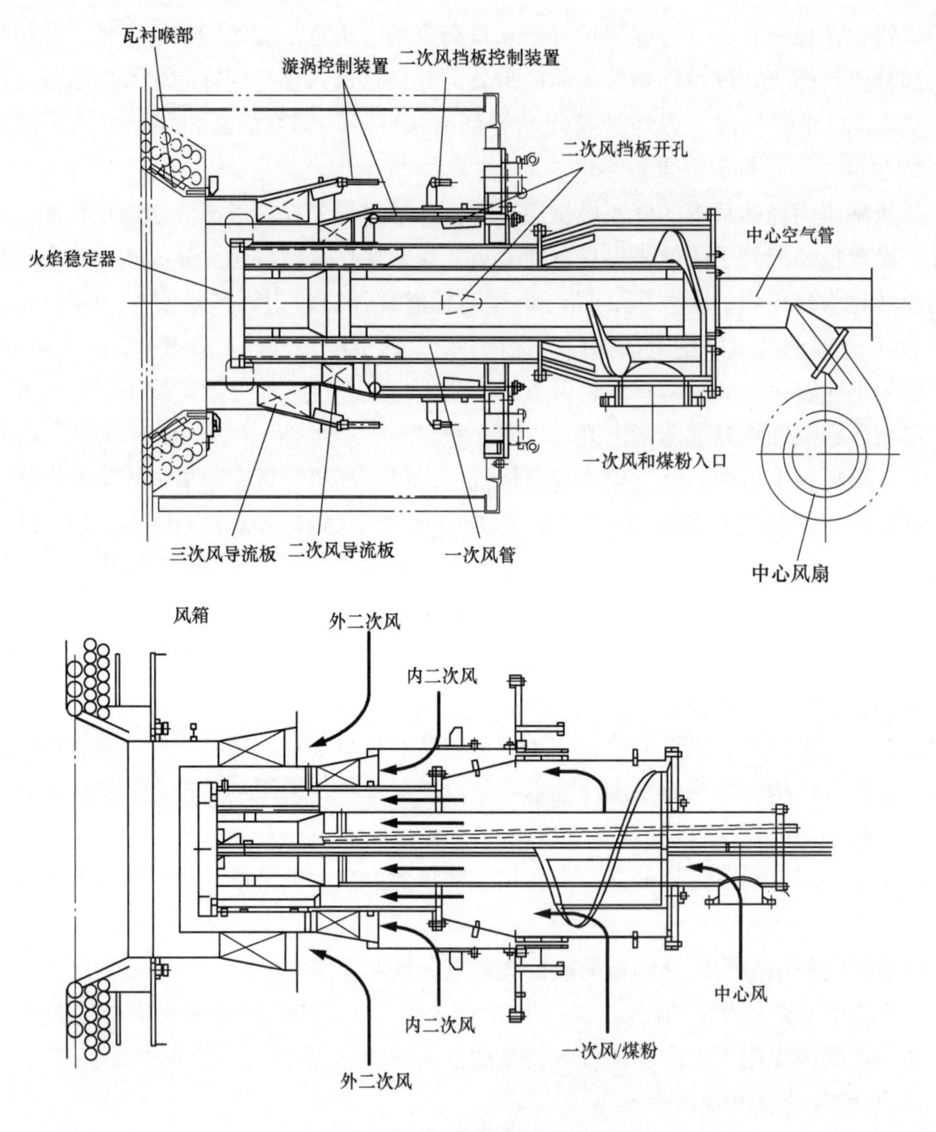

图 2-30　LNASB 低氮旋流燃烧器

富集区域的温度和燃料在此区域的驻留时间，以最大限度地减少 NO_x 生成；④增加煤焦粒子在燃料富集区域的驻留时间，以减少煤焦粒子中 N 释出形成 NO_x 的可能；⑤及时补充燃尽所需要的其余的风量，以确保充分燃尽。

LNASB 燃烧器中，燃烧的空气被分为三股，分别是一次风、二次风和三次风。

一次风由一次风机提供，首先进入磨煤机干燥原煤，并携带磨制合格的煤粉通过燃烧器的一次风入口弯头组件进入 LNASB 燃烧器，再流经燃烧器的一次风管，最后进入炉膛。一次风管内靠近炉膛端部布置有铸造的浓缩器，用于在煤粉气流进入炉膛以前对其进行浓缩。浓缩器的浓缩作用和二次风、三次风调节协同配合，以达到在燃烧的早期减少 NO_x 的目的。

燃烧器风箱为每个 LNASB 燃烧器提供二次风和三次风。每个燃烧器设有一个风量均衡挡板，用以使进入各个燃烧器的分风量保持平衡。该挡板的调节杆穿过燃烧器面板，能够在燃烧器和风箱外方便地对该挡板的位置进行调整。二次风和三次风通过燃烧器内同心的二次风、三次风环形通道在燃烧的不同阶段分别送入炉膛。燃烧器内设有套筒式挡板用来调节二次风和三次风之间的分配比例。该挡板的调节杆穿过燃烧器面板，能够在燃烧器和风箱外方便地对该挡板的位置进行调整。二次风和三次风通道内布置有各自独立的旋流装置以使二次风和三次风发生所需要的旋转。通常，三次风旋流装置设计成不可调节的型式，在燃烧器安装时固定在燃烧器出口最前端位置，以便产生合适强度的旋转。而二次风旋流装置设计成沿轴向可调节的型式，调整旋流装置的轴向位置即可调节二次风的旋流强度。调节杆穿过燃烧器面板，能够在燃烧器和风箱外方便地对二次风旋流装置的位置进行调整。二次风旋流装置的最佳位置在锅炉试运行期间的燃烧调整进行设定，在此后的运行过程中无需进行调整。

燃烧器设有中心风管，用以布置点火设备。一股小流量的二次风通过中心风管送入炉膛，以提供点火设备所需要的风量，并且在点火设备停运时防止灰渣在该部位集聚。

旋流燃烧器的喉口设计对燃烧器性能（火焰稳定性、燃烧器区域结渣的控制等）和整个炉膛都有十分重要的影响。LNASB燃烧器都安装有一只专门设计的喉口，这个喉口有合理的旋角；喉口前缘由炉膛水冷壁管环绕；喉口表面镶衬光洁的、导热性能良好的碳化硅砖，不仅耐高温、耐磨，而且与普通耐火材料相比能够大大降低喉口表面的温度，有助于防止喉口部位结渣。旋流燃烧器的喉口结构见图 2-31。

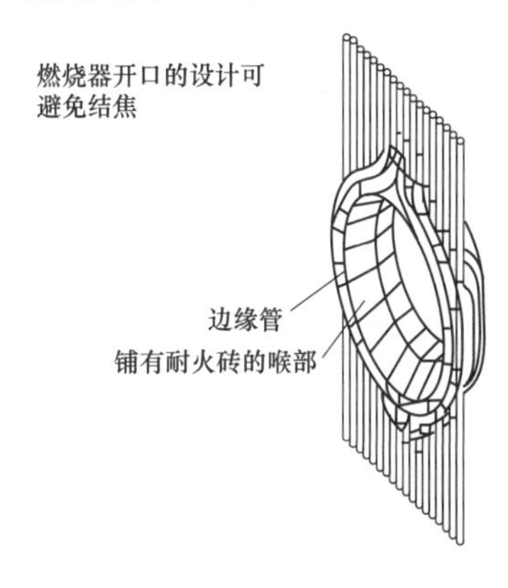

图 2-31 LNASB燃烧器喉口结构

根据孙海天等人的冷态空气动力场测试，LNASB型旋流燃烧器的回流区主要由二次风利用轴向叶片产生旋转运动或部分旋转运动形成的，一次风采用直流扩散锥形式，出口接近直流，起着降低旋流中心负压、削弱回流的作用，在热态运行中要合理控制一、二次风的流量比保证形成良好的回流区。

总结LNASB燃烧器的结构特点是：①一次风采用蜗壳产生旋流，煤粉向一次风筒外壁富集，然后由布置在一次风筒内的几片导向叶片将一次风导向成直流，并使得煤粉进一步富集成几股，然后利用燃齿稳燃环将煤粉在喷口进行再次浓缩分离，以促进着火。②二次风采用内外分层，旋流采用旋流叶片的推进位置进行调节，内外二次风总风

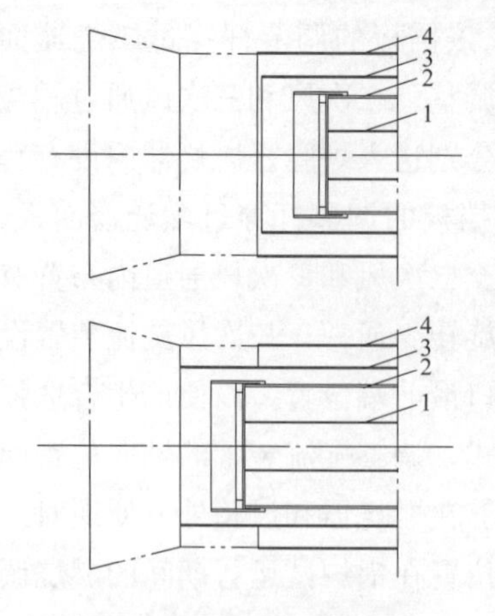

图 2-32　LNASB 低氮旋流同轴燃烧器的改进

1—中心风管；2—一次风管；3—内二次风管；4—外二次风管

调节共用一个总的风门，此外内二次风也设置了一个单独的调节风门。③为防止喷口烧损，同时也为促进着火，一次风喷口设计缩在内二次风内。④燃烧器外二次风璇口采用碳化硅材料，以减少喷口的结渣。

国内早期装有 LNASB 燃烧器和 OFA 喷口的烟煤锅炉的 NO_x 排放浓度大约在350～500mg/m^3。燃用贫煤时，锅炉 NO_x 排放基本在 600～700mg/m^{3}附近。为进一步提高燃烧器的低氮能力，LNASB 燃烧器陆续进行了改进，主要改动是减少了内二次风通流面积，此外一次风喷口向外延伸以更好推迟一、二次风的混合（见图 2-32）。改进后的 LNASB 燃烧器 NO_x 控制效果有所提升，某电厂燃用高挥发分烟煤，一期 2×600MW 机组锅炉装有上一代 LNASB 燃烧器，NO_x 排放浓度400mg/m^3，二期 2×600 同型锅炉采用改进的燃烧器，锅炉 NO_x 排放能够控制在 300mg/m^{3}左右。

2. 日立 HT-NR 燃烧器和东锅低 NO_x 旋流燃烧器

HT-NR 低 NO_x 旋流燃烧器由巴布科克・日立公司研发，授权给英巴、德巴、荷兰斯托克等公司，东锅引进后广泛使用于其 600、1000MW 墙式燃烧锅炉上。HTNR 燃烧器的煤种适应性较广，既可以用于燃烧优质烟煤的锅炉，也可用于燃烧贫煤、劣质烟煤等一系列燃料的锅炉，机组的容量从小的蒸发量 80t/h 的锅炉到大型的 1000MW 的电厂锅炉。

HT-NR 燃烧器的指导思想是“火焰内 NO_x 还原”，即通过采用煤粉浓缩器、火焰稳焰环及稳焰齿促进煤粉着火，扩大燃烧器出口还原区，实现在不降低火焰温度的同时控制 NO_x 的生成，使 NO_x 排放的减少和未燃尽碳损失的增加这一矛盾得到了很好的解决，达到高效率和低的 NO_x 排放燃烧。其基本原理如图 2-33 所示。

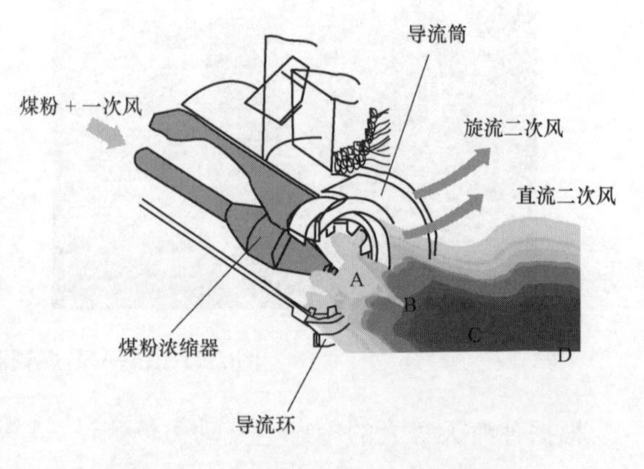

图 2-33　HTNR 低氮旋流燃烧器的“火焰内 NO_x 还原技术”

A—挥发分析出区；B—中间还原性介质生成区；C—NO_x 还原区；D—氧化区

HT-NR 燃烧器发展到现在为 NR3 型低氮旋流燃烧器，其发展历程如图 2-34 所示。在 NR3 型低氮燃烧器上综合利用了煤粉浓缩器（见图 2-35）和火焰稳焰环，根据制造厂提供的相关资料，采用这些措施可以更好地实现煤粉在喷口浓缩，引射高温烟气点燃煤粉，促进着火，扩大 NO_x 还原区，达到控制 NO_x 排放的目的。

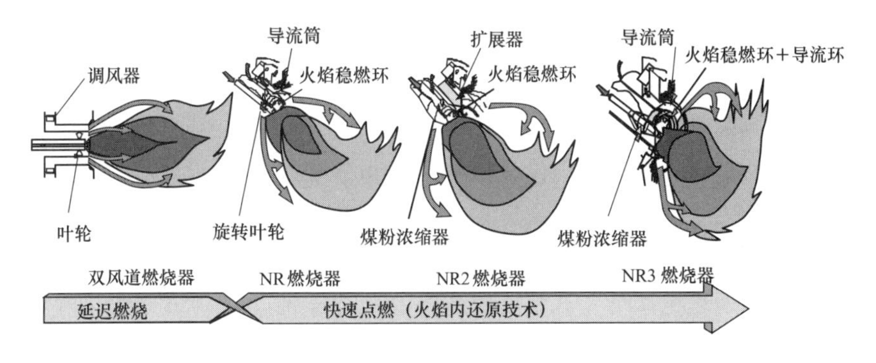

图 2-34　HT-NR 系列燃烧器的发展示意图

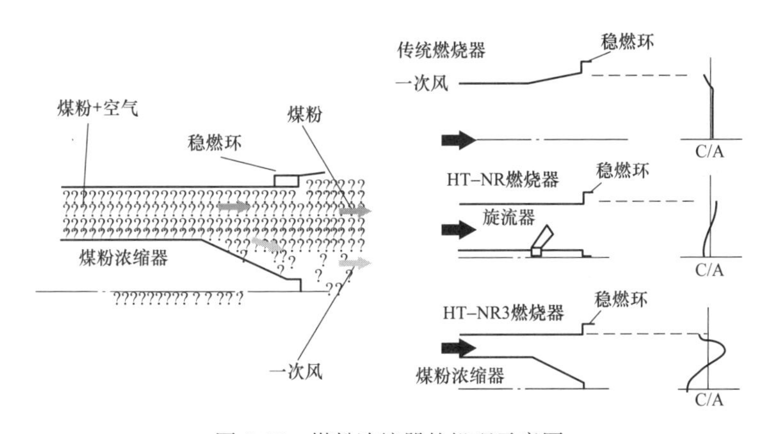

图 2-35　煤粉浓缩器的机理示意图

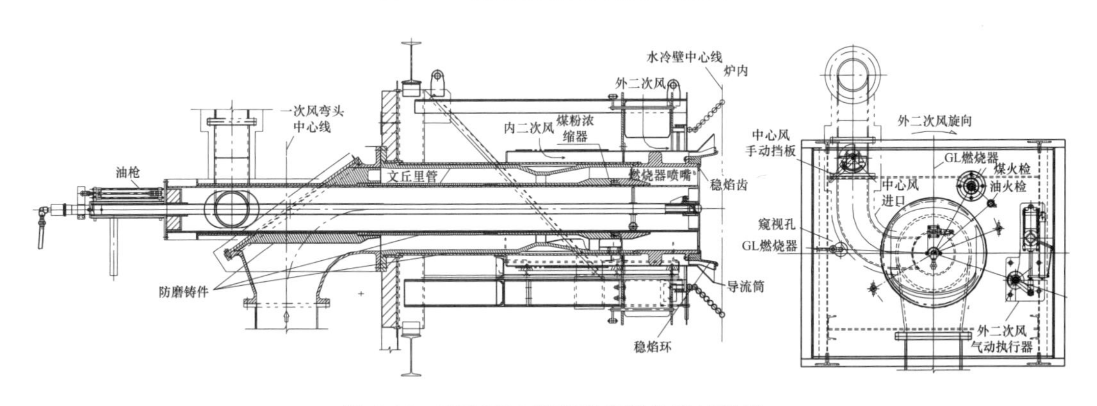

图 2-36　HT-NR3 旋流燃烧器的喉口设计

HT-NR3 低氮燃烧器的结构简图见图 2-36，燃烧器主要由中心冷却风、一次风弯头、文丘里管、煤粉浓缩器、燃烧器喷嘴、稳焰环、内二次风装置、外二次风装置（含调风器、执行器）及燃烧器壳体等零部件组成。

一次风由一次风机提供，它首先进入磨煤机干燥原煤并携带磨制合格的煤粉通过燃烧器的一次风入口弯头组件进入 HT-NR 燃烧器，再流经燃烧器的一次风管，最后进入炉膛。一次风管内靠近炉膛端部布置有一个锥形煤粉浓缩器，用于在煤粉气流进入炉膛以前对其进行浓缩。

燃烧器二次风分为内二次风和外二次风，也称为二次风和三次风。燃烧器风箱为每个 HT-NR3 燃烧器提供二次风和三次风。风箱采用大风箱结构，同时每层又用隔板分隔。在每层燃烧器入口处设有风门执行器，以根据需要调整各层空气的风量。风门执行器可程控操作。二次风和三次风通过燃烧器内同心的二次风、三次风环形通道在燃烧的不同阶段分别送入炉膛。燃烧器内设有挡板用来调节二次风和三次风之间的分配比例。二次风调节结构采用手动形式，三次风采用执行器进行程控调节。三次风通道内布置有独立的旋流装置以使三次风发生需要的旋转。三次风旋流装置设计成可调节的型式，并设有执行器，可实现程控调节。调整旋流装置的调节导轴即可调节三次风的旋流强度。在锅炉运行中，可根据燃烧情况调整三次风的旋流强度，达到最佳的燃烧效果。在燃烧器中心设置中心冷却风外接大气，在燃烧器停运时冷却油枪的作用。

HT-NR3 旋流燃烧器的喉口设计对燃烧器性能（火焰稳定性、燃烧器区域结渣的控制等）和整个炉膛都有十分重要的影响。据大多数资料显示，HT-NR3 燃烧器喉口的扩角达到 90°，采用较大的扩角可以延缓一、二次风的混合，这对于 NO_x 控制是有利的，但可能由于安装不合理等问题导致燃烧器二次风飞边，影响燃烧并可能造成炉膛两侧墙高温腐蚀严重的情况。

国内装有 HT-NR3 型燃烧器在 OFA 喷口配合下的烟煤锅炉的 NO_x 排放浓度大约在 250～350mg/m³。燃用贫煤时，锅炉 NO_x 排放基本在 500～600mg/m³。

东锅在 HTNR 燃烧器的基础上研制了自己的低氮旋流燃烧器，其结构如图 2-37 所示，也广泛地安装在东锅研制的 660MW 墙式燃烧锅炉上。与 HTNR 燃烧器主要的不同在于一次风煤粉的浓缩结构上。

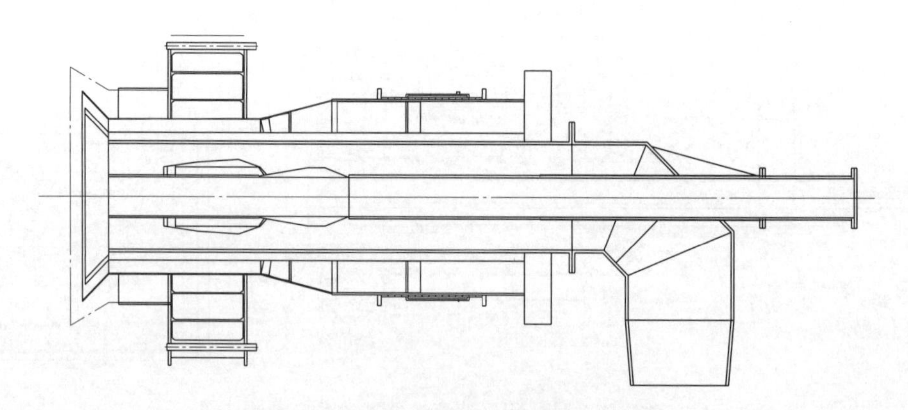

图 2-37　东锅的低 NO_x 旋流燃烧器结构图

3. DRB 系列燃烧器

DRB（dual register burner）双调风燃烧器，即二次风分层送入，旋流强度和风量可以调节的低氮旋流燃烧器。DRB 燃烧器由美国 B&W 公司 1972 年研制成功，北京巴威公司引进。

DRB 系列燃烧器在国内 300MW 机组墙式燃烧锅炉上使用，并已进行多次改进。其中在国内使用较多的是 EI-DRB 低氮旋流燃烧器。其技术特征是将二次风进行分层送入，内外二次风的风量和旋流强度均可进行调节。EI-DRB 双调风旋流燃烧器（见图 2-38)具有

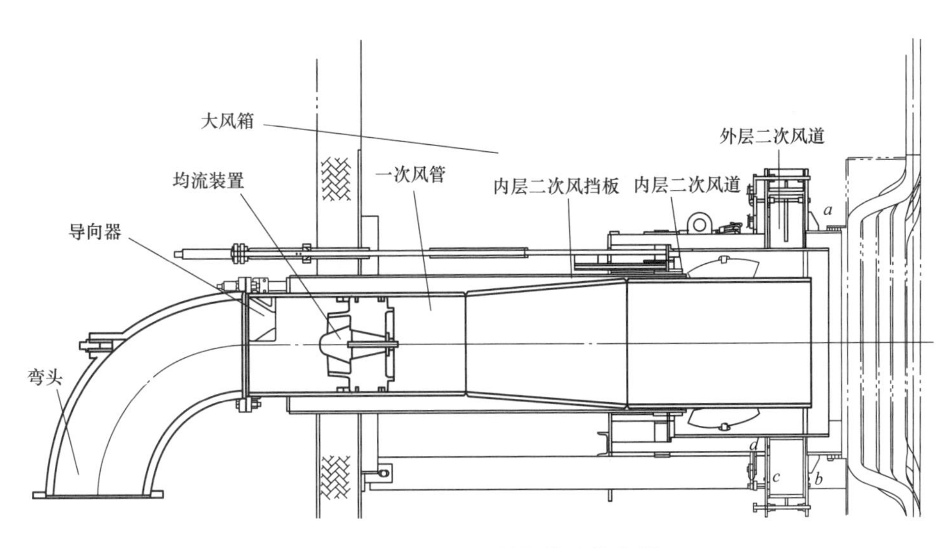

图 2-38　EI-DRB 低氮旋流燃烧器

低 NO_x 排放的特点，其原因是内外二次风采用了分级送风措施，具有合理的风量分配比和适当的旋流强度。一次风中的煤粉着火后，首先与数量较少的内二次风混合实现低氧浓度燃烧，从而减少了燃料型 NO_x 的生成量，然后再与数量和刚性相对较大的外二次风混合进一步燃尽。煤粉燃烧的过程历时较长，燃烧区域内的温度水平整体降低，因而减少了热力型 NO_x 的生成量。EI-DRB 型燃烧器上配有双层强化着火的调风机构，从大风箱来的二次风分两股进入到内层和外层调风器，内层二次风作引燃煤粉用，外层二次风用来补充已燃烧煤粉所需的空气，使之完全燃烧。内、外层二次风的旋转方向是一致的，二次风的旋转强度可以通过调整轴向叶片和切向叶片的设置角度加以改变，其旋转气流能将炉膛内的高温烟气卷吸到煤粉着火区，使煤粉得到点燃和稳定燃烧。采用这种分级送风的方式，不仅有利于煤粉的着火和稳燃，增强燃烧器对煤质变化的适应能力，同时也有利于控制火焰中 NO_x 的生成。内层二次风是通过盖板上的两个驱动装置控制滑环沿轴向移动来调节的，通道内装有 8 个轴向可调叶片，轴向叶片和滑环之间用曲柄和连杆连接。当旋转驱动装置使拉杆向外移动时，8 个轴向叶片开度减小，拉杆向里移动时轴向叶片开度增大，通过改变轴向叶片的角度可以改变内层二次风的旋转强度。内二次风沿着喷口处煤粉射流的边界形成一个局部的回流，卷吸高温烟气，形成稳定的着火前沿。内二次风量的控制靠外盖板上的驱动装置操纵调风盘改变环形的开度来控制。外二次风通过外层调风器进入到燃烧器，外层调风器可使外层二次风具有很高的旋流强度。调风器由一组切向叶片组成，切向叶片装在由前板和后板构成的骨架上，叶片之间用传动连杆、传动板相互连接。当操纵轴转动时，带动切向叶片同步转动。操纵轴通过套筒与长连杆连接，最后由装在燃烧器操作盖板上的驱动装置来操纵长连杆并带动切向叶片的转动。

DRB-XCL 燃烧器（见图 2-39）是美国巴威公司应用很广泛的一种低氮旋流燃烧器，与 DRB 燃烧器最大的不同是将二次风进风从切向改变为轴向，如此可以降低二次

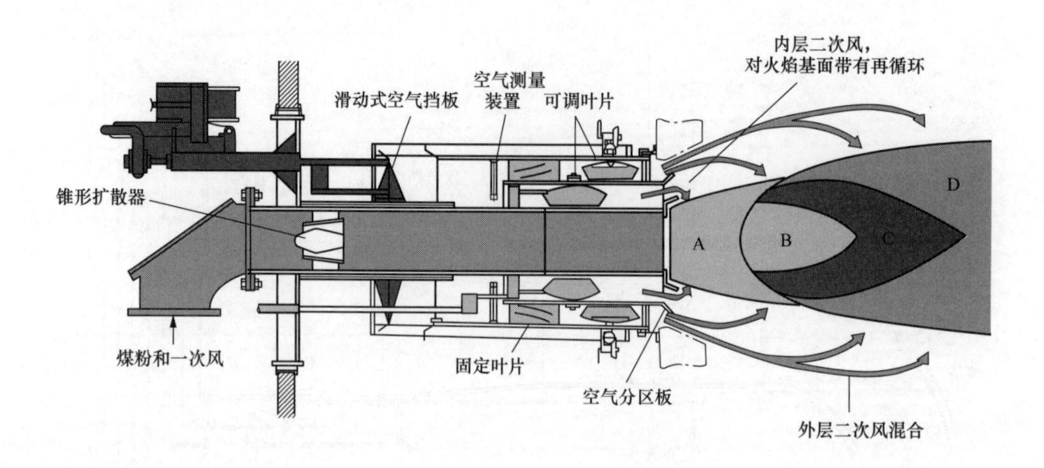

图 2-39　DRB-XCL 燃烧器

A—高温（挥发分富集）区；B—NO_x 生成区；C—NO_x 分解区；D—焦炭氧化区

风的阻力，调节机构也变得更为简单。同时 DRB-XCL 燃烧器明确提出 4 区的概念，即高温（挥发分富集区）、NO_x 生成区、NO_x 分解区和焦炭氧化区。

美国巴威公司目前较先进的为 DRB-4Z 燃烧器（见图 2-40），其主要特点是在 DRB-XCL 的基础上增加一层紧贴一次风可调节的小流量直流二次风。依靠这层二次风可以使得燃烧烟气发生类似再循环的倒流卷吸（Recirculation of products），从而隔离煤粉与二次风的混合，起到促进着火、降低飞灰可燃物，同时控制降低 NO_x 生成的多重作用。由于这层直流二次风的引导作用，取消了一次风中常用的锥形扩散器，也没有布置其他稳焰装置，减少了一次风部件的磨损。

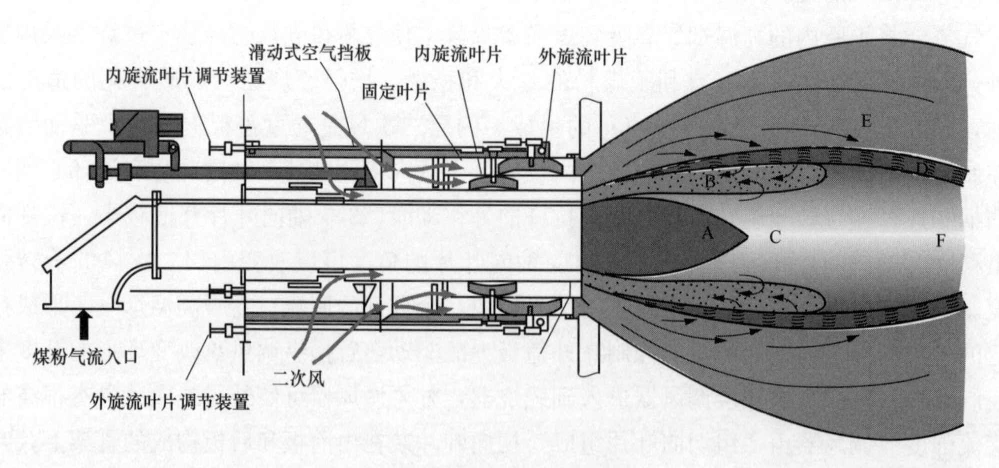

图 2-40　DRB-4Z 燃烧器

A—挥发分富集区；B—烟气回流区；C—NO_x 分解区；D—高温火焰面；E—二次风混合区；F—燃尽区

美国巴威公司近年来为高挥发份烟煤锅炉开发了 AireJet 型燃烧器（见图 2-41），其主要特点是在 DRB-XCL 基础上增加了较高流速的中心风。中心风区域设计在燃烧器的轴线上，轴向的中心风区域依次被环形的煤粉喷口、内二次风区域、外二次风区域环

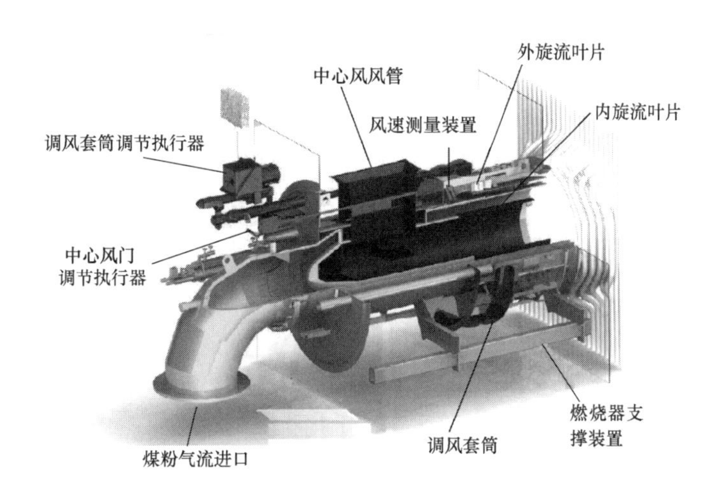

图 2-41 AireJet 型低 NO_x 燃烧器结构图

绕。凭借中心风区和内、外二次风区的设计，使环形煤粉喷口的煤粉气流自内向外和自外向内地点燃和着火，在燃烧器喉口处建立稳定的着火点。由于空气可直接供到燃烧器的火焰内部，燃烧更加迅速，这使其能在更低的过量空气系数下投运，进一步降低 NO_x 的排放。

4. DS 燃烧器

DS 低氮旋流燃烧器是由德国巴布科克公司开发的一种双调风低氮旋流燃烧器，既可以用在烟煤锅炉上，也可以用在贫煤锅炉上。

其主要特点有：①布置中心风筒，于其中安置点火油枪，中心风与二次风同源；②一次风弯头采用导流板导流，弯头过后直筒中安置固定或可调节的扭曲叶片（生根在中心风筒上），使得煤粉向外缘扩散；③二次风分层送入，二次风的旋流和风量可以调节；④与前面提到的燃烧器采用大风箱配风有明显差别的是每只 DS 燃烧器二次风为蜗壳式，采用单独风道配风，进入燃烧器的二次风可以被准确的测量和控制。

DS 燃烧器采用蜗壳式是一种可以实现精准配风的旋流燃烧器，这对于燃烧器的低氮和高效燃烧的实现十分重要。以安装某 DS 燃烧器的 250MW 锅炉为例，在火焰中心，根据燃烧供应情况，过量空气系数大约控制为 0.5。这个过量空气系数主要由一次风率、煤种自由氧和燃料挥发分燃烧所需空气量决定。内二次风、外二次风逐步推迟送入一次燃烧区。根据燃烧情况，可以调节内二次风和外二次风的比例使得优化控制燃烧控制的掺入。通过设定的燃烧器出口过剩空气系数为 0.85（4 台磨煤机，100%锅炉负荷），在运行中可以优化调整，见图 2-42。

DS 燃烧器在国内成功用于 6 台 U 型火焰的液态排渣炉上取得较好的 NO_x 排放业绩。

5. FW 低 NO_x 旋流燃烧器

FW 型低氮旋流燃烧器（见图 2-43 和图 2-44）的主要特征是，一次风筒整体呈圆锥状，一次风喷口较深地布置在二次风喷口的里侧。这种燃烧器在我国应用相对较少。

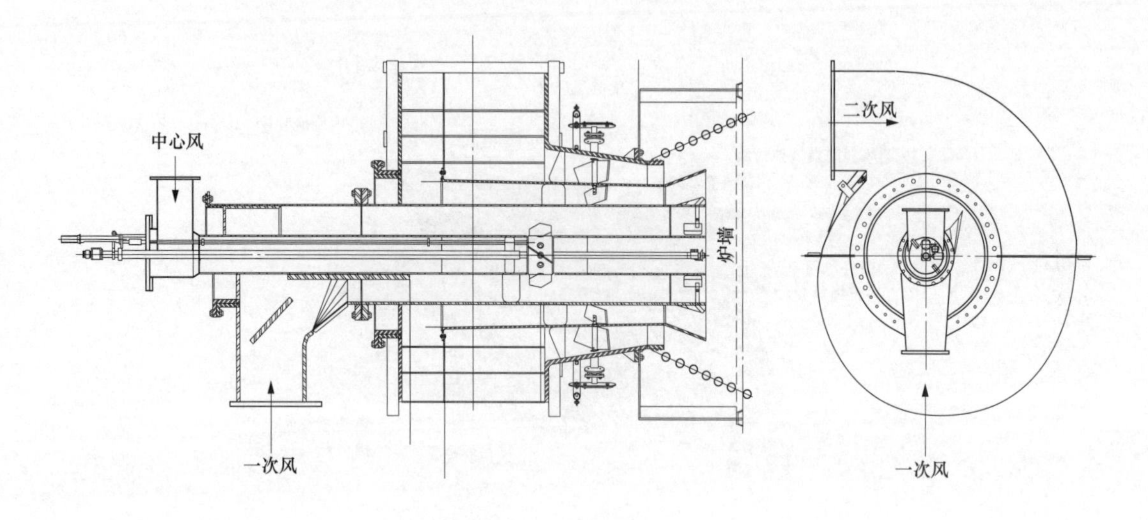

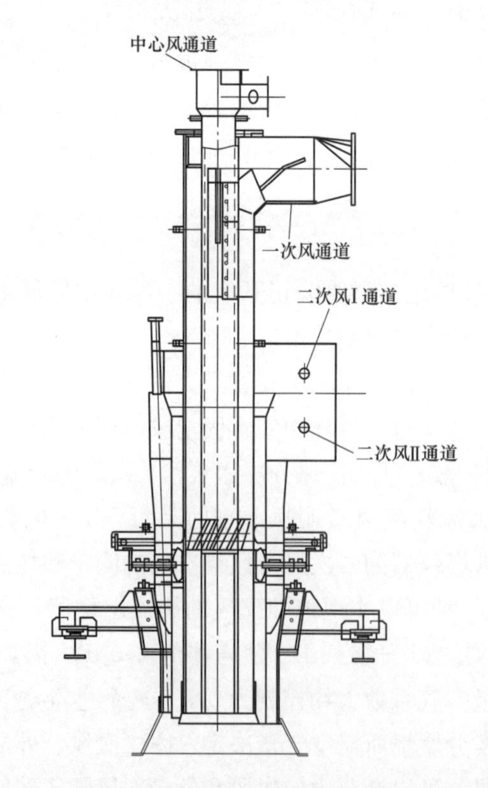

图 2-42　应用于国内 4×250MW 液态排渣锅炉 DS 低氮旋流燃烧器

6. GE 低氮旋流燃烧器

GE 公司低氮旋流燃烧器（见图 2-45）的特点是二次风旋流基本由推拉杆控制旋流强度，此外 GE 公司低氮燃烧器考虑在燃料分级燃烧中采用。

7. 阿米那公司 NO70R 低 NO_x 燃烧器

燃烧器结构见图 2-46。

8. 西门子 ABT 公司 Opti-Flow™低 NO_x 燃烧器

ABT 公司 Opti-Flow™低 NO_x 旋流燃烧器（见图 2-47 和图 2-48）最主要的特点是

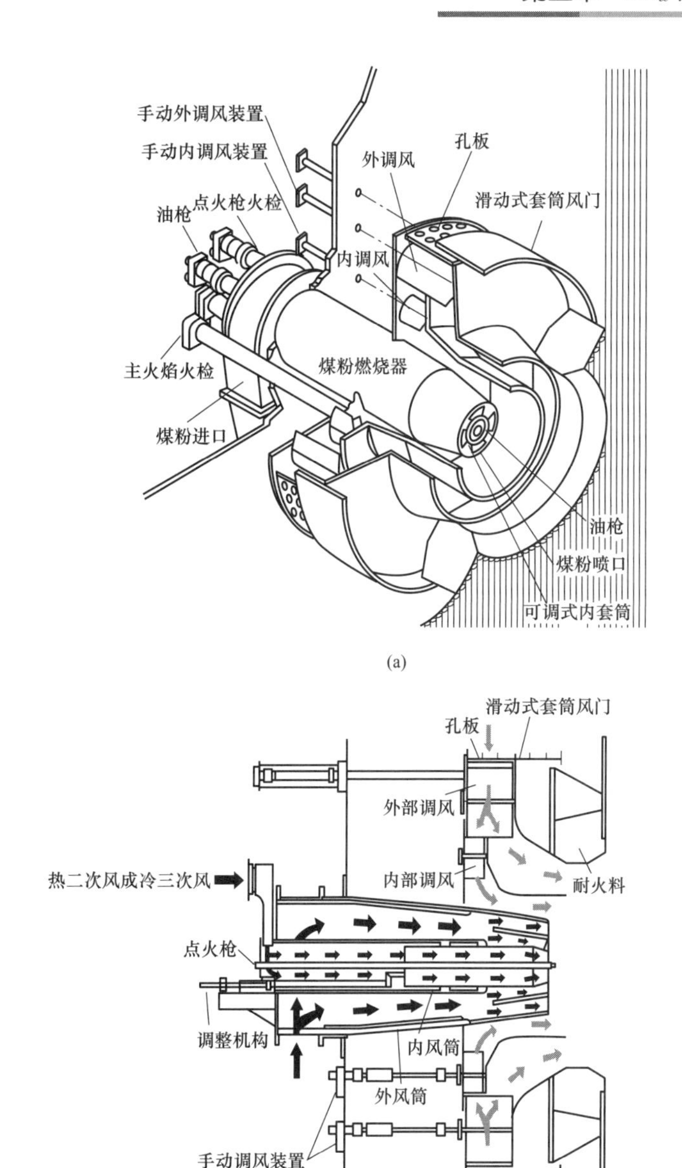

图 2-43 Foster Wheeler 公司的 PF/SF 低 NO_x 旋流燃烧器

(a) 燃烧器结构示意图；(b) 燃烧器气流流动示意图

采用了梅花型一次风喷口。

9. 西安热工研究院 DSB 多煤种适应型低氮旋流燃烧器

西安热工研究院有限公司研发多煤种适应型 DSB 低氮旋流燃烧器，主要结构包括：①中心风通道；②一次风弯头、煤粉均匀挡片、煤粉浓缩文丘里管、一次风伸缩套筒、一次风旋流叶片、稳焰环；③内二次风通道、内二次风旋流叶片；④外二次风通道、外二次风旋流叶片。DSB 燃烧器是在一般普通低 NO_x 旋流燃烧器上发展出来的，有继承也有创新，具有以下技术特征：

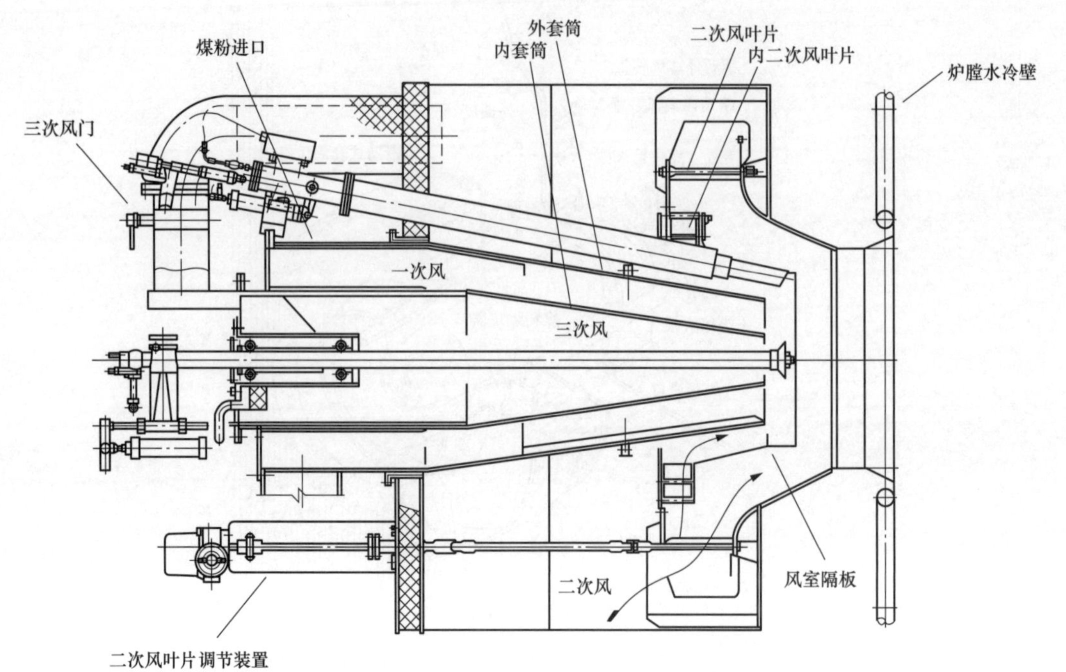

图 2-44　IHI-FW 型的双调节漩流式燃烧器

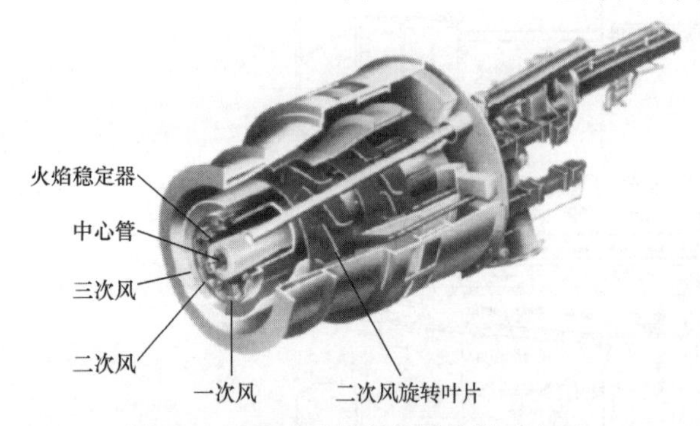

图 2-45　GE 公司的低氮燃烧器示意图

(1) 一次风粉浓淡分离，淡相被可控地分离到内二次风促进着火，降低 NO_x 生成。这是 DSB 旋流燃烧器最核心的技术，其基本原理如图 2-49 所示。一次风经过燃烧器弯头后进入文丘里管被整流，在文丘里管出口形成内浓外淡的煤粉气流分布。一次风稀相中的空气通过一次风筒上通向内二次风的开口缝隙（此缝隙的大小可由一次风拉杆进行调节），被旋转内二次风所形成的负压抽吸，由此使得进入一次风喷口的风量减少，煤粉被高度浓缩，在燃烧器内部实现了粉管来流不变的情况下直接降低一次风率，促进着火，降低 NO_x 的目的。相关试验见图 2-50，显示了对一次风拉杆进行调节时，一次风速从 26m/s 降低到 20m/s，并使得该燃烧器出口 50cm 处的温度发生明显变化，随着套筒拉开，一次风速的降低，该处温度从 541℃上升到 851℃，反映了煤粉着火提前，这对于 NO_x 控制和飞灰可燃物的降低都是十分有利的。

DSB 燃烧器一次风可以大幅度减小，促进了初期燃烧，但氧量更加缺乏，使得空气分级程度更深，NO_x 控制效果更为明显。此外很少一部分煤粉颗粒预先分散到内二次风里，降低了一次风区附近的氧浓度，使得主流的一次风粉远离二次风气流更为明显，进一步强化了空气分级燃烧，在一定程度上具有了燃料分级效果，NO_x 生成能得到较好控制。

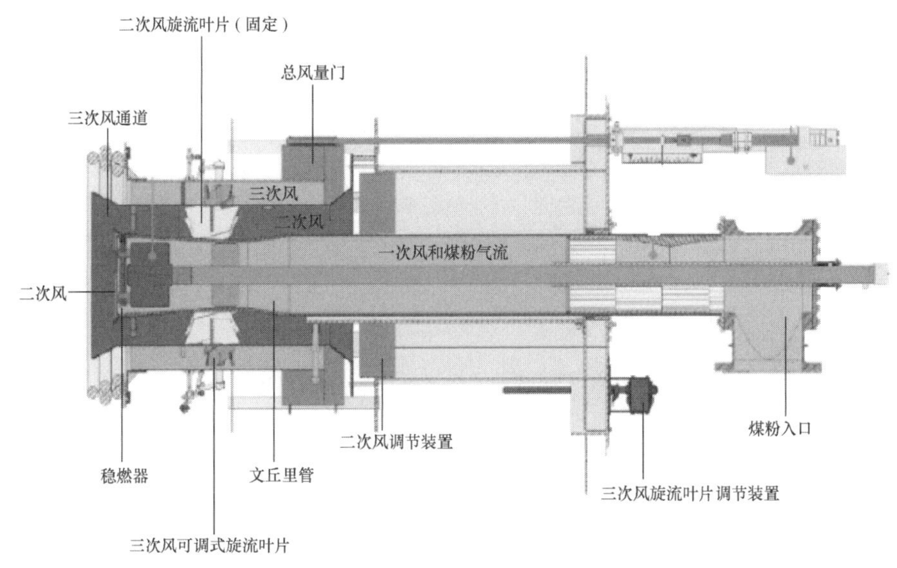

图 2-46　阿米那 NO70R 低 NO_x 燃烧器

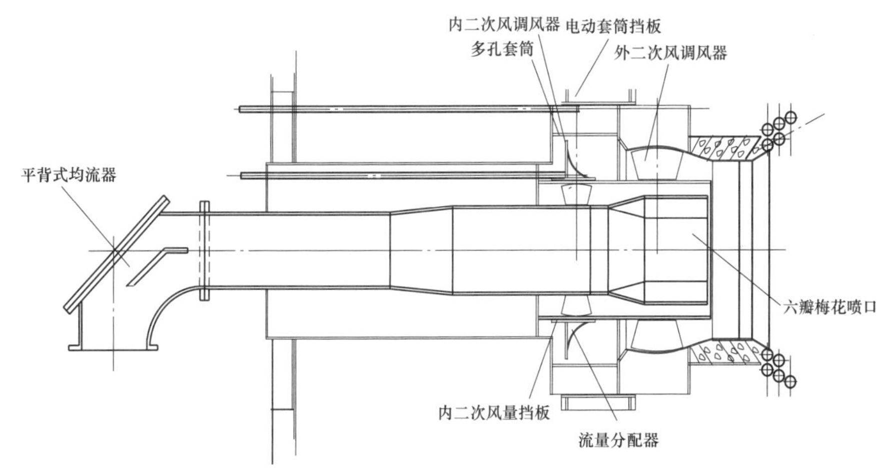

图 2-47　配有涡壳的 Opti-Flow™煤粉喷嘴和双调风系统示意图

图 2-48　ABT 公司 Opti-Flow™低 NO_x 燃烧器

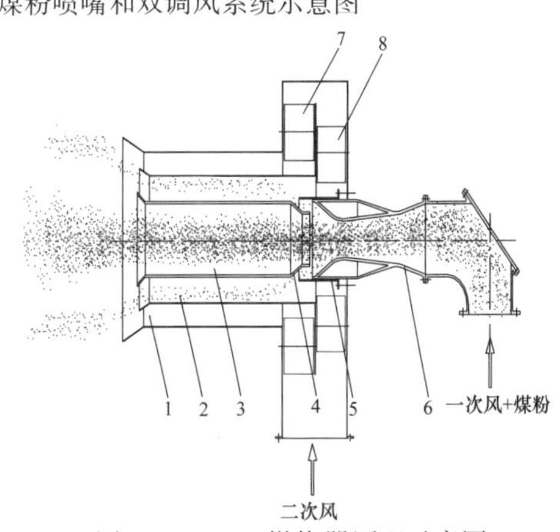

图 2-49　DSB 燃烧器原理示意图

1—一次性管道；2—内二次风通道；3—外二次风通道；4—浓淡分离管；5—一次风伸缩管；6—文丘里；7—外二次风旋流叶片；8—内二次风旋流叶片

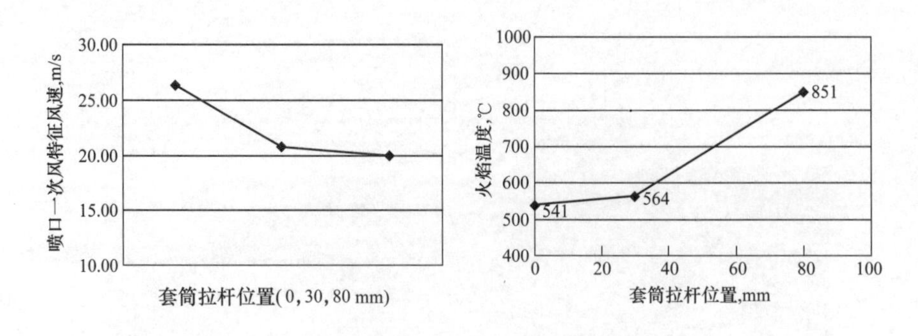

图 2-50 调节一次风拉杆后的试验结果

（2）燃烧器具备多种调节措施，特别是包括对一次风速和一次风旋流的调节，在风箱来流不变的条件下可以通过调节，形成多种出口气流形式，以适应不同煤种的燃烧。由于调节措施众多，因而具有宽广的煤种适应性，涵盖高挥发分烟煤至贫煤和无烟煤。DSB燃烧器是调节手段较多的旋流燃烧器，具体调节措施和对象见表 2-14。图 2-51 所示为在试验台显示 DSB 燃烧器在来流不变的情况下通过调节形成适合烟煤的渐扩型气流、适合贫煤的梨形气流以及适合无烟煤的球形气流。

表 2-14　　具体调节措施和对象

编号	控制对象	影响参数	控制方式
1	中心风挡板	中心风量	自动
2	一次风拉杆	一次风速、一次风粉浓度	手动
3	一次风旋流叶片	一次风旋流强度	手动
4	内二次风旋流挡板	内二次风旋流强度	手动
5	外二次风旋流挡板	外二次风旋流强度	手动
6	内二次风量挡板	内二次风量	自动
7	外二次风量挡板	外二次风量	自动

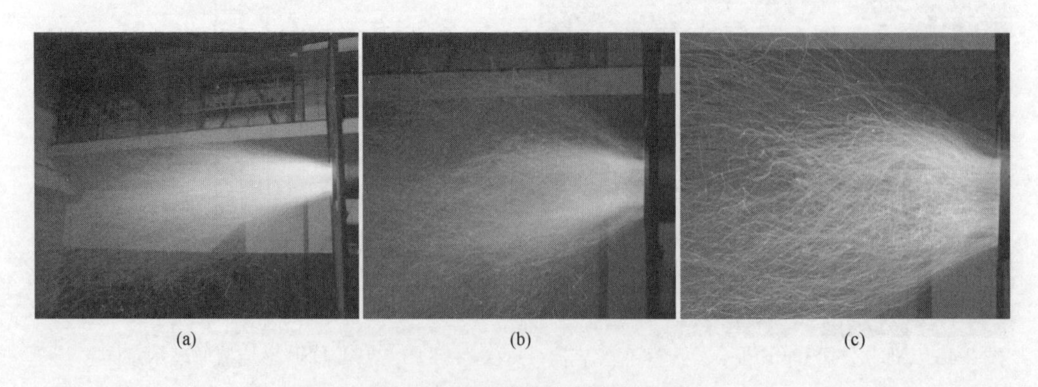

图 2-51 DSB 燃烧器放烟花实验

（a）渐扩形气流（适合烟煤）；（b）梨形气流（适合贫煤）；（c）球形气流（适合无烟煤）

DSB燃烧器虽然有多种调节方式，但在平时运行中并不需要频繁调节，只有在燃煤发生极大变动时，例如从高挥发分烟煤变为低挥发分贫煤甚至无烟煤时才需要进行调整。

（3）一次风喷口安装稳燃装置、二次风分级等，具有其他低 NO_x 旋流燃烧器的技术特点。DSB低氮旋流燃烧器具有蜗壳式（见图2-52）和大风箱（见图2-53）结构的两种形式，以适应不同给风方式的锅炉。

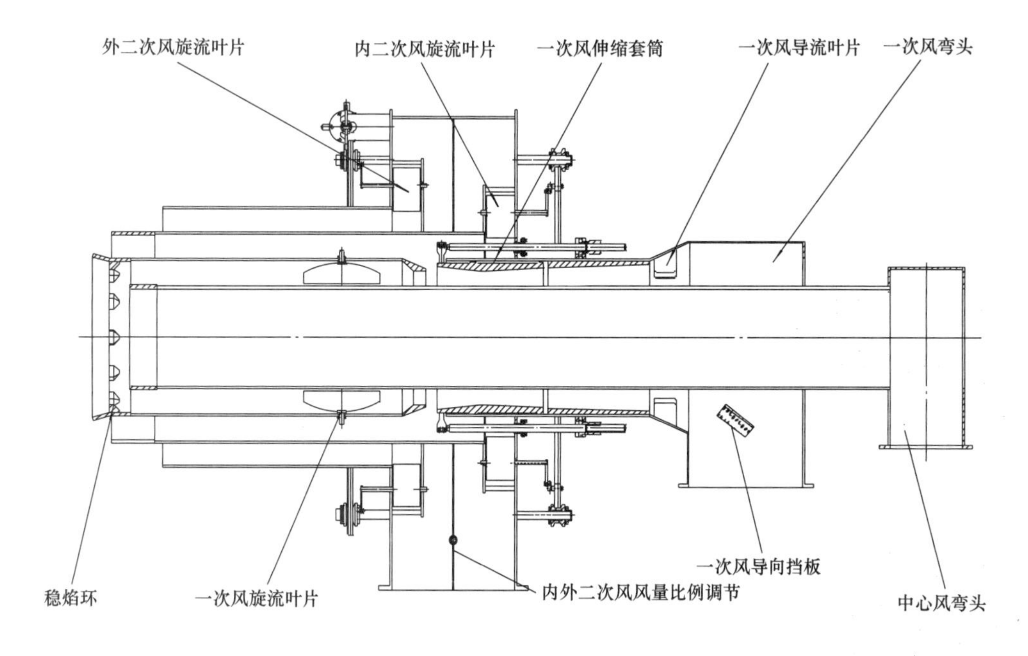

图2-52 蜗壳式DSB燃烧器结构示意图

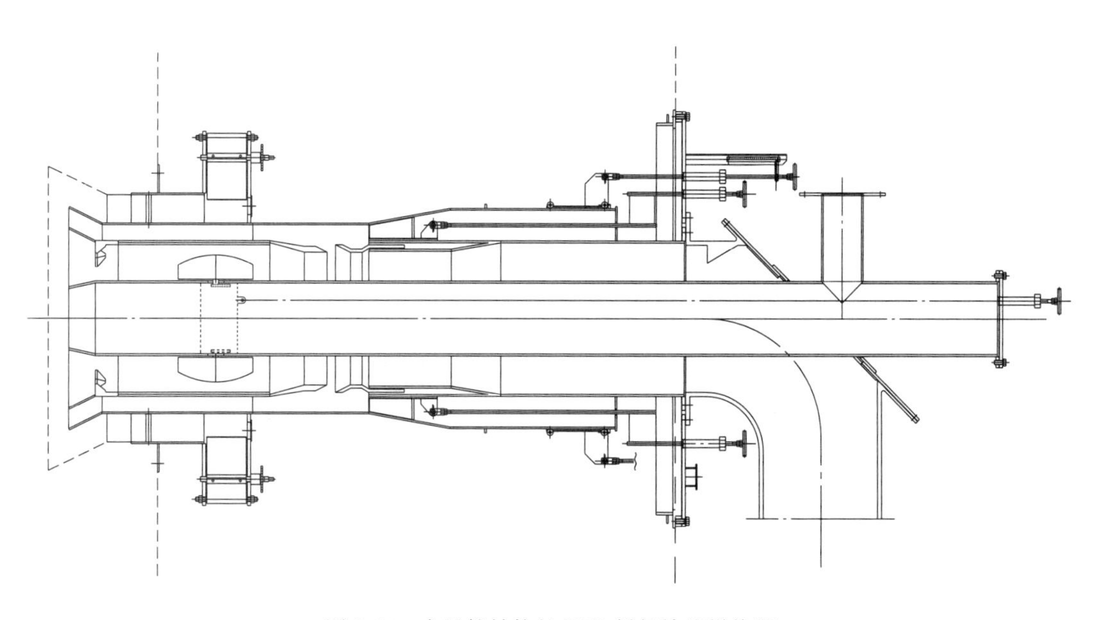

图2-53 大风箱结构的DSB低氮旋流燃烧器

国内某电厂1、2号320MW俄式机组锅炉原设计燃用阳泉贫煤，采用中间储仓制粉系统，NO_x 排放浓度为1300～1400mg/m^3。采用DSB燃烧器配合OFA和乏气热风复合送粉制粉系统改造后，煤种适应范围覆盖贫煤—烟煤（V_{daf}=11%～37%），额定负荷下 NO_x 排放280～380mg/m^3（烟煤，视制粉系统投入方式不同）和700～750mg/m^3（贫煤），锅炉效率约为93%，燃用贫煤最低不投油稳燃负荷为130MW。

五、燃尽风（OFA）系统

燃尽风（OFA）系统是低氮燃烧系统中的重要组成部分，墙式燃烧方式由于炉内的混合相对较差，一般OFA喷口都布置在煤粉燃烧器的上方，根据顶层燃烧器至炉膛折焰角之间的间距选择OFA布置的标高，一般OFA布置的标高在此距离的1/3～1/2高度。

OFA布置的层数有一层或两层，根据燃煤挥发分高低和 NO_x 控制的程度选择OFA的风率。对于燃尽性能较差的贫煤和劣质烟煤，OFA的风率一般选择15%～20%，OFA喷口多布置一层；而对于易于燃尽的烟煤，OFA风率可以选择20%～30%，OFA根据炉膛情况可以布置一层或两层。

每层OFA喷口的数量一般与每层燃烧器的数量一致，但日立公司与东锅的锅炉在靠近两侧墙另外布置一个侧墙燃尽风喷口，其认为这种布置可有效的防止出现煤粉颗粒逃逸现象，有利于降低飞灰可燃物，同时又可防止燃烧器区域靠近两侧墙处结焦。哈锅在部分墙式燃烧锅炉上布置了一圈OFA喷口，即除在前后墙上还在两侧墙上布置了OFA喷口。

OFA喷口目前多为内直流外旋流的独立气流，中央为非旋转的直射气流，它直接穿透进入炉膛中心，外圈是旋转气流，用于和靠近炉膛水冷壁的上升烟气进行混合。多数厂家的OFA喷口可以调节两股风的比例，外旋流风的旋流有的可以调节，有的则固定成某个位置，也有公司的OFA喷口采用三层结构，例如日立公司的燃尽风（AAP）采用了中心直流，外两层旋流的结构，风量和旋流都可以调节，而侧燃尽风（SAP）则采用内直流外一层旋流的结构。日立公司和美国巴威公司的OFA喷口结构见图2-54和图2-55。

OFA调整是使燃尽风沿膛宽度和深度同烟气充分混合，既可保证水冷壁区域呈氧

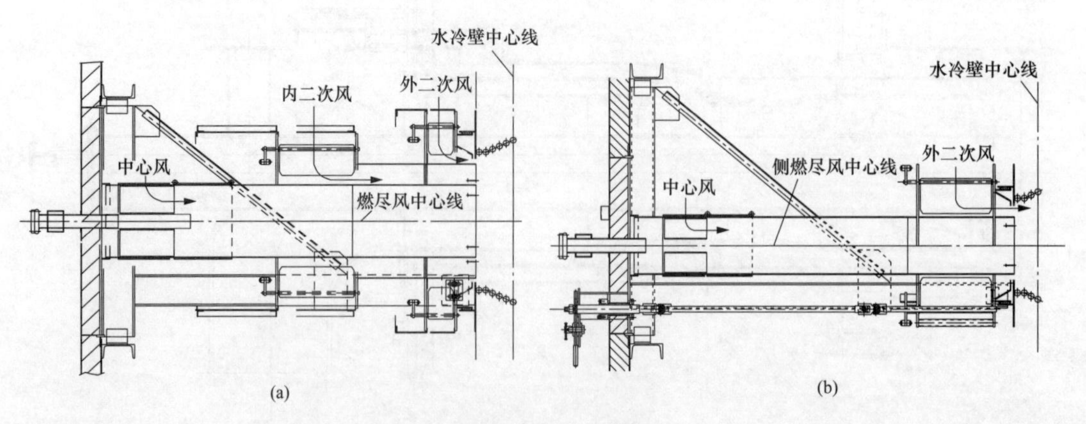

图2-54　日立公司燃尽风结构示意图

(a) AAP；(b) SAP

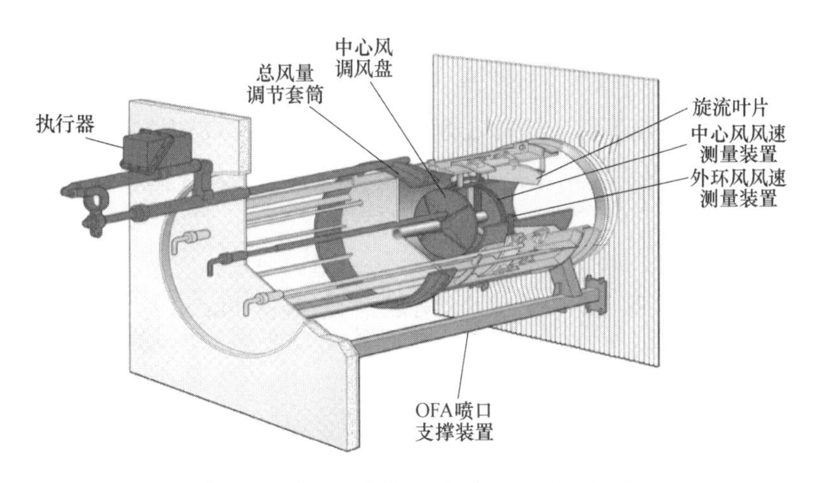

图 2-55　美国巴威的 OFA 喷口（NO_x Port）

化性特性，防止结渣；同时可保证炉膛中心不缺氧，达到高燃烧效率。

六、墙式燃烧锅炉低氮燃烧存在的主要问题

（1）与切圆燃烧锅炉相对，NO_x 控制效果相对较差。墙式燃烧低氮燃烧系统采用低氮旋流燃烧器，旋流燃烧器自组织燃烧，依赖二次风卷吸高温烟气点燃一次风煤粉气流，加上炉内的混合相对较差，因此一次风与二次风的混合很难做到如切圆燃烧方式那样可以在燃烧初期分离得较为彻底，因此整体上墙式燃烧锅炉的 NO_x 控制效果相对切圆燃烧锅炉效果较差。大量应用表明，墙式燃烧锅炉的 NO_x 排放较切圆燃烧高出100～150mg/m^3。

（2）侧墙水冷壁发生高温腐蚀情况较为普遍。旋流燃烧器的一次风粉一般为直流或弱旋流，煤粉颗粒惯性较大，因此射流刚性强，能入射到炉膛中心地带；而二次风为强旋流，卷吸力强，尽管初始风速较高但衰减很快，难以迅速扩散到炉膛中心地带。因此墙式燃烧锅炉易发生中心地带煤粉富集和燃烧空气缺乏的情况导致炉膛两侧墙还原性气氛高，水冷壁易发生高温腐蚀的情况，在锅炉采用增加 OFA 的空气分级燃烧后这种情况显得较为突出。大量测试表明，墙式燃烧锅炉采用低氮燃烧系统后两侧墙 CO 浓度高是普遍的，这与旋流燃烧器的煤粉和气流扩散形式的固有特性有关，是先天性的，燃烧调整很难彻底消除。

防止墙式燃烧锅炉水冷壁高温腐蚀，可以采用防腐喷涂，减缓水冷壁高温腐蚀的速度。此外，通过采取增大靠近侧墙燃烧器与炉墙之间布置距离、减少侧墙燃烧器的扩口角度、在侧墙和前后墙靠近侧墙布置水冷壁贴壁风等措施，能在一定程度上减少侧墙水冷壁还原性气氛，减缓水冷壁高温腐蚀。

（3）锅炉炉内混合较差，运行氧量需控制得较高。因锅炉粉管粉量偏差和燃烧器配风差异的原因，运行中左右两侧炉膛风粉不平的情况较为普遍。墙式燃烧炉内混合先天较差，因此锅炉运行氧量需要控制得较高，否则容易出现一侧欠氧，相应的飞灰可燃物和尾部 CO 浓度偏高，导致锅炉效率受到影响。

（4）其他问题。燃用烟煤时，低氮旋流燃烧器设计不当，还可能发生燃烧器喷口因

着火距离过近而发生烧损，连续长时间高负荷运行，锅炉燃烧器旋口、侧墙燃烧器至OFA区间高温结渣严重等情况。而燃用挥发分低的贫煤时，除飞灰可燃物偏高等情况外，也可能出现锅炉燃烧不稳（低氮燃烧设计往往取消卫燃带以降低炉膛温度）。

锅炉低氮燃烧器和OFA设计配合不佳，还可能导致锅炉蒸汽参数难以达标，负荷响应能力差，低负荷下NO_x控制效果不好等情况。

第五节　W火焰锅炉燃烧器降低NO_x

一、W火焰锅炉

（一）W火焰锅炉简介

我国低挥发分煤储量丰富，分布广泛，占总煤炭储量的19%，占总动力用煤的29.18%。W火焰燃锅炉是西方国家用来燃烧低挥发分劣质煤的典型锅炉，它是由美国福斯特惠勒公司首创，后经过法国期坦因公司和日本HIT·FW公司等不断地改进和完善而发展起来的一种炉型。由于W火焰锅炉是从早期的U型火焰锅炉演变而来，因此又称为“双U型”、“下射式”、“拱式”燃烧炉。W火焰锅炉综合了强化低挥发分无烟煤燃烧的各种措施，非常适合于燃烧无烟煤、劣质贫煤等低反应、劣质煤种。

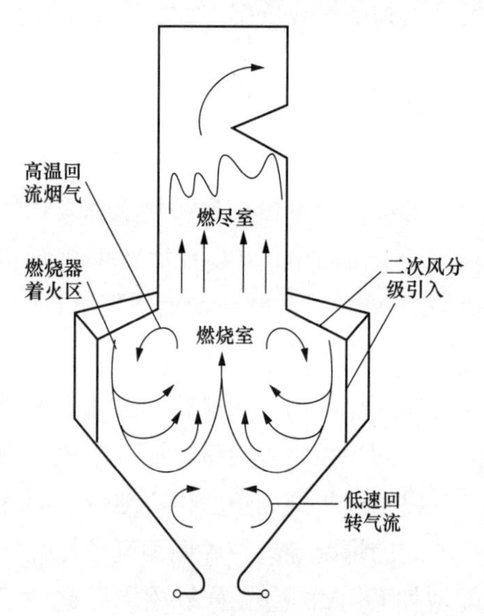

图2-56　W火焰锅炉及燃烧机理图

W火焰锅炉在结构上不同于切圆及墙式燃烧锅炉，结构如图2-56所示，其炉膛分为下炉膛燃烧室和上炉膛燃尽室。下炉膛燃烧室在深度（即前、后墙间距离）上要比上炉膛燃尽室大80%～120%。上、下炉膛通过具有一定倾斜角度的炉拱连接成一个整体。煤粉气流喷口及部分二次风喷口沿炉膛宽度方向布置在炉拱上。煤粉气流向下喷入炉膛着火后继续向下伸展，在燃烧室下部翻转向上，沿炉室中心上升，形成W形火焰，之后燃烧产物气流上升进入上炉膛燃尽室继续使未燃尽成分燃烧。W火焰锅炉设计理念是使煤粉气流在离开喷口的初期，能够接受回流至其根部的高温烟气直接加热和来自炉膛中心高温烟气的辐射加热，从而提高煤粉气流根部的温度水平，有利于较难点燃的低挥发分煤种的着火并稳定燃烧。同时，由于火焰先下行后上行，延长了煤粉颗粒在炉内的停留时间，有利于煤粉颗粒的燃尽。

（二）W火焰锅炉技术流派介绍

目前W火焰锅炉主要有四种不同的技术风格，分别属于美国福斯特惠勒公司（以下简称“FW”）、美国巴布科克·威尔科克斯公司（以下简称“B&W”）、英国三井巴布科克能源有限公司（以下简称“MBEL”）以及法国斯坦因工业公司（以下简称

“Stein”)。对于不同技术风格的W火焰锅炉，它们的最主要区别在于拥有具有自身特色的燃烧系统及与之匹配的制粉系统。

美国FW技术的W火焰锅炉炉膛结构及配风方式如图2-57所示，其采用双旋风浓淡分离圆形喷口燃烧器与双进双出钢球磨煤机正压直吹系统。燃烧器沿炉膛宽度方向布置在前、后拱上。一次风煤粉气流切向进入双旋风筒后，由于惯性分离作用，被分成浓淡两股气流，浓煤粉气流从主煤粉喷口喷入炉膛，淡煤粉气流（又称乏气）从布置在靠近炉膛中心侧的乏气喷口喷入炉膛。双旋风浓淡分离燃烧器可通过调节乏气挡板开度来控制浓、淡两股气流煤粉浓度。煤粉气流燃烧所需的二次风大部分从拱下分为至上而下三股气流，D风、E风与F风，垂直前后墙喷入炉膛，进风量上小下大，呈正宝塔状分布。

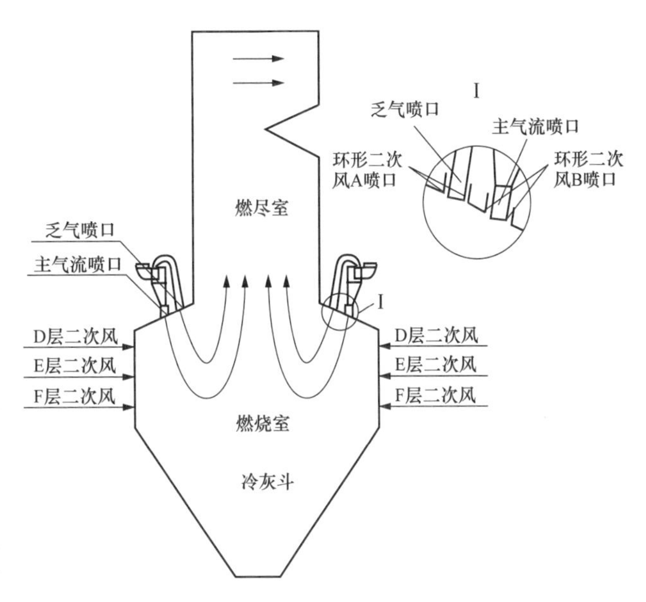

图2-57　美国FW技术的W火焰锅炉炉膛结构及配风方式示意图

美国B&W技术的W火焰锅炉炉膛结构及配风方式如图2-58所示，其采用旋流燃烧器以及双进双出钢球磨煤机正压直吹制粉系统。美国B&W技术的W火焰锅炉主要采用具有双调风功能的EI-XCL旋流燃烧器，燃烧器沿炉膛宽度方向顺列对称地布置在炉膛前、后拱上。一次风煤粉气流在流经燃烧器前端弯头时，在离心力作用下分为浓、淡两股气流，浓煤粉气流垂直炉拱向下喷入炉膛，淡煤粉气流作为乏气（也称为三次风）从前后墙喷入炉内。煤粉气流燃烧所需的约80%二次风从炉拱上包裹浓煤粉气流送入，剩余的约20%作为分级风，从布置在乏气喷口下方的分级风喷口送入炉膛。

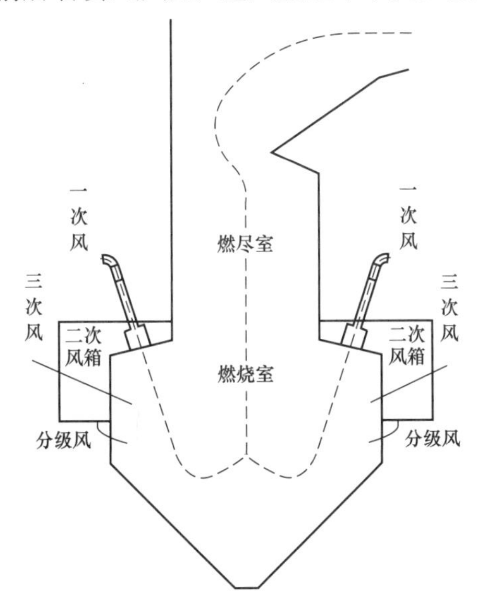

图2-58　美国B&W技术的W火焰锅炉炉膛结构及配风方式示意图

英国MBEL技术的W火焰锅炉炉膛结构及配风方式如图2-59所示。其采用旋风筒浓淡分离直流缝隙式燃烧器与双进双出钢球磨煤机正压直吹系统。浓煤粉气流喷口与拱上二次风喷口交替间隔地布置在前、后炉拱上，其喷口采用矩形喷口。一次风煤粉气流流经旋风筒分离器时，在离心力的作用下，分为浓、淡两股煤粉气流，浓煤粉气流经主煤粉气流喷口垂直向下喷入炉膛，淡煤粉气流经乏气喷口也由拱上垂直向下喷入炉膛。煤粉气流燃烧所需的约80%二次风从拱上与一次风喷口间隔布置的二次风喷口送入，剩余的约20%作为分级风从对称地布置在前、后墙下部的分级风喷口送入炉膛。

法国Stein技术的W火焰锅炉炉膛结构及配风方式如图2-60所示，其采用非浓淡分离型直流缝隙式燃烧器与中间储仓式热风送粉系统。煤粉气流喷口及拱上二次风喷口交替间隔地布置在前、后炉拱上，采用矩形喷口。煤粉气流直接从拱上喷口以一定的角度倾斜向下炉膛前后墙喷入炉膛。为了加强一次风混合与提供足量的助燃空气，在前后墙布置有两层分级风喷口，垂直于前后墙喷入炉膛。制粉乏气通过对称布置在前、后墙的喷口垂直喷入炉膛。煤粉气流燃烧所需的约80%二次风从拱上送入，剩余的约20%作为上、下分级风从对称地布置在前、后墙上部及下部的分级风喷口送入炉膛。

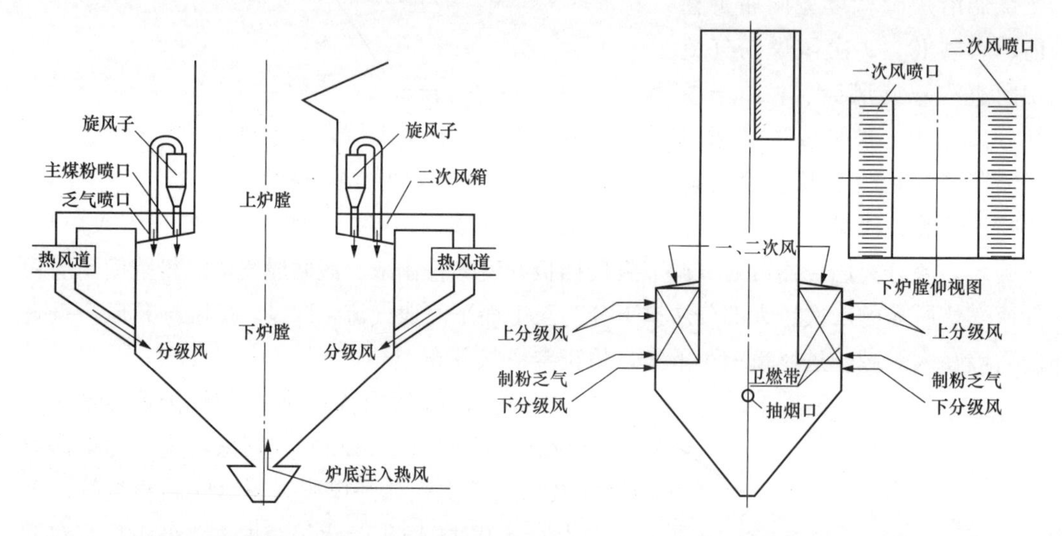

图2-59　英国MBEL技术的W火焰锅炉炉膛结构及配风方式示意图

图2-60　法国Stein技术的W火焰锅炉炉膛结构及配风方式示意图

（三）国内W火焰锅炉应用情况介绍

20世纪90年代初，华能集团上安、岳阳与珞璜电厂先后分别从B&W公司、MBEL与Stein公司引进了三种不同技术风格的6台300MW级W火焰锅炉，用于燃烧无烟煤、劣质贫煤等低挥发分煤种。之后，东方锅炉厂、北京巴威公司、哈尔滨锅炉厂等锅炉制造商也相继从美国FW、B&W与英国MBEL等公司引进了不同技术流派的W火焰锅炉制造技术，使得W火焰锅炉的国产率越来越高、技术越来越成熟、制造成本也越来越低，使得W火焰锅炉开始向机组大型化、高参数化方向发展，大批不同技术风格的W火焰锅炉在我国投运。

截至2013年12月，据不完全统计，我国已经拥有各类型容量为300、600MW等级的W火焰锅炉总数超过130台，总装机容量超过47 000MW，可以说W火焰锅炉已经成为我国燃用低挥发分贫煤及无烟煤发电的主力炉型。图2-61所示为不同技术风格的W火焰锅炉装机容量。

我国已投运的 W 火焰锅炉运行出力和低负荷调峰能力基本能够达到设计值。然而随着锅炉运行时间的增长及投运台数的增多，不断暴露出多种燃烧问题，归结有如下几点：

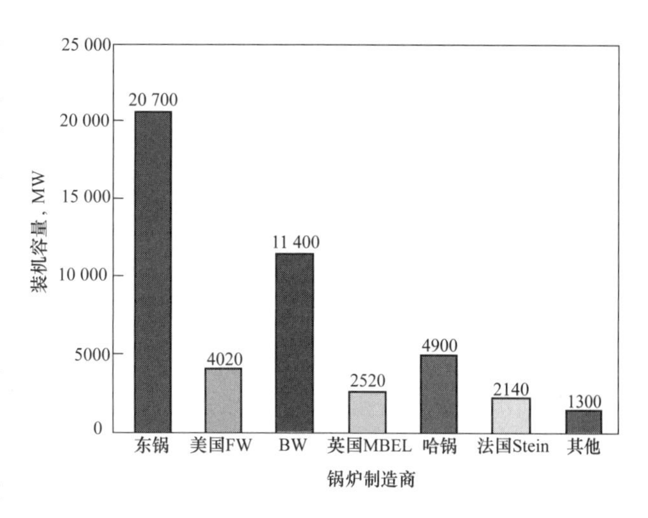

图 2-61　我国投产 W 火焰锅炉的装机容量

（1）结渣或结渣倾向性高。为了保证低挥发分煤种的着火及稳定燃烧，需在 W 火焰锅炉炉膛内铺设大量卫燃带，以提高炉膛温度，因此在炉膛前后墙上容易结渣，严重影响锅炉运行安全性。

（2）煤粉燃尽性能差。我国现运行的 W 火焰锅炉普遍存在该现象，尤其是在燃烧 $V_{daf}<10\%$ 的无烟煤、煤粉变粗或燃烧过程氧量偏小时，煤粉燃尽率与设计值相差甚远。

（3）NO_x 排放量高。因 W 火焰锅炉燃用低挥发分煤，且炉膛温度较高，W 火焰锅炉的 NO_x 排放量较其他燃烧方式的锅炉高出许多，基本上在 1000mg/m^{3}以上。

二、W 火焰锅炉采用低氮燃烧技术的必要性

W 火焰锅炉在我国已成为燃用无烟煤或劣质贫煤等低挥发分煤种的主力炉型。虽然 W 火焰锅炉在燃用低挥发分煤种时具有较大的优势，但是其在实际运行中存在 NO_x 排放浓度高等问题。根据我国最新的环保政策要求，W 火焰锅炉的 NO_x 排放浓度不得高于 200mg/m^3，重点地区不超过 100mg/m^3。现役 W 火焰锅炉的 NO_x 排放浓度基本在 1000mg/m^{3}以上，更甚者高达 2000mg/m^3。但对于 NO_x 排放浓度较高的 W 火焰锅炉，单纯依靠 SCR 脱硝系统来达到国家环保要求的 NO_x 排放标准，难度极大。因此，对 W 火焰锅炉进行低氮燃烧改造，降低烟气脱硝系统入口的 NO_x 浓度、减轻烟气脱硝系统的运行压力是一个必须的选择。

三、W 火焰锅炉低氮燃烧技术

（一）W 火焰锅炉燃烧特性

W 火焰锅炉炉内燃烧过程可分为三个不同的阶段：①着火阶段。煤粉气流通过浓淡分离后，浓相即主煤粉气流以较高的煤粉浓度及较低的速度自上而下喷入炉膛，不但降低了煤粉气流点燃所需的着火热，同时煤粉气流受 W 火焰锅炉喉口部位的高温回流烟气的加热及炉膛中心高温烟气辐射加热，煤粉气流根部温度提高，煤粉着火燃烧。②燃烧阶段。煤粉气流着火后，拱上或者前、后墙引入二次风补充煤粉颗粒燃烧所需要的氧量，使煤粉在下炉膛内充分燃烧，并在下炉膛下部翻转向上，沿炉室中心上升，从而形成 W 型火焰。W 形火焰的形成可使锅炉拱下形成高温烟气的回流区，促进煤粉的着火。③辐射冷却阶段。烟气经过喉部进入上部炉膛，除继续使煤粉燃尽外，还受到炉膛辐射受热面的冷却，温度逐渐降低。

第一阶段“着火阶段”是煤粉在W火焰锅炉燃烧过程中最为重要的阶段，因为煤粉在W火焰炉中的近距离着火对于W火焰炉的燃烧稳定性、NO_x以及飞灰控制都非常重要。针对W火焰炉的炉型与燃烧方式的特点，W火焰锅炉的设计理念是形成可直达炉拱下方煤粉气流根部的高温烟气，以此引燃煤粉从而提高锅炉燃用难燃煤的燃烧稳定性。而对现场对W火焰炉的着火距离测试结果表明，虽然采用了煤粉浓、淡分离等促进煤粉着火的措施，但因大部分W火焰炉拱下温度低于500℃，煤粉气流实际着火距离大多在2～5m之后。这表明煤粉在W火焰锅炉的着火相对较迟，而着火推迟意味着下炉膛空间没有得到充分利用，导致煤粉颗粒在炉内的有效停留时间减少，影响飞灰可燃物的控制；着火推迟也意味着煤粉在燃烧初期即与大量的二次风混合，难以在下炉膛形成抑制NO_x生成的还原区，导致生成大量NO_x。第二阶段“燃烧阶段”直接决定了煤粉的燃尽程度与NO_x的生成量。W火焰锅炉主要燃用无烟煤与贫煤，其挥发分含量相对较低，孔隙率较小，而煤的着火难易与其孔隙率和挥发分含量等有关。无烟煤等低挥发分煤着火与燃尽都较为困难，需要较高的燃烧温度，以及较长的燃尽时间。因此，W火焰锅炉通常在下炉膛敷设大量的卫燃带，用于提高炉膛温度，促进煤粉的燃烧，但这却又在很大程度上助长了燃烧阶段热力型NO_x的产生。第三阶段“辐射冷却阶段”是未燃尽的焦炭粒子等进入上炉膛继续燃烧的阶段，但随着可燃成分的减少和炉膛辐射受热面对烟气的冷却，此处炉膛温度已明显降低，残留的焦炭粒子燃烧速度下降。

（二）W火焰锅炉低氮燃烧思路

无烟煤等低挥发分煤挥发分含量低，碳含量高，因此其着火和燃烧主要是碳的非均相着火和燃烧。无烟煤燃烧中燃烧效率低和NO_x排放高的根本原因在于无烟煤的燃烧控制性差，这与无烟煤的挥发分含量低及稳定燃烧能力有限是密切相关的。一旦煤粉燃烧条件发生改变，煤粉燃烧中其升温、挥发分析出、着火及焦炭燃烧过程等都会发生变化，NO_x的生成控制途径也会发生变化，其燃烧机制可能完全不同。早期对W火焰锅炉的低氮燃烧改造借鉴了传统的四角切圆燃烧方式锅炉的低氮燃烧改造思路，即主要在W火焰锅炉上炉膛进口位置增加OFA系统，限制下炉膛的空气过量系数，而没有综合考虑无烟煤等挥发分煤的特性与W火焰锅炉独特的双拱与上、下炉膛结构。改造后的效果表明，虽然NO_x有所下降，但飞灰含碳量却大幅升高，这也在对实际锅炉的测试试验中获得验证。可以说，传统的低氮燃烧技术在W火焰锅炉上的应用是有一定局限性的。

近两年，随着低氮燃烧技术和对W火焰锅炉燃烧特性的研究，W火焰锅炉低氮燃烧技术逐渐完善并得到了应用。这些技术的基础都是建立在综合考虑了无烟煤等低挥发分煤的燃烧规律、W火焰锅炉炉内燃烧过程的三个不同阶段以及W火焰锅炉下射火焰和独特的炉膛结构特点的基础上才获得的成功。

煤粉在W火焰炉中的近距离着火对W火焰炉的燃烧稳定性、NO_x以及飞灰控制都非常重要。只有煤粉提前着火，煤粉才能够有足够的有效行程保证燃尽率，也才能给后续的NO_x控制提供有足够的时间和空间。同时，煤粉在W火焰锅炉中有足够的下射深度对W火焰锅炉的燃烧经济性非常重要，如此才可保证煤粉在炉内足够的停留时间。通常煤粉在进入W火焰锅炉的燃烧器前需要进行浓淡分离，提高主煤粉气流的煤粉浓度，降低所需要的着火热。但浓淡分离后的主煤粉气流的速度降低，致使煤粉颗粒很容易偏转，导致煤粉火焰下冲能力不足，下炉膛空间利用不充分，影响煤粉的燃尽。总的来说，同时促进煤粉气流的着火和提高煤粉气流的下射刚性存在较大的技术难点：提高一次风喷口的气流速度可提高煤粉气流下射刚性，但气流速度过高影响煤粉着火；而降低一次风喷口气速以促进煤粉气流着火，又会造成一次风下射刚性不足。因此，同时实现强化煤粉着火和提高煤粉气流下射深度这两点要求，是W火焰炉低氮燃烧改造的重中之重。

W火焰炉具有特有的双拱以及上下炉膛结构，下射的火焰形式使得风粉在燃烧的过程中自然发生分离。如果在拱上、下炉膛以及上炉膛分别建立空气分级燃烧方式，煤粉颗粒便可方便地接触高温低氧的烟气而欠氧燃烧抑制 NO_x 生成，这也是常规锅炉无法相比的。因此对于燃用无烟煤等低挥发分煤的W火焰炉可考虑尽量在炉膛采用多点、多级的空气分级燃烧措施，每一级都适当地限制空气系数，在起到控制 NO_x 生成的同时避免出现焦炭粒子不能大量燃尽的情况，保证了燃烧效率。

（三）W火焰锅炉低氮燃烧技术

考虑无烟煤等低挥发分煤的燃烧规律，利用W火焰锅炉下射火焰和独特的炉膛结构特点，促进煤粉的早期着火，保证煤粉的下射刚性，建立全炉膛的多点、多级空气分级燃烧方式是W火焰锅炉的低氮燃烧改造思路。现阶段，基于上述改造思路，W火焰锅炉低氮燃烧技术主要包括适用于W火焰锅炉兼顾煤粉着火和下射刚性的新型低氮燃烧器与相应的供上二次风、下炉膛分级风以及上炉膛的燃尽风等组成。

1. 低氮燃烧器与拱上二次风配风方式

采用新型低氮燃烧器并配合相应的供上二次风通过合理的措施促进锅炉煤粉气流提前着火，同时实现强化煤粉着火和提高煤粉气流下射深度这两点要求。典型的低氮燃烧器与拱上二次风配风方式如下：

（1）高低速燃烧器与拱上“引射回流”配风方式。通过采用高低速燃烧器与拱上“引射回流”的配风方式，同时实现强化煤粉着火和提高煤粉气流下射深度这两点要求。

高低速燃烧器喷口结构如图2-62所示。煤粉气流首先通过高低速燃烧器前的分离装置进行分离，分离后的浓相作为主煤粉气流进入高低速燃烧器。高低速燃烧器喷口中心有钝体，四周有翼型导流齿。主煤粉气流通过高低速燃烧器后，因中心钝体的分离与翼型导流齿的导流，在离开燃烧器喷口后呈现特殊的形态，即外围煤粉浓度高、气体流速低，中心煤粉浓度低、气体流速高。外围的低速、高煤粉浓度的气流利于煤粉的点燃，而中心高速气流可保证燃烧器整体的

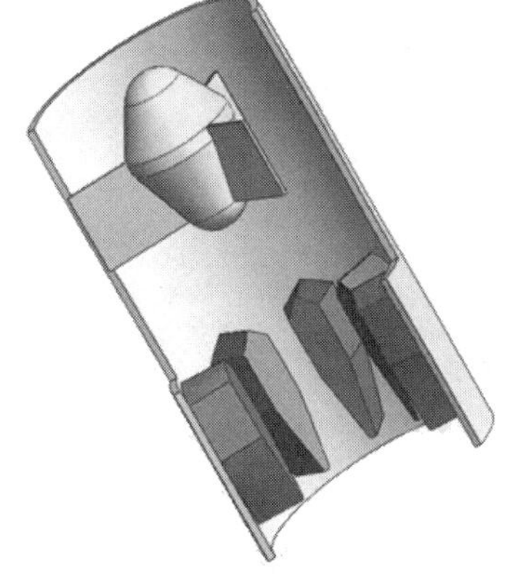

图2-62 高低速燃烧器喷口示意图

下射刚性。高低速燃烧器这种独特的出口煤粉流场形态可解决足够的一次风下射刚性与促进煤粉早期着火的矛盾。分离后的淡相作为乏气从靠近炉膛前后墙的布置于一次风浓煤粉气流的背火侧的乏气喷口，与浓煤粉气流平行射入炉膛，如图 2-63 所示。这种乏气风布置方式的优势是可使主煤粉气流直接接触高温烟气，同时保证乏气风不干扰主煤粉气流。

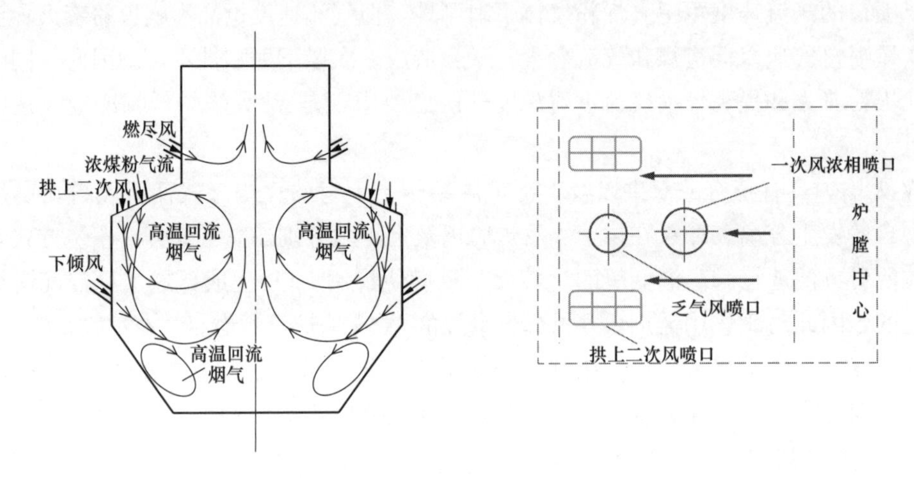

图 2-63　拱上“引射回流”配风方式示意图

在主煤粉气流喷口后侧布置二次风喷口，使大量二次风由上送入炉膛，向下的拱上高速二次风不但可以携带浓煤粉气流下行增加煤粉下射深度，同时增强对炉膛中心高温烟气的引射，形成能够自由穿过炉拱下方的、可直接到达浓煤粉气流根部的、较大的高温烟气回流区，以此强化浓煤粉气流的初期着火。

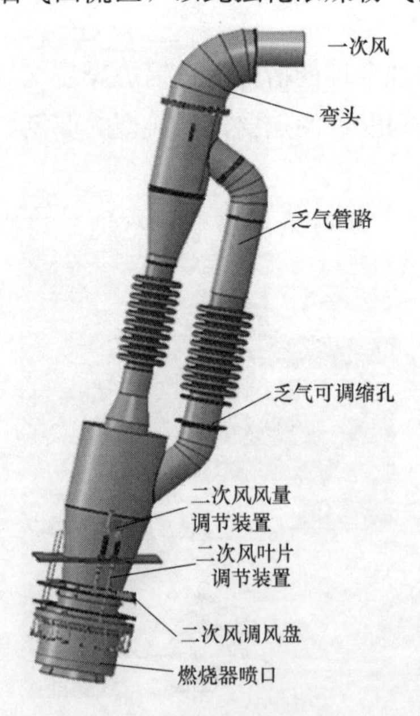

图 2-64　偏置浓淡缩孔均流单调风燃烧器

(2) 偏置浓淡缩孔均流单调风燃烧器与拱上弱旋流二次风。偏置浓淡缩孔均流单调风燃烧器，类似于旋流燃烧器，结构如图 2-64 所示。它利用弯头等将一次风煤粉气流分为浓、淡两相，将淡相乏气以周界风的形式并入一次风浓相主气流，并使乏气与浓相主气流以一定的速差喷出，形成一个环形回流区，用于促进煤粉的着火与稳燃，同时实现浓淡燃烧，有利于降低 NO_x。拱上二次风以弱旋流风的形式围绕一次风送入炉膛，不但可以卷吸周围的高温烟气促进煤粉的着火，也可提高整个燃烧器下冲力，增加主气流的下射深度，提高炉膛火焰的充满程度。偏置浓淡缩孔均流单调风燃烧器的特点是利用乏气与煤粉主气流的速度差以及包裹煤粉气流的二次风的旋转等手段促进煤粉气流提前的着火，同时利用速度相对较高的二次风增加煤粉气流下射深度，最终解决煤粉提前着火与足够煤粉行程之间的矛盾。

（3）中心风环浓缩旋流燃烧器与拱上旋流二次风。中心风环浓缩旋流燃烧器是在原有的EI-XCL燃烧器上进行改进的，主要是增加了中心风，结构示意图如图2-65所示。中心风区域设计在燃烧器的轴线上，轴向的中心风区域依次被环形的煤粉喷口、内二次风区域、外二次风区域环绕。煤粉通过燃烧器前的煤粉浓淡分离弯头后，淡相作为乏气从下炉膛前后墙送入炉膛，浓相作为主煤粉气流进入中心风环浓缩旋流燃烧器。凭借燃烧器中心风区和内、外二次风区的设计，使环形煤粉喷口的主煤粉气流自内向外和自外向内地点燃和着火，由于主煤粉气流处于中心风和内二次风之间配风中，煤粉着火后呈现出双层火焰：内层火焰由内到外和外层火焰由外到内，两层火焰"波纹"状的交错作用，促进了煤粉的着火，使煤粉剧烈燃烧。中心风环浓缩旋流燃烧器继续保留EI-XCL燃烧器双调风功能，绝大部分的二次风从拱上通过调风套筒进入燃烧器套筒，分别进入两个平行的内、外二次风通道。内二次风通道由煤粉管道和内套筒形成。内二次风通道内装有一组固定叶片，可使与煤粉气流外表面相接触的内二次风旋转，促进煤粉的点火和火焰内部的回流。外二次风通道由内套筒和燃烧器外套筒形成，用于保证煤粉气流的下射刚性。外二次风通道内装有两级叶片，第一级为固定叶片，用于改善进入该通道气流的圆周分布；第二级叶片为可调旋转叶片，用于进一步的燃烧优化。

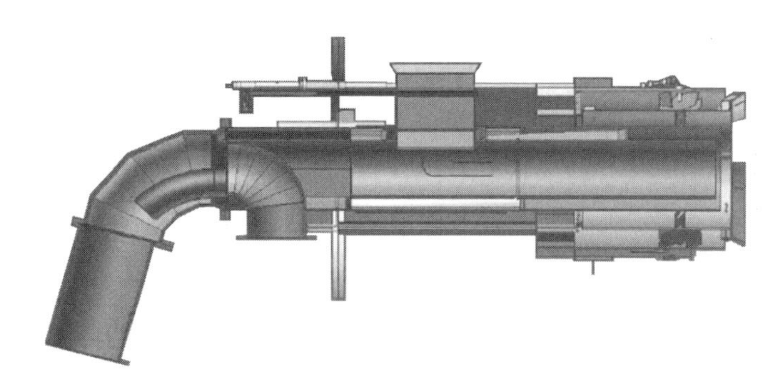

图2-65　中心风环浓缩旋流燃烧器

2. 上炉膛燃尽风

通常低氮燃烧技术需在主燃烧区上方的适当位置布置燃尽风，整体减少锅炉主燃烧区的空气系数。因此，W火焰锅炉通常在上炉膛进口的前后墙位置增加一层燃尽风。但对于W火焰锅炉来说，随着可燃成分的减少和炉膛辐射受热面对烟气的冷却，上炉膛温度已明显降低，直接影响残留的焦炭粒子的燃烧，因此W火焰锅炉 NO_x 控制和保证燃烧效率的矛盾更加突出。因此在上炉膛布置较多的燃尽风进行深度空气分级燃烧措施并不明智。对于W火焰锅炉，燃尽风率的选择一般在总风量的15%以下，这是保证飞灰可燃物不上升过高的必要条件，显然这与燃用高挥发分烟煤锅炉可选择25%甚至更高燃尽风率的情况有很大的不同。

W火焰锅炉的上炉膛燃尽风的形式通常借鉴对冲火焰锅炉，即采用中心直流、外部旋流的方式，如图2-66（a）所示。该类燃尽风喷口中央部位为直流气流，其速度高、刚性大，能直接穿透上升烟气进入炉膛中心；外圈为旋转气流，易于向四周扩散，用于和靠近炉膛水冷壁附近的上升烟气进行混合。另一种方案是考虑到 W 火焰锅炉上炉膛燃尽风在炉膛宽度方向喷口数量布置相对较多，因此燃尽风的形式只采用直流风的形式，通过喷口的左右摆动，调整燃尽风与上升烟气的混合，如图 2-66（b）所示。

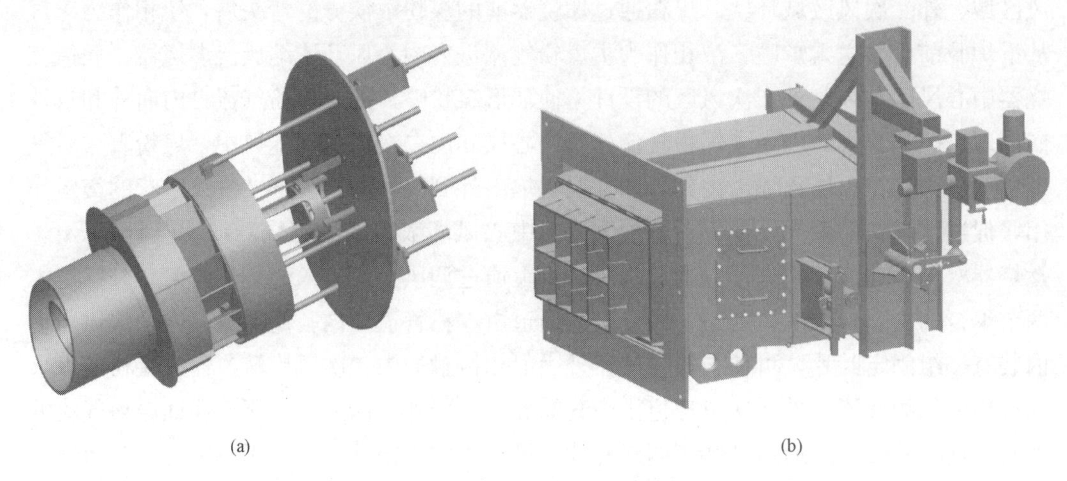

(a) (b)

图 2-66　上炉膛燃尽风示意图

（a）中心直流，外部旋流；（b）只采用直流风

3. 下炉膛分级风

对于 W 火焰炉，单纯通过上炉膛的燃尽风进行空气分级，整体限制下炉膛空气系数明显是一种并不明智的做法。W 火焰锅炉具有独特的下射火焰和上、下炉膛结构特点，因此，当煤粉气流和部分二次风由拱上送入炉膛后，在煤粉着火后，可在下炉膛前、后墙送入部分二次风作为下炉膛分级风在下炉膛进行空气分级。下炉膛分级风可减少拱上二次风比例，防止在煤粉燃烧初期二次风即大量混入，一方面，降低煤粉燃烧器所需的着火热，促进煤粉颗粒的着火；另一方面，在下炉膛即实现首次空气分级程度，降低 NO_x 的生成。下炉膛的分级风通常下倾布置，可进一步引射煤粉气流，增加煤粉气流的下射刚性，提高燃烧经济性。

第六节　燃气锅炉降低 NO_x

一、燃气锅炉低 NO_x 燃烧器研究现状

目前，燃气燃烧器的研究越来越受国内外学者关注与重视，以期望找到性能更高、排放更低的燃气燃烧器来改善燃烧效率和燃烧污染物排放。国内学者在燃烧器技术领域的研究主要集中在燃煤燃烧器方面，而对于低 NO_x 燃气燃烧器方面的研究甚少，其技术和设备主要依赖进口。我国最新的环保排放标准非常严格，目前世界上只有几家著名的低 NO_x 燃气燃烧器厂商如美国 CB 公司和德国扎克公司等可以达到该标准，且其设备非常昂贵。随着全国对燃气锅炉环保标准的日趋严格，燃气锅炉节能环保改造迫在眉睫。此外，由于燃煤工业锅炉的高排放，京津冀、长三角和珠三角等经济发达地区已经

逐步出台相应政策，逐步要将燃煤锅炉改为燃气锅炉。因此，针对高效超低 NO_x 燃气燃烧器的研究开发，正成为我国燃烧界迫切需要解决的课题。

二、低 NO_x 燃气燃烧器设计理念与结构

不同的燃料及燃料成分进行燃烧，生成 NO_x 的机理就不同。对于气体燃料，与煤燃烧主要以燃料型 NO_x 为主有很大的不同，燃料中的氮很少，天然气燃烧产生的 NO_x 主要为热力型和快速型。快速型 NO_x 指燃烧时空气中的氮分解成 N 原子与燃料反应分解产生的中间产物碳氢离子团（CH）等反应而生成 NO_x，当炉膛温度较高时，产生的快速型 NO_x 很少，可以忽略，但当温度较低时，在富燃料还原区，快速型 NO_x 占主导地位。即控制燃烧过程中快速型 NO_x 的关键是控制燃料与助燃空气在炉膛中均匀的混合燃烧。热力型 NO_x 是指在高温环境下（1500℃以上）空气中大量的氮被氧化成 NO_x，即控制燃烧过程中热力型 NO_x 的关键是控制燃烧温度。从降低热力型和快速型 NO_x 的角度出发，合理优化燃料与助燃空气的混合过程，使得燃料与助燃空气在整个炉膛内尽可能均匀的分布，消除炉膛局部高温是燃气燃烧器超低氮燃烧的核心技术。

目前传统的低 NO_x 燃气燃烧器一般采用燃料与空气分级分段燃烧、浓淡燃烧、烟气再循环等低氮燃烧技术。虽然在一定范围内也能降低氮氧化物，但不能满足现有环保标准［$100mg/m^3$（标准状态）以下］。研究表明，燃气燃烧器燃烧的稳定性、高效性、低污染排放等主要性能与反应物之间的混合效率有直接紧密的关系，改进和优化反应物之间的混合过程能够显著改善燃气燃烧器的性能。设计的低 NO_x 燃气燃烧器借鉴德国扎克公司设计的超低 NO_x 燃气燃烧器分级基本原理并在此基础上加之创新，采用燃料与空气多分级可调低氮燃烧技术。

该创新分级技术（见图 2-67）具体为：燃烧所需的助燃空气流过燃烧器时，助燃空气被分为三个部分引入炉膛燃烧：一部分被引入到燃烧器内层中心区，与中心燃料混合燃烧；另一部分助燃空气流过外层的旋流区，形成旋流风，与内强旋燃料混合燃烧；第三部分助燃空气沿火焰稳定器的轴向流入炉膛，与外弱旋燃料混合燃烧。气体燃料被分三个燃气喷嘴输入，第一个喷嘴位于内层中心管内，确保燃烧火焰的稳定性，当燃烧

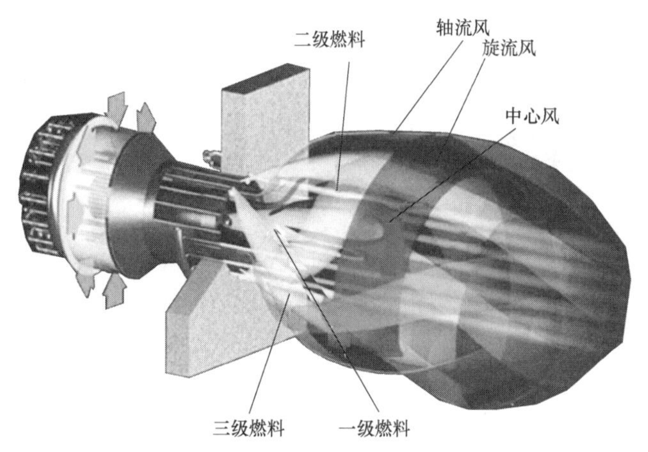

图 2-67 低氮燃气燃烧器燃料、空气分级原理图

器负荷变化时，不影响该燃气喷嘴的燃烧。第二个喷嘴喷出的燃料形成内部旋流与反向的旋流风混合，该涡流形成于外部涡旋式喷嘴所配置的倾斜角可调节的叶片处。第三个喷嘴燃料形成外弱旋，与直流风混合，这样设计的目的在于降低氮氧化物的排放。

设计的低 NO_x 燃气燃烧器具体结构如图 2-68～图 2-70 所示。空气与燃气燃烧过程被分为三级，即中心回流和稳燃区域，主燃烧旋流强化区域和燃气对冲燃尽区域。三种燃烧区域分别对应三种燃气喷枪：中心燃气喷枪 6、内强旋燃气喷枪 9 和外弱旋燃气喷枪 3。内强旋和外弱旋燃气速度达到 200～300m/s，接近亚音速状态，内强旋燃气枪头端面上开有若干个燃气小孔组成内强旋燃气喷口，枪头成 30°～60°大切角设计，燃气喷射方向为端面的法向方向。多只内强旋燃气喷枪组合沿圆周方向布置，使得喷射出来的燃气形成一个假想切圆，该切圆与强旋流风形成强对冲配合，外弱旋燃气牵头端面上开有若干个燃气喷口，枪头成 5°～15°小切角设计，燃气喷射方向为端面法向方向。多只

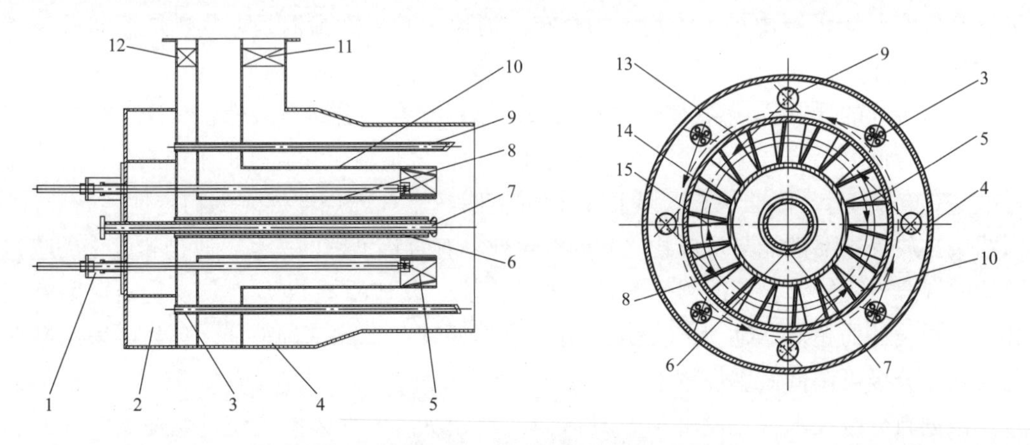

图 2-68　低 NO_x 燃气燃烧器结构示意图

1—旋流盘调节装置；2—燃气集箱；3—外弱旋燃气喷枪；4—箱壳；5—旋流叶片；6—中心燃气喷枪；7—中心风筒；8—内风筒；9—内强旋燃气喷枪；10—外风筒；11—外风门；12—内风门；13—内强旋形成假想切圆；14—外弱旋形成假想切圆；15—旋流风形成假想切圆

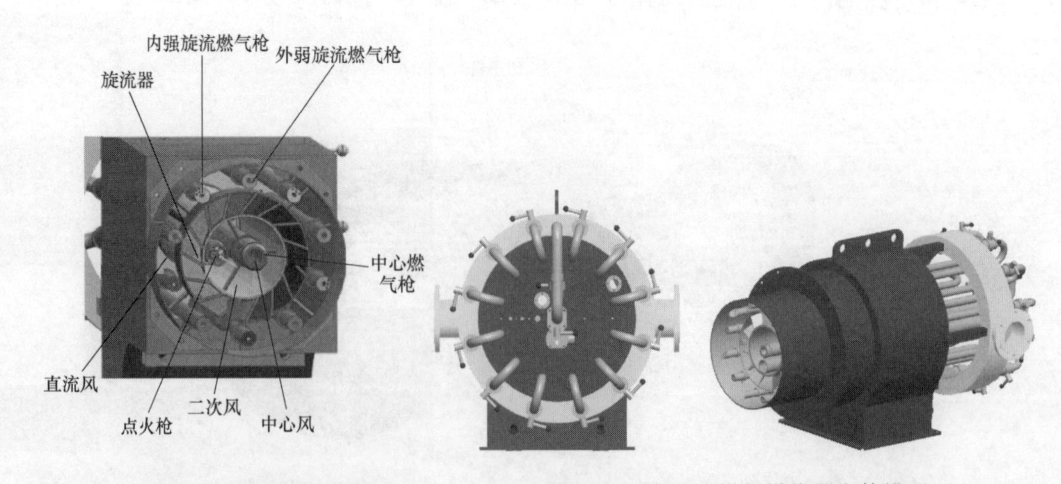

图 2-69　低氮燃气燃烧器结构模型　　图 2-70　低 NO_x 燃气燃烧器实体模型

外弱旋燃气喷枪组合沿圆周方向布置，使得喷射出来的燃气形成一个假想切圆，该切圆与最外层的直流风形成弱对冲配合，使得燃气与助燃空气充分混合。内强旋燃气与旋流风混合燃烧形成内火焰，外弱旋燃气和高速直流风混合燃烧形成外火焰，提高燃烧效率，减少局部高温火焰区域，从而能大幅度降低氮氧化物的生成。通过强旋流形成中心回流区卷吸周围高温烟气，配合上中心燃气与中心风，保证在低负荷能稳定燃烧。通过内外风门（11、12）开度的大小可以调节各级风的流量，从而可以根据锅炉负荷的大小合理配风，达到高的负荷调节性。

设计的低 NO_x 燃气燃烧器气体燃料与助燃空气的超混合方法是：稳焰盘的叶片设计成主体显倾斜状、两侧面显弧形的低阻力流线型，使通过及助燃空气量较多、形成的助燃空气旋流强度强，并能形成低压空气回流区，燃料枪的出口端面设计成与稳焰盘相配的倾斜状、并在倾斜面上设置不同直径的出气孔、气体燃料以垂直斜面方向、亚音速流速喷射，使得燃料与助燃空气相互对冲渗透、混合。

三、低 NO_x 燃气燃烧器特点

TPRI-MAS 多级可调分段燃烧低氮燃烧器（见图 2-71）基于旋流对冲动力学和分级分段燃烧原理，利用涡旋与高速燃气非线性对冲喷射的效果，使燃料及助燃空气分布均匀，同时实现两种气体的超级混合，从而使火焰温度均匀，降低热力型 NO_x 的产生。

图 2-71　TPRI-MAS 低氮燃烧器

每个燃气喷枪及助燃空气的流量均可在线调节以适应变负荷要求，燃气喷射角度及旋流强度也可调节以改变火焰形状从而适应燃料及炉膛大小的变化。中心稳燃燃气喷枪安置于中央或中心空气区域，产生火焰源以稳定维持其他燃气喷射区的燃烧需要。

内强旋燃气喷枪附于主燃气环的外部至燃烧器通道的连接，其喷枪可旋转以在燃烧器点火时微调火焰形状。这些喷枪通常排列成一定角度的圆锥状并有不同大小的开孔用于喷射燃气，以改变火焰前部在空气流中的位置。

外弱旋燃气喷枪以与主燃气喷枪相同的方式同样连接至主燃气环以促进微调。这些喷枪以一定的斜度在空气流的另一个区域喷射燃料，以保证燃料分布的统一性、帮助燃烧以稳定整个炉膛的热通量以及减少热 NO_x 的排放量。

TPRI-MAS 低氮燃烧器具有以下特点：

（1）亚音速燃气超低 NO_x 喷口。

（2）强弱旋流对冲超混合设计。

（3）大小虚拟切圆设计。

（4）超低 NO_x 排放（小于 $100mg/m^3$）。

（5）多级可调高燃料适应性。

（6）超高调节比（1∶15）。

关键技术如下：

（1）多枪旋流对冲动力学。

（2）亚音速超混合技术。

（3）多组分燃料超低 NO_x 燃烧技术。

（4）超低负荷稳燃技术。

（5）非线性浓淡燃烧技术。

（6）复合低温烟气再循环技术。

四、主要业绩

2013 年 10 月承接的中石化北京燕山分公司动力厂 3 号炉低 NO_x 燃气燃烧器，于 2014 年 12 月 18 日验收完毕，经环保局测试 NO_x 最终排放在 $91mg/m^3$。从测试结果可知，此次开发设计的低 NO_x 燃气燃烧器 NO_x 排放降低到 $100mg/m^3$ 以下，达到现今对燃气锅炉 NO_x 排放的要求，不需要增加 SNCR 或 SCR 脱硝设备，大大减少了燃气锅炉低氮改造成本。

烟气脱硝技术

第一节 概 述

第二章中详细介绍了 NO_x 的燃烧控制技术，本章主要介绍燃烧后的烟气脱硝技术。燃烧后的烟气脱硝技术目前应用最成熟、广泛的是选择性催化还原（SCR）脱硝技术和选择性非催化还原（SNCR）脱硝技术。

1. 选择性催化还原脱硝技术

选择性催化还原脱硝技术是工业上应用最广的一种脱硝技术，可应用于电厂锅炉、工业锅炉、燃气锅炉、内燃机、化工厂以及炼钢厂。它的脱硝效率能够达到90%以上，是目前我国燃煤电站达到超低 NO_x 排放的主要技术手段。

2. 选择性非催化还原脱硝技术

选择性非催化还原脱硝技术是利用机械式喷枪将氨基还原剂（如氨水、尿素）溶液雾化成液滴喷入炉膛，生成气态 NH_3，在850～1050℃温度区域（对于循环流化床，通常在旋风分离器进出口区域，温度750～950℃）和没有催化剂的条件下，NH_3 与 NO_x 进行选择性非催化还原反应，将 NO_x 还原成 N_2 与 H_2O。喷入炉膛的气态 NH_3 同时参与还原和氧化两个竞争反应：温度超过1050℃时，NH_3 被氧化成 NO_x，氧化反应起主导；温度低于850℃时，NH_3 与 NO_x 的还原反应为主，但反应速率降低。这是一项十分成熟的脱硝技术，相对SCR而言，脱硝效率有限制。

第二节 SCR 技 术

SCR技术是目前烟气脱硝技术中应用最广、技术最成熟、脱硝效率最高的技术。在环保法规日益严格的背景下，SCR将扮演日益重要的角色。

SCR技术的基本原理是：烟气中的氮氧化物与喷入烟气中还原剂在适当的反应条件、有催化剂的情况下，发生氧化还原反应，生成对环境无害的 N_2 和 H_2O 后排入大气。作为催化氧化还原反应，其影响因素包括催化剂性质及不同的反应条件。催化剂性质主要包括催化剂活性、反应选择性以及催化剂的钝化；影响反应速率的反应条件包括反应温度、停留时间（空间速度）、混合程度、化学计量比和氨逃逸等。

为了适应工程应用需要，设计出性能达标、经济可行的SCR系统，SCR工艺设计是性能保证最关键的内容，其核心是实现保证 SCR 整体性能的条件。SCR 工艺设计的特点有：需要融入流场技术、非标设备所占份额较大、需要考虑对机组相关设备的影响等。

SCR 工程设计是一项多专业协同设计的系统工作，为了保证设计正确合理、设计过程高效、返工修改工作少，设计输入、设计过程以及设计输出等全过程均需遵照相关规范和程序，并进行多级校核审核。

一、SCR 技术原理

（一）火电厂 SCR 技术基础

在一定的条件下，烟气中的氮氧化物（NO_x），与还原剂（NH_3）可发生氧化还原反应，生产 N_2 和 H_2O。主要的化学反应方程式为

$$4NO+4NH_3+O_2 \longrightarrow 4N_2+6H_2O \tag{3-1}$$

$$6NO+4NH_3 \longrightarrow 5N_2+6H_2O \tag{3-2}$$

$$6NO_2+8NH_3 \longrightarrow 7N_2+12H_2O \tag{3-3}$$

$$2NO_2+4NH_3+O_2 \longrightarrow 3N_2+6H_2O \tag{3-4}$$

反应原理如图 3-1 所示，表面反应机理如图 3-2 所示。

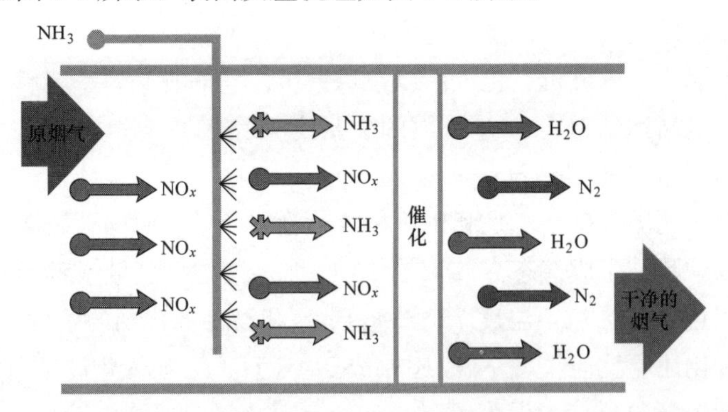

图 3-1　SCR 反应原理

由于烟气中氮氧化物主要是 NO，式（3-1）无疑是发生的主要化学反应。所需的 NH_3/ NO_x 比接近化学计量关系。在不添加催化剂的条件下，较理想的上述 NO_x 还原反应温度为 850～1050℃，但是，这一温度范围“很狭窄”。当温度在 1050℃ 以上时，NH_3 会被氧化成 NO，而且，NO_x 还原速度会很快降下来；当温度低于 850℃时，反应速度很慢，此时需要添加催化剂，因此，从技术上就分为 SCR 工艺和 SNCR 工艺两类。

催化剂有几种不同的类型，但所有类型的催化剂在 SCR 系统中的功能是一样的，都是在 SCR 反应中，促进还原剂选择性地与烟气中的氮氧化物在一定温度下发生化学反应。用于 SCR 系统的商业催化剂主要有贵金属催化剂、金属氧化物催化剂、沸石催化剂及活性炭催化剂四类。目前在火电厂脱硝工程中应用最多的催化剂是氧化钛基 V_2O_5-$WO_3(MoO_3)/TiO_2$ 系列催化剂。本书从工程应用的角度，主要阐述氧化钛基催化剂在 SCR 脱硝工程中的应用。

在 SCR 工艺中，催化剂安放在一个像固体反应器的箱体内，烟气穿过反应器流过

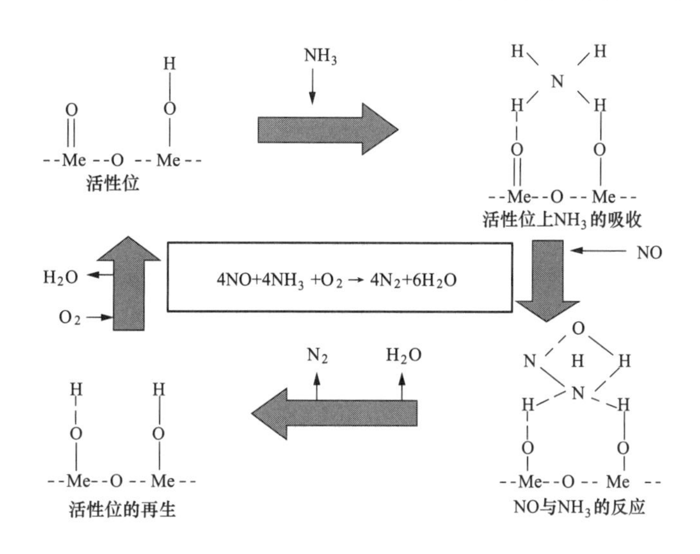

图 3-2 SCR 表面反应机理

催化剂表面，如图 3-3 所示。催化剂单元通常垂直布置，烟气由上向下流动；有时也采用水平布置。

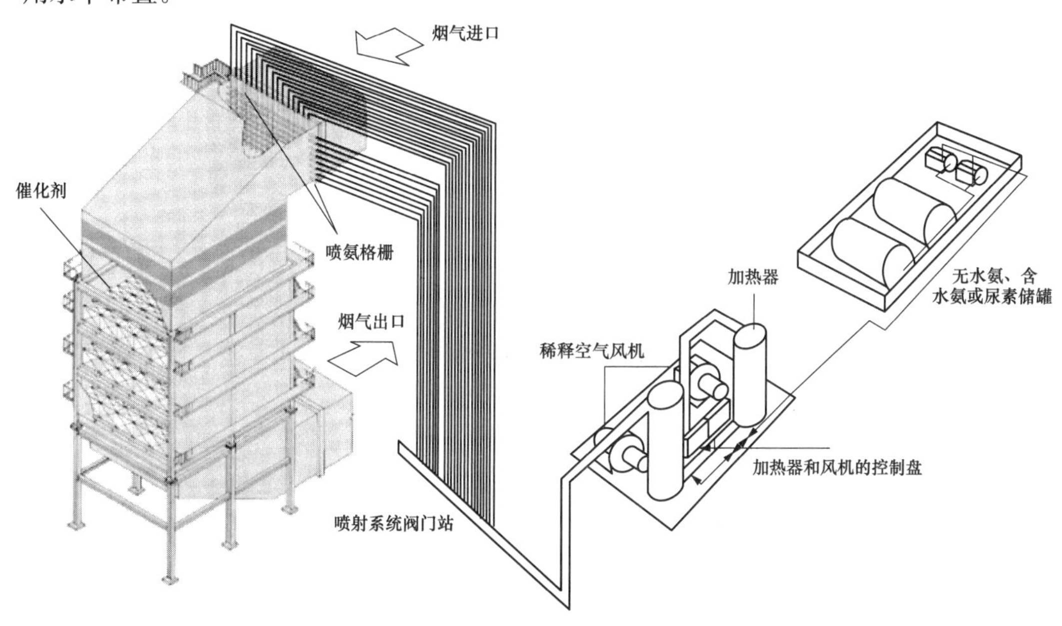

图 3-3 SCR 反应系统

建成后的 SCR 脱硝装置如图 3-4 所示。

（二）影响 SCR 过程的主要因素

1. 催化剂

催化剂是 SCR 系统中最关键的部分，它的类型、结构和表面积都对脱除 NO_x 的效果有很大影响。对于具体的应用，选用的催化剂应具有多方面的良好特性，包括适当的反应温度范围、烟气流速、烟气特性、催化活性和选择性以及催化剂的运行寿命。另外，设计时还要考虑催化剂的成本，包括处置成本。

图 3-4　建成后的 SCR 脱硝装置

（1）催化剂活性。催化剂活性是催化剂加速 NO_x 还原反应速率的度量。催化剂活性越高、反应速率越快，脱除的 NO_x 效率越高。催化剂活性是许多变量的函数，包括催化剂成分和结构、扩散速率、传质速率、烟气温度和烟气成分等。当催化剂活性降低时，NO_x 还原反应速率也降低，这会导致 NO_x 脱除量降低，氨逃逸水平升高。

催化剂活性 K 跟时间 t 的关系为

$$K = K_0 e^{(t/\tau)} \tag{3-5}$$

式中，K_0 是催化剂的初始活性，τ 是催化剂运行寿命的时间常数。图 3-5 显示了一种典型催化剂基于式（3-5）的活性降低曲线。随着催化剂活性降低，氨逃逸随之增加，通常要注入更多氨来保持 NO_x 脱除率。当氨逃逸达到最大值或允许水平时，就必须增加催化剂，或更换旧催化剂。

（2）SCR 反应选择性。假定反应物在适宜温度并且有氧的情况下，SCR 希望 NO_x 还原反应尽可能胜过不希望发生的反应。然而，副反应仍然会发生，并且催化剂也会加速这些反应。每一种催化剂都有各自不同的化学反应选择特性。通常，在 SCR 反应中，催化剂会加速不期望的化合物 SO_3 和 N_2O 的形成（SO_3 是由 SO_2 氧化而成）。一定温度条件下，SO_3 在烟气中与 NH_3 反应生成硫酸氢铵，硫酸氢铵沉积在催化剂表面或下游的空气预热器等设备上，会造成催化剂的钝化及设备的腐蚀。N_2O 既是臭氧消耗物，也

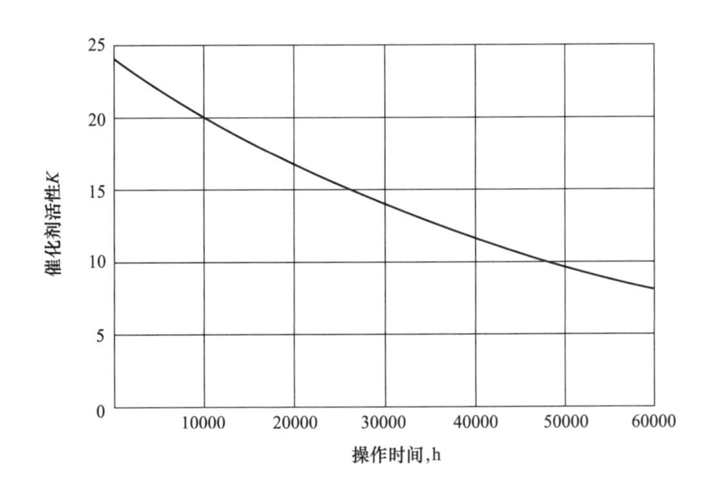

图 3-5　典型的催化剂活性曲线（$K_0=24.12$，$\tau=55,000$）

是一种温室气体。

（3）催化剂的钝化。在 SCR 的运行过程中，由于催化剂的烧结、碱金属中毒、砷中毒、钙腐蚀及催化剂堵塞等的一个或多个原因，都会使催化剂的活性降低。

2. SCR 反应参数及条件

还原反应速率决定了烟气中 NO_x 的脱除效果。影响 SCR 系统 NO_x 脱除性能的主要设计和运行因素包括：①反应温度范围；②在适宜温度区间的有效停留时间；③还原剂与烟气中 NO_x 的混合程度；④NH_3/NO_x 的摩尔比；⑤允许的氨逃逸大小。

（1）反应温度。反应温度不仅决定反应物的反应速度，而且决定催化剂的反应活性。在较低温度范围内，反应温度越高、反应速度越快，催化剂的活性也越高，单位反应所需的反应空间小，反应器体积变小。

NO_x 的还原反应只有在特定温度区间才会有效。SCR 工艺使用催化剂，降低了 NO_x 还原反应最大化要求的温度区间。在指定温度区间以下，反应动力降低。超出此温度范围，会生成 N_2O 等，并且存在催化剂烧结、钝化的风险。

在 SCR 系统中，最适宜的温度取决于过程中使用的催化剂类型和烟气的成分。对于绝大多数商业催化剂（金属氧化物），SCR 过程适宜的温度范围可以达到 250～420℃，不同商家的催化剂有一定的差异。

烟气温度、催化剂量和 NO_x 脱除率之间的关系是催化剂配方和结构的复杂函数。每一种催化剂的物理和化学特性要对于不同的运行条件而实现最优化。对于给定的催化剂配方，甚至不同的催化剂厂家所需的催化剂量和温度区间都可能有所不同。因此，催化剂的选择对于 SCR 系统的运行和性能都是至关重要的。

锅炉降负荷运行时，省煤器出口烟温通常也随之降低。典型的 SCR 系统可以承受的温度波动在±93℃之间。然而，在锅炉低负荷运行时，温度可能降到允许的最低连续运行温度以下。例如，某台燃煤锅炉，100％负荷时省煤器出口烟温为 366℃，但是 50％负荷时只有 300℃。对于低负荷运行，需要采取提高烟气温度的措施，如省煤器烟气旁路、改变烟气引出位置、省煤器受热面改造以及省煤器水旁路等。

（2）停留时间和空间速度。停留时间是反应物在反应器中与 NO_x 进行反应的时间。停留时间越长，通常 NO_x 脱除率越高。温度也影响所需的停留时间，当温度接近还原反应的最佳温度，所需的停留时间减少。停留时间通常表示成空间速度（space velocity）。空间速度是 SCR 的一个关键设计参数，它是烟气（标准温度和压力下的湿烟气）在催化剂容积内的停留时间尺度，在某种程度上决定反应完成的程度，同时也决定着反应器催化剂骨架的冲刷和烟气的沿程阻力。

空间速度越大，烟气在反应器内的停留时间越短，反应越不完全，氨的逃逸量就越大；同时，烟气对催化剂骨架的冲刷也大。对于固态排渣炉高灰段布置的 SCR 反应器，空间速度选择一般是 2500～3500h^{-1}。

（3）混合程度。SCR 工程设计的关键之一是达到还原剂与 NO_x 的最佳混合，以确保与被脱除反应物有足够的接触。氨与 NO_x 混合程度通常由第一层催化剂入口断面氨氮摩尔比的相对标准偏差来表征，同时对相对极限偏差也应作一定的控制，以防止局部氨逃逸过高。

工程中常用的氨与还原剂的混合方法分为分区可调喷氨格栅（AIG）/静态混合器法和涡盘法两种。涡盘法在一定烟道条件下采用少量涡盘即可实现需要的混合均匀程度，但随着机组容量增大，受空间布置限制，实际应用中涡盘法也融入了分区可调的设计思想，采用多涡盘型式；AIG/静态混合器型式为目前采用较多的混合型式，能适应比较苛刻的空间布置条件，能在运行阶段进行混合均匀性的优化调整，缺点是不能应对 SCR 系统入口 NO_x 浓度分布的不稳定性对混合均匀程度的影响。

（4）NH_3/NO_x 摩尔比。根据 SCR 反应化学方程式，对于氨参加的还原反应，理论上化学当量比为 1，即参加反应的 NH_3 和 NO_x 量之间有 1∶1 的对应关系，但受反应速度的限制，实际上总有一些 NH_3 没有参加反应，因此，要得到更多的 NO_x 脱除量，需要比理论值更多的氨量。因此，实际运行中的氨氮摩尔比稍高。为保证还原剂制备系统有充足的供应能力，SCR 工程设计中通常采用每脱除 1mol NO_x 需要 1.05mol 氨来计算实际需求的氨量。

（5）氨逃逸。氨逃逸是指 SCR 反应器出口烟气中 NH_3 的浓度。烟气中过大的逃逸氨会引起很多问题，包括健康影响、烟囱排烟的可见度、飞灰的出售和硫酸氢铵生成引起的空气预热器堵塞等。因此，工程公司在进行 SCR 设计时都会进行严格限制，一般要求在 3ppm 以下，在煤种硫含量高的情况下，应要求更严格。

当 SCR 系统运行的时候，氨逃逸不会持续不变，当催化剂活性降低时逃逸量就会增加。设计合理的 SCR 系统要求运行在接近理论化学当量比时，提供足够的催化剂量，以便维持氨逃逸水平不超出设计指标。

二、典型的 SCR 工艺设计

SCR 整体性能包括脱硝效率、氨逃逸、SO_2/SO_3 转换率，这些性能由催化剂有条件保证，保证条件包括催化剂入口流速分布均匀性、氨氮比分布均匀性、烟温及其均匀性；这些条件的实现，正是 SCR 工艺设计工作的核心。

（一）SCR 工艺特点

SCR 工艺具有以下特点：

（1）烟道、反应器设计与布置需要融入流场设计技术；

（2）非标设备所占份额较大，如反应器、AIG 和静态混合器、氨/空气混合器等重要设备，都是随项目而变；

（3）需要考虑对机组相关设备的影响。

（二）SCR 工艺设计要点

1. 催化剂入口 NH_3/NO_x 分布均匀性

该特性决定于 AIG 处流速和 NO_x 浓度分布以及 AIG、混合器特性。氨氮比越均匀，出口氨逃逸越小，在高脱硝效率时更加显著，见图 3-6。均匀的入口氨氮比有利于充分利用催化剂的活性、降低 SCR 系统运行成本。通常条件下，相对标准偏差需要优于 5%，对于超低排放，该指标还要控制在更高水平。

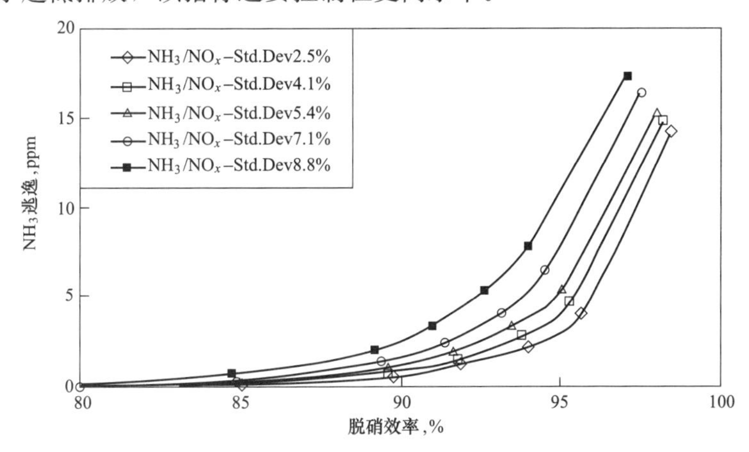

图 3-6　不同 NH_3/NO_x 分布时，氨逃逸随脱硝效率的变化曲线

2. AIG 入口烟气流速分布均匀性

该特性在很大程度上决定了催化剂入口 NH_3/NO_x 分布均匀程度。一般来说，20% 以内的速度相对标准偏差，经 AIG 优化调整才能达到催化剂入口氨氮比分布相对标准偏差小于 5%的要求。优秀的流场设计可以将该指标控制在 5%以下，这种情况下，在初始调试过程中只要将各分区氨喷入量调节均匀，催化剂入口 NH_3/NO_x 均匀性能基本就能达到要求，可以极大减轻或免除 AIG 优化工作。

通常在 SCR 装置初始运行和此后每年的运行中，都要求对 AIG 进行优化调整工作，以最大限度地提高催化剂入口 NH_3/NO_x 分布均匀程度。

3. 顶层催化剂入口流速分布

该指标以速度分布相对标准偏差来表示，通常要求优于 10%。该特性由反应器上游烟道流场设计决定。如顶层催化剂入口流速分布不能达到要求，会造成催化剂入口气流偏斜，对孔间流量均匀性也有一定影响。流速偏高部分，催化剂模块的磨损会加快；流速偏低部分，则容易积灰。

4. SCR 系统入口 NO_x 浓度、分布均匀性和稳定性

系统入口 NO_x 平均值小于设计值、分布均匀且稳定，有利于保持较低的氨逃逸。入口 NO_x 浓度高于设计值时，在催化剂化学寿命末期，无论按脱硝效率还是出口浓度作为控制目标来运行，理论上逃逸氨都将高于设计值。稳定但不均匀的入口 NO_x 浓度可以通过 AIG 优化调整在一定程度上补偿；但 SCR 设计难以应对不稳定的 NO_x 分布，这需要通过对燃烧系统的调整来解决；条件许可时，可以增加混流装置。

5. 催化剂入口烟气温度及其分布均匀性

过大的温度分布不均匀会导致局部温度超出设计温区，造成局部沉积铵盐或 SO_3 过高；最低运行温度由烟气中 SO_3 浓度决定，见图 3-7。为防止硫酸氨或硫酸氢氨沉积于催化剂，低于允许的最低温度时应停止喷氨；一般来说，第一层催化剂入口截面处，要求温差小于±10℃。

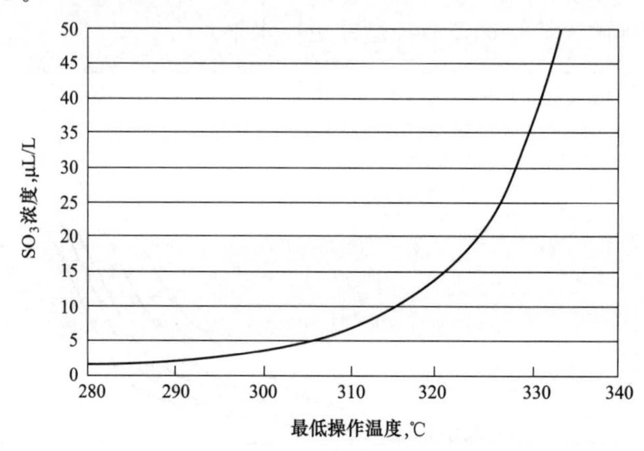

图 3-7　最低操作温度与 SO_3 浓度关系曲线

（三）设计流程

设计流程如图 3-8 所示。

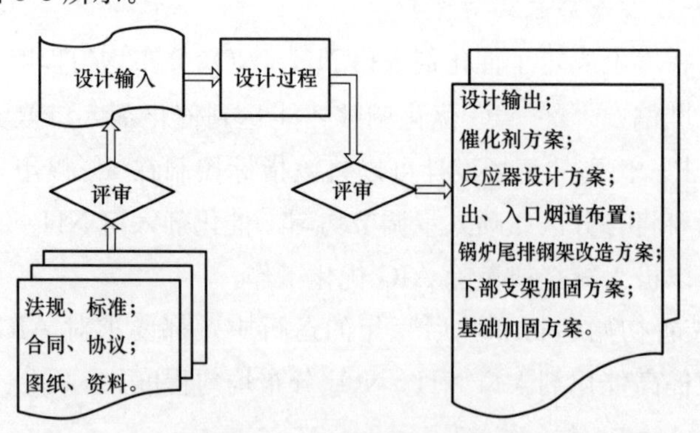

图 3-8　设计流程示意图

脱硝工程设计阶段分为初步设计、施工图设计及竣工图设计三个阶段。内容深度需要符合电力行业的规范标准，分别为 DL/T 5427—2009《火力发电厂初步设计文件内容深度规定》、DL/T 5461.1—2012《火力发电厂施工图设计文件内容深度规定》、

DL/T 5229—2005《电力工程竣工图文件编制规定》。

工程设计质量应有一套完整的保证程序，可参考 HG 20557.3—1993。设计分三级，设计和编制级由工艺系统专业设计人员担任；校核级由专业内水平较高、工作经验较丰富，并经本单位批准具有校核资格的设计人员担任；审核级由本单位批准的，具有审核资格的专业人员担任。对于任何一个计算或文件，不允许同一个人担任一种以上的质量保证工作。文件的管理、设计规定、计算、图纸、数据表、设备命名等具体设计工作及过程，需要根据规范要求进行校核、审核后，方可向其他专业提资，或应用到设计中。设计、校核、审核、修改、提资、接受等过程要有相关记录并存档。

设计校核和审核，各专业应制定相关的校审细则，可参考 HG 20557.4—1993。对于设计文件，校审人员应该根据校审细则规定的校审流程、校审要点等进行逐一校审，提出校审意见，并记录归档；文件按校审意见修改后，根据各级设计人员所负责任，分别在有关的设计与编制、校核、审核栏内进行签署，注明日期、所负的责任和文件的发表已得到批准。

1. 设计输入条件

输入条件是设计方案的原始资料，对设计方案有着重要的影响。设计人员需要慎重确定接口参数、位置，并仔细核实重要参数，认真核对、实测现场条件。设计输入条件经校审确认后，不再轻易更改，可最大限度地降低设计返工量。

根据脱硝项目的实际设计内容，设计输入条件主要包括：

（1）当地气象资料；

（2）燃煤数据；

（3）设计烟气条件；

（4）锅炉热力计算书；

（5）近期实测及运行参数；

（6）电厂总图；

（7）厂区综合管架图纸；

（8）进出口烟道接口段原烟道设计图纸；

（9）尾排钢架图纸；

（10）锅炉房平台扶梯布置图；

（11）送风机支架图纸；

（12）吹灰蒸汽气源参数；

（13）接点位置；

（14）氨区蒸发器用蒸汽参数和接点位置；

（15）SCR 区、氨区仪用压缩空气各自接点位置；

（16）电厂消防管网图；

（17）工艺水接点位置；

（18）氨区废水排入点位置。

2. 工艺设计过程

工艺设计主要目标是确定能达到脱硝性能的相关方案，主要包括催化剂方案设计、反应器系统设计、烟道及流场设计、氨/空气混合及氨喷射系统设计、厂区氨管道等设计。

（1）催化剂方案设计。主要包括确定催化剂型式、催化剂体积量、催化剂的层布置方案、反应器的尺寸、流场条件、吹灰器要求、修正曲线确定等。其设计输入条件主要包括烟气流量、烟气组分、烟气温度和压力、烟尘浓度、灰组分、设计效率、氨逃逸浓度等。

（2）反应器系统设计。主要包括反应器层高、断面尺寸、催化剂模块布置、催化剂装入门位置、吹灰器位置、测孔布置等。

（3）烟道及流场设计。主要包括烟道走向、烟道尺寸、导流板布置、喷氨格栅及静态混合器结构和位置等。

结构、工艺和流场优化三方密切配合，找到系统性能、材料成本间的最佳平衡点，最终设计出最合理的反应器、烟道布置方案。

由于导流板布置需要烟道外轮廓的配合，烟道布置宜与流场设计同时进行。

（4）氨/空气混合及氨喷射系统设计。设计原则包括：①氨空气混合器应具备快速混合和低阻的特性，设备布置须满足防爆要求；②稀释风机应设减振支座，避免与平台结构共振，避免震动对就地控制间设备的影响；③AIG 入口联箱内径选择应使各分管入口处静压偏差足够小，使进入各分管的流量自动平衡；④AIG 入口联箱布置和分管设计应考虑 AIG 的热位移，分区手动调节蝶阀应设操作平台，便于每年一次的 AIG 优化试验；⑤AIG 的结构和布置应根据 CFD 计算结果确定。

三、催化剂

（一）催化剂设计理论基础

催化剂是 SCR 系统最关键的技术和部件。正确的选择和设计是保证整个 SCR 系统脱硝性能的基础。

1. SCR 催化剂的分类

催化剂有几种不同的类型，但是，所有类型的催化剂在 SCR 系统中的功能都是一样的，都是在 SCR 反应中，促使还原剂选择性地与烟气中的氮氧化物在一定温度下发生化学反应的物质。用于 SCR 系统的商业催化剂主要有四类，即贵金属催化剂、金属氧化物催化剂、沸石催化剂和活性炭催化剂。

目前在火电厂脱硝工程中应用最多的催化剂是氧化钛基 V_2O_5-WO_3（MoO_3）/TiO_2 系列催化剂。因此，从工程应用的角度，本书主要讨论氧化钛基催化剂在 SCR 脱硝工程中的应用。

目前市场上主流的氧化钛基催化剂有三种，分别为蜂窝式、板式与波纹板式。

2. SCR 催化剂的特点

（1）蜂窝式 SCR 催化剂的特点。蜂窝式催化剂为端面蜂窝状，蜂窝孔道贯穿单体长度方向，单体截面边长 150mm×150mm、长度 300～1350mm 的均质陶制长方体；催化剂模块采用标准化设计，一种典型的排列是每个模块包装 72 个单体（6×12）。蜂窝式催化剂具有模块化、相对质量比较轻、长度易于控制、比表面积大、回收利用率高等优点。

（2）板式 SCR 催化剂的特点。板式催化剂元件为最小构成单位，数十片元件组成了催化剂单元，催化剂单元截面是 464mm×464mm，高度一般为 500～850mm；催化剂单元再组成催化剂模块；催化剂模块通常情况在长宽高方向上由 4×2×2（共 16）个催化剂单元构成。板式 SCR 催化剂具有对烟气的高尘环境适应力强的优点，但比表面积较小。

（3）波纹状 SCR 催化剂的特点。波纹状催化剂是由直板与波纹板交替叠加组成，催化剂单元由钢壳包装，截面为 466mm×466mm，高度一般为 300～600mm；典型的催化剂模块是在长宽高方向上由 4×2×2 共 16 个催化剂单元构成的。

波纹状 SCR 催化剂采用玻璃纤维板或陶瓷板作为基材浸渍烧结成型，主要供应商有丹麦的 Haldor Topsoe 及日本的 Hitachi Zosen 等。其优点是比表面积比较大、压降比较小。

3. 催化剂的成分

不论催化剂是蜂窝式、板式或其他型式，其成分基本都是相似的，即由 TiO_2、V_2O_5、WO_3 或 MoO_3、SiO_2、Al_2O_3、CaO、MgO、BaO、Na_2O、K_2O、P_2O_5 等物质组成。其中，WO_3 或 MoO_3 占 5%～10%，V_2O_5 占 1%～5%，TiO_2 则占绝大部分的比例。

（二）催化剂设计

1. 催化剂成分的设计依据

根据具体工程项目中烟气的温度、NO_x 的含量、硫的含量、灰分的大小及 Ca、Na、As 等元素的含量等参数，来确定催化剂中的主要成分 V_2O_5、WO_3、TiO_2 等的量。

2. 催化剂体积的设计依据

催化剂体积的精确设计，主要依据以下四个方面：

（1）电厂的运行参数，包括烟气流量、烟气温度及成分等；

（2）SCR 装置要求达到的性能指标，包括脱硝率、SO_2/SO_3 的转化率、NH_3 的逃逸率等指标；

（3）催化剂的活性；

（4）烟气流速、NH_3/NO_x 摩尔比和温度分布状况。

通过以上四个方面精确计算，设计催化剂体积。

一种典型的烟气温度与催化剂活性、SO_2/SO_3 的转化率的关系如图 3-9 和图 3-10 所示。

3. 烟气化学组成对催化剂的设计影响

主要考虑烟气的含水量、氧浓度、三氧化硫浓度及灰分等因素。

（1）含水率。一般来讲，含水率越高，对催化剂活性越不利。

（2）氧浓度。一般来讲，烟气中氧浓度增大，有利于 NO_x 的还原，对催化剂的活性有利。

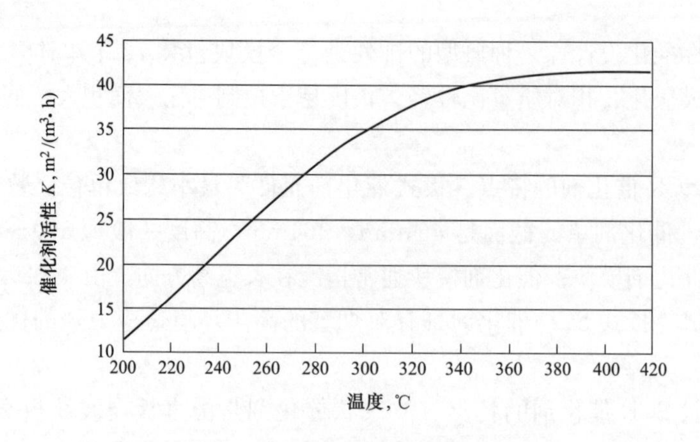

图 3-9　催化剂活性和温度的关系

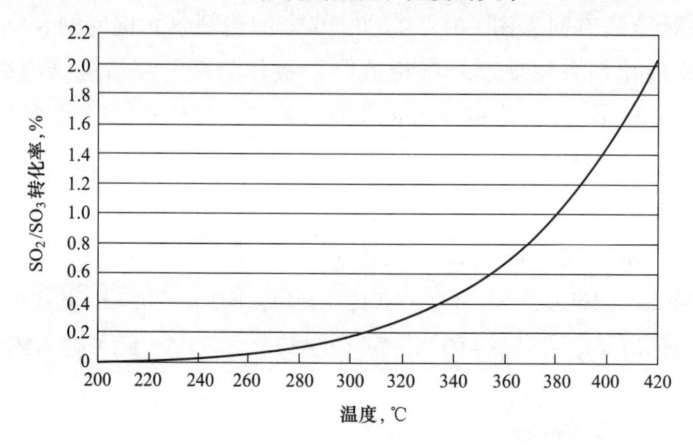

图 3-10　烟气温度与 SO_2/SO_3 转化率的关系

（3）三氧化硫浓度。一般来讲，系统操作温度越高，烟气中 SO_3 浓度越大，因此 SO_2/SO_3 性能指标影响最低允许温度。

（4）烟尘浓度和组成对催化剂的影响。一般来讲，烟气中飞灰浓度，飞灰组成（SiO_2、Al_2O_3、CaO、As 等），飞灰性质（黏度、腐蚀性等）和尺寸大小等，会影响到催化剂的孔径、孔数和壁厚等几何特征及催化剂活性。

4. 催化剂设计的主要流程

对于燃煤应用领域来说，选择性催化还原系统催化剂设计是一种挑战，因为烟气中含有颗粒物、催化剂致毒物和二氧化硫（SO_2）等成分。根据经验，只有在充分了解了这些因素对系统和催化剂性能产生的影响，并且考虑锅炉类型、SCR 布置方式、所需的性能、燃料和灰渣的成分、灰渣量、SCR 类型、入口工况、催化剂劣化机理和对下游设备的影响等因素之后，再进行催化剂的设计。SCR 系统催化剂设计流程如图 3-11 所示。

（三）催化剂的钝化与中毒及对应措施

当针对每一个 SCR 系统设计时，必须仔细研究燃料和灰渣的组成部分及机组运行特征，典型的燃料和灰分组成见表 3-1。在理想状况下，催化剂将在无限长的时间内降低 NO_x 的排放。但是在实际的 SCR 装置运行过程中，总会由于烟气中的碱金属、砷、

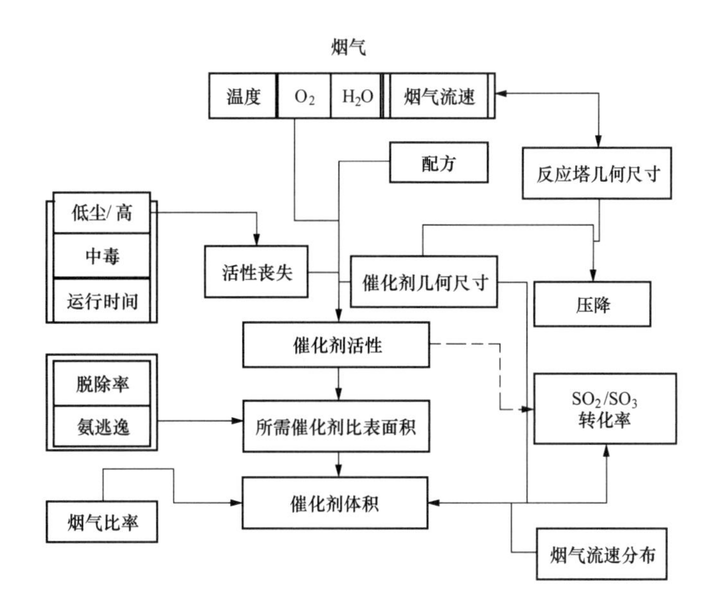

图 3-11 SCR 系统催化剂设计流程

催化剂的烧结、催化剂孔的堵塞、催化剂的腐蚀以及水蒸气的凝结和硫酸氢铵盐的沉积等原因，使催化剂活性降低或中毒。

表 3-1　典型的燃料和灰分组成

项目	数值
灰湿度（%）	6～33
煤的硫质量含量（%）	0.6～1.6
Ni（10^{-6}）	3～40
Cr（10^{-6}）	7～46
As（10^{-6}）	1～25
Cl（10^{-6}）	41～ 1900
灰的分析（%）	
SiO_2	41～71
As_2O_3	2～33
Fe_2O_3	2.5～10.0
CaO	2.4～26.0
MgO	0.7～49.0
TiO_2	0.1～1.8
MnO	0.02～0.20
V_2O_5	0.01～0.10
Na_2O	0.05～1.60
K_2O	0.1～4.0
P_2O_6	0.06～1.30
SO_3	1.6～16.5

1. 催化剂的烧结

催化剂长时间暴露于450℃以上的高温环境中，可引起催化剂活性位置的烧结，导致催化剂颗粒增大，表面积减小，而使催化剂活性降低。采用钨（W）退火处理，可最大限度地减少催化剂的烧结。

2. 碱金属使催化剂的中毒

烟气中含有的Na、K这些腐蚀性的混合物，如果直接和催化剂表面接触，会使催化剂活性降低。反应机理是碱金属在催化剂活性位置与其他物质发生了反应。对于大多数应用来说，避免水蒸气的凝结，可排除这类危险的发生。对于燃煤锅炉来说，这种危险比较小，因为在煤灰中多数的碱金属是不溶的；对于燃油锅炉，中毒的危险是较大的，主要是由于水溶性碱金属含量高；对于燃用生物质燃料，麦秆或木材等，碱金属中毒是非常严重的，由于观察到这些燃料中水溶性K含量很高。

3. 砷中毒

砷（As）中毒主要是由于烟气中的气态As_2O_3引起的。As_2O_3扩散进入催化剂表面及堆积在催化剂小孔中，然后在催化剂的活性位置与其他物质发生反应，引起催化剂活性降低。在干法排渣锅炉中，催化剂砷中毒不严重。在液态排渣锅炉中，由于静电除尘器后的飞灰再循环，引起砷中毒是一个严重的问题。对于其他类型的锅炉，砷中毒是由于其他因素而造成催化剂的钝化。

一个系统性的应对措施是使用燃料添加剂。如前所述，带100%飞灰再循环的液态排渣炉是最容易引起砷中毒，导致催化剂劣化的工况。为了处理旋风炉及液态排渣炉中的高含量砷化物（As_2O_3），燃料中可以添加石灰石。

4. 碱土金属（Ca）中毒

飞灰中自由的CaO和SO_3反应，吸附在了催化剂表面，形成了$CaSO_4$，催化剂表面被$CaSO_4$包围，阻止了反应物向催化剂表面的扩散及扩散进入催化剂内部。

5. 催化剂的堵塞

催化剂的堵塞主要是由于铵盐及飞灰的小颗粒沉积在催化剂小孔中，阻碍NO_x、NH_3、O_2到达催化剂活性表面，引起催化剂钝化，可以通过调节气流分布，选择合理的催化剂间距和单元空间，并使SCR反应器进入温度维持在铵盐沉积温度之上，来降低催化剂堵塞。对于高灰段应用，为了确保催化剂通道通畅，安装吹灰器是必要的。

6. 催化剂的磨损

催化剂的磨损主要是由于飞灰撞击在催化剂表面形成的。磨损强度与气流速度、飞灰特性、撞击角度及催化剂本身特性有关。通过采用耐磨催化剂材料、提高边缘硬度、利用CFD流动模型优化气流分布、在垂直催化剂床层安装气流调节装置等措施减少磨损。

（四）催化剂的运行特性及应用

SCR装置投运后，催化剂体积和某时刻的活性就是确定量，运行人员关心的是烟气条件变化时脱硝效率或氨逃逸对应的变化量，这些与催化剂有关的对应规律叫做催化剂的运行特性。掌握催化剂的运行特性是催化剂运行管理和SCR系统精细运行的基础。这些特性包括：

（1）催化剂活性与烟气温度关系；

（2）催化剂活性与烟气湿度关系；

（3）催化剂活性与运行时间的关系；

（4）反应器出口 NO_x、氨逃逸与入口 NO_x、NH_3、催化剂活性、催化剂物理表面积、烟气流量的关系。

1. 催化剂的运行特性

在一定的温度和湿度等条件下，$f(\kappa, A, Q_V, NO_{xi}, NH_{3i}, NO_{xo}, NH_{3o}) = 0$，具体为

$$\kappa = 0.5A_V \cdot \ln\frac{NH_{3o} + \eta NO_{xi}}{(1-\eta)NH_{3o}} \tag{3-6}$$

$$\eta = \frac{NO_{xi} - NO_{xo}}{NO_{xi}} \tag{3-7}$$

由式（3-6）和式（3-7）可推出式（3-8），即

$$\kappa = 0.5A_V \cdot \ln\frac{NO_{xi}NH_{3i}}{NO_{xo}NH_{3o}} \tag{3-8}$$

$$A_V = \frac{Q_V}{A} \tag{3-9}$$

并且，由质量守恒定律有

$$NH_{3i} - NH_{3o} = NO_{xi} - NO_{xo} \tag{3-10}$$

另外，催化剂活性衰减遵循的规律为

$$\kappa = \kappa_0 e^{-\frac{t}{\tau}} \tag{3-11}$$

式中 κ——实际催化剂活性，$m^3/(h \cdot m^2)$；

κ_0——初始催化剂活性，$m^3/(h \cdot m^2)$；

A_V——面速度，m/s；

Q_V——烟气流量，m^3/s；

A——催化剂的活性物理表面积，m^2；

NO_{xi}——反应器入口 NO_x 体积浓度，ppm；

NO_{xo}——反应器出口 NO_x 体积浓度，ppm；

NH_{3i}——反应器入口 NH_3 体积浓度，ppm；

NH_{3o}——反应器出口 NH_3 体积浓度，ppm。

上述计算式应用时应注意实时活性的确定方法，催化剂厂商可以提供温度、湿度对活性的修正方法，但式（3-11）所用的惰化时间常数 τ 难以得到准确数值，而且目前仍没有准确的基于烟气条件的计算方法。但这个常数对催化剂用量及惰化速度起决定作用。采用实验方法理论上可以得到比较准确的 τ 值，需要对催化剂定期测试，根据初期活性、末期活性和运行时间代入式（3-11）进行反算。需要注意的是，当煤质发生变化时，τ 也会变化。

以上计算式可用于不同的用途：

（1）用于催化剂量校核时，主要为了确定所需的催化剂活性物理表面积 A，即

$$A = 0.5\ln\frac{NO_{xi}NH_{3i}}{NO_{xo}NH_{3o}}\frac{Q_v}{\kappa} \tag{3-12}$$

(2) 用于催化剂运行时，可确定脱硝效率 η 或反应器出口氨逃逸值 NH_{3o}，或用于预测条件偏离设计值时，性能的修正曲线，即

$$NH_{3o}=\frac{NO_{xi}^{2}-NO_{xi}NO_{xo}}{e^{\frac{2A\cdot\kappa}{Q_V}}NO_{xo}-NO_{xi}} \tag{3-13}$$

$$\eta=\frac{NH_{3o}(e^{\frac{2A\cdot\kappa}{Q_V}}-1)}{NO_{xi}+e^{\frac{2A\cdot\kappa}{Q_V}}NH_{3o}} \tag{3-14}$$

(3) 用于催化剂检测时，采用式（3-6）可确定催化剂的活性 κ；

(4) 用于预测催化剂寿命，制定催化剂寿命管理方案，采用式（3-11）和式(3-13)

2. SCR 最高效率的限制因素

在理论状态下，图 3-12 显示了不同的设计脱硝效率情况下，所需要的催化剂的体积量的变化。

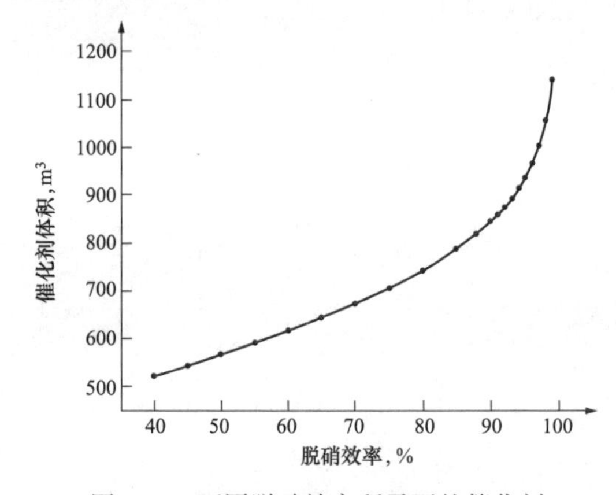

图 3-12　不同脱硝效率所需要的催化剂体积量的变化

由图可知，随着脱硝效率的增加，所需的催化剂量增加，尤其是脱硝效率超过 90%后，所需的催化剂的体积量剧烈增加；接近 100%时，催化剂的量将是无限大。

在同样的催化剂量情况下，所要求的脱硝效率越高，则氨逃逸值会增加；当脱硝效率超过 90%以后，氨逃逸值剧烈增加。由于活性值使用的是催化剂寿命末期的值，故在氨逃逸值达到 3ppm 时所对应的脱硝效率，则为该催化剂量的情况下对应的最高设计脱硝效率。值得一提的是，这是理论状态下能达到的最高脱硝效率；实际工程中，由于实际烟气流场与实验条件下流场均匀程度有差距等因素的影响，脱硝效率还达不到该计算值。在催化剂活性初期，其能达到的最高脱硝效率也是用式（4-8）进行计算，前提是将催化剂初期活性代入公式，而非末期活性。

图 3-13 为不同的催化剂量情况下，当入口 NO_x 浓度发生改变时，其最大脱硝效率的变化情况。从图中可以看出，入口 NO_x 浓度增大时，最大脱硝效率呈下降趋势。催化剂量越小，效率下降的趋势越剧烈。在入口 NO_x 浓度较低时，不同催化剂量对应的最大脱硝效率差距较小。

由此可见，要想达到高的脱硝效率，在氨逃逸不超标的前提下，所需要的催化剂量急剧升高，则催化剂采购费用急剧增加，反应器及钢结构强度的提升将导致费用增加，系统阻力的增加将导致的风机运行电耗增加等，这是一个经济性问题。另外，在技术层面，氨逃逸不超标的前提下，越高的脱硝效率，要求 NH_3/NO_x 分布越均匀，流场要求越高，而由于改造项目往往改造条件有限，烟道及反应器的布置要受到各种条件约束，很难保证实现最有利于流场的布置方式。

一般而言，对于单反应塔，随着NO_x被逐层脱除，下级催化剂层入口的NH_3/NO_x分布标准偏差会逐渐增大，最高的设计脱硝效率一般不超过93%，否则经济上、技术上都很难承受。在经济可承受的情况下，如果要达到更高的脱硝效率，可以考虑采用两级反应塔，在两级塔中间设置烟气扰动装置，提高NH_3/NO_x分布均匀性。第二级塔不再单独设置喷氨格栅，其所用的还原剂来自于第一级塔的逃逸氨。这种方式所需要的催化剂量，会比第二级塔设置喷氨格栅的方式更小，利用式（3-12）可得出该结论。两级塔中间的扰动装置，可以是利于烟气混合的烟道结构、导流板、扰动结构等，也可以是蒸汽、压缩空气等射流扰动等方式。具体混合效果，可以根据实际情况进行CFD数值模拟。

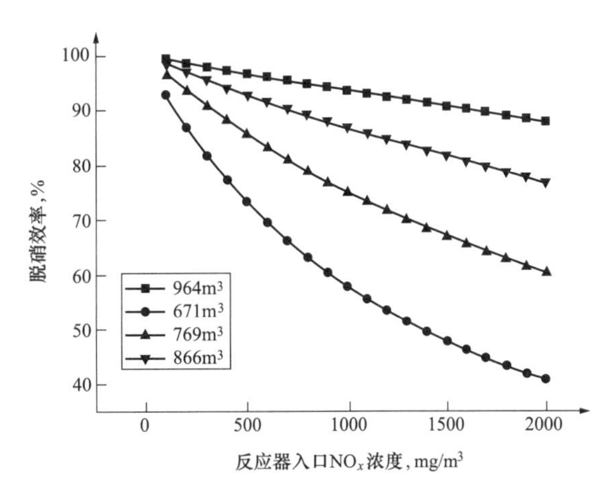

图3-13 不同催化剂量条件下，最大脱硝效率随入口NO_x变化曲线

四、流场技术

流场技术是SCR脱硝技术的关键技术之一。均匀、强健的流场，为NO_x与还原剂在催化剂表面发生氧化还原反应创造必要的条件。脱硝改造项目，往往因为现场条件限制，难以按理想的情况去布置烟道与反应器。为了适应现场条件，烟道往往需要变径和转向，这些将改变烟气状态，导致流场不均；此时，烟气均流需要配合导流板、喷氨格栅、静态混合器、整流格栅等一系列整流措施，才能达到最优效果。CFD技术及物模试验，是脱硝流场技术的实现方法。

（一）脱硝流场CFD模拟与模型试验研究原则和目标

脱硝流场CFD模拟与模型试验的目的是得到导流板、氨喷射系统、整流格栅等烟道内装置的最优设计，以取得较好的烟气流动分布并使得脱硝系统阻力保持最低。

通常脱硝流场CFD模拟与模型试验的研究范围从锅炉省煤器出口至空气预热器入口烟道，包括氨喷射装置，导流板，整流格栅，脱硝反应器，反应器进、出口烟道等。

CFD模拟在设计最大负荷和最低负荷间，选取3～4个工况进行模拟，技术要求通常如下：

（1）在100%BMCR工况、设计温度下，从脱硝系统入口到出口之间的系统压力损失不大于设计值（具体数值因工程而异）；

（2）各工况下，氨喷射格栅前的速度相对标准偏差<±15%；

（3）第一层催化剂来流（催化剂上游1m处）速度分布满足以下要求：

烟气流速相对标准偏差：<±10%；

烟气流向：<±10°；

烟气温度偏差：<±10℃；

NH_3/NO_x 摩尔比相对标准偏差：<5%。

通过数值模拟，优化导流板的位置、数量及外形尺寸，使流场结构满足技术指标的要求。

根据数值模拟的结果，采用有机玻璃按照 1∶10～1∶15 的比例制作物理模型。模型试验在设计最大负荷和最低负荷间，选取 3～4 个工况进行。

物理模型试验在常温下进行，除测试系统阻力、喷氨格栅前及第一层催化剂前速度分布、组分分布外，物理模型试验还包括飞灰试验项目，以确定系统中飞灰沉积区域，并对系统进行优化设计，消除飞灰沉积。对于第一层催化剂来流速度方向，通常用飘带法测试，并用烟花示踪的方式实现模型内流动结构的可视化。

（二）CFD 模拟与模型试验理论基础

流体力学作为宏观力学的一个分支，几百年来，在实验和理论两个方面得到全面发展。实验研究通过对具体流动的观察与测量来认识流动规律，是理论研究的基础和依据。其不足之处在于对一些复杂流动，实验研究周期长，花费大。人们在实验的基础上建立了流体运动所遵循的控制方程，并求得了一些简单边界条件下的解析解。但随着研究问题的深化，复杂条件下的控制方程求得解析解越发困难。与此同时，数学和计算机科学的发展，使得应用计算机进行数值模拟，成为与实验研究和理论分析具有同等重要地位的新兴研究手段，许多原来无法用理论分析求解的复杂流体力学问题可以得到数值解。

（三）CFD 模拟理论

计算流体动力学模拟（computational fluid dynamics，CFD），是一种利用计算机对流动控制方程进行离散求解的方法，具有耗费少、时间短、省人力、便于优化设计等特点。具体实施步骤为：

（1）建立反映流动过程的数学模型，即建立能够反映各变量之间关系的微分方程和相应的定解条件。牛顿型流体流动的数学模型就是 Navier-Stokes 方程及其相应的定解条件。

（2）寻求高效、准确的计算方法，包括边界条件的处理、微分方程的离散及求解等。

（3）计算过程和计算结果输出。

（四）模型试验理论

需要指出的是，CFD 模拟有其自身的局限性。首先 CFD 模拟对数学方程进行离散化处理时，需要对计算中遇到的稳定性、收敛性等进行分析。这些分析方法对大部分线性方程是有效的，而对非线性方程只具有启发性，没有完整的理论。对于边界条件影响的分析，困难更大。另外，计算过程中还需要一定的技巧性。所以为了验证计算结果的正确性，还必须与相应的实验结果进行比较。其次，数值模拟还受到计算机本身条件的限制，即计算机运行速度及容量大小的限制。有些问题尽管有成型的数学模型，但完全进行模拟仍不现实。因此，试验研究仍是不可替代的。

试验研究分为实物条件下的试验研究和模型条件下的试验研究。对于大型设备的建造，由于造价高、建造时间长，因此设计务求准确可靠。一般都要进行多种方案比较，并应预知所设计的产品在投入运行后的工作性能。目前，由于模化理论、模化技术水平的提高，使模化结果更加准确，模化所需时间也有所缩短，因而，模化方法已成为方案比较、合理设计工作中的一个重要组成部分。

所谓模化方法，是指不直接研究自然现象或过程的本身，而是用与这些自然现象或过程相似的模型来进行研究的一种方法。严格一些讲，模化方法是用方程分析或因次分析方法导出相似准则，并在根据相似原理建立起的模型试验台上，通过试验求出相似准则间的函数关系，再将此函数关系推广到设备实物，从而得到设备实物工作规律的一种实验研究方法。

在几何相似的两个系统中假设进行着流动，如果对应的速度场或其他各种有关物理量场符合在对应点上成比例的关系，就称为相似。当两个系统中的流动相似以后，它们的许多流动特性就相同，例如流动图谱和阻力系数都一样。

1. 流动相似

怎么才能使流动相似呢？首先系统要几何相似，然后要求单值条件相似。当流体质点以一定的进口条件流入一个系统时，它受到各种力的作用，这些力的综合作用使它按一定的轨迹运动。如果两个系统里的这些力的比例一样，那么质点的运动轨迹就相似。所以所有质点的轨迹都相似时，这两个系统的流动就相似。因此质点所受力的比例在两个系统里数值一样这一条件是流动相似的重要前提。

雷诺数 Re 反映了惯性力与黏性力之比，弗劳德数 Fr 反映了惯性力与重力之比。因此流动相似的条件是：

（1）几何相似和单值条件相似；

（2）$Re=\frac{\rho l w}{\mu}$ 相等，或超过临界 Re_{lj}；

（3）$Fr=\frac{w^2}{gL}$相等。

2. 气固两相流动的相似

气固两相流动的相似首先要求系统几何相似，其次气流的雷诺数相等，或利用自模化现象可允许两系统中的 Re 数不同，但都要超过临界 Re_{lj}，进入自模区。此外要求固体颗粒在气体流场中，受到的力的比例在两个系统里数值一样，因此需要以下两个准则数相等，即

（1）$Fr=\frac{w^2}{gL}$相等；

（2）$Stk=\frac{\rho_r w^n \delta^{n+1}}{C\rho \nu^n L}$ 相等。

其中，弗劳德数 Fr 反映了固体颗粒所受惯性力与重力之比；Stk 数是表征颗粒在气流中转弯时是否容易从气流中分离出来的指标，Stk 数越大，越容易分离。n 也是一个无量纲准则数，对于 $Re\delta$ 的不同区间取不同数值。因此相似系统的 n 也要求

相同。

（五）导流板设计方法

1. SCR烟气系统典型布置

SCR烟气系统典型布置如图3-14所示。烟气从省煤器出口引出，烟道经扩口段后与反应器同宽，再经下部转向段、竖直段、上部转向段、上部水平段、反应器入口段，最后到达顶层催化剂入口位置。喷氨格栅（AIG）和静态混合器布置在竖直段。

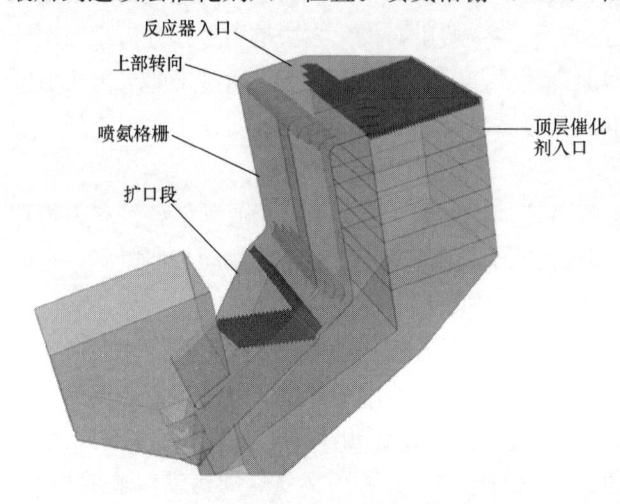

图3-14　SCR烟气系统典型布置示意图

顶层催化剂入口断面均匀性指标有四项：①速度分布相对标准偏差；②温度最大偏差；③氨氮摩尔比分布相对标准偏差；④烟气入射催化剂角度。

其中，温度偏差容易达到要求；第①、④项为相关因素，速度分布相对标准偏差越小，烟气入射角也越小，都决定于反应器入口断面速度分布均匀性；氨氮摩尔比分布均匀性很大程度上决定于AIG入口处速度分布均匀性，以及喷氨格栅的分区可调节性能。可见，反应器入口和AIG入口断面速度分布均匀性是SCR流场设计过程中的关键节点。烟气在从省煤器出口到达反应器入口的过程中，所流经局部结构类型主要为扩口和转向，因此作好这些典型局部结构的设计是SCR流场设计的基础。

2. 导流板的设计原则

导流板按以下原则设计：

（1）以阻力和流场为综合优化目标；

（2）优先选择对制造、安装误差不敏感的布置方式；

（3）从省煤器出口开始，按自上游到下游的顺序逐区域优化；

（4）减少导流板制造规格，降低制造难度；

（5）扩口、转向设计应优先采用典型方案，并根据入口流体条件和出口需求，灵活选择最适宜型式和参数。

3. 流场的强健性及其设计原则

烟气流经局部烟道结构时，不论入口速度分布怎样变化，出口断面速度分布均匀程度至少优于入口断面，则认为这个局部结构的流场是强健的。

在设计SCR反应器入口烟道的转向和扩口结构时，如果所划分的各组流体通道阻力系数一致，则烟气流经时，在完成扩口或转向作用的同时，也会使出口流场比入口流场变得均匀些。这样的扩口或转向局部结构的流场就会是强健的。

多级局部结构串接时，如果各级局部结构的流场是强健的，则其整体流场特性也将更加强健。烟气从省煤器出口，逐级经过扩口、转向等特性强健的局部结构后，流场均匀性一次次提高，最终到达 AIG 入口以及顶层催化剂入口时的速度均匀程度就会显著提高，且不随入口速度分布不稳定的影响，整段流场性能就变得比较强健。

五、非标部件设计

（一）氨和空气混合系统

SCR 工程设计的关键之一就是要特别注意烟气的流场，达到烟气中的氮氧化物（NO_x）和还原剂（NH_3）的最佳的湍流混合。首先是氨气与空气的混合，然后稀释后的氨由喷射装置喷入烟道，通过混合、均流装置达到与烟气的最佳混合。氨/空气混合器见图 3-15。

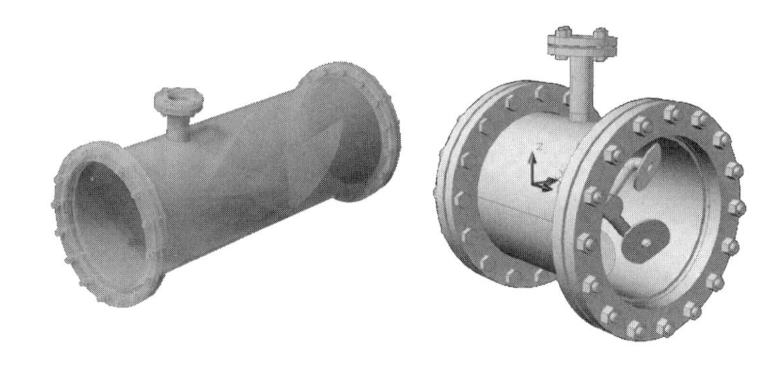

图 3-15　氨/空气混合器

氨气稀释一般采用高压离心式鼓风机，将注入烟道的氨稀释到爆炸极限（其爆炸极限在空气中体积百分比为 15%～28%）下限以下，一般控制在 5%以内。在设计时应以脱硝所需最大供氨量为基准，设计氨稀释风机及氨/空气混合系统。

稀释风机的性能应保证能适应锅炉在高低负荷工况下正常运行，并留有一定裕度：风量裕度一般不低于 10%，另加不低于 10℃的温度裕度，风压裕度一般不低于 20%。

稀释风机和氨/空气混合系统一般应尽量布置在 SCR 反应器本体氨注入口附近，应避免由于布置在 SCR 反应器本体支撑钢架上而引起的振动。

为保证氨不外泄，稀释风机出口阀一般应设故障联锁关闭，异常时能发出故障信号。

风机和叶轮的结构设计应便于检修和更换，外壳与易损件应易于拆除，在风机和驱动电动机的上方（如需要）应设有检修起吊设施。

风机噪声应满足工程的要求，如果干扰噪声大于规定值，应进行隔声处理，并提供隔声设施。

电动机的技术条件应符合电气工程有关的技术规定要求。

风机的所有旋转件周围应设有人员安全防护罩。消声器（如果需要）应安装在恰当位置。

稀释风机应配备必要的仪表和控制，主要包括正常/异常跳闸信号装置、电动机控制信号等。

氨的注入量由SCR反应器进出口NO_x浓度、O_2监视分析仪测量值、烟气温度测量值、稀释风机流量、烟气流量（由燃煤流量换算求得）等来控制。

（二）喷氨格栅/静态混合系统

1. 设计原则

按每台SCR反应器设置一套氨喷射/混合系统进行设计。喷射系统应设置流量调节阀，能根据烟气不同的工况进行调节。喷射系统应具有良好的热膨胀性、抗热变形性和和抗振性。系统应按现场的实际情况合理布置，依据烟道的截面、长度、SCR反应器本体的结构型式等进行氨/烟气混合系统的设计，使得注入烟道的氨与烟气在进入SCR反应器本体之前充分混合，使催化剂均匀发挥效用。

一般地，由氨/空气混合系统来的混合气体进入位于烟道内的喷氨格栅，在注入格栅前应设手动调节阀和流量指示器，在系统投运时可根据烟道进出口检测出的NO_x浓度来调节氨的分配量，调节结束后可基本不再调整。氨喷射/混合系统的设计应充分考虑到其处于锅炉的高含尘区域的因素，所选用的材料应为耐磨材料或充分考虑防磨措施加以保护。喷氨格栅分布管上应设有压缩空气管道，当格栅喷头发生堵塞时可进行吹扫。

总之，应针对具体的工程，充分考虑SCR反应器前端烟道的长度与布置、系统的压力损失、混合距离、投资及运行费用及安装灵活性等问题，选择、设计合适的喷氨及混合系统。

2. 喷氨格栅

氨与空气混合后，稀释后的氨利用喷射装置喷到烟气中。目前成熟的技术产品有喷氨格栅（AIG）及静态混合器。

喷射系统位于SCR反应器上游烟道内。一种典型的喷射系统由一个给料总管和许多连接管组成。每一个连接管给一个分配管供料。分配管给数个配有喷嘴的喷管供料。连接管有一个简单的流量测量和手动调节阀，以调整NH_3/空气混合物在不同连接管中的分配情况。

NH_3/空气混合物在不同连接管中的分配及喷嘴的尺寸根据烟道中局部流量和NO_x分布而定。喷氨格栅的基本参数有：连接管数量、喷管数量、歧管直径（mm）、连接管管径（mm）、喷管管径（mm）、每个喷管的喷嘴数量、喷嘴斜度、初装喷嘴数量、备用喷嘴数量、平均喷射速度（m/s）、调节用备用喷嘴数量、备用喷嘴、平均喷射速度。

对于烟气及NO_x分布不均匀的锅炉，宜采用分区独立控制喷氨量的方法。

喷氨格栅一般由碳钢制成，根据需要每台一锅炉设计一套或两套。一般安装在SCR入口的垂直烟道内。

3. 静态混合器

稀释的氨由喷氨格栅喷射到烟道中后，一般再经过混合与导流装置达到均匀分布。混合装置一般安装在喷嘴的下游，使稀释氨气与烟气的完全混合。

静态混合器的材料一般为碳钢，根据具体工程每台锅炉设置 2 套或 1 套，安装在喷氨格栅的下游。

4. 改进型混合器

传统的喷射格栅氨混合器，一般需要有较长的混合距离，而且长期运行发现有喷嘴堵塞现象，造成混合不均匀，而且系统调节复杂。因此，随着技术的进步，出现了许多改进性的产品，如奥地利 ENVIRGY 公司的 SCR 氨喷射/混合系统、FBE（费赛亚巴高科环保公司）公司的 Vortex mixer（涡流混合器）氨涡流混合技术、巴克-杜尔公司的三角翼混合器、西安热工院的花瓣式喷氨格栅及混合器等，都已应用于 SCR 工程中，下面介绍西安热工院的花瓣型喷氨格栅及混合器。

西安热工研究院开发了一种局部涡流整体旋流相结合的“花瓣型”喷氨格栅，该喷氨格栅结合分区可调喷氨格栅及涡流静态混合器的功能，混合距离短，可适应各类不同大小锅炉截面要求，一般不需再加静态混合器，如图 3-16 和图 3-17 所示。

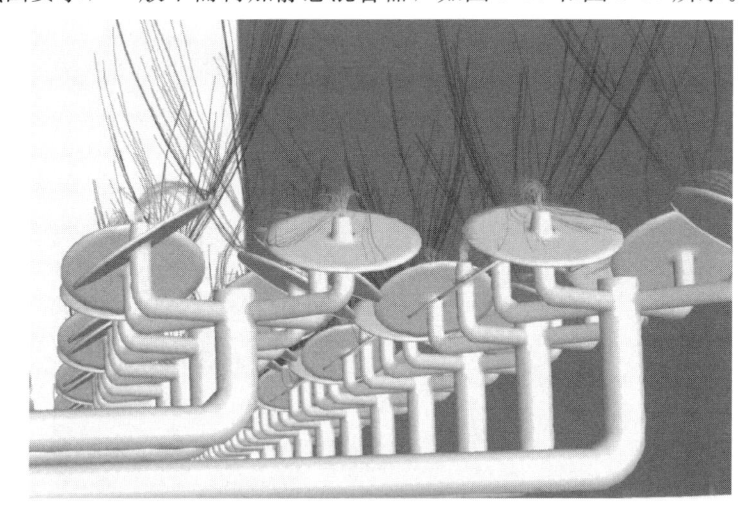

图 3-16　AIG 及流线图 1

该系统将喷氨烟道断面进行分区，每个分区对应一个独立可调喷射/混合单元，如图 3-18 所示。

上游烟气在流经每组喷氨格栅上布置的圆盘时，圆盘背部产生局部的低压区，从而使烟气和喷口喷出的氨/空气混合气卷吸进此低压区内，产生强烈的混合；同时由于每个单元上的 4 个圆盘都以一定的角度布置，烟气流经此圆盘后产生整体旋转，与在负压区初步混合的氨/空气/烟气混合气产生进一步的剧烈混合；在烟道中，相邻两组喷氨格栅单元上圆盘布置的旋向相同或相异，烟气通过相邻两组喷氨格栅后产生旋向相同或相异的旋转，两个旋转产生交互作用，更进一步增加了湍流强度，大大缩短了氨/烟气混合均匀所需要的距离，图 3-16 及图 3-17 给出了从喷口喷出的氨/空气混合气体的流线。

（三）反应器

1. 反应器工艺设计要求：

（1）满足催化剂性能要求的流场保证条件。该条件取决于反应器上部整流格栅和入

图 3-17　AIG 及流线图 2

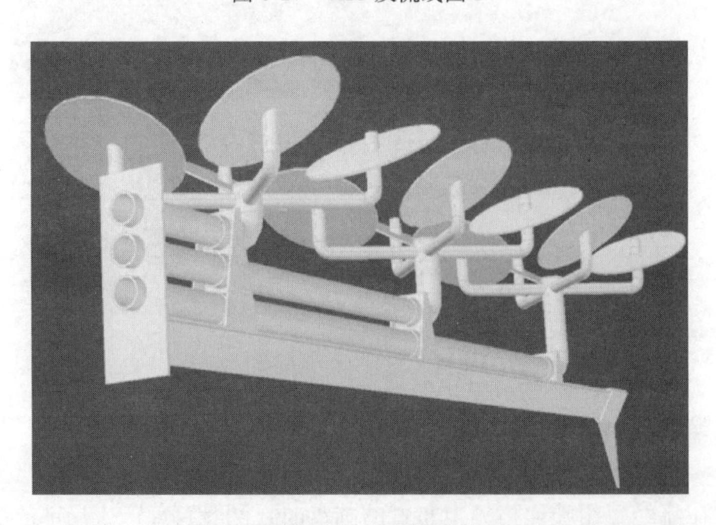

图 3-18　AIG 单元

口导流板的设计以及上游遗传入口流速分布。该部分设计需与烟道系统一起进行 CFD 和模型试验验证。

（2）满足催化剂厂家给出的每层模块数量。该数量取决于烟气量和催化剂物理参数。一般条件下，对于蜂窝式催化剂，要求孔内流速小于 7m/s，催化剂表面流速在 4～5m/s之间；板式催化剂略低。

（3）更换催化剂不需要拆除蒸汽吹灰器。根据反应器支撑结构、蒸汽吹灰器布置和模块安装更换等需求，适当调整每层模块数量及布置方式。

（4）催化剂的装入门位置，应满足在安装了蒸汽吹灰器后仍然便于安装催化剂的要求。一般来说，蒸汽吹灰器耙子行进方向，沿着催化剂的宽度方向；而催化剂首先由手动葫芦沿着轨道吊入反应器，然后放在催化剂小车上，沿着小车轨道顺着催化剂的宽度方向推入其安装位置。这种设计，使得换装催化剂时，不需要拆除蒸汽吹灰器。

（5）反应器出口和烟道接口段的设计，考虑抗积灰和对下层催化剂流速分布影响。反应器出口段，由于流速低，若烟道壁面与水平面夹角小于 45°，则容易在低负荷下积灰。原反应器出口烟道设计如图 3-19 所示，该设计出口烟道底面与水平夹角小于 45°，一般认为其存在积灰区，严重时会堵塞催化剂。优化后的反应器出口烟道设计如图3-20所示，该设计在低烟速区的壁面与水平面夹角均不小于 45°，不容易积灰。

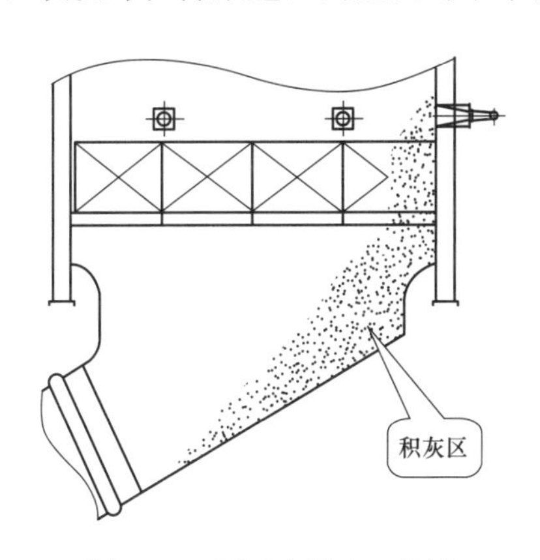

图 3-19 原反应器出口设计

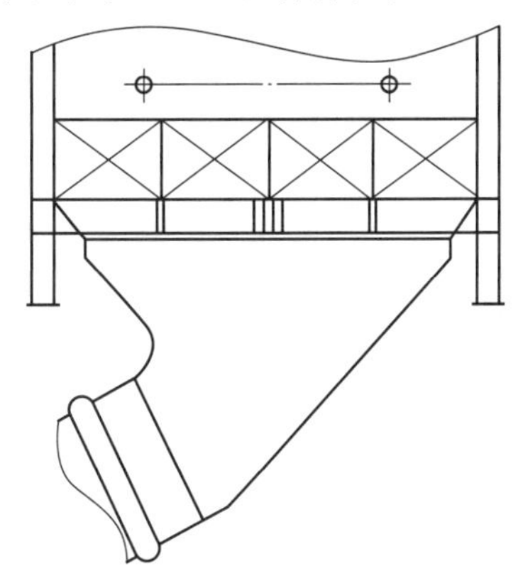

图 3-20 优化后反应器出口设计

（6）反应器保温设计、施工及运行应保证内外壁温均匀。保温不完善情况下不可通烟气，以免造成梁柱变形；存在焊接缺陷时还会引起焊缝开裂。

2. 蒸汽吹灰器设计要求：

（1）耙子排数应综合考虑吹灰蒸汽流量和机头平台允许长度；

（2）吹灰行程应完全覆盖催化剂表面；

（3）满足催化剂对喷射气流压力和温度的要求，保证足够的过热度，任何条件下应避免喷射气流带水；疏水和吹灰过程中由于流量的不一致和沿程散热，蒸汽到达吹灰器跟前的温度会有差异，必要时在汽源接口处和第一个吹灰器入口分别安装温度测点；

（4）避免长时间停留在一处吹灰；控制系统设置超时报警。

3. 反应器结构设计要求

由于反应器的荷载特点，其设计过程不同于常规烟道。在参照 DL/T 5121—2000《火力发电厂烟风煤粉管道设计规范》及配套设计计算方法的时候，应遵照 GB 50017—2003《钢结构设计规范》中的相关要求，一般要求进行结构强度计算。结构设计的要求主要有：

（1）脱硝反应器分为反应器壳体、反应器内部装置、催化剂起吊设施三个部分。

（2）反应器内部各类横向的加强板、支架、密封、钢架等可以采用工字钢梁和槽钢，或者全部采用方形或者长方形（内空）钢梁，设计成不易积灰的型式，同时必须考虑热膨胀的补偿措施。催化剂支撑钢梁采用长方形（内空）钢梁。

（3）脱硝反应器的设计应易于建设、安装和检修维护，整个结构符合堵灰下安全承重和抵御强风。反应器应设置足够大小和数量的人孔门，人孔门尺寸按照技术协议要求设计。

（4）脱硝反应器上布置的人孔门、蒸汽吹灰器、声波吹灰器以及金属件，应避免与反应器墙板上的肋碰撞。

（5）满足烟气温度不高于400℃的情况下长期运行，同时应能承受运行温度420℃不少于5h的考验，而不产生任何损坏。

（6）设计材料型号规格种类尽量少，减少采购时间。

4. 反应器结构设计过程

反应器结构设计以膨胀节为界，包括反应器本体、顶部烟道及出口烟道。利用结构计算软件Staad Pro建立模型并进行计算及校核分析。在结构模型计算的基础上，进行施工图设计，完全按照计算模型中型钢和板材的型号和材质进行设计绘图，整体的反应器尺寸以及标高、方位完全按照工艺布置图绘制设计。

图3-21　反应器加固肋及内部支撑结构三维图

建立几何模型，然后赋予其截面属性。加固肋及内撑杆采用梁单元表示，板单元可采用四边形板或三角形板，单元划分应足够精细以保证计算精度，板单元间的节点应相互联系，板单元的方向应尽量统一。如图3-21所示为某反应器的加固肋及内部支撑结构的三维图。

定义约束、支座类型、荷载、荷载组合等。一般情况下定义内撑杆为铰接约束，主要传递轴向力；而加固肋为固接约束。在进行荷载定义时，需要考虑地震荷载、风荷载、压力荷载、灰荷载、自重等。设置好各项参数后，在Staad Pro中对反应器结构模型进行计算并求得其内力。进入Staad Pro的后处理即可查看反应器结构的节点位移、支座反力、杆端力、杆件应力及板的应力等。将计算结果导入Staad Pro的中国规范模块SSDD中，依据《钢结构设计规范》（GB 50017—2003）对催化剂支撑梁、加固肋及内撑杆进行校核。反复调整，直到完全用最经济合理的方式通过规范的校核。最后依据优化结构进行施工图设计。

脱硝反应器施工图设计要求：

（1）标注尺寸原则：各视图之间标注尺寸应统一；

（2）图纸中反应器内容完整，本分册的用粗实线表示，线宽为0.4mm；遮挡部分用虚线表示，线宽为0.18mm；非本分册图纸用双点划线示意，线宽为0.18mm；

（3）应表示清楚连接形式，连接节点的焊缝不能省略；

（4）反应器安装的预偏置在壳体总图中表示；

（5）设计总说明在壳体总图中表述；

（6）供货清单中应分别在备注栏里面明确注明加工厂制作，还是原材料采购。

（7）起吊设施中所需钢格栅板需要与整体 SCR 格栅板一起采购，在供货清单中注明。

（8）总图中应明确反应器安装具体位置，与钢结构柱列的具体距离。

（四）烟道

一般而言，由于锅炉省煤器出口处烟气条件符合 SCR 脱硝工艺需要，所以烟气流程一般由省煤器出口引出，进入脱硝烟道，按工艺系统要求，烟道上设置有挡板门、膨胀节、人孔门、喷氨格栅及混合器、热控及工艺测点等设备，烟气中 NO_x 与还原剂在反应器中发生反应后，净烟气进入脱硝烟道并返回空预器入口烟道，如图 3-22 所示。

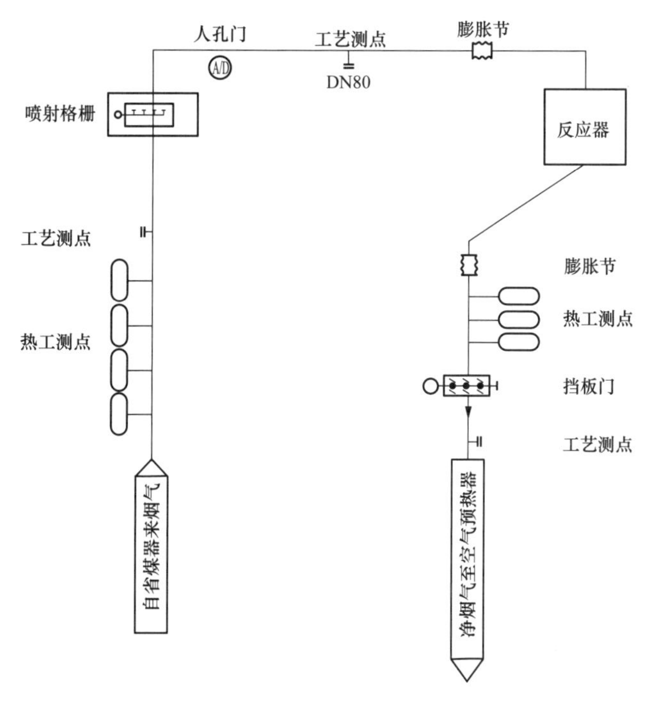

图 3-22　常规 SCR 脱硝烟气流程示意图

烟道是 SCR 系统中必不可少的组成部分，其设计要求主要有：

（1）满足系统正常运行。①满足烟气系统流程要求；②良好的流场特性：流场均匀，烟气阻力小；③满足结构要求：合理设置膨胀节、支吊架、材质。

（2）节省投资和降低运行费用。①合理选择烟道尺寸；②合理选择壁厚；③合理选择加固肋及内撑杆形式；④合理选择结构件型号。

（3）便于加工、运输、安装、运行和维修。

（4）具有足够的强度、稳定性及耐久性。

（5）考虑防爆、防磨、防堵、防震、防腐等问题。

六、烟道及反应器的总体布置

脱硝改造项目中的烟道及反应器的布置，在满足系统运行要求的前提下，首先要满足所有的限制条件，这是布置的可行性问题。另外，需要充分利用可利用的条件，以达到系统最优。流场优化、土建结构专业需要适时协同参与，以保证最终布置为可行的最优方案。烟道及反应器的设计流程见图 3-23 和图 3-24。

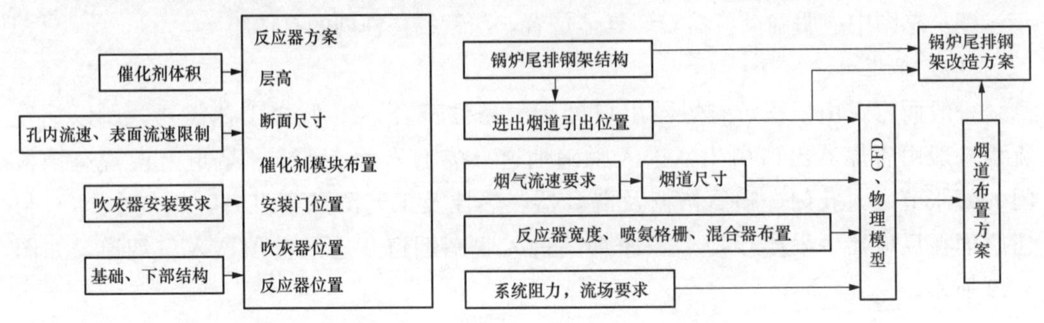

图 3-23　反应器方案的设计流程　　　　图 3-24　烟道方案的设计流程

烟道布置的限制条件主要包括：

(1) 烟气流速；

(2) 原烟道接口位置；

(3) 反应器布置；

(4) 引出点钢结构条件；

(5) 支吊条件；

(6) 热膨胀及预偏置量；

(7) 保温厚度及热膨胀；

(8) 烟道积灰特性；

(9) AIG、混合器布置；

(10) 运行及试验测点布置；

可用条件包括：

(1) 各种支撑钢结构方案；

(2) 锅炉省煤器出口段改造，增加扩口空间；

(3) 流场设计参与的时机；

(4) 从初步设计开始，参与烟道布置，保证局部结构外形的细节要求；

(5) 终于详细设计，检查施工图，保证详细设计不改变流场特性。

七、已建 SCR 工程增容达到超低排放的技术路线

(一) 概述

对于新建机组的脱硝系统、或者经过一次改造来达到超低排放的机组，一般应通过系统性的脱硝方法的组合，来达到目标。目前应用较广，技术成熟的可供选择的电厂脱硝技术主要是低氮燃烧器以及 SCR、SNCR 技术。一般而言，锅炉经过燃烧优化，低氮燃烧器改造等，均能达到一定程度脱硝效果。原则上来讲，在不影响锅炉其他性能、

投资成本可承受的前提下，燃烧中脱硝将是首选方式。但燃烧中脱硝一般很难达到超低排放标准，所以往往还需要再配合 SNCR 或者 SCR 等烟气脱硝技术。

根据目前 SCR 运行情况，SCR 稳定的脱硝效率最高大致在 93%左右，且常常因为改造条件所限，如流场难以达到较高均匀程度、氨逃逸值会快速上升等，脱硝效率超过 90%就有一定的技术上和经济上的难度。一般来说，若 SCR 入口 NO_x 超过 700mg/m^{3}后，单纯由 SCR 将很难将氮氧化物稳定控制到超低排放所要求的 50mg/m^3 以内。此时便需要多种脱硝方式联合运行。具体每个项目所能达到的最大脱硝效率，需综合流场结果、反应器中空间问题、催化剂支撑层等的预留荷载问题，催化剂钝化情况，催化剂单体最大长度等，进行详细计算和评估后方可得到。由于考虑运行经济性、操作复杂度和可靠度等因素，不同脱硝方式联合运行时，也涉及最优搭配问题。

本节仅论述已建 SCR 工程通过增容的方式来达到超低排放的路线。对于已建 SCR 装置，首先应该确认 SCR 装置设计参数和目前运行状态，以确认 SCR 是否处于最优状态。若能通过对现有系统进行优化就可以达到超低排放标准，则是最理想的状况。优化的方式包括 SCR 喷氨格栅喷氨优化调整、控制系统运行优化、流场的全面检查及优化等。如这些都已达到最优状态仍无法满足超低排放要求，则需要进行 SCR 反应器提效增容。提效增容的方式可以是在备用层增加适当的催化剂、增加催化剂层数，甚至可以是增加一级反应塔。另外，由于脱硝效率的提高，所需的还原剂用量也会增加，原还原剂区容量需要根据超低排放的标准进行核算，不足的需要扩容。

（二）流场检查与优化

流场技术是 SCR 脱硝的关键技术之一，良好的流场特性，可以为氨与氮氧化物在催化剂表面发生氧化还原反应提供良好的条件。

在相同条件下，如果入口氮氧化物及氨分布已知，根据平均值及标准偏差的定义，有

样本平均值：
$$\bar{X}=\frac{\sum_{i=1}^{n}X_i}{n}$$

样本标准偏差：
$$\sigma_{\bar{X}}=\sqrt{\frac{\sum_{i}(X_i-\bar{X})^2}{n-1}}$$

若喷氨格栅各区域喷氨量均匀，经脱硝后，氮氧化物浓度分布会整体降低，但相对于平均值的相对标准偏差则会被放大。而超低排放时，会要求出口目标值设置到更低，从而要求脱硝系统的脱硝效率更高，局部氨氮摩尔比更接近或超出 1 的风险进一步增大，当超过 1 时，无论增加多少催化剂都无法进一步减少逃逸氨，因此，超低排放时，对催化剂入口氨氮摩尔比分布均匀性的要求将更高。

SCR 逃逸氨水平与氨氮摩尔比均匀性有密切关系，且脱硝效率越高，影响越显著，如图 3-6 所示。这就意味着如果提高氨氮摩尔比分布均匀性，催化剂添加或更换时间就能推后，对机组运行安全性和经济性有直接影响。

将原有流场模型进行校核计算时，要将对脱硝流场有较大影响的因素考虑进来，一

般要考虑从省煤器出口到空气预热器入口之间的流场结构，包括导流板、喷氨格栅、静态混合器、整流格栅以及对流场有较大影响的烟道反应器密封装置、支撑杆等，建立模型，进行校核。校核的结果包括 AIG 入口断面速度分布、第一层催化剂入口处流速分布、氨氮摩尔比分布等。若达不到该要求，需要进行流场优化，包括对导流板、喷氨格栅等进行优化。若喷氨格栅的调节能力可达到指标要求，则可优化喷氨调节阀的控制来调整氨浓度分布；如果其调节能力难以满足指标要求，则需要进行相应改造，或选用调节和混合性能更好的喷氨格栅。

（三）反应器提效增容

进行超低排放改造时，系统入口条件可能已有变化，如进行了低氮燃烧系统改造、煤质发生了变化等，原来催化剂用量也可能存在问题。因此，在进行超低排放改造设计时，需将新要求、新条件和现存问题一并考虑，进行重新设计，然后对照原设计进行调整，达到可行、经济的设计目标。反应器提效的主要任务是催化剂用量确定。

在设计 SCR 系统时，通常会用到“催化剂化学寿命 24 000h（或 18 000h 等）”的催化剂设计性能保证值，那是指 2 层或 3 层全新催化剂在设计条件下氨逃逸达到设计值时（通常 3μL/L）的运行时间。但在超低排放改造时，已经不再具备“全新”的条件，原有的化学寿命虽然依然可以如此定义，但已无法考核。因此，如果仍然对附加层催化剂沿用原有设计的化学寿命数据，则是指“假定全新设计”。

1. 原备用层增加催化剂的设计原则及经济性分析

在未执行超低排放标准前，大部分 SCR 出口氮氧化物浓度是控制到 100mg/m^3 以内，少部分 SCR 出口控制到 200mg/m^3 以内，反应器内一般是按 2＋1 或 3＋1 层催化剂进行设置。备用一层催化剂，原本是为催化剂管理时使用的，在运行层催化剂活性达到寿命末期时，安装备用层，以使整体脱硝效率恢复到需求值以上，这样便可使催化剂活性得到充分利用。催化剂管理方案如图 3-25 所示，催化剂更换过程的脱硝效率、出口 NO_x 浓度及氨逃逸的变化曲线如图 3-26 所示。

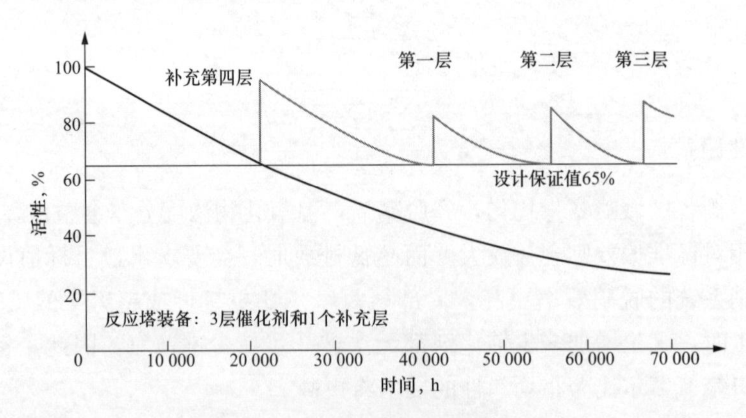

图 3-25　催化剂管理方案示意图

在不改造现有反应器的基础上，来提高脱硝效率，在备用层增加一定量催化剂，往往是最先会被想到的办法。在这里，需要注意以下几点：

（1）备用层催化剂添加量的设计原则问题。究竟是按所有催化剂层共同达到所需脱硝效率，还是仍按备用一层的原则来达到所需效率。这涉及催化剂更换周期及运行费用的经济性问题。

（2）由于反应器层高一定，故催化剂模块的高度已经受到限制；或原备用层预留荷载不够，或催化剂单体最大长度有限，也会限制新增催化剂所能提高的脱硝效率。如果依然不能达到超低排放的要求，就需要采取其他方法了：改造反应器、新增层数，或加固反应器及支架等；特殊条件下，甚至要做串塔。

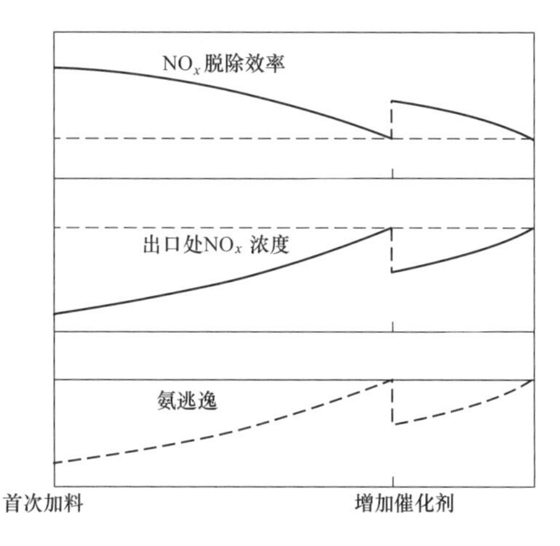

图 3-26　催化剂更换过程脱硝效率、出口 NO_x 浓度及氨逃逸的变化曲线

（3）由于总体上脱硝效率的提高，需要注意整体 SO_2/SO_3 转化率指标是否依然能达标，尤其在高硫分煤质的情况下。

计算需要新增的催化剂的量，涉及的设计原则主要有：

（1）要保证新增催化剂在寿命末期时，仍能达到超低排放标准；

（2）要充分考虑到催化剂更换周期及更换量及费用等经济性问题，力求达到最经济的方案；

（3）要考虑与电厂运行检修周期、采购周期相适应的方案，尽量采用统一的规格。

以原催化剂布置为 2+1 层的情况为例，对几种不同的新增催化剂方案进行经济性分析，原 SCR 设计参数见表 3-2。

表 3-2　　原 SCR 设计参数

项　目	单　位	数　值
机组	MW	600
烟气流量（湿基、标态、实际氧）	m^3/h	1 874 288
SCR 入口 NO_x	mg/m^3	250
	$\mu L/L$	122
SCR 出口 NO_x	mg/m^3	85
	$\mu L/L$	24.3
催化剂体积（单台炉）	m^3	415.3
催化剂孔数	孔	18
催化剂布置	层数	2+1
催化剂体积（单层）	m^3	208
反应器个数	个	2
体积比表面积	m^2/m^3	414
活性物理表面积（单台炉）	m^2	171 928

续表

项　目	单　位	数　值
初始活性	m/h	38
末期活性	m/h	24
化学寿命	h	24 000

方案一：以 2+1 层催化剂达到超低排放标准，按 2 层全新计算出催化剂总用量，按一层催化剂的量作为备用层的增加量，并作为以后每次更换催化剂时的更换量。

方案二：直接按原每层催化剂的量作为备用层的量。校核能否达到超低排放标准。若能，则作为以后每次更换催化剂时的更换量。

方案三：以运行 3 层催化剂来达到超低排放标准，不设置备用层，计算出单层催化剂的量作为备用层的增加量，并作为以后每次更换催化剂时的更换量。

(1) 时间常数计算。

根据式 $\kappa=\kappa_0 \cdot e^{-\frac{t}{\tau}}$，得出时间常数 $\tau=52\ 227$。

(2) 催化剂量的计算。

根据式 $A=0.5\ln\frac{NO_{xi}\cdot NH_{3i}}{NO_{xo}\cdot NH_{3o}}\cdot\frac{Q_v}{\kappa}$，得出，方案一、二、三分别的用量见表 3-3。

表 3-3　催化剂用量

项　目	方案一	方案二	方案三
单台炉催化剂量 (m^3)	522	415	522
备用层催化剂量 (m^3)	261	208	174

(3) 催化剂更换周期预测。

首先根据目前催化剂活性，以及备用层催化剂量及初期活性，可以得出此种状态下，要达到 SCR 出口 NO_x 为 35mg/m³时，反应器出口氨逃逸值，以其是否超过 3μL/L 校核该方案是否可以达到设计性能要求。

计算过程中，第一层催化剂入口条件为由喷氨格栅所提供还原剂量，由 $NH_{3o}=\frac{NO_{xi}^2-NO_{xi}\cdot NO_{xo}}{e^{\frac{2A\cdot\kappa}{Q_v}}\cdot NO_{xo}-NO_{xi}}$可计算出第一层出口 NH_3量，其作为第二层催化剂入口条件，以此类推，直到计算出第三层催化剂出口处氨逃逸值。

在计算更换周期时，脱硝效率达标时，氨逃逸值增长为 3μL/L 成为了表征需要更换催化剂的时间点。

表 3-4 示出了三种方案更换周期的对比情况。方案一中，从备用层催化剂安装并运行后，过 28 200h，需要更换第一层催化剂，更换量同备用层催化剂量；再过 21 900h，需要更换第二层催化剂，更换量同备用层催化剂量；再过 29 100h，需要更换第三层催化剂；随着三层催化剂的规格都统一后，后续更换周期固定为 26 700h。

表 3-4 三种方案的更换周期对比

	单位	方案一	方案二	方案二
备用层加装	h	0	0	0
更换第一层催化剂	h	28 200	23 000	19 500
更换第二层催化剂	h	21 900	14 900	9800
更换第三层催化剂	h	29 100	17 700	16 400
更换第一层催化剂	h	26 700	18 000	15 000
更换第二层催化剂	h	26 700	17 300	14 300

（4）风机电耗估算。备用层增加催化剂后，系统阻力会增大。增加的阻力与催化剂的高度有关，耗材的价格见表 3-5，不同方案增加的催化剂对应的阻力值见表 3-6。

表 3-5 耗 材 价 格

名称	单位	单价	备注
电价	元/kWh	0.389 4	2014 年 9 月份陕西上网电价
催化剂	元/m^3	30 000	

表 3-6 不同方案催化剂阻力值

名称	单位	方案一	方案二	方案三	原催化剂
单层	Pa	195	155	130	155
二层	Pa				310
三层	Pa	585	465	390	
超低排放比原催化剂阻力增加值 Δp	Pa	275	155	80	

忽略电机及风机效率，风机电功率增加值 $\Delta P=\dfrac{\Delta p Q_v}{3600\times 1000}$ kW。不同方案的风机电功率增加值见表 3-7。

表 3-7 不同方案风机电功率增加值

名称	单位	方案一	方案二	方案三
电功率增加值 ΔP	kW	143	81	42

（5）催化剂安装。根据《电力建设工程概算定额》及相关取费系数，取催化剂安装单价为 230 元/m^3。

（6）经济性分析。以 10 年时间跨度来计算因超低排放改造所需要多投入的费用见表 3-8。

表 3-8 不同方案的费用增加列表（10 年）

	单位	方案一	方案二	方案三
催化剂增加量	m^3	1044	1040	1044
催化剂采购费用	万元	3132	3030	3132
电量增加值	kWh	11 440 000	6 480 000	3 360 000

续表

	单位	方案一	方案二	方案三
电费增加值	万元	445	252	131
更换次数	次	4	5	6
催化剂安装费	万元	24	24	24
10 年总增加费用	万元	3601	3306	3287

以 20 年时间跨度来计算因超低排放改造，所需要多投入的费用见表 3-9。

表 3-9　　不同方案的费用增加列表（20 年）

	单位	方案一	方案二	方案三
催化剂增加量	m^3	1827	2080	2088
催化剂采购费用	万元	5481	6240	6264
电量增加值	kWh	22 880 000	129 360 000	6 720 000
电费增加值	万元	892	504	262
更换次数	次	7	10	12
催化剂安装费	万元	42	48	48
20 年总增加费用	万元	6415	6792	6574

（7）结论。本实例提供了以增加备用层催化剂来达到超低排放标准的几种催化剂量计算方案的经济性分析过程。本算例针对本炉具体条件得出的结果，对其他案例仅具参考性。由于经济性分析的结果还受诸如催化剂单价、电价、安装费、催化剂活性衰减时间常数、出入口 NO_x 浓度值等因素影响，各因素影响结果的敏感性不一，故每个具体案例需要具体分析。针对本例，结论如下：

10 年跨度上，方案三更经济；20 年跨度上，方案一更经济。随着时间增长，方案一的经济性优势会更加明显。

但仅从经济性角度分析问题，并不全面，有时甚至不是决定性因素。

首先，要结合厂里检修及采购周期等实际条件。其次，本算例中时间常数的计算是根据催化剂厂家提供的催化剂初期及末期活性，化学寿命等参数折算出来的，由于锅炉运行煤质、烟气成分等与原设计值的差异，以及流场等因素，时间常数会有或多或少的变化，建议在检修锅炉期间，抽取出催化剂样品进行检测，得出实际运行的时间常数，这样可以更加准确预测出催化剂的更换量及更换周期。再次，方案合理性，要结合考虑反应器、钢结构等强度问题。最后，还需结合考虑风机出力余量问题等。

2. 增加催化剂层数

单层催化剂的效率，主要是受单层催化剂量影响，催化剂量主要受反应器层高、催化剂支撑层设计荷载等因素影响。在原反应器无法达到超低排放标准时，对反应器进行改造，增加催化剂层数的方法也是可行方案之一。

3. 串塔

在理论条件下，在催化剂足量的前提下，SCR 的脱硝效率可以超过 90%，甚至达 95%。然而这里面不能忽略的因素便是流场条件。随着烟气中的氮氧化物逐渐被一层层催化剂降低，氨氮摩尔比的分布会更加不均匀。在超低浓度的 NO_x、不均匀的氨氮摩尔比分布情况下，高脱硝效率及低氨逃逸浓度很难同时满足。串塔相对于单塔最大的优势在于其有足够的空间设置混合装置，并有足够的混合距离，使得氨氮摩尔比分布能更均匀。

毫无疑问，一级塔会有其喷氨格栅，为其提供所需还原剂。问题在于，二级塔是否应该设置喷氨格栅，如果设置，两级塔的喷氨格栅的还原剂量该如何分配，下面来论述该问题。

图 3-27 是某项目理论计算得出的当一二级塔分别设置喷氨格栅时，两级塔催化剂总量随着一级塔喷氨量占总喷氨量比例变化时的曲线。从图中可以看出，当一级塔喷氨量占比为 0 或 1 时，即只设置一级塔或二级塔喷氨格栅时，总催化剂量最小。只设置二级塔喷氨格栅的情况是实际不存在的，故最合理的情况为，只设置一级塔喷氨格栅，二级塔所需要的还原剂由一级塔的逃逸氨提供。两级塔中间需要创造条件让烟气中氨与 NO_x 充分混合，到达二级塔催化剂表面时，有较均匀的流场分布。具体混合措施及混合效果，可以通过 CFD 模拟来设计、优化及验证。

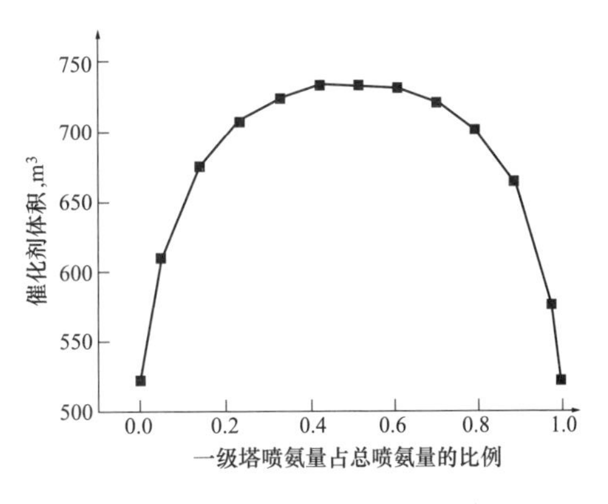

图 3-27 不同的一级塔喷氨量占总喷氨量的比例与对应的总催化剂量的变化曲线

（四）喷氨优化调整

在导流板、喷氨格栅等整流装置的结构形式优化后，可进一步对喷氨格栅进行优化调整，使截面上氨与烟气中的氮氧化物的比例分布更加均匀，从而起到降低氨逃逸、提高脱硝效率、减少还原剂用量等目的。

1. 试验内容

SCR 脱硝装置的喷氨优化调整试验主要在机组常规高负荷下进行，并在低负荷下进行验证和微调。根据现场条件和测试要求，适当安排试验工况。SCR 装置的 AIG 喷氨优化试验需要测试的项目包括：反应器进出口的 NO/O_2 浓度分布、出口 NH_3 逃逸浓度等。进出口选取的测量截面要求形状规则，采用网格法进行测量，进出口所测点要求具有对应性。试验过程如下：

（1）预备试验。实测 SCR 反应器进出口 NO_x 浓度，分别与在线 NO/O_2 分析仪表的显示值进行比较，为正式试验做准备。

（2）摸底测试。在机组高负荷条件下，调节喷氨流量，使脱硝效率达到设计值，测量反应器进出口的 NO_x 浓度分布和反应器出口氨逃逸浓度，初步评估脱硝装置的效率和氨喷射流量分配状况。

(3) 喷氨优化调整。在机组高负荷下，根据SCR反应器出口截面的NO_x浓度分布，对反应器入口水平烟道上的AIG喷氨格栅的手动阀门开度进行调节，最大限度提高反应器出口的NO_x分布均匀性。保证NO_x达标排放情况下逐步减少尿素流量，测量脱硝装置脱硝效率及氨逃逸。

(4) AIG优化校核试验。在机组低负荷下，在设计脱硝效率下测量反应器进出口的NO_x浓度分布和氨逃逸，评估优化结果，并根据结果对AIG手动调阀进行微调。

2. 测量方法

(1) NO与O_2浓度的分布。采用快速断面扫描分析仪进行测量。在SCR反应器的进口和出口烟道截面，分别采用等截面网格法布置烟气取样点。在每台反应器进出口各布置一套烟气分析仪，烟气经不锈钢管引出至烟道外，再经过水洗除尘、除湿、冷却等处理后，最后接入烟气分析仪进行分析。

利用两套烟气分析仪，同时在反应器的进出口逐点采集烟气样品，分析烟气中的NO与O_2含量，可获得烟道截面的NO_x浓度分布（干基、标态、95%NO、6%O_2）。取反应器进、出口的NO_x浓度的算术平均值计算脱硝效率。

(2) 氨逃逸浓度的分布。采用在线抽取法氨逃逸表进行测量，以保证测量的准确性。在反应器出口每一测孔内，网格法采集NH_3样品。氨逃逸样品采用美国EPA的CTM—027标准以化学溶液法采集，并记录所采集的干烟气流量和O_2浓度。通过分析样品溶液中的氨浓度，根据所采集的烟气流量和O_2，计算各采集点处烟气中干基NH_3浓度。烟气中的NH_3取样系统如图3-28所示。

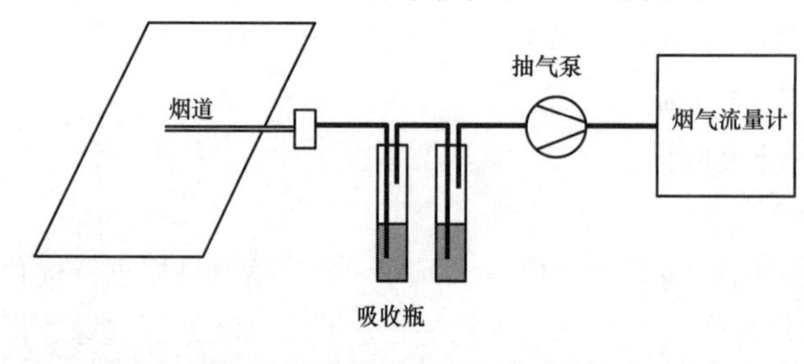

图3-28　烟气中的NH_3取样系统

试验期间，通过机组DCS系统记录锅炉主要的运行参数（负荷、主汽流量等），并监测脱硝系统的主要运行参数（还原剂流量、SCR进出口的NO/O_2浓度、氨逃逸等）。

3. 试验结果及分析

(1) 表计标定。试验过程中通过网格法测量SCR反应器进出口NO/O_2浓度，并记录DCS在线表计示值，根据实测结果对表计进行标定。电厂对在线表计一般有维护周期，建议加强在线表计的标定、校准工作，以提高其示值准确性。

(2) 摸底测试。在高负荷下，进行了摸底测试工况T-01，作为AIG喷氨优化调整前基准工况。试验过程中，按脱硝装置常规运行方式控制喷氨流量，同步在每台反应器进、出口测量NO_x浓度，并在反应器出口采集氨逃逸样品，用于计算脱硝效率与氨逃逸浓度，初步评估脱硝装置的效率和氨喷射流量分配状况。

分析T-01的反应器出口NO_x分布结果：可由出口NO_x分布情况，推出入口NO_x分布情况。

反应器出口 NO_x 浓度分布不均，主要是经过喷氨格栅支管喷入反应器内的氨与烟气中的 NO_x 混合后，在顶层催化剂入口处的氨氮摩尔比分布不均引起，由此导致反应器出口截面上局部区域氨逃逸浓度过大，这将对下游空气预热器等设备的安全运行造成风险，因此，有必要对 SCR 装置的 AIG 喷氨格栅进行优化调整，以改善 SCR 反应器出口 NO_x/NH_3 浓度分布。

（3）喷氨优化调整。在高负荷下，根据摸底测试测得 SCR 反应器出口截面的 NO_x 浓度分布结果，对反应器入口水平烟道上 AIG 喷氨格栅不同支管的手动阀开度进行调节，经多次喷氨量调整（多工况反复调整），直到反应器出口截面的 NO_x 分布均匀性得到了明显改善，达到最优状态。

为比较优化调整前后相同脱硝率下 SCR 出口氨逃逸浓度变化情况，可增大喷氨量，将系统脱硝率提高至调整前某效率。一般来说，相同脱硝效率下，SCR 出口氨逃逸将会相应降低，且氨逃逸分布更为均匀。这样，在氨逃逸不超标的前提下，SCR 脱硝效率将得到提升。

（4）低负荷调整试验。在机组常规低负荷下，对喷氨格栅进行微调，以确保不同负荷下 SCR 出口 NO_x/NH_3 浓度分布均能保持较好的均匀性。

4. 脱硝系统尿素流量优化

喷氨优化调整试验过程中，同步对尿素流量或氨流量进行优化调整。

优化调整前后，相同负荷及脱硝效率情况下，由于经过了喷氨优化调整，提高了 SCR 出口截面 NO_x 浓度分布均匀性，降低了 SCR 出口氨逃逸浓度，相同工况下脱硝系统尿素耗量将会得到降低，提高了系统运行的经济性和安全性。

（五）还原剂区核算

由于超低排放改造，还原剂的用量往往会增大，原还原剂区的相关容器、管道、阀门仪表等是否能满足新的要求，需要进行还原剂区的整体核算。

用于燃煤电厂 SCR 烟气脱硝的还原剂一般有三种：液氨、氨水及尿素。三种还原剂各有特点。液氨一般采用纯度为 99.8%的氨，标准大气压下沸点温度为－33.5℃，储存在压力容器中，并有保证严格的安全与防火措施。氨水（NH_4OH）商业上一般运用浓度为 20%～30%的氨水，运输时体积大、质量重，蒸发过程需要消耗大量电力。尿素［$CO(NH_2)_2$］呈颗粒状，储罐需要被加热，尿素需要被溶解在水中，是一种安全的选择。

目前，火电厂的 SCR 系统中的还原剂一般采用液氨或尿素。

不论是使用液氨还是尿素热解或尿素水解法制氨，进入 SCR 反应器的均为 NH_3。NH_3耗量的计算式为

$$r_{NH_3/NO_x} = \frac{\eta_{DeNO_x}}{100} + \frac{r_{NH_3} \times 46}{W_{NO_x} \times 22.4} \tag{3-15}$$

$$W_{NH_3} = \frac{17 \times r_{NH_3/NO_x} \times W_{NO_x} \times V_{gas}}{46 \times 10^6} \tag{3-16}$$

式中：W_{NH_3} 为纯氨消耗量，kg/h；r_{NH_3/NO_x} 为氨氮摩尔比；η_{DeNO_x} 为脱硝效率，%；r_{NH_3} 为

总氨逃逸浓度，$\mu L/L$；W_{NO_x} 为入口 NO_x 浓度，mg/m^3，（标准状态，干基，6%O_2）；V_{gas} 为烟气体积流量，m^3/h，（标准状态，干基，6%O_2）。

计算出理论 NH_3需求量后，若为液氨蒸发法，除液氨纯度一般为99.8%外，其余制氨过程可按无损耗考虑；若为尿素热解或尿素水解法制氨，则据此计算理论所需尿素耗量。

尿素热解或水解法制氨的主要化学总包反应式为

$$CO(NH_2)_2 + H_2O \rightarrow 2NH_3 + CO_2$$

1mol 尿素分子将得到 2mol 氨气分子，目前尿素热解或水解的尿素利用效率可按98%进行计算。

得到理论所需尿素用量后，与原还原剂区制备能力相比较，根据相关规范要求，所预留裕量足够即可。

第三节　SNCR　技　术

SNCR（selective noncatalytic reduction），即选择性非催化还原烟气脱硝技术。就是在不采用催化剂情况下，在炉膛内烟气温度适宜处均匀喷入氨或者尿素等氨基还原剂，与烟气中的 NO_x 发生化学反应的脱硝技术。SNCR 技术的脱硝效率一般来说不如 SCR 技术，对于煤粉锅炉，脱硝效率一般不超过40%；对于循环流化床锅炉，脱硝效率可达到75%。将氨、尿素或异氰酸喷入炉膛中，与燃烧后的烟气混合后在高温下与 NO_x 发生反应。SNCR 技术的优点在于易于实现，不需要催化剂，也就避免了使用催化剂可能带来的一系列问题，且易于安装在已有燃烧装置上，项目成本较低、运行费用也不高。对于国内复杂机组的情况来说，是一种适合在工业界应用推广的技术。尤其在烟气超低 NO_x 排放技术中，是一种非常重要的辅助技术。

一、SNCR 技术原理

SNCR 工艺总的化学反应过程相对简单。首先是氨或者尿素等氨基还原剂气化后喷入炉内，或者是先喷入炉内借助烟气热量气化，之后在合适的温度范围（一般称为温度窗口）内，气态氨或者尿素等氨基还原剂产生活性分子（NH_3或者 NH_2），经过一系列反应后，氨基活性分子与 NO_x 接触并将其还原为 N_2 和 H_2O。

以氨作为还原剂的总包化学反应方程为

$$2NO + 2NH_3 + \frac{1}{2}O_2 \rightarrow 2N_2 + 3H_2O$$

以尿素作为还原剂的总包化学反应方程为

$$2NO + CO(NH_2)_2 + \frac{1}{2}O_2 \rightarrow 2N_2 + CO_2 + 2H_2O$$

二、SNCR 技术的影响因素

SNCR 脱硝反应的化学反应速率决定了 SNCR 脱硝效率，影响 SNCR 系统脱硝效率的主要因素有：①反应温度窗口；②最佳反应温度窗口内的停留时间；③喷入的还原剂与烟气的混合均匀程度；④初始 NO_x 浓度水平；⑤标准化的化学当量比（NSR）；⑥氨逃逸。

1. 反应温度窗口

SNCR 系统中的脱硝反应发生在一个特定的温度区间内。在这个温度区间内，能提供足够的能量来使脱硝化学反应进行。当反应温度过低时，化学反应速率降低，氨逃逸增多。当反应温度过高时，还原剂被氧化生成更多的 NO_x。温度窗口取决于还原剂的种类、烟气中 CO 的含量。对于以氨作为还原剂的 SNCR 脱硝反应，最佳温度窗口为 850～1100℃；在喷进炉膛的氨里添加氢气，能够使这个最佳的反应温度窗口下降。对于以尿素作为还原剂的 SNCR 脱硝反应，最佳温度窗口为 900～1150℃；同样，在尿素中混入添加剂也能使这个最佳温度窗口扩展。

在 SNCR 系统设计时，喷枪布置在合适的位置，使还原剂喷入炉膛内烟气温度合适的区域。只有喷枪布置在合适的位置上，才能获得较高的脱硝效率。

锅炉内烟气的温度场取决于锅炉的设计和运行的工况。而锅炉的设计和运行工况调节通常是为了获得所需要的蒸汽产量，所以并不十分利于 SNCR 脱硝反应过程。不同的锅炉炉膛内烟气温度的分布差别较大，并且同一个锅炉在不同负荷和不同运行方式下温度的分布也不同。锅炉内烟气温度场的变化使得 SNCR 系统的设计和运行变的相对困难。

2. 最佳反应温度窗口内的停留时间

最佳反应温度窗口内的停留时间是指还原剂在炉膛合适温度区间停留的时间。在还原剂离开锅炉之前，SNCR 脱硝过程的所有步骤都必须完成，包括：

（1）喷入的还原剂与烟气的混合；

（2）喷入还原剂溶液中水的蒸发；

（3）尿素分解成 NH_3；

（4）NH_3 分解成 NH_2 和其他自由基；

（5）NO_x 的脱除化学反应。

增加停留时间能够使传质过程和化学反应发生的比较充分，因此可以提高 NO_x 的脱除效率。当还原剂喷入位置的温度较低时，增加停留时间才能够获得相当的脱硝效率。一般来说，停留时间至少为 0.5s 才能够获得一定的脱硝效率。

停留时间取决于锅炉炉膛和烟道的尺寸以及烟气量，而这些参数的选取只考虑到锅炉的运行、所需要的蒸汽量以及合适的烟气速度使换热器管道不至于发生腐蚀，并不是专门针对 SNCR 所需要的停留时间设计。所以在锅炉里的停留时间通常对于 SNCR 脱硝过程来说并不是十分理想。

3. 喷入的还原剂与烟气的混合均匀程度

为了脱硝反应能够进行，喷入烟气中的还原剂必须迅速扩散并且与烟气混合均匀。因为氨的挥发性，喷入还原剂在烟气中必须迅速扩散开。还原剂与烟气的混合均匀性取决于锅炉的尺寸特征和烟气的流动特性。烟气流动的死角和高速区都必须消除。通常来说，对于大型锅炉喷入还原剂与烟气混合的均匀性程度更差一些。

还原剂与烟气的混合均匀性好坏取决于喷射系统。喷枪使用压缩空气将还原剂溶液以雾状按照一定的角度、速度和方向喷入炉膛，与烟气混合。每个锅炉的特性不同，喷射系统都需要进行单独设计。通常采用数值模拟的方法来获得最优的喷射系统设计。为了使尿素或者氨水溶液在烟气中扩散开，使用特殊设计的喷枪使还原剂喷入炉膛的雾化颗粒大小和分布最优。雾化颗粒直径直接影响雾化颗粒的蒸发时间和流动轨迹。直径较大的雾化颗粒具有更多的动量，在烟气中的穿透深度更大；但同时需要更多的停留时间来使其蒸发。

还原剂与烟气混合不均匀会带来较低的脱硝效率。通常从以下几个方面来改善还原剂与烟气的混合均匀性：

（1）增加喷入的雾化颗粒的动量；

（2）增加喷枪的数量；

（3）增加喷射区域；

（4）改善喷枪的性能来获取最优的雾化颗粒直径、分布、角度和喷射方向。

4. 初始 NO_x 浓度

反应物的浓度也影响脱硝反应的效率。当反应物的浓度降低时，脱硝化学反应的动力降低。所以，当初始 NO_x 浓度较低时，脱硝反应的最佳反应温度窗口降低，NO_x 脱除效率降低。

5. 标准化的化学当量比（*NSR*）

标准化的化学当量比定义为：

$$NSR=\frac{\text{折算到 } NH_3 \text{ 时喷入的还原剂的物质的量}}{\text{初始 } NO_x \text{ 的物质的量}}$$

标准化的化学当量比反应了为达到所需要的脱硝效率投入的还原剂的量。基于SNCR脱硝总包化学反应方程式，理论上2mol的 NO_x 能够被1mol的尿素或2mol的氨反应掉。在实际运行中，为了达到所需要的脱硝效率，投入的还原剂的量远大于理论值。一方面，是因为SNCR脱硝化学反应本身的复杂性和化学反应原理的问题；另一方面，是由于喷入的还原剂与烟气之间混合均匀性的问题。典型的 *NSR* 数值是0.5～3mol氨对应1mol NO_x。基于投资和运行成本考虑，合适的 *NSR* 的选取是至关重要的。通常，影响 *NSR* 的因素包括以下几点：

（1）NO_x 脱除效率；

（2）烟气中 NO_x 的初始浓度；

（3）提供给 NO_x 脱硝反应的温度和停留时间；

（4）还原剂与烟气混合的均匀性程度；

（5）氨逃逸允许值；

（6）化学反应速率。

当NSR增加时，脱硝效率随之增加。但是随着NSR的增加，脱硝效率增加的幅度呈指数规律降低。当NSR超过2.0之后，再增加还原剂的量不会使 NO_x 脱除效率明显增加。

在进行 SNCR 系统设计时，NSR 的选取是至关重要的。根据研究，在具体工程设计中，NSR 首先可按式（3-17）进行初步估算，即

$$NSR=\frac{(2NO_{x_{in}}+0.7)\eta_{NO_x}}{NO_{x_{in}}} \tag{3-17}$$

式中　$NO_{x_{in}}$——初始的 NO_x 浓度，lb/MMBtu；

η_{NO_x}——脱硝效率。

在应用式（3-17）时，需注意 $NO_{x_{in}}$ 的单位是 lb/MMBtu，对于燃煤锅炉，与通常国内使用的 mg/m^3 之间的换算关系为 $1mg/m^3=8.14\times10^{-4}$ lb/MMBtu。η_{NO_x} 为小于 1 的无单位数值。同时注意，式（3-17）的使用范围为脱硝效率在 0～50%之间。

图 3-29 是式（3-17）的图线表达。

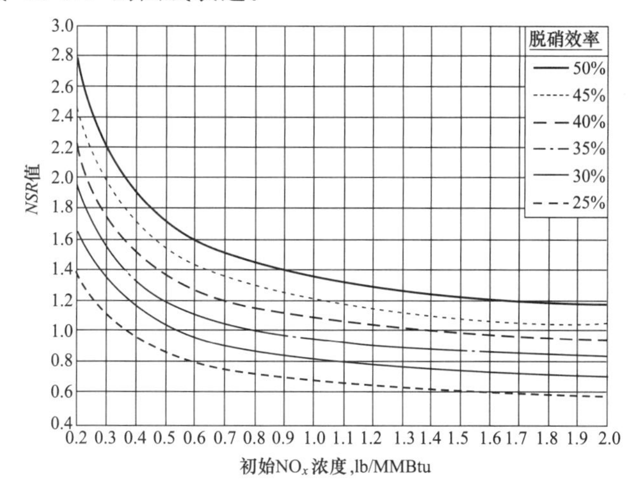

图 3-29　尿素 SNCR 工艺 *NSR* 估算图

由式（3-17）计算出的或图 3-29 查出的 *NSR* 数值，还需按照具体的工程应用条件来调整，主要影响因素包括：

（1）温度区域的影响。适合还原反应的温度范围通常在辐射受热面和对流受热面区域。如果适合的温度区域是在辐射受热面，*NSR* 可取低点的数值；如果是在对流受热面，*NSR* 可取略高点的数值。

（2）反应时间的影响。适合还原反应的时间如果长一些，则 *NSR* 可以取低点的数值。

（3）混合程度的影响。还原剂与烟气混合的程度越好，则 *NSR* 就越低。

（4）氨逃逸浓度的限制。若氨逃逸浓度要求较低，则就需要较低 *NSR*，同时可能会影响到脱硝的效率降低。

6. 氨逃逸

由于实际使用的 *NSR* 的数值都比理论的化学当量比要大，再加上脱除掉的 NO_x 量比初始的 NO_x 量要小得多，这使得喷入炉膛的大量的还原剂没有发生脱硝反应。大部

分过量的还原剂通过其他化学反应转化为其他物质了。但是，仍然有一小部分以氨气的形态留在了烟气中。

众所周知，烟气中的逃逸氨会带来许多不利影响。当氨气的浓度超过 5ppm 时，能闻到刺激性气味；当浓度超过 25ppm 时，会对人的身体健康带来损害。当燃料中含有 Cl 元素时，会生成氯化铵使烟囱冒白烟。当燃烧含有硫分的燃料时，会生成硫酸氢铵和硫酸铵。硫酸铵盐会造成下游设备（空气预热器、除尘器、风机）的堵塞、沾污和腐蚀。另外，逃逸氨还会影响飞灰的品质，使得飞灰不容易售卖。

NSR 数值和脱硝效率是一个相互矛盾的关系，增加 *NSR* 数值可以提高脱硝效率，但同时会增加逃逸氨；再加上锅炉运行温度场的波动，也会带来逃逸氨的变化。所以，在进行 SNCR 设计时，逃逸氨的限定也是至关重要的。通常来说，SNCR 系统逃逸氨控制在 5～10ppm 之间是比较合适的；但是如果达不到所需要的脱硝效率，在不影响机组稳定安全运行的前提下，可以适当放宽逃逸氨数值至 15ppm。

三、SNCR 系统

SNCR 工艺有两种基本设计：第一种是基于氨为还原剂的系统，1975 年由 Exxon 研究工程公司开发并申请专利，命名为“Thermal DeNO$_x$®”，其工艺系统如图 3-30 所示。第二种是基于尿素为还原剂的系统，1980 年由美国的 EPRI 开发并申请专利，命名为“NO$_x$ OUT®”，该技术后来转让给了美国的 Fuel Tech 公司。

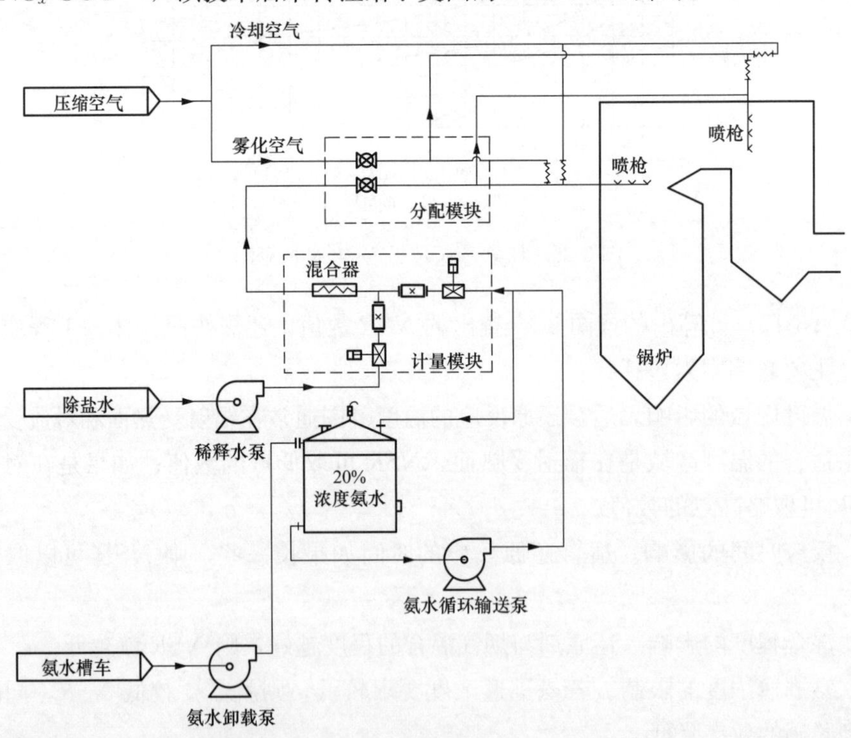

图 3-30 以氨水为还原剂的 SNCR 工艺系统图

一个完整的 SNCR 工艺系统包括以下几个部分：

（1）还原剂制备储存系统；

（2）还原剂计量稀释系统；

（3）还原剂分配系统；

（4）还原剂喷射系统。

（一）还原剂制备储存系统

还原剂制备储存系统分为两种：①以氨作为还原剂的储存系统；②以尿素作为还原剂的制备储存系统。

1. 以氨作为还原剂的存储系统

对于以氨作为还原剂的 SNCR 工艺，由于气体的喷射距离较短，使用传统的墙式喷枪很难使喷入的氨气与烟气混合均匀，氨通常以氨水溶液的形式喷入炉内。出于运输安全的考虑，一般便于运输的氨水溶液浓度不超过 20%（质量浓度）。

氨水储存系统中的主要设备包括氨水卸载泵、氨水储罐、氨水循环输送泵、稀释水箱、关断阀、手动球阀等。氨水的存储流程如下：氨水槽车将 20%浓度的氨水运输到还原剂区，通过氨水卸载泵（通常设计两台，一运一备）将氨水输送到氨水储罐中。氨水储罐一般设计两台，大小按照储存电厂锅炉满负荷运行一周所需的氨水用量设计。设置氨水高流量循环回路将氨水储罐中的氨水溶液输送至锅炉区 SNCR 计量模块附近。氨水高流量循环回路由两台氨水循环输送泵（一运一备）和一个背压控制阀组成。氨水循环输送泵的流量选择为电厂锅炉满负荷所需要的氨水流量的 3～5 倍，扬程选择为能够使氨水输送到锅炉上喷枪所处的位置所需要的压头且考虑一定的裕量。氨水高流量循环回路的设置主要是为了保证在单台或部分锅炉 SNCR 系统所需要的氨水流量发生变化时，氨水循环回路供给到其他锅炉 SNCR 系统的氨水压力和氨水流量相对保持不变。

在以氨水作为还原剂的储存区中，注意当氨水储罐中储存的氨水折合成纯氨的重量超过 10t 时，氨水储罐属于重大危险源，在项目开始前期需要做环评，在项目设计时要考虑重大危险源的特殊设计。

2. 以尿素作为还原剂的制备存储系统

由于尿素的安全、易储存和易扩散等特性，在大型锅炉上一般都会采用尿素工艺。以尿素作为还原剂的制备储存系统主要包括尿素起吊设施、尿素溶解罐、尿素溶液转存泵、尿素溶液储罐、尿素溶液循环输送泵、稀释水罐、关断阀、手动球阀、蒸汽加热盘管等附属设备。尿素溶液制备储存流程如下：袋装尿素经卡车运送到现场，存放在尿素存储间。在使用时，首先在尿素溶解罐中加入适量的除盐水，通入加热蒸汽，开启搅拌器，将袋装尿素用电动葫芦运输到尿素溶解罐加料口，将尿素颗粒加入溶解罐中进行溶解，溶解制成 50%浓度的尿素溶液。然后使用尿素溶液转存泵（通常设置两台，一运一备）将溶解好的尿素溶液输送至尿素溶液储罐中放置。设置尿素溶液高流量循环回路将尿素溶液储罐中的尿素溶液输送至锅炉区 SNCR 区计量模块附近。同样，尿素溶液高流量循环回路由两台尿素溶液循环输送泵（一运一备）和一个背压控制阀组成。尿素溶液循环输送泵的流量选择为电厂锅炉满负荷所需要的尿素溶液流量的 3～5 倍，扬程选择为能够使尿素溶液输送到锅炉上喷枪所处的位置所需要的压头且考虑一定的裕量。

尿素溶液高流量循环回路的设置主要是为了保证在单台或部分锅炉SNCR系统所需要的尿素溶液流量发生变化时，尿素溶液循环回路供给到其他锅炉SNCR系统的尿素溶液压力和流量相对保持不变。

（二）还原剂计量稀释系统

还原剂的计量稀释系统包括两部分：稀释水系统和计量系统。稀释水系统包括一个稀释水罐、稀释水泵（两台，一运一备）；计量系统包括还原剂流量调节阀、还原剂流量计和稀释水压力调节阀、稀释水流量计及手动阀门、压力表等。稀释水罐的设置主要是为了减小稀释水泵入口的压力波动，在设计时大小通常按照锅炉SNCR系统运行4h所需的除盐水量设计。稀释水泵的设置比较灵活，可以按照还原剂高流量循环回路的原则来设计稀释水高流量循环回路，也可以按照每个喷射区域配置两台稀释水泵（一运一备）来给SNCR系统的计量模块供应稀释水。区别在于前者稀释水泵的流量需要按照所有锅炉SNCR系统所需要总除盐水流量的3～5倍来设计，而后者稀释水泵的流量只需要按照实际SNCR系统所需要的除盐水流量来设计。总的来说，稀释水系统的作用就是给计量模块提供流量和压力相对稳定的除盐水。

计量模块用于精确计量和独立控制到锅炉内每个喷射区的还原剂。该装置连接并响应来自于机组燃烧控制系统、NO_x和氧监测仪的控制信号，自动调节还原剂流量和稀释水压力，对NO_x水平、锅炉负荷、燃料或燃烧方式的变化作出响应，打开或关闭喷射区或控制其流量。每一个计量模块可相互独立地运行和控制，一般来说，SNCR系统喷枪分成几个区，对应的计量模块就应该有几个，只有在两个分区的喷枪不会同时运行时，可以减少一个计量模块。

（三）还原剂分配系统

还原剂分配系统（通常叫分配模块）的作用是将在计量模块中已经混合好的氨水或尿素溶液分配到每只喷枪中，同时将压缩空气以一定压力供入到喷枪中将还原剂溶液雾化。分配模块包括液体的转子流量计、手动球阀、压力表、气体压力调节阀、手动球阀、压力表等。

（四）还原剂喷射系统

还原剂喷射系统主要是指喷枪及连接的管道和手动阀门。喷枪的种类较多，在SNCR系统中，通常使用两种喷枪：墙式短喷枪和多喷嘴长喷枪。

墙式短喷枪结构较为简单，枪体由不锈钢制成，留有雾化空气和还原剂的接口，喷嘴采用316L不锈钢以上材质制造，并在喷嘴外增加碳化硅套管，使用时在枪体外的不锈钢套管内通入吹扫空气保护喷枪。雾化空气和还原剂的混合可以在喷嘴或者喷嘴前的管道里完成。喷嘴深入炉膛的距离较短，一般为10～50mm之间。在循环流化床锅炉的SNCR脱硝中，一般只使用墙式短喷枪就可以得到高的脱硝效率。但是在大型煤粉锅炉中，尤其是在使用SNCR和SCR混合法脱硝的技术中，仅使用墙式短喷枪不能获得最优的脱硝效果，需要结合多喷嘴长喷枪的使用。

在标准的墙式喷射器不能提供适当的覆盖区域时，可使用多喷嘴长喷枪提供更佳的化学剂覆盖区域。每一个长喷枪配有一个伸缩机构（该伸缩机构类似于吹灰器的伸缩机构），当喷射器不使用、冷却水流量不足、冷却水温度高或雾化空气流量不足时，将其从锅炉中退出。该喷枪在其后座采用空气雾化原理，它包含数对喷嘴，这些喷嘴沿喷枪的长度按一定间隔排列，将化学剂细雾送入锅炉烟气中。喷枪的长度可以改变。为了较充分地利用化学剂和控制氨逃逸，可改变喷嘴沿喷枪的长度的间距。多喷嘴长喷枪外管内封装许多内管，这些内管用以将冷却水在喷枪内循环，将喷枪温度降到最低。这些多喷嘴长喷枪和伸缩机构根据每一个工程项目的具体情况特别定制，以满足工艺所需的化学剂覆盖。

第四节 SNCR＋SCR 混合技术

SNCR 与 SCR 是目前烟气脱硝技术中应用最多的两种技术。两者各有优势。一般来说，SNCR 技术系统较简单，投资相对较小，但脱硝效率相对较低，脱除单位 NO_x 所需要的还原剂量更多；SCR 技术系统较为复杂，投资相对较高，但可以达到超过 90%的脱硝效率，且还原剂利用效率高，脱除单位 NO_x 所用还原剂量小。为了降低投资成本，达到较高脱硝效率，炉膛型 SNCR＋烟道型 SCR 混合技术应运而生。这种联合技术脱硝效率介于常规 SNCR 与 SCR 之间，且 SNCR 与 SCR 之间一般不设置喷氨格栅。SCR 所需还原剂来源于 SNCR 产生的逃逸氨。

随着超低排放标准的出现，NO_x 排放要求控制到 $50mg/m^3$ 以内，单纯 SCR 脱硝效率长期稳定运行的脱硝效率，目前不超过 93%，故对于入口 NO_x 浓度高于 $700mg/m^3$ 的锅炉，很难单纯通过 SCR 技术控制到超低排放水平。于是出现了炉膛型 SNCR＋独立反应器型 SCR，SCR 须单独设置喷氨格栅，由 SNCR 逃逸的氨与喷氨格栅新注入的氨一起作为 SCR 的还原剂。由于 SNCR 出口 NO_x 与氨分布极不均匀，这对后续 SCR 系统达到高的脱硝效率不利。故这种形式的混合技术，一般要求 SNCR 装置将 SCR 入口 NO_x 先控制到 $600mg/m^3$ 以内，进而再由 SCR 控制到 $50mg/m^3$ 以内。这种技术特别适用于燃用无烟煤或贫煤等 NO_x 初始排放浓度高的锅炉。

一、SNCR＋SCR 混合技术关键

一般而言，炉膛型 SNCR＋烟道型 SCR 混合技术的一次投资、运行费用、脱硝效率均介于 SNCR 与 SCR 之间。由于需要在烟道中布置 SCR 催化剂，其技术难点在于，烟道中是否有足够的空间容纳催化剂，烟道截面一般较小，导致催化剂孔内流速偏高，影响催化剂的脱硝效率，同时加速了催化剂的磨损。因此，高速及耐磨的催化剂对于烟道型 SCR 十分关键。若烟道截面过小，则需考虑对烟道局部进行扩容，以满足催化剂对孔内流速的要求。另外，由于烟道中没有单独设置喷氨格栅，SNCR 逃逸氨一般分布极不均匀，其作为 SCR 还原剂，需要有相关的混合措施和足够的混合距离。

对于炉膛型 SNCR＋独立反应器型 SCR 混合技术，高的综合脱硝效率是其最核心的设计目标。

图 3-31 为某 600MW 机组 SNCR 装置后 SCR 入口处 NH_3 逃逸分布图（实测），如图可见，NH_3 逃逸分布极不均匀，相对标准偏差达到了 83.8%；图 3-32 为该 600MW

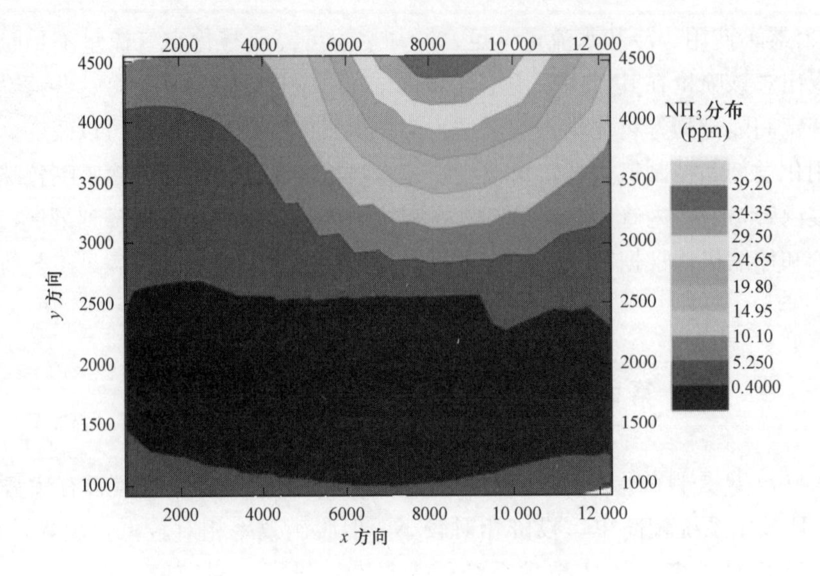

图 3-31 某 600MW 机组 SNCR 装置 SCR 入口处 NH_3 逃逸分布

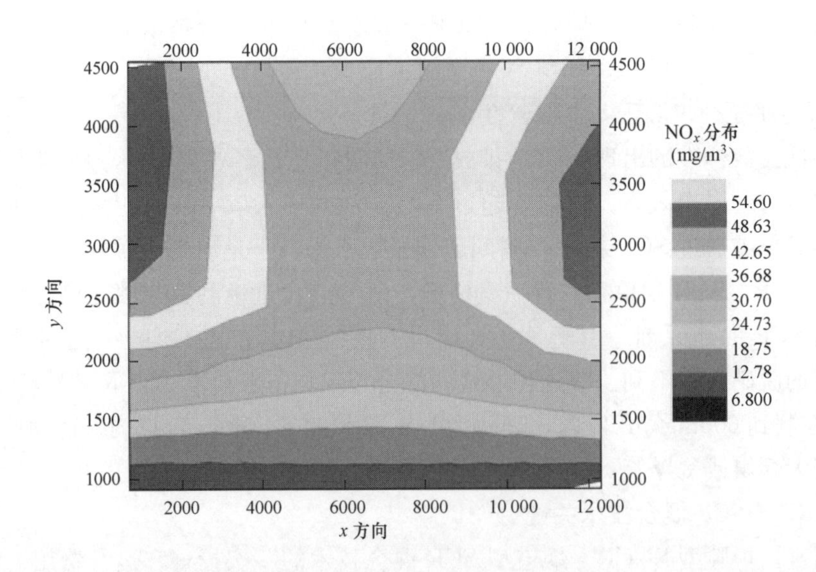

图 3-32 某 600MW 机组 SNCR 装置后 SCR 入口处 NO_x 分布

机组 SNCR 装置后 SCR 入口处 NO_x 分布，由图可见，NO_x 分布相对均匀，相对标准偏差为 19.8%。

SCR 要达到超过 90%的脱硝效率，NH_3/NO_x 分布的均匀度要求非常高，否则 SCR 出口 NH_3 逃逸会迅速增加。在 SCR 入口处，NH_3/NO_x 分布是如此不均匀，如何在烟气达到催化剂表面时充分混合，是该技术的关键及难点。可以用以下办法来增加 NH_3/NO_x 分布均匀性：

（1）调试 SNCR 喷氨，SNCR 装置不仅需要尽量用少的还原剂达到高的脱硝效率，还应该尽可能为下游 SCR 提供均匀分布的逃逸氨。

（2）SNCR及SCR之间应采取促进烟气混合的措施。采用利于混合的烟道及导流板结构，或增加气流扰动设备，如蒸汽或压缩空气喷射扰动；或在经济性允许的前提下，尽量增加混合距离。这些措施均是有效的促进烟气混合的方法，不过前提是不对其他设备的正常运行造成影响，如蒸汽或压缩空气的喷射不应加速受热面等设备的冲蚀和磨损，导流结构不应显著增加系统阻力等。

（3）采用分区可调节及混合性能优异的喷氨格栅。在装置启动后，根据实际运行情况，进行喷氨优化调整。这样可以在一定程度上弥补SCR入口逃逸氨的均匀性。

二、W型火焰锅炉的超低排放

W型火焰锅炉一般用于燃烧或掺烧低挥发分煤种，其燃烧温度高、停留时间长、局部氧量高，导致NO_x排放远远高于一般煤粉锅炉。排放浓度一般在1000mg/m^{3}以上，甚至可能超过2000mg/m^3。若W型火焰锅炉同样执行控制到50mg/m^{3}的超低排放限值标准，其脱硝将是一个难题。现以某W型锅炉的超低排放项目为例进行论述。

（一）项目现状

某电厂1号、2号机组容量为2×660MW，分别于2000年与2001年投入商业运行，配套美国福斯特·惠勒公司技术设计制造的下冲火焰W型锅炉，NO_x排放浓度约1200～2100mg/m^3（标准状态、干基、6%O_2，以下同）。按《火电厂大气污染物排放标准》（GB 13223—2011）的要求，两台机组均须将氮氧化物排放浓度控制到200mg/m^{3}以下。电厂于2013年分别进行了低氮燃烧器（LNB）改造、省煤器受热面改造、烟气脱硝SCR改造、空气预热器受热面改造等工程。1号炉已改造完成，运行状况正常，能将NO_x排放浓度控制在200mg/m^{3}以下。随着环保压力日趋增大，电厂决定针对一期锅炉控制NO_x排放浓度低于50mg/m^{3}要求进行可行性研究，探索和论证合理的技术路线。

在机组负荷为660MW，当无烟煤比例为20.24%、31.56%和41.14%时，NO_x的排放浓度分别为813.6、913.3、959.7mg/m^3。而低氮燃烧改造前的摸底试验结果表明，锅炉在低氮燃烧改造前、660MW负荷下，当无烟煤比例为14.9%时，锅炉NO_x排放量为1510mg/m^3，当无烟煤比例为26.2%时，锅炉NO_x排放量为1999mg/m^3。

在机组负荷为500MW时，当无烟煤比例为20.14%、28.93%和41.08%时，飞灰可燃物含量分别为4.04%、5.37%、6.51%，修正后的热效率分别为92.96%、92.51%和91.59%，NO_x的排放浓度为744.8、706.6、793.2mg/m^3。而低氮燃烧改造前的摸底试验结果表明，锅炉在低氮燃烧改造前，500MW负荷下，当无烟煤比例为17.1%时，锅炉NO_x排放量为1622mg/m^3。

在机组负荷为330MW情况下，无烟煤比例为29.53%时，锅炉飞灰可燃物含量为1.84%，修正热效率为93.29%，锅炉燃烧情况理想。此时NO_x的排放浓度为882.3mg/m^3，原因在于低负荷下送风机动叶开度因送风机本身原因不能再减小，锅炉运行氧量高达6.73%，在此种氧量下运行很难达到理想的NO_x控制效果。而低氮燃烧改造前的摸底试验结果表明，锅炉在低氮燃烧改造前，350MW负荷下，当无烟煤比例为14.6%时，锅炉NO_x排放量高达1432mg/m^3。

机组负荷 660、500、330MW 下省煤器出口烟温满足 SCR 脱硝系统的烟温要求。

1 号炉经过烟气 SCR 脱硝改造工程，采用液氨制备脱硝还原剂，按照处理满负荷 100%烟气设计脱硝装置，入口 NO_x浓度为 1200mg/m^3，出口 NO_x浓度不大于 200mg/m^3，目前运行状况良好，达到设计要求。

空气预热器的改造是为了适应脱硝改造所进行的，主要改造工作包括：

(1) 调整转子部分中栅架位置。

(2) 原中温段传热元件仍利用，更换热段传热元件，元件高度改为 550mm；更换冷段传热元件，改为搪瓷元件，元件高度改为 1000mm。

(3) 拆除原三向密封片，记录目前的密封间隙尺寸。根据记录的目前密封间隙尺寸，并结合说明书提供的密封间隙参考值安装新密封片。

(4) 拆除原冷端吹灰器，并安装新的冷端双介质吹灰器和高压水泵系统。

省煤器改造的目的是解决一期锅炉排烟温度高的问题，同时为了满足 SCR 脱硝改造对省煤器出口烟温的要求，使得省煤器出口烟温不超过 410℃。

1. 试验工况

西安热工研究院于 2012 年在机组高、中、低三个负荷点、两个煤种及习惯运行方式下，对锅炉进行了摸底测试，并对燃烧运行方式做了简要调整，以分析运行方式对机组运行指标的影响。试验工况安排见表 3-10。

表 3-10　　试验工况

项目	工况	时间	时间	负荷 MW	测试内容	磨煤机 组合
1 号锅炉	MT-1A	2011/7/22	18:40-19:40	—	1 号锅炉磨煤机出口一次风管道风量、粉量分配及煤粉粒度	A
	MT-1B		17:30-18:36	—		B
	MT-1C		16:30-17:25	—		C
	MT-1D		15:00-16:25	—		D
	MT-1E		13:45-14:52	—		E
	MT-1F		10:25-12:10	—		F
	T-1-01	2011/7/27	13:05-16:00	659.8	煤种 1，运行氧量 1.9%；无烟煤比例 18%	ABCDEF
	T-1-02	2011/7/27	22:10-23:30	499.4	煤种 1，500MW	BCDEF
	T-1-03	2011/7/28	17:00-18:56	658.6	煤种 1，运行氧量 1.5%；无烟煤比例 20%	ABCDEF
	T-1-04	2011/7/28	20:00-21:10	659.1	煤种 1，运行氧量 2.35%；煤种变，无烟煤比例 17%	ABCDEF
	T-1-05	2011/7/29	21:45-23:10	351.1	煤种 1，350MW	ACEF
	T-1-06	2011/8/3	14:25-15:50	659.4	煤种 2，无烟煤比例 26%	ABCDEF
	T-1-07	2011/8/3	16:25-17:35	659.7	煤种 2，无烟煤比例 28%	ABCDEF

续表

项目	工况	时间	时间	负荷 MW	测试内容	磨煤机组合
2号锅炉	MT-2A	2011/7/23	9：30-10：36	—	2号锅炉磨煤机出口一次风管道风量、粉量分配及煤粉粒度	A
	MT-2B		10：40-11：40	—		B
	MT-2C		13：30-14：46	—		C
	MT-2D		15：30-16：03	—		D
	MT-2E		16：05-17：05	—		E
	MT-2F		17：05-18：05	—		F
	T-2-01	2011/7/26	11：00-13：00 14：00-16：40	659.9	2号炉满负荷摸底测试	ABCDEF

2. 试验煤质

电厂现有煤种比较杂，主要有较高热值无烟煤（17～20MJ/kg）、较低热值的无烟煤（约15MJ/kg）以及较高热值的贫煤（约20MJ/kg）。

摸底试验为了便于控制入炉煤质整体热值，每台双进双出磨煤机均采用1、2号仓上无烟煤，3、4号仓上贫煤的上煤方式，每个工况均对无烟煤和贫煤进行分别取样，送交电厂进行工业分析，同时将所有工况的无烟煤样以及贫煤样分别进行混样缩分，进行原煤工业，元素分析，灰成分，痕量元素（砷、氟、氯、铅、汞）及灰矿物组成分析，分析结果见表3-11和表3-12。

表3-11　　　　试验煤种分析结果（1、2号锅炉）

项　目		单位	T-1-01	T-1-02	T-1-03	T-1-04	T-1-05	T-1-06/07	T-2-01
无烟煤煤量		kg/s	15.34	9.73	16.92	14.59	7.16	22.59	18.21
贫煤煤量		kg/s	67.77	55.48	67.63	70.77	41.82	63.57	65.10
无烟煤 1、2号仓	全水 M_t	%	8.4	8.5	8.8	7.9	8.0	11.2	9.8
	水分 M_{ad}	%	0.87	1.25	0.91	1.11	1.04	1.41	0.92
	灰分 A_{ad}	%	37.65	42.62	31.98	38.98	38.02	41.14	42.33
	挥发分 V_{ad}	%	9.44	6.75	7.42	7.06	7.19	6.00	7.37
	全硫 $S_{t,ad}$	%	1.47	0.66	0.76	0.83	0.53	0.67	0.74
	弹筒热 $Q_{b,ad}$	MJ/kg	20.64	17.21	23	19.52	19.29	18.11	18.43
	低位热 $Q_{net,ar}$	MJ/kg	18.29	15.4	20.49	17.46	17.24	15.55	16.16
贫煤 3、4号仓	全水 M_t	%	8.6	7.3	9.0	8.5	6.5	7.2	7.8
	水分 M_{ad}	%	0.84	0.9	0.96	0.99	0.70	0.41	0.60
	灰分 A_{ad}	%	31.31	39.89	39.69	36.95	36.83	36.23	37.75
	挥发分 V_{ad}	%	12.58	11.53	7.32	10.36	11.87	10.61	11.11
	全硫 $S_{t,ad}$	%	1.60	1.15	0.80	1.10	3.60	1.56	1.97
	弹筒热 $Q_{b,ad}$	MJ/kg	23.33	19.96	19.67	20.56	22.01	21.97	21.00
	低位热 $Q_{net,ar}$	MJ/kg	20.61	17.91	17.46	18.25	19.78	19.70	18.62

表 3-12　　元素分析以及微量元素分析结果

工况	符号	单位	无烟煤	贫煤
碳	C_{ar}	%	47.64	51.56
氢	H_{ar}	%	1.62	2.79
氧	O_{ar}	%	2.77	2.97
氮	N_{ar}	%	0.63	0.86
全硫	$S_{t,ar}$	%	0.74	1.53
全水	M_t	%	8.9	7.8
灰	A_{ar}		37.70	32.49
挥发分	V_{daf}	%	13.04	18.80
低位发热量	$Q_{net,ar}$	MJ/kg	16.39	19.48
煤中氟	F_{ar}	μg/g	80	65
煤中氯	Cl_{ar}	%	0.007	0.004
煤中砷	As_{ar}	%	0.0009	0.0015
煤中铅	Pb_{ar}	μg/g	7	<1
煤中汞	Hg_{ar}	μg/g	0.06	0.07

3. 烟气温度

在空气预热器入口（省煤器出口）烟道截面采取网格法测量烟气温度。

1号炉满负荷660MW工况时，空气预热器入口烟气平均温度A侧约为413～424℃，B侧为403～424℃，断面局部温度最高达到436℃。

1号炉500MW负荷工况下空气预热器两侧入口烟温在380～390℃，350MW负荷工况下两侧入口烟温在340～360℃。

2号炉满负荷下空气预热器入口烟温为402℃。

入炉配煤对空气预热器入口烟温有着较明显的影响，无烟煤比例提高（T-1-06、T-1-07），空气预热器入口烟温也相应升高（约10℃）。运行氧量提高，空气预热器入口烟温也有一定幅度的增加。

综上所述，在机组350～660MW负荷范围内，空气预热器入口烟气温度约340～424℃，最高约436℃，濒临SCR催化剂的烧结温度。为解决该问题，电厂对省煤器进行了改造，使得省煤器出口烟温不超过410℃，现工程已完工，达到设计要求。

4. 烟气量

1、2号锅炉设计额定负荷下燃料量为249.3t/h，设计氧量为4.9%，湿烟气量为2 015 823m^3/h（标准状态，湿基，实际O_2）。

摸底试验基准工况下，实际燃煤量为299.2t，运行氧量为1.91%，理论计算湿基烟气量为1 759 952m^3/h（标准状态，湿基，实际O_2）。如将运行氧量按4.9%计，湿基烟气量为2 071 878m^3/h（标准状态，湿基，实际O_2），比设计值略高。鉴于实际运行氧量基本常规约2.0%，本次深度脱硝改造工程按2.0%运行氧量对应的烟气量1 769 621m^3/h（标准状态，湿基，实际O_2）进行设计。另外需要注意的一点是，若论证后，采用SNCR技术，则烟气量会因为SNCR系统会往炉膛中喷入大量尿素溶液及稀释水而增加流量，应一并考虑。

鉴于电厂已经成功进行了低氮燃烧器改造及SCR改造，已经可稳定地将NO_x排放浓度控制在200mg/m^3以内，如何用最简单经济有效的方式将NO_x浓度控制到50mg/m^3以内，必须先将前续工程的现状及潜能分析清楚，再选用最合理的技术路线。

对于W型火焰锅炉而言，低氮燃烧技术是有较大难度的，本次改造已经达到了该技术在目前阶段的较高水平，已无脱硝潜力可挖掘。

原SCR改造工程，催化剂的基本参数见表3-13。

表3-13　　催化剂参数表

<table>
<tr><th colspan="3">催化剂指标</th><th>单位</th><th>技术参数</th><th>备注</th></tr>
<tr><td rowspan="20">催化剂几何尺寸及重量</td><td rowspan="10">催化剂元件</td><td>元件尺寸</td><td>mm</td><td>464×464×562</td><td></td></tr>
<tr><td>节距</td><td>mm</td><td>7</td><td></td></tr>
<tr><td>壁厚</td><td>mm</td><td>约0.8</td><td></td></tr>
<tr><td>外壁厚</td><td>mm</td><td>n/a</td><td></td></tr>
<tr><td>元件高度</td><td>mm</td><td>550</td><td>板长</td></tr>
<tr><td>元件有效脱硝表面积</td><td>m^2</td><td>36.38</td><td></td></tr>
<tr><td>元件体积</td><td>m^3</td><td>0.1159</td><td></td></tr>
<tr><td>催化剂比表面积</td><td>m^2/m^3</td><td>314</td><td></td></tr>
<tr><td>元件质量</td><td>kg</td><td>约50</td><td></td></tr>
<tr><td>催化剂体积密度</td><td>g/cm^3</td><td>约0.5</td><td></td></tr>
<tr><td rowspan="6">催化剂模块</td><td>模块尺寸（长×宽×高）</td><td>mm</td><td>950×1890×1330</td><td></td></tr>
<tr><td>模块内催化剂元件数量</td><td>个</td><td>16</td><td></td></tr>
<tr><td>每个模块催化剂表面积</td><td>m^2</td><td>582</td><td></td></tr>
<tr><td>模块内催化剂体积</td><td>m^3</td><td>1.85</td><td></td></tr>
<tr><td>每个模块催化剂净重量</td><td>kg</td><td>约800</td><td></td></tr>
<tr><td>每个模块的总重量</td><td>kg</td><td>约1050</td><td></td></tr>
<tr><td rowspan="3">催化剂层</td><td>每层催化剂模块数</td><td>个</td><td>80</td><td></td></tr>
<tr><td>烟气流通催化剂面积</td><td>m^2</td><td>137</td><td></td></tr>
<tr><td>催化剂通道内的烟气流速</td><td>m/s</td><td>5.5</td><td></td></tr>
<tr><td>SCR反应器</td><td>催化剂层数</td><td>层</td><td>3</td><td></td></tr>
<tr><td colspan="2" rowspan="3">单个SCR结构体催化剂总数</td><td>催化剂总面积</td><td>m^2</td><td>139 700</td><td></td></tr>
<tr><td>催化剂总体积</td><td>m^3</td><td>444.9</td><td></td></tr>
<tr><td>催化剂净重量</td><td>kg</td><td>约252 000</td><td></td></tr>
<tr><td colspan="2" rowspan="2">本项目催化剂总数（两台炉）</td><td>催化剂总体积</td><td>m^3</td><td>1779.8</td><td></td></tr>
<tr><td>催化剂净重量</td><td>kg</td><td>约1 008 000</td><td></td></tr>
</table>

续表

催化剂指标			单位	技术参数	备注
催化剂化学指标	催化剂主要成分	催化剂中 TiO_2 含量	%	约 80	
		催化剂中 V_2O_5 含量	%	<3	
		催化剂中 WO_3 含量	%	<10	
		催化剂中 MoO_3 含量	%	<10	
	催化剂活性指标	催化剂初装活性 K_0	m/h	42	
		24 000h 活性 K_e	m/h	24	
催化剂物理指标	使用温度	设计使用温度	℃	410	
		允许最高使用温度范围	℃	430	
		允许最低使用温度范围	℃	325	
	其他	热容量	kJ/kg℃	约 0.8	
		耐压强度	kPa	—	
		耐磨强度（质量损失方式）	g	—	
催化剂测试块		元件尺寸（长×宽×高）	mm×mm×mm	—	
		数量（每层）	个	—	板式，任意抽取
催化剂参数性能值	脱硝效率	初装（4400h）	%	86	
		16 000h	%	85	
		24 000h	%	83.3	
	氨的逃逸率	初装（4400h 内）	μL/L	≤3	
		24 000h	μL/L	≤3	
	SO_2/SO_3 转化率	初装（4400h 内）	%	<1.5	
		24 000h	%	<1.5	
	单层催化剂烟气阻力	4400h 烟气阻力	Pa	130	
		24 000h 烟气阻力	Pa	145	
	催化剂寿命	催化剂化学寿命	h/年	24 000/3	
		催化剂机械寿命	年	≥10	

（二）工程改造难点

使用 SNCR+SCR 联用技术来达到超过 90% 的脱硝效率，最大的难点就在于 SNCR 所喷射的还原剂，经过与烟气反应后，还会残留部分逃逸氨进入到 SCR 入口，这也将作为 SCR 的部分还原剂，且逃逸氨到达 SCR 入口时，分布是很不均匀的。需要考虑如何使第一层催化剂上游截面上氨氮摩尔比分布状况达到技术要求的措施。

调试工作也将是本工程的难点。SNCR 技术是否能达到设计值，是否能保证使用最少的还原剂来达到最好的脱硝效果，调试工作至关重要。另外，SNCR 出口的逃逸氨到达 SCR 入口时，须对喷氨格栅做一次优化调整，来使得氨氮摩尔比在喷氨格栅后的截面上，能达到脱硝指标要求。

（三）改造方案

根据催化剂设计公式，在本催化剂用量的条件下，假设脱硝烟气流场状况较为理想、催化剂未出现明显堵塞等前提下，在催化剂的化学寿命期满（即 24 000h）以前，若按本次深度脱硝所定的入口 NO_x 浓度为 1100mg/m^3 的条件下，其能将 NO_x 控制在 133mg/m^3 左右，仍然达不到超低排放标准。在入口 NO_x 按照 1200mg/m^3（现有 SCR 设计基准）的情况下，能将 NO_x 控制在 157mg/m^3 左右，较原设计值将 NO_x 控制到 200mg/m^3 有一定余量。这个余量的选取，跟流场的偏差、烟气温度偏高、催化剂堵塞等不利因素有关。

经计算，在现有催化剂条件下，在其化学寿命末期时，要想控制 NO_x 到 50mg/m^3 以内，SNCR 出口 NO_x 浓度不得超过 655mg/m^3。

根据已掌握的情况，本锅炉若使用 SNCR 技术，脱硝效率可以达到 37%左右的水平，若想通过本次改造就将 SCR 出口控制到 50mg/m^3 以内，SNCR 入口处的 NO_x 浓度不能超过 1008mg/m^3 左右，且考虑到流场偏离理想状况、催化剂中毒及堵塞等不利因素影响，SNCR 入口处 NO_x 浓度应不超过 900mg/m^3，这需要通过降低无烟煤掺烧比例后，由低氮燃烧器来完成。

由此得出本次深度脱硝的技术路线为：

先控制无烟煤的掺烧比例，并在不降低锅炉热效率的前提下，尽量降低运行氧量并由现有低氮燃烧器来将 NO_x 浓度控制在 900mg/m^3 以内，再由 SNCR 系统，将 NO_x 浓度由 900mg/m^3 控制到 600mg/m^3 以内，然后由现有 SCR 系统将之控制到 50mg/m^3 以内。设计参数见表 3-14。

另外，需要在 SNCR 出口、SCR 入口考虑促进氨逃逸与烟气混合的措施；并改造脱硝流场，更换分区可调性更好的喷氨格栅，且喷氨格栅需要带与之配合的具有良好混流效果的静态混合器。

表 3-14　　SNCR 设计参数

序号	项　目　名　称	单位	保证值
1	脱硝效率	%	≥37%
2	脱硝装置出口 NO_x 浓度（6%O_2，标态，干基）	mg/m^3	≤600
3	脱硝装置可用率	%	≥98%
4	脱硝装置氨逃逸率	ppm	≤15
5	NSR		1.35
6	还原剂（50%浓度的尿素溶液）	kg/h	≤3954.2
7	除盐水	m^3/h	≤9863
8	压缩空气	m^3/h	≤608
9	电耗（所有连续运行设备轴功率）	kWh	57.9
10	大修年限（按装置最大连续运行时间计）	年	6
11	设计条件下年可运行时间	h	52 560
12	喷枪使用寿命	年	2
13	影响锅炉效率	%	≤0.5
14	SNCR 脱硝装置可用率		≥98%

从SNCR设计参数表可以看出，由于是从高NO_x浓度下脱硝，660MW机组SNCR尿素耗量及水耗量是非常大的，按可利用小时数5500h、尿素单价2300元/t计算，SNCR年尿素费用将达到2501万元。

W型火焰锅炉燃用无烟煤或贫煤，成本低、经济性好，在燃用挥发分更高的煤种或掺烧更高比例的高挥发分煤种时，NO_x浓度可显著下降，这对于降低脱硝费用来说有诸多裨益。在环保法规日趋严格的今天，电厂应在综合权衡燃料及环保成本选择适当掺烧比例。

第四章

SO_2 控 制 技 术

第一节　SO_2减排技术概述

对于脱硫技术的研究，从20世纪初至今已有100年的历史。自20世纪60年代起，一些工业化国家相继制定了严格的法规和标准，限制燃烧过程中SO_2等污染物的排放，这一措施极大地促进了脱硫技术的发展。进入20世纪70年代以后，烟气脱硫的研究工作开始由实验室阶段转向大规模应用阶段。据统计，世界各国开发、研究、使用的SO_2控制技术已达200余种。这些技术概括起来可分为三类：燃料脱硫（即燃烧前脱硫）、燃烧过程脱硫和燃烧后脱硫（烟气脱硫）。

一、燃料脱硫

（一）煤炭洗选技术

煤炭洗选脱硫是指在燃烧前通过各种方法对煤进行净化，去除原煤中的部分硫分。煤炭洗选技术是煤炭工业中一个重要的组成部分，是脱除无机硫最有效、最经济的技术途径。原煤经过洗选可以提高煤炭质量，减少燃煤污染和无效运输，提高热能利用效率。选煤脱硫技术有物理法、化学法、物理化学法和微生物法等。目前工业上应用最广泛的是物理法。物理选煤主要是指重力选煤（即跳汰选煤）、重介质选煤、空气重介质流化床干法选煤、风力选煤、斜槽和摇床选煤等，同时还包括电磁选煤及古老的拣选等。利用煤中的有机质和硫铁矿的密度差异而使它们分离的重力分选法已具有多年的工业实践，它是煤选洗脱硫的主要工艺。虽然使用重力分选法可以经济地去除煤中的大块黄铁矿，但不能脱除煤中的有机硫。

（二）煤炭转化技术

煤炭转化是指用化学方法将煤炭转化为气体或液体燃料、化工原料或产品，主要包括煤炭气化、煤炭液化和水煤浆技术。

1. 煤气化技术

煤的气化是指用水蒸气、氧气或空气做氧化剂，在高温下与煤发生化学反应，生成H_2、CO、CH_4等可燃混合气体，称为煤气。煤气可用作城市民用燃料、工业燃料气、化工原料，以及煤气化循环发电等。由于除去了煤中的灰分和硫化物，所以煤气是一种清洁燃料。

煤气化过程中，硫主要以H_2S的形式进入煤气，大型煤气厂一般先用湿法脱除大

部分 H_2S，再用干法脱净其余部分，小型的煤气厂则只用干法。根据成熟程度，可将煤气化技术分为三代：第一代煤气化技术以固态排渣 Lurgi 加压移动床、K-T 常压气流床、常压两段炉和 Winkler 常压流化床等为代表；第二代有液态排渣 Lurgi 气化、HY-GAS 气化、U-gas 气化、萨尔堡-奥托熔渣气化及 Texaco 气化等；第三代以熔盐催化气化、闪燃氢化热解法和核能余热气化法等为代表。

2. 煤炭液化技术

煤的液化是在适宜的条件下把煤转化成可高效洁净利用、便于运输的液体燃料或化工原料的技术。煤和石油都以氢和碳为主要元素成分，不同之处在于煤中氢元素含量只有石油的一半左右，而煤的分子量则大约是石油的 10 倍或者更高。所以煤炭液化从理论上讲就是改变煤中氢元素的含量，即将煤中的碳氢比（11～15）降低到石油的碳氢比（6～8），使原来煤中含氢少的高分子固体物转化为含氢多的液气混合物。由于实现提高煤中的含氢量的过程不同，产生了不同的煤炭液化工艺，可分为直接液化和间接液化两大类。

所谓直接液化是煤在适当的温度和压力下，催化加氢裂化（热解、溶剂萃取、非催化液化等）成液体烃类，生成少量气体氢，脱除煤中的氮、氢、硫等杂原子的深度转化过程。主要工艺有德国煤直接液化工艺（IG）、美国溶剂精炼法（SRC）、美国碳氢化合物公司的氢煤法（H-coal）、美国埃克森公司的供氢溶剂法（EDS）、美国卢姆斯公司的两段催化液化法（CTSL）、日本新能源-产业开发机构的 NEDOL 工艺和美国 HRI 公司的煤油共炼法。

煤的间接液化是以煤基合成气（$CO+H_2$）为原料，在一定的温度和压力下，定向地催化合成烃类燃料油和化工产品的工艺。典型的间接液化工艺有费-托合成法（F-T）、甲醇转化制汽油法（MTG），以及中国科学研究院山西煤化所于 20 世纪 80 年代开发的 MFT 法。

3. 水煤浆技术

水煤浆（Coal Water Mixture）是 20 世纪 70 年代发展起来的一种新型煤基流体洁净燃料。它是把灰分很低而挥发分很高的煤研磨成细微煤粒，按煤水合理的比例加入分散剂和稳定剂配制而成的一种流体燃料。其外观像油、流动性好、储存稳定、运输方便、雾化燃烧稳定，既保留了煤的燃烧特性，又具备了类似重油的液态燃烧应用特点，可在工业锅炉，电厂锅炉和工业窑炉上做代油及代气燃料。

二、燃烧过程脱硫

燃烧过程中脱硫主要是指当煤在炉内燃烧的同时，向炉内喷入脱硫剂（常用的有石灰石、白云石等）。脱硫剂一般利用炉内较高温度进行自身煅烧，煅烧产物（主要有 CaO、MgO 等）与煤燃烧过程中产生的 SO_2、SO_3 反应，生成硫酸盐和亚硫酸盐，以灰的形式排出炉外，减少 SO_2、SO_3 向大气的排放，达到脱硫的目的。燃烧过程中脱硫反应温度较高，一般在 800～1250℃的范围内，在这一温度下，其反应历程可用以下两段化学反应式来表示。

（1）脱硫剂的煅烧分解反应。

石灰石：$CaCO_3 \xlongequal{\Delta} CaO+CO_2$

消石灰：$Ca(OH)_2 \xlongequal{\Delta} CaO + H_2O$

白云石：$CaCO_3 \cdot MgCO_3 \xlongequal{\Delta} CaO + MgO + 2CO_2$

（2）硫化反应。反应式如下：

$$CaO + SO_2 \xlongequal{\Delta} CaSO_3$$

$$CaSO_3 + \frac{1}{2}O_2 \xlongequal{\Delta} CaSO_4$$

$$CaO + SO_2 + \frac{1}{2}O_2 \xlongequal{\Delta} CaSO_4$$

少量 SO_3 在重金属盐的催化下直接与 CaO 反应生成 $CaSO_4$，即

$$CaO + SO_3 \xlongequal{\Delta} CaSO_4$$

燃烧过程脱硫技术主要有两种：型煤固硫和流化床燃烧脱硫。

（一）型煤固硫技术

固硫型煤是用沥青、石灰、电石渣、无硫纸浆黑液等做黏结剂，将粉煤经机械加工成具有一定形状和体积的煤。型煤按用途分为工业型煤和民用型煤两大类。与原煤相比，型煤具有以下 4 个主要特点：①节省燃料。从能量转化率的高低衡量，工业锅炉使用型煤的平均节煤率约为 25%，民用炉灶节煤可达 20%以上。②环保。与原煤相比，用型煤可以降低烟气林格曼指数，减少烟尘 60%～80%，NO_x 30%左右，减少致癌物质苯并(a)芘 50%～60%。添加脱硫剂的型煤，可以减少 SO_2 排放约 50%。③投资费用低。④综合利用。型煤可以用电石渣、造纸黑液等废弃物做黏结剂，不但消化了废物、降低了成本，而且提高了劣质煤的燃烧性能和锅炉出力。

（二）流化床燃烧脱硫技术

流态化技术产生于 20 世纪 20 年代的德国，广泛应用于化工和冶金业。将流化床技术应用于煤的燃烧的研究始于 20 世纪 60 年代。由于流化床燃烧技术具有煤适用性宽、易于实现炉内脱硫和低 NO_x 排放等优点而受到国内为研究单位和生产厂家的高度重视，并在能源和环境等诸多方面显示出鲜明的发展优势。

流化床燃烧技术起源于固体流态化技术。流化床燃烧是指小颗粒煤与空气在炉膛内处于沸腾状态下，高速气流与所携带的处于稠密悬浮态的煤料颗粒充分接触进行燃烧。它是介于固定床和气力输送之间的一种状态，按流态不同，分为鼓泡流化床和循环流化床；按运行压力不同，又可分为常压流化床和增压流化床。

流化床燃烧脱硫方式是在床层内加入石灰石（$CaCO_3$）或白云石（$CaCO_3 \cdot MgCO_3$）。石灰石在 800～850℃左右煅烧分解成 CaO 和 CO_2，然后 CaO 与 SO_2 反应生成 $CaSO_4$，以达到脱硫的目的，其化学反应过程与炉内直接喷钙的干式反应过程基本相同。

煤的流化床燃烧是继层煤燃烧和悬浮燃烧之后，发展起来的第三代煤燃烧方式。由于固体颗粒处于流态化状态下具有诸如气固和固固充分混合等一系列特殊气固流动，热量、质量传递和化学反应特性，从而使得流化床燃烧具备一些与层煤和悬浮燃烧不同的特点。相比而言其主要优点有以下几个方面：①燃料适应性强；②易于实现炉内高效脱

硫；③NO_x 排放量低；④燃烧效率高；⑤灰渣便于综合利用。另外循环流化床还具有负荷调节性能好、便于大型化等优点。

三、烟气脱硫

烟气脱硫（FGD）是目前世界上唯一大规模商业化应用的脱硫方式，世界各国研究开发的烟气脱硫技术达100多种。

按脱硫产物是否回收利用，烟气脱硫可分为抛弃法和回收法，前者是将 SO_2 转化为固体残渣抛弃掉，后者是将废气中的 SO_2 转化为硫酸、硫黄、化肥、石膏等有用物质回收。回收法投资大、经济效益低；抛弃法投资和运行费用低，但是存在残渣污染与处理问题，硫资源也未得到回收利用。按脱硫过程是否有水参加和脱硫产物的干湿形态，烟气脱硫可分为湿法、半干法、干法三类工艺。

（一）湿法烟气脱硫

湿法烟气脱硫技术的特点是脱硫过程在溶液中进行，脱硫剂和脱硫生产物均为湿态，其脱硫过程的反应温度低于露点。湿法烟气脱硫过程是气液反应，其脱硫反应速度快、脱硫效率高、钙利用率高，适用于大型电厂锅炉的烟气脱硫。

当前世界上已商业化的湿法烟气脱硫工艺主要有石灰石-石膏法、海水法、氨法、氧化镁法等。据国际能源机构煤炭研究组织调查表明，湿法烟气脱硫占世界安装烟气脱硫机组总容量的85%，以湿法脱硫为主的国家有日本（98%）、美国（92%）、德国（90%）等。

1. 石灰石-石膏湿法

石灰石-石膏湿法脱硫工艺是目前世界上应用最广泛、技术最为成熟的烟气脱硫技术，约占全部已安装烟气脱硫设备容量的70%。它是以石灰石为脱硫吸收剂，通过向吸收塔内喷入吸收剂浆液，使之与烟气充分接触、混合，并对烟气进行洗涤，使得烟气中的 SO_2 与浆液中的 $CaCO_3$ 以及送入的强制氧化空气发生化学反应，最后生成石膏，从而达到脱除 SO_2 的目的。

石灰石-石膏湿法脱硫工艺具有脱硫率高、技术成熟、运行可靠性高、吸收剂利用率高、对煤种变化的适应性强、能适应大容量机组和高浓度 SO_2 烟气条件、吸收剂价廉易得且利用率高、副产品具有综合利用的商业价值等特点。

最近10年，随着对烟气脱硫工艺化学反应过程和工程实践的进一步理解，以及设计和运行经验的积累和改善，石灰石-石膏湿法工艺得到了进一步发展，如塔型的设计和总体布置的改进等，使得脱硫率提高到98%以上，运行可靠性和经济性有了很大改进，对电厂运行的影响已降到最低，设备可靠性提高，系统可用率达到98%以上。随着技术进步的不断加快，系统逐步简化，不但运行、维护更为方便，而且造价也有所下降。但该工艺的投资依然相对较高，占用场地较大，还会产生一定量的废水。

2. 海水法

海水脱硫工艺是利用海水的碱度脱除烟气中 SO_2 的一种脱硫方法。在脱硫吸收塔内，大量海水喷淋洗涤进入吸收塔内的燃煤烟气，烟气中的 SO_2 被海水吸收而除去，净化后的烟气经除雾器除雾、烟气加热器加热后排放。吸收 SO_2 后的海水经曝气池曝气处理，使其中的 SO_3^{2-} 被氧化成为稳定的 SO_4^{2-} 后排入大海。

海水脱硫一般适用于靠海边、扩散条件较好、用海水作为冷却水、燃用低硫煤的电厂烟气脱硫。海水脱硫在挪威被广泛用于炼铝厂、炼油厂等工业炉窑的烟气脱硫，先后有近 20 套脱硫装置投入运行。海水脱硫在我国也得到一定的应用，如深圳妈湾电厂、山东日照电厂、威海电厂等。海水脱硫系统简单，没有复杂的吸收剂制备系统，且没有脱硫副产物处理的问题。脱硫后的海水需进行恢复处理达到国家相关标准要求后才能排入大海，脱硫后的海水可能会对周边生态环境产生一定的影响。

3. 氨法

烟气脱硫系统采用氨水作为脱硫吸收剂，同时生成硫酸铵肥料的历史可追溯到 20 世纪 70 年代，由德国的梅瑟斯公司（Messrs）、惠勒公司（Walther）和 Cie 公司开发。第一套商业运行的氨水脱硫装置于八十年代中期安装在德国曼海姆（Mannheim）电厂，处理烟气量为 75 万 m^3/h（标准状态）。1986 年 11 月在德国卡尔斯鲁厄（Karlsruhe）电厂建造了第二套装置，处理烟气量为 30 万 m^3/h（标准状态）。

氨法脱硫工艺以氨水为吸收剂，副产硫酸铵化肥。主要特点有：脱硫率高，可达 99%以上；可除去全部 SO_3；电耗较低；副产品为高质量可商用的硫酸铵肥料。

氨法脱硫属较为成熟的一种脱硫工艺，在国外具有一定的应用业绩，在德国的一些电厂已得到应用。

4. 氧化镁法

氧化镁湿法脱硫工艺采用 MgO 作为脱硫吸收剂。将 MgO 通过吸收剂浆液制备系统制成 $Mg(OH)_2$过饱和液，过饱和液经泵打入吸收塔与烟气充分接触，使烟气中的 SO_2 与浆液中的 $Mg(OH)_2$进行反应生成 $MgSO_3$。

从吸收塔排出的 $MgSO_3$ 浆液经浓缩、脱水，使其含水量小于 10%，用输送机送至 $MgSO_3$ 储藏罐暂时存放，按副产物的使用情况用密封罐车运走。$MgSO_3$ 的纯度与 MgO 纯度和进入吸收塔的飞灰、杂质含量有关。脱硫后的烟气经吸收塔内置的特殊电流装置除去烟气中粒径大于 0.01μm 的物质后，含尘量可以达标排放。

在脱硫装置运行过程中，由于烟气中含有 Cl^- 和 F^-，所以用于脱硫反应的脱硫吸收塔有少量的废水排放，废水排放量根据单位时间进入吸收塔的烟气中 Cl^- 量以及浆液中允许的 Cl^- 浓度确定。排放的废水经过废水处理装置处理后达标排放。

该工艺适用于任何含硫量的煤种的烟气脱硫，脱硫效率可达到 95%以上。

氧化镁湿法脱硫是一种工艺原理成熟的脱硫工艺，美国、韩国、日本，以及西欧一些国家的一些公司自 1981 年开始开发这种脱硫工艺，并于 1990 年左右开始进行工程应用。但该项技术在世界范围内应用的工程业绩很少，一直没有大规模得到推广，其中一个重要的原因是吸收剂 MgO 在全世界范围内储量稀少，不如石灰石普遍。据了解，目前采用 MgO 作为吸收剂应用的最大单机规模的电厂在美国，处理 360MW 的锅炉全烟气。

（二）半干法烟气脱硫

半干法的工艺特点是反应在气、固、液三相中进行，利用烟气显热蒸发吸收液中的水分，使最终产物为干粉状。半干法脱硫工艺具有系统简单、投资费用低、占地面积小等优点，主要的缺点是脱硫率及吸收剂利用率低。半干法烟气脱硫主要有以下几种典型工艺：

（1）旋转喷雾干燥法（SDA）。该法由美国JOY公司和丹麦NIRO公司联合开发，1978年在北美地区安装第一套工业装置，大多用于中低硫煤的中小容量机组上。

（2）炉内喷钙尾部增湿活化法（LIFAC）。该方法由芬兰IVO公司和坦培拉（Tampella）公司联合开发，是在炉内喷钙的基础上发展起来的。传统的炉内喷钙的脱硫效率仅为20%～30%，而LIFAC法在锅炉的空气预热器与除尘器之间加装一个活化反应器并喷水增湿，促进脱硫反应的进行，使最终的脱硫效率可以达到70%～75%。

（3）烟气循环流化床脱硫技术（CFB-FGD）。CFB-FGD技术是20世纪80年代德国鲁奇（Lurgi）公司开发的一种工艺，以循环流化床原理为基础，通过吸收剂的多次再循环，延长了吸收剂与烟气接触的次数和时间，大大提高了吸收剂的利用率和脱硫效率。在钙硫比为1.2～1.5时，脱硫效率可达93%～95%，基本接近或达到湿法脱硫工艺的水平。

（4）增湿灰循环脱硫技术（NID）。该方法是瑞典ABB公司开发的，是将消石灰粉与除尘器收集的循环灰在混合增湿器内混合，并加水增湿至5%的含水量，然后导入烟道反应器内发生脱硫反应。它借鉴了喷雾干燥法的原理，又克服了其使用制浆系统和喷浆系统而产生的种种弊端（如粘壁、结垢等），既具有干法简单价廉等优点，又有湿法的高效率。

除以上工艺，美国ADVACATE烟道喷射脱硫技术、丹麦FLS.miljo公司的气体悬浮吸收脱硫技术（GSA）等也有工业应用。

（三）干法烟气脱硫技术

干法的特点是反应完全在干态下进行，反应产物也为干粉状，不存在腐蚀、结露等问题。主要的干法烟气脱硫技术如下：

（1）高能电子活化氧化法。主要利用高能电子使烟气中的SO_2、NO_x、H_2O、O_2等分子被激活、电离甚至分解，产生大量离子和自由基等活性物质。自由基的强氧化性使SO_2、NO被氧化，在注入氨的情况下，生成硫铵和硝铵化肥。根据高能电子来源不同可分为电子束照射法（EBA）和脉冲电晕等离子体法（PPCP）。

（2）荷电干粉喷射脱硫法（CDSI）。由美国ALANCO环境公司开发，其核心是吸收剂石灰干粉以高速通过高压静电电晕充电区，使干粉荷上相同的负电荷后被喷射到烟气流中。在Ca/S=1.5时，脱硫效率达60%～70%。

（3）活性炭（活性焦）吸附法。日本三井矿山株式会社与原联邦德国BF公司（Bergbau-Forschung）最早在活性炭干法烟气脱硫工艺方面进行合作，完成活性炭烟气脱硫工艺开发并在德国首先进行了示范试验。1987年首次在日本的炼油厂烟气脱硫系统得到应用，随后相继在法国的阿尔贝兹格发电厂（1988年）及赫克斯特（1989年）电厂燃煤锅炉烟气系统应用。

活性炭具有良好的孔隙结构、丰富的表面基团、较高的化学稳定性和热稳定性，活性炭对SO_2的吸附包括物理吸附和化学吸附。当烟气中无水蒸气存在时，主要发生物理吸附，吸附量较小；当烟气中含有足量水蒸气和氧时，活性炭烟气脱硫是一个化学吸附和物理吸附同时存在的过程。首先发生的是物理吸附，然后将吸附到活性炭表面的SO_2催化氧化为H_2SO_4，其反应式为

$$2SO_2+O_2+2H_2O \longrightarrow 2H_2SO_4$$

目前，全世界已建成活性炭烟气净化工业装置数十套，用于处理燃煤烟气、燃油烟气、烧结机烟气、垃圾焚烧烟气和重油分解废气，最大机组已达到600MW（日本新矶子电厂1号机组，2002年投运，日本住友重型机械公司等三家公司联合开发的干法烟气脱硫技术；日本新矶子电厂2号机组，2009年投运）。

截至2014年底，国内累计投运的火电厂脱硫机组中，采用石灰石—石膏湿法的占90%以上。可见，随着国家环保政策的越加严格，对脱硫装置连续稳定达标运行的要求越来越高，火电机组采用石灰石—石膏湿法脱硫技术的比例越来越大，居绝对主要地位。

第二节　单　塔　技　术

单塔技术指一套脱硫装置设置一座SO_2吸收塔，可分为单塔单循环技术和单塔双循环技术。

一、单塔单循环技术

目前国内石灰石-石膏湿法工艺吸收塔多数是单循环吸收塔，即在一个吸收塔内形成一个循环回路。吸收塔是石灰石-石膏湿法工艺的核心设备，按照烟气和循环浆液在吸收塔内的相对流向，可将吸收塔分成逆流和顺流吸收塔两大类。逆流喷淋塔可使气液两相的吸收平均推动力最大，在其他条件相同的情况下，逆流喷淋塔比顺流喷淋塔的吸收效率要高些。目前吸收塔中逆流喷淋塔占绝大多数。

（一）喷淋空塔

喷淋空塔是石灰石-石膏湿法技术应用最广的吸收塔型式，其结构型式如图4-1所示。

烟气从吸收塔下部进入吸收塔，向上通过吸收塔的吸收区，在塔的上部布置有喷淋层，循环泵将吸收塔浆液经喷淋层喷嘴喷射出雾状液滴形成吸收SO_2的液体表面。喷淋层布置有足够数量的喷嘴，喷嘴的雾滴相互叠盖，完全覆盖吸收塔整个截面。喷淋层上部布置有除雾器，去除烟气携带的液滴。吸收塔的反应罐一般与吸收塔一体设置，在改造项目中也有设置塔外浆液罐的。反应罐中设置有搅拌器防止浆液沉积，同时设置有氧化空气管。

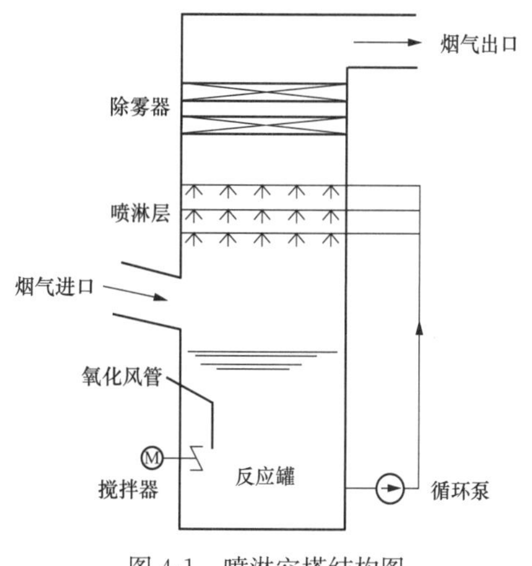

图4-1　喷淋空塔结构图

喷淋空塔的优点是塔内结构简单、系统阻力小。影响喷淋空塔运行性能的主要因素包括以下几个方面。

1. 塔内烟气流速

根据解释气体吸收过程的双膜理论，可用下列计算式描述吸收塔的性能，即

$$NTU = \ln(Y_{in}/Y_{out}) = \frac{KA}{G} = \frac{1}{\ln(1-\eta SO_2)}$$

式中 NTU——传质单元数，无量纲；

Y_{in}——入口 SO_2摩尔分率；

Y_{out}——出口 SO_2摩尔分率；

K——气相平均总传质数，kg/（s·m^2）；

A——传质界面总面积，m^2；

G——烟气总质量流量，kg/s；

η_{SO_2}——SO_2脱除效率。

从上述计算式可见，如假定 K、A 均与烟气流速无关，则 NTU 与烟气流速成反比，即烟气流速增加，脱硫效率降低。但实际上，增大烟气流速，增加了液滴和烟气之间的相对速度，减薄了液膜和气膜的厚度，有助于 K 值的增大。同时烟气流速增大延长了液滴在塔内吸收区的停留时间，提高了吸收区的持液量，使 A 值增大。可见烟气流速对 NTU 的影响是综合性的，存在一个合理的速度区间使 NTU 最大。根据目前国内脱硫装置的运行经验，塔内烟气流速在 3～4m/s 范围时，减小烟气流速，可增加烟气在塔内停留的时间，有助于脱硫效率的提高。降低塔内烟气流速，吸收塔阻力也将减小，但吸收塔直径变大，会增加一定的投资费用。

另外，烟气流速对喷淋空塔入口烟气的分布影响较大，而烟气的分布均匀性又会显著影响脱硫效率。烟气流速对吸收塔入口烟气分布的影响与吸收塔类型、入口烟道结构和布置方式有关，应通过流场模拟或流场动力试验来确定这些因素的影响。

2. 喷淋浆液总流量

液气比（L/G）指吸收塔洗涤单位体积烟气需要的吸收剂浆液体积。目前国内多以吸收塔后标准状态湿烟气流量为基准计算液气比。液气比是石灰石-石膏湿法脱硫系统设计和运行最主要的参数之一，液气比的大小反映了吸收过程推动力和吸收速率的大小。对于一个特定的吸收塔，当烟气流量一定时，液气比和喷淋浆液总流量成正比，喷淋浆液总流量决定了液气比的大小。

对于喷淋塔，喷淋浆液流量决定了吸收 SO_2可利用表面积的大小。逆流喷淋塔喷出的液滴总表面积基本上与喷淋浆液流量成正比，增加喷淋浆液总流量可有效增加 A 值，脱硫效率随之提高。喷淋浆液流量增加不仅增加了传质表面积，因为可利用吸收 SO_2的总碱量增加，吸收过程推动力增加，所以也提高了传质系统 K 值，促使脱硫效率提高。

提高喷淋浆液总流量有利于防止塔内结垢。当浆液中 $CaSO_4 \cdot 2H_2O$ 的过饱和度高于 1.3 时，石膏结晶析出形成石膏硬垢。在循环浆液固体物浓度相同时，单位体积循环浆液吸收的 SO_2量越低，石膏的过饱和度就越低。有资料指出，当浆液含固量的质量百

分浓度超过5%、循环浆液吸收SO_2量小于10mmol/L时，有助于防止石膏硬垢生成。

吸收塔吸收区自然氧化率和溶解氧量密切相关，增加喷淋浆液总流量有利于循环浆液吸收烟气中的氧气。循环浆液流量越大，浆液中含氧量越高，有助于提高吸收区的自然氧化率，减少强制氧化负荷。

可见提高喷淋浆液总流量，可有效提高吸收塔脱硫效率及其他运行性能，但增加循环浆液总流量也意味着循环泵电耗的增加。应根据要求的脱硫效率选择合理的液气比，在保证运行性能的前提下，降低吸收塔的运行能耗。

3. 喷淋层布置

喷淋层的布置应能使循环浆液液滴完全、均匀地覆盖吸收塔的整个截面，且尽可能减少对塔壁的冲刷磨损。喷淋层最重要的设计参数是喷淋层数和层间距。

对于石灰石-石膏湿法工艺，喷淋空塔的喷淋层设计原则上一般不少于三层，交错布置。每层喷淋层是一组喷淋管网，根据吸收塔截面积和每层喷淋层循环泵浆液流量布置足够多的喷嘴。最下一层喷淋层距吸收塔入口烟道上沿应有足够的高度，宜不低于3m，这样可使喷淋层喷出的浆液有效的接触进入吸收塔内的烟气，提高气液接触时间，并可避免过多的浆液进入入口烟道。喷淋层之间距离一般为1.8～2.2m。最上层喷淋层距除雾器底部至少应有2m距离。近来考虑改善除雾器除雾效果，根据流场模拟结果，逐渐增大最上层喷淋层距除雾器底部距离至3m以上。

喷淋层数量和喷淋层间距是影响吸收区高度的主要因素，在烟气流速确定的条件下，吸收区高度又决定了烟气在塔内的停留时间，即气液接触反应的时间。在其他条件一样的情况下，增加吸收区高度有助于提高脱硫效率。但吸收塔高度增加也增加了吸收塔的总高度，会使吸收塔造价提高。

4. 喷嘴型式及布置

在喷淋浆液总流量一定的条件下，喷淋层喷嘴的特性决定了吸收塔内液滴的大小和数量，进而决定了吸收SO_2液体总的表面积。喷嘴的特性包括喷嘴型式、喷嘴压力、喷嘴流量、雾化角度、雾化粒径分布等。在研究喷嘴的特性时，常用索特尔平均直径(Sauter Mean Diameter，SMD)来表示喷淋液滴的大小。SMD的含义为对于一个实际的液滴群，假设一个粒度均匀的液滴群，该假设液滴群与实际液滴群的总体积和总表面积相同，假设液滴群的液滴直径就是实际液滴群的SMD。液滴直径越小，同样循环浆液流量产生的液滴越多，液体表面积越大，对烟气中SO_2的吸收洗涤效果越好。但液滴过小，也更容易被烟气携带离开吸收区，进入除雾器，给除雾器带来更大的运行压力，增加除雾器后雾滴携带量。同时产生直径更小的液滴需要更大喷嘴压力，需要消耗更多的能耗。目前，国内主流的吸收塔设计中，喷嘴液滴的SMD一般在1500～2000μm左右。在要求超低排放的机组，要求的脱硫效率甚至达到99%以上，降低液滴直径，可有效提高脱硫效率，在达到同样的脱硫效率前提下，减小喷淋液滴直径也可适当降低喷淋浆液流量。在实际工程应用中，应根据要求达到的脱硫效率，综合考虑喷嘴压力增加引起的电耗增加和喷淋流量降低引起的电耗降低，合理选择喷淋液滴直径，尽可能兼顾脱硫效率和能耗指标。

在喷嘴压力相同时，一般喷嘴的口径越小，产生的液滴越细，喷嘴口径的选择应同时考虑防止喷嘴堵塞。每层喷淋层应布置足够数量的喷嘴，喷嘴布置的间距应使喷嘴喷出的锥形水雾相互搭接，不留间隙，防止烟气短路。喷嘴布置的密度越大，获得的喷雾重叠度越高，越有利于提高脱硫效率，但同时会增加吸收塔阻力。

对某一固定型式的喷嘴，雾化液滴的大小与压力和流量相关。压力和流量越大，喷嘴喷出速度越高，液滴的平均粒径越小。不同结构型式的喷嘴喷出的雾滴形态是不同的，不同的喷雾形态将影响不同大小液滴的数量。目前国内外湿法脱硫常用的浆液喷嘴主要有以下几种：

(1) 空心锥型。空心锥喷嘴外形结构如图 4-2 (a) 所示，无内部分离构件。循环浆液从切线方向进入喷嘴的旋流腔内，然后从与入口方向成直角的喷孔喷出，产生的水雾形状为中空锥形，可以产生较宽的水雾外缘，在相同流量和压力下形成较小的液滴，允许通过的最大颗粒尺寸约是喷孔尺寸的 80%～100%。

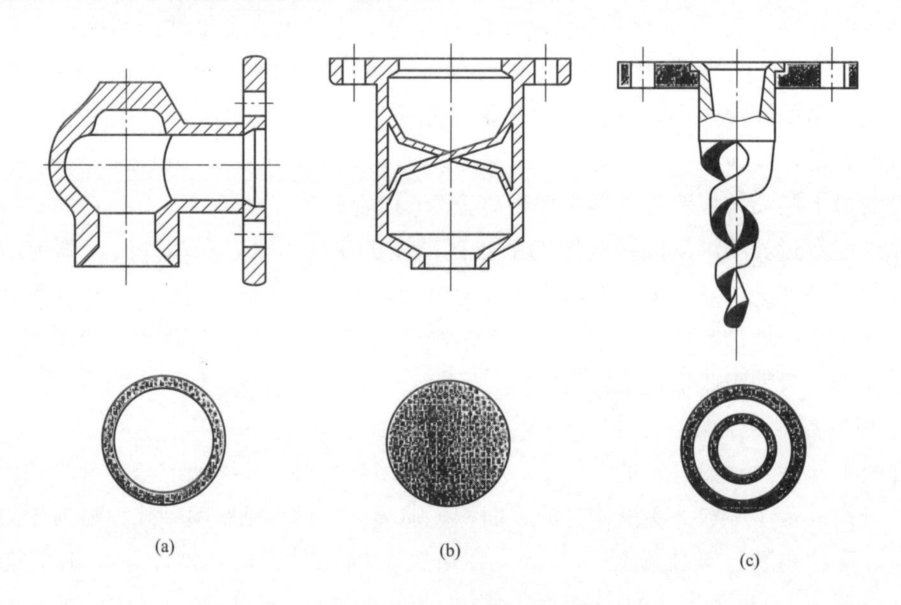

图 4-2 几种常见喷嘴

(a) 空心锥型；(b) 实心锥型；(c) 螺旋型

(2) 实心锥型。实心锥喷嘴外形结构如图 4-2 (b) 所示。实心锥型喷嘴通过内部的叶片使浆液形成旋流，然后以入口的轴线为轴从喷孔喷出，水雾形态为全充满锥形。根据不同设计，运行通过的最大颗粒直径为喷口直径的 25%～100%不等。在同样压力流量条件下，实心锥喷嘴雾化液滴粒径相当于同尺寸的空心锥喷嘴的 60%～70%。

(3) 螺旋型。螺旋型喷嘴外形结构如图 4-2 (c) 所示，无内部分离构件。在螺旋型喷嘴中，随着连续变小的螺旋线体，浆液水柱体被剪切一部分，形成在一个空心锥水雾中还有一个 1～2 个同轴的锥形水雾，称为实心锥形水雾，或用剪切力使水柱沿螺旋线体旋转成空心锥形水雾形。运行通过的最大颗粒直径约为喷口直径的 30%～100%。在同样的压力流量条件下，螺旋喷嘴雾化液滴粒径相当于同尺寸的空心锥喷嘴的 50%～60%。

螺旋型喷嘴可以在很低的压力下提供很强的吸收效率，这种喷嘴在推出后一度得到广泛的应用。近年来，因螺旋型喷嘴易结垢堵塞，目前使用的喷嘴主要为空心锥型喷嘴。

（4）双头型。超低排放对吸收塔脱硫效率有了更高的要求，相关公司相应开发出了双头喷嘴。双头喷嘴外形结构如图4-3所示，双头喷嘴雾化效果如图4-4所示。

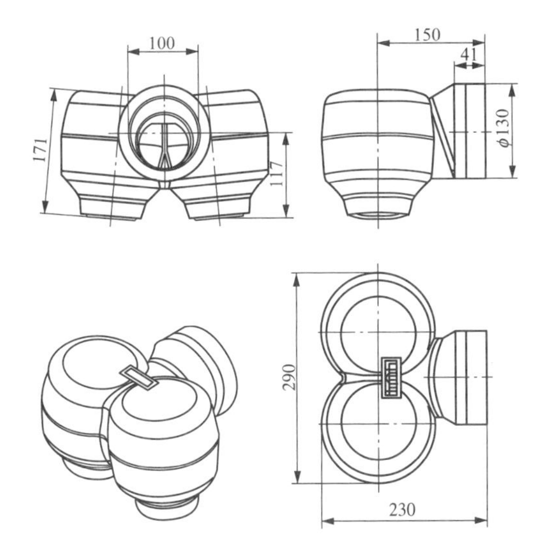

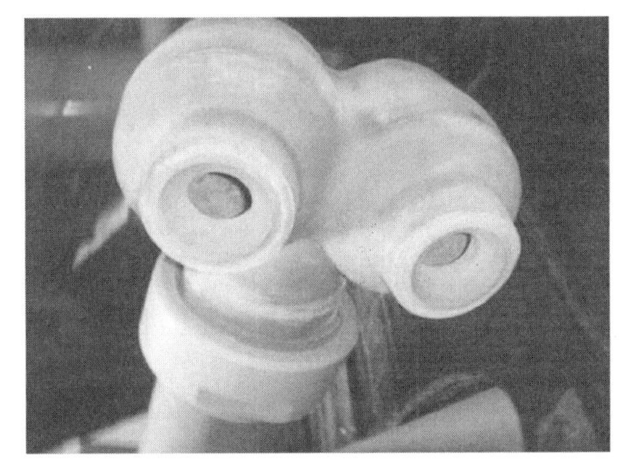

图4-3　双头喷嘴

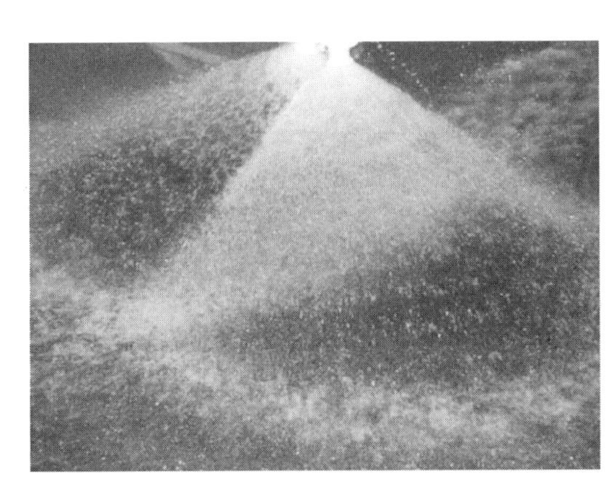

图4-4　单向双头喷嘴雾化效果

双头喷嘴具有以下优点：

1）相同的喷嘴流量以及工作压力下，双头喷嘴的每个雾化喷射腔体需要雾化的浆液流量只是标准喷嘴的一半，因此也具有更小的雾化腔体，可获得更小的浆液SMD值。

2）双头喷嘴能够密集提升浆液喷淋层的二次雾化效果，最大限度地提升雾化液滴的反应效率。在二次雾化过程中，包裹在原液滴表面的壳体被打破，内部浆液会转移到新的液滴表面，能够继续与烟气反应吸收 SO_2。经过二次雾化，浆液雾滴可以更好地吸收烟气中的 SO_2，而且液滴在一次浆液循环过程中的反应效率也大大提高，减少了液滴完全反应需要的循环次数，降低了浆液循环需要的能耗。

3）双头喷嘴两个喷射锥体的切向旋转方向相反，不同的旋向不仅使得相邻的锥体碰撞速度提高，确保了二次雾化的效果，更重要的是避免了塔内烟气同向旋转后烟气富集在塔壁的分布不均问题，使得烟气分布更平均。

4）双头喷嘴的紊流作用，增加了烟气通过喷淋层的行进路径，使得烟气有更多的机会与雾化的液滴发生吸收反应，延长气体-液体的接触反应时间，提升了烟气脱硫效果。

5）双头喷嘴由于气体与喷射液体之间较高的速度差和较高的液滴紊流，能够在脱硫吸收过程中尽可能地刷新液滴表面，提高吸收反应效果。

5. 反应罐容积

反应罐容积即吸收塔浆池尺寸，一般由石膏停留时间和浆液循环停留时间来确定。

（1）石膏停留时间。石灰石-石膏湿法脱硫系统中，$CaSO_3$ 和 $CaSO_4$ 的析出是在浆液中固体颗粒（晶种）的表面上进行的。为保证石膏结晶和晶体的生长，石膏浆液必须在反应罐内有足够的停留时间。石膏停留时间等于反应罐中存在的固体物的总量除以脱硫固体物产出量，计算公式为

$$\tau_t = (V\rho SC)/TSP$$

式中 τ_t——石膏停留时间，h；

V——反应罐浆池容积，m^3；

ρ——浆液密度，kg/m^3；

SC——浆液含固量，%；

TSP——干态石膏成品产量，kg/h。

石灰石-石膏脱硫工艺中典型的 τ_t 值是12～24h，通常情况下要求不小于15h。τ_t 值是吸收塔设计中的一个重要参数，适当的 τ_t 值有利于提高吸收剂的利用率，促进石膏结晶，提高石膏品质。石灰石利用率与 τ_t 值的关系的计算式为

$$\eta_{Ca} = \frac{K_{Ca}\tau_t}{1 + K_{Ca}\tau_t}$$

式中 η_{Ca}——石灰石利用率；

K_{Ca}——石灰石反应速率常数。

K_{Ca} 与石灰石的成分活性、粒径及浆液 pH 值有关。对于特定的石灰石吸收剂，随着 τ_t 的增加，即反应罐浆池容积的增加，石灰石利用率增加，当 τ_t 增大到一定程度后，石灰石利用率随 τ_t 增加的幅度越趋平缓。

（2）浆液循环停留时间。要保证石灰石在反应罐内充分溶解，石灰石在反应罐浆池内须有足够的停留时间。浆液循环停留时间即循环浆液在吸收塔内循环一次在反应罐中的平均停留时间。计算公式为

$$\tau_c = \frac{V}{Q} \times 60$$

式中　τ_c——浆液循环停留时间，min；

V——反应罐浆池容积，m^3；

Q——循环浆液流量，m^3/h。

当吸收塔液气比即循环浆液流量一定时，浆液循环停留时间 τ_c随着反应罐容积的增加而增加。当反应罐容积确定时，τ_c随循环浆液流量的增加而减小。对于石灰石-石膏湿法工艺，一般要求浆液循环停留时间在 3.5min 以上。

石膏停留时间和循环浆液停留时间是决定反应罐尺寸的两个主要参数，在确定反应罐尺寸时应取两个参数的较大值。对于超低排放改造项目，如同时提高了设计入口 SO_2浓度和脱硫效率，则需要大幅增加液气比。循环浆液流量增加较多，如保持原有反应罐容积不变，石膏停留时间和浆液循环停留时间都会降低。因此一般吸收塔改造会同步抬升浆池高度，提高吸收塔反应罐容积。而如果改造项目保持原设计入口 SO_2浓度不变或是降低了设计入口 SO_2浓度，仅是要求提高脱硫效率，石膏产量没有增加，原有反应罐容积可满足石膏停留时间要求，则需根据实际的循环浆液流量增加幅度及浆液循环停留时间来合理选择是否需要增加反应罐容积。

较大的反应罐容积有利于提高石灰石溶解和石膏结晶，但反应罐容积增大的同时也意味着吸收塔高度增加，投资成本增加，对于改造项目而言，同时会增加改造工作量及改造难度。

6. 工程案例

河北某电厂 300MW 燃煤机组新建烟气脱硫装置采用石灰石-石膏湿法脱硫工艺，一炉一塔配置，无气-气再热器（GGH），吸收塔为逆流喷淋空塔。BMCR 工况设计烟气量为 $133.6\times104m^3/h$（标准状态，湿基，实际含氧量，余同），设计入口 SO_2浓度为 $5000mg/m^3$，设计脱硫效率为 97%。设计吸收塔尺寸为 13.5m（直径）×39.2m（高度），塔内烟气流速为 3.29m/s，液/气比（吸收塔出口，标准状态）为 $25.8L/m^3$，浆池容积/浆液循环停留时间为 $3896m^3/4min$。喷淋层数/层间距为 5/2m，每层喷淋层喷嘴个数为 110。

该脱硫装置为新建工程，从设计参数分析，该工程吸收塔整体设计裕量较大，塔内流速仅为 3.29m/s，远远低于一般常规设计的 3.8～4m/s 流速。且液/气比（吸收塔后，标准状态）达到了 $25.8L/m^3$，喷淋层间距及喷淋覆盖率设计均处在相对较高值，充分保证了气液接触时间及气液传质过程。2012 年该脱硫装置投运，在满负荷工况下，入口 SO_2浓度为 $4000mg/m^3$左右时，脱硫效率为 99%以上，净烟气 SO_2排放浓度低于 $35mg/m^3$，满足“超低排放”要求。

（二）喷淋-托盘吸收塔

喷淋-托盘吸收塔是在喷淋空塔吸收区喷淋层的下部安装一层多孔合金托盘，其结构型式如图 4-5 所示。通常情况下，托盘安装在吸收区最下部，最下层喷淋层和入口烟道上沿之间。也可以在托盘的下方布置 1～2 层喷淋层，以确保烟气在接触托盘前达到完全饱和状态，有利于防止托盘结垢堵塞。一般情况下，由于循环浆液流量很大，托盘布置在最下层喷淋层下部也能保证烟气接触托盘前已经达到完全饱和状态。

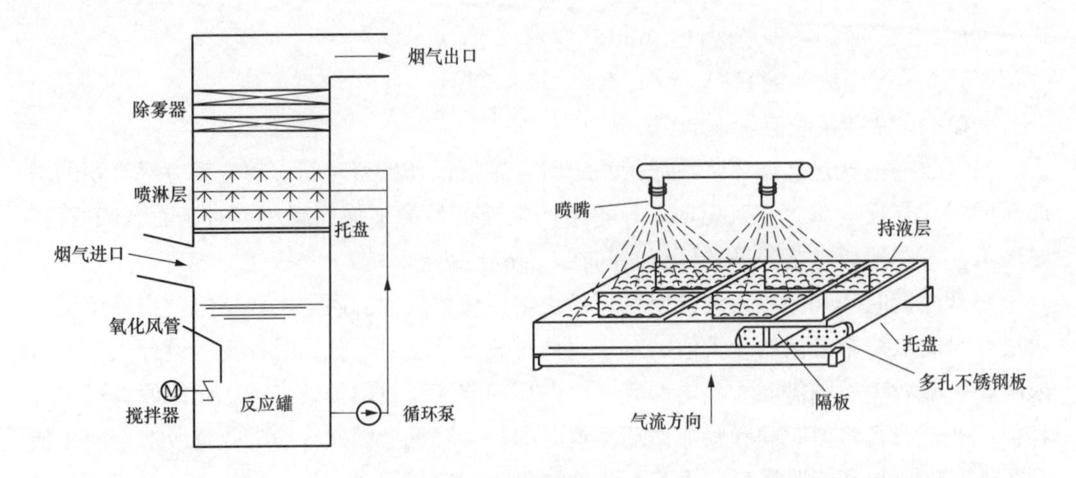

图 4-5　托盘塔结构图

托盘上的开孔孔径一般为 25～40mm，开孔率（开孔面积百分比）为 25%～50%。托盘材质一般采用双相不锈钢 2205，厚度为 3～6mm。托盘一般为模块化安装，在托盘上用高度约为 300mm 的隔板将托盘分隔为若干个模块，使得托盘上持液层高度能随托盘下方的烟气压力自动调整。而托盘上持液层的调整，反过来又使托盘下的烟气分布更加均匀。运行时，托盘上的浆液处于湍动状态，烟气和浆液在托盘孔中的流动是脉动式的，脉动频率受托盘上的持液量和托盘下的烟气阻力控制。根据开孔率和托盘上持液层高度不等，一层多孔合金托盘的烟气压损约是 400～800Pa。

托盘塔和喷淋空塔相比，有以下优点：

（1）多孔合金托盘上的浆液产生的阻力通过与托盘下烟气压力的平衡作用，能有效改善吸收塔内的烟气分布，烟气和浆液的流场分布直接决定吸收塔内的传质、传热和反应进行程度。从图 4-6 可以看出，设置托盘后，进入吸收塔的气体流速得到了很好的均布作用，大部分气体流速处在平均流速范围内；而没有托盘时，气体的流速分布比例分布范围较宽。

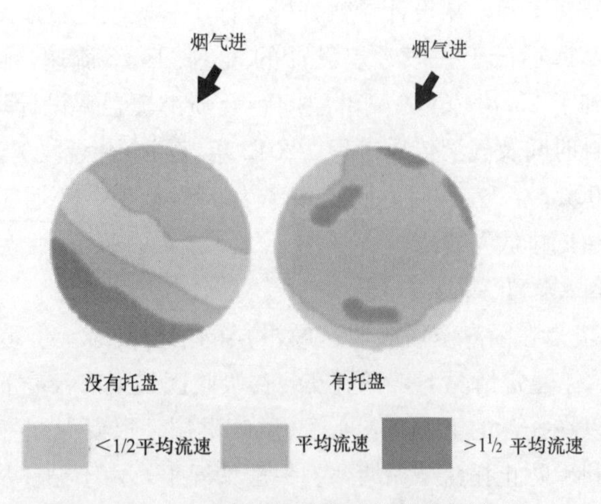

图 4-6　吸收塔模型截面流速分布图

(2) 托盘上的持液层使烟气在吸收塔内的停留时间增加，当烟气通过托盘时，气液充分接触，强化了气液传质，从而有效降低了液气比，提高了脱硫效率。一般一层托盘的脱硫效果相当于1～1.5层喷淋层。设置一层托盘可省去一层喷淋层，降低吸收塔的液气比，减少喷淋循环浆液流量。托盘阻力增加引起的风机电耗增加一般会低于一层喷淋层循环泵产生的电耗。

(3) 合金托盘可以作为喷淋层检修平台。在对塔内件进行检修时，不需将塔内浆液全部排空搭设临时检修平台，运行维护人员站在合金托盘上就可对塔内部件进行维护和更换，减少运行时维护的时间。

对于高硫煤或者要求超低排放的脱硫装置，烟气均布性的影响更加突出。因此，目前双托盘吸收塔的应用越来越多。两层托盘形成两层持液层，进一步加强烟气的均布性，同时两层液膜可进一步防止烟气短路现象，使净烟气 SO_2浓度及脱硫效率更加稳定。单托盘与双托盘 SO_2 脱除效率的比较见表4-1。

表4-1　　单托盘与双托盘 SO_2脱除效率的比较

项目	托盘数量	脱硫效率（%）	*NTU*提高情况
Winyah	1	82	基数
Winyah	2	93	基数的1.54倍
小规模试验厂	1	84	基数
小规模试验厂	2	92.6	基数的1.5倍
MSCPA	1	90	基数
MSCPA	2	96.5	基数的1.47倍

西安西热锅炉环保工程有限公司通过大量调研国内托盘塔运行现状及工程实践，创造性地提出了分离式双托盘技术，即将两个托盘分开布置，一层按照常规方式布置在吸收区最下方，另一层托盘布置在喷淋层中间。根据不同设计入口烟气条件，第二层托盘上可布置不同层数的喷淋层。托盘分离式布置可有效提高两层托盘上持液层的浆液pH值，更有利于降低 SO_2 排放浓度，满足超低排放要求。同时，通过优化托盘开孔率，可有效控制系统阻力，降低系统能耗。

单托盘技术工程案例：河北某电厂600MW超临界机组脱硫装置采用石灰石-石膏湿法脱硫技术，一炉一塔配置。改造前设计煤质含硫量为1.21%，吸收塔为逆流喷淋空塔，设置四层喷淋层（每层喷淋层对应的浆液循环泵流量为8375m^3/h）。因实际燃用煤质变化，对该机组脱硫装置进行了增容提效改造。改造后设计煤质收到基含硫量 S_{ar} =2.1%，设计入口 SO_2浓度为5500mg/m^3；设计烟气量为233.0×$10^4m^3/h$；设计脱硫效率为97.27%。因改造设计入口 SO_2浓度及脱硫效率均增加较多，吸收塔系统更换了4台大容量浆液循环泵（流量为12 500m^3/h），改造后液/气比（吸收塔出口，标准状态）增加至19.9L/m^3，更换了4层喷淋层及喷嘴，优化喷嘴布置，提高喷淋覆盖率。同时在吸收塔入口烟道顶部至最底层喷淋层间增加一层合金托盘持液层。因浆液循环量增加，相应抬高了吸收塔浆池液位，增加了浆池容积。其他氧化风系统、除雾器及石膏排出系统等进行了相应改造。

吸收塔改造剖面图见图 4-7。目前该脱硫增容改造工程已完成性能验收试验，各项性能指标满足设计要求。在吸收塔入口 SO_2浓度为 3300mg/m^{3}左右时，脱硫效率达到99%以上，净烟气 SO_2排放浓度低于 35mg/m^3，满足“超低排放”要求。

双托盘技术工程案例：浙江某电厂 600MW 超临界机组脱硫装置采用石灰石-石膏湿法技术，一炉一塔配置，吸收塔为逆流喷淋空塔，设置 4 层喷淋层加 2 层托盘（见图 4-8）。设计煤质含硫量为 1.5%，设计脱硫效率不低于 98.7%。目前该脱硫增容改造工程已完成 168h 试运，各项性能指标满足设计要求，净烟气 SO_2 排放浓度低于 35mg/m^3。

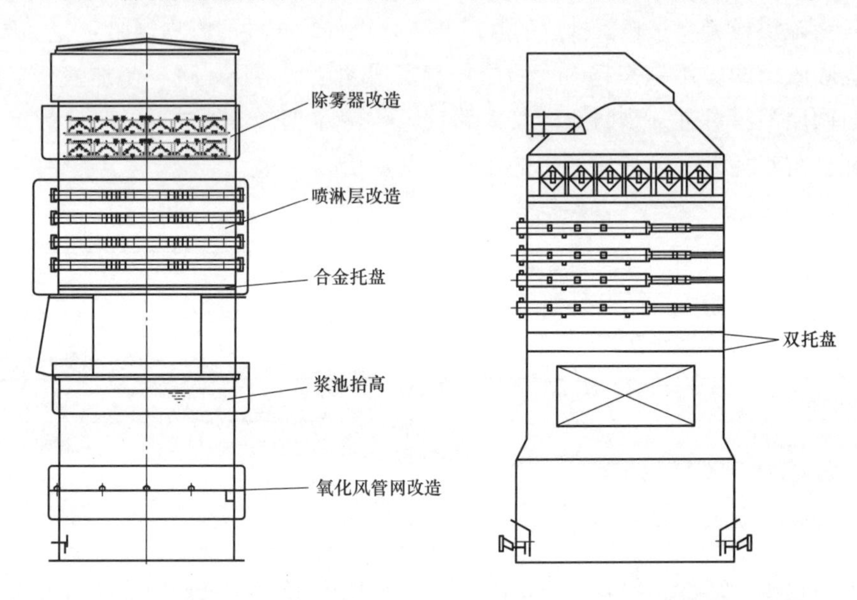

图 4-7　单托盘吸收塔改造示意图　　图 4-8　双托盘吸收塔示意图

分离式双托盘技术工程案例：湖北某电厂 300MW 机组脱硫装置石灰石－石膏湿法技术，一炉一塔配置，原吸收塔为逆流喷淋托盘塔，设置三层喷淋层和一层合金托盘。为达到超低排放要求，西安西热锅炉环保工程有限公司对该装置进行了提效改造。改造设计煤种收到基含硫量 S_{ar} =1.5%，对应设计入口 SO_2 浓度 3200mg/m^3（标准状态，干基，6%含氧量），设计脱硫效率98.91%。吸收塔改造采用双托盘＋4 层喷淋层的技术方案，保留现有的一层托盘和三层喷淋层，在现有喷淋层上方再增加一层托盘和一层喷淋层，新增喷淋层对应一台浆液循环泵。为提高喷嘴覆盖率，改造喷淋层和喷嘴，下两层布置双向双头中空喷嘴，上两层布置单向双头中空喷嘴。

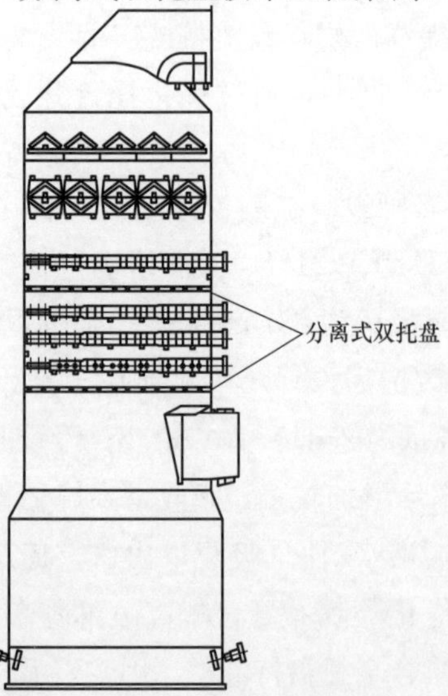

分离式双托盘

图 4-9　分离式双托盘吸收塔示意图

吸收塔改造剖面示意图见图 4-9。目前该脱硫增容改造工程已完成168h试运，各项性能指标满足设计要求。在吸收塔入口SO_2浓度3600mg/m^{3}左右时，脱硫效率99%以上，净烟气SO_2排放浓度低于30mg/m^3，满足超低排放要求。

（三）旋汇耦合吸收塔

旋汇耦合技术是我国自主开发的技术。旋汇耦合吸收塔是在传统喷淋空塔的基础上，增设一套由多个湍流单元构成的旋汇耦合装置。吸收塔结构图见图4-10，旋汇耦合器见图4-11。

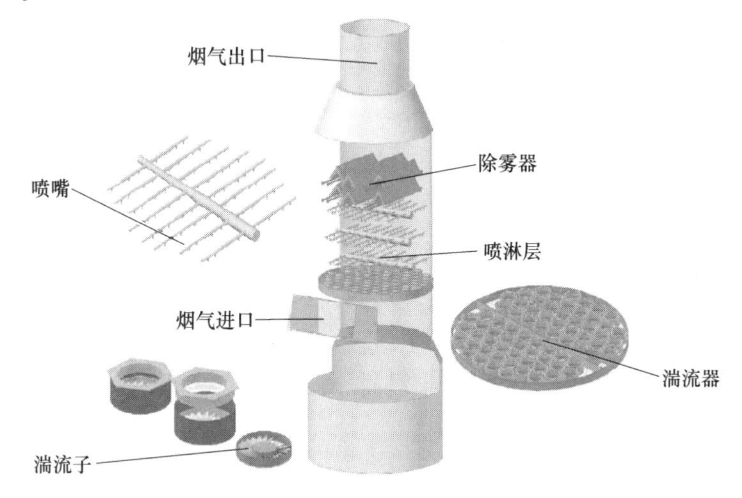

图4-10　旋汇耦合吸收塔示意图

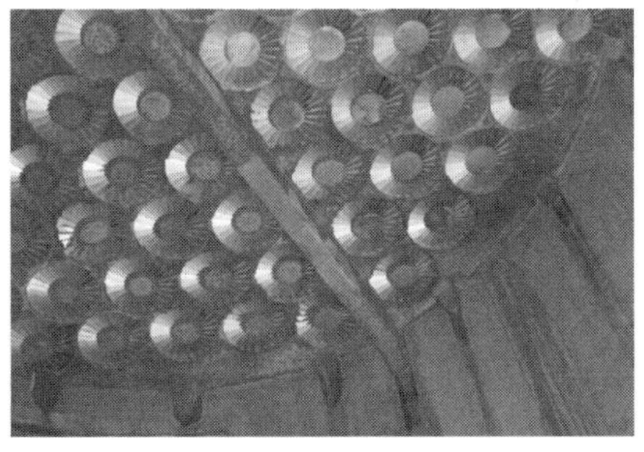

图4-11　旋汇耦合器

旋汇耦合器基于多相紊流掺混的强传质机理，利用气体动力学原理，通过特制的旋汇耦合装置产生气液旋转翻腾的湍流空间，气、液、固三相充分接触，大大降低了气液膜传质阻力，提高了传质速率，迅速完成传质过程，从而达到提高脱硫效率的目的。主要有以下特点：

（1）均气效果好。吸收塔内气体分布不均匀，是造成脱硫效率低和运行成本高的重要原因。安装旋汇耦合器的脱硫塔，均气效果比一般空塔提高15%～30%，脱硫装置能在比较经济、稳定的状态下运行。

（2）传质效率高。烟气脱硫的工作机理，是SO_2从气相传递到液相的相间传质过程，传质速率是决定脱硫效率的关键指标。旋汇耦合器可有效增加液气接触面积，提高气液传质效率。

(3) 降温速度快。从旋汇耦合器端面进入的烟气，通过旋流和汇流的耦合，旋转、翻覆形成湍流都很大的气液传质体系，烟气温度迅速下降，有利于塔内气液充分反应，各种运行参数趋于最佳状态。

(4) 适应性强。

1）适应不同工艺。由于降温速度快，可有效保护脱硫塔内壁防腐层，提高脱硫系统安全性。

2）适应不同工况。较好的均气效果，受气量大小影响较小，系统稳定性强。

3）适应不同煤种。脱硫效率高，受进塔气 SO_2 含量变化影响小，煤种适应范围宽。

4）适应原料的不同粒径。石灰石粒度 200～325 目均可。

(5) 能耗低、效率高、可靠性强。由于该技术脱硫效率高、液气比小、溶液循环量小，所以可比同类技术节约电能 8%～10%。系统运行稳定可靠，具有脱硫效率、除尘效率高，系统投运率高，能耗低，操作弹性大等特点。

（四）FGD PLUS 技术

FGD PLUS 脱硫技术为 AEE 公司开发的技术。烟气从吸收塔入口进入后，首先经过 PLUS 气流分布装置，烟气经过 PLUS 装置时其中的污染物被 PLUS 装置上的持液层所吸收，同时烟气被均匀分配到吸收塔整个截面，然后烟气进入喷淋层进行洗涤。FGD PLUS 装置结构图见图 4-12。

（五）LLB 单塔双区技术

单塔双区为德国鲁奇·能捷斯·比晓夫公司开发的技术。单塔双区工艺为在吸收塔浆池内设置一层分区调节器，在调节器中间布置有氧化空气管道。分区调节器将吸收塔浆池分成两个区域，上部为氧化区域，浆液 pH 值控制在 4.9～5.5。该区域的主要功能是保证优异的 $CaSO_3$ 氧化效果和充足的石膏结晶时间。分区调节器下部为吸收区域，石灰石浆液在该区域补充，pH 值可控制在非常高的水平，达到 5.8～6.2，这样可以大大降低循环浆液量。LLB 吸收塔系统示意图见图 4-13。

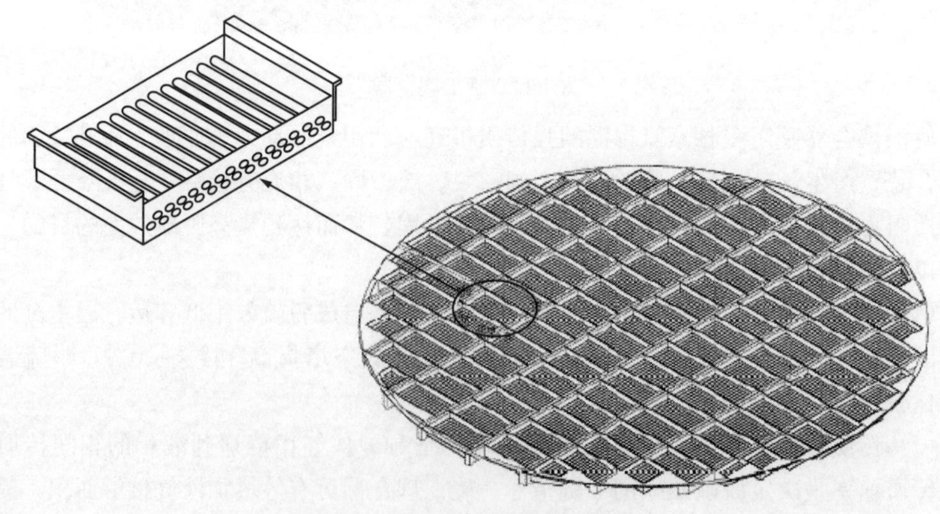

图 4-12　FGD PLUS 气流分布装置

1. 脉冲悬浮系统

反应池的搅拌是通过图 4-14 所示的 LLB 专利“脉冲悬浮”的方式完成的。

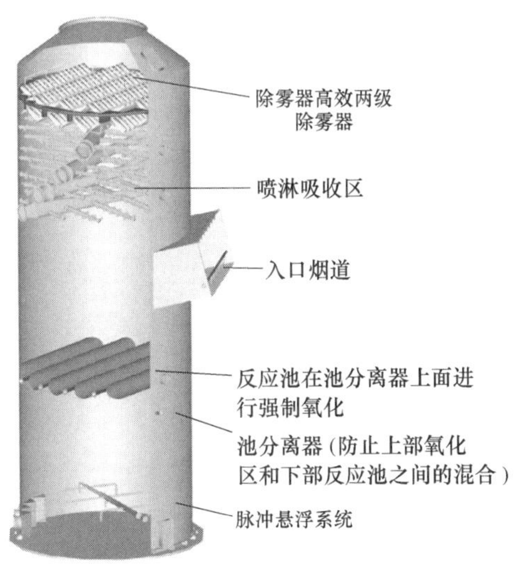

图 4-13　LLB 吸收塔系统示意图

图 4-14　脉冲悬浮系统示意图

塔内不设易腐蚀磨损的机械搅拌器，而是采用了几根带有朝向吸收塔底的喷嘴的管子，通过脉冲悬浮泵将液体从吸收塔反应池上部抽出，经管路重新打回反应池内。当液体从喷嘴中喷出时就产生了脉冲，依靠该脉冲作用可以搅拌起塔底固体物，进而防止产生沉淀。

脉冲悬浮系统具有以下优点：

（1）吸收塔反应池内没有机械搅拌器或其他转动部件。

（2）搅拌均匀，塔底不会产生沉淀。

（3）脱硫装置停运期间无需运行，节省能量。重新投运时，可通过专用管路快速悬浮。

（4）提高了脱硫装置的可用率和操作安全性。可以在吸收塔正常运行期间更换或维修脉冲悬浮泵，无需中断脱硫过程或排空吸收塔。

（5）加入反应池内的新鲜石灰石可以得到连续而均匀的混合，进而有利于降低吸收剂化学计量比。

2. 池分离器

采用池分离器技术，可以在单回路系统中获得双回路系统的结果，分别为氧化和结晶提供最佳反应条件，从而提高石膏质量并得到最佳的氧化空气利用效率，并有助于进一步提高脱硫效率。

LLB 工艺中的反应池示意图如图 4-15 所示，整个反应池可以分为氧化区和结晶区两部分。氧化区位于反应池上部，巨大的池分离器将其与下部反应池分开。位于池分离器间隔中的氧化空气管提供了氧化空气。池分离器下方为结晶区，部分浆液从结晶区排出至石膏脱水系统。新鲜的石灰石浆液被加入到结晶区中，继而经吸收塔循环泵送至喷淋吸收区喷嘴中。

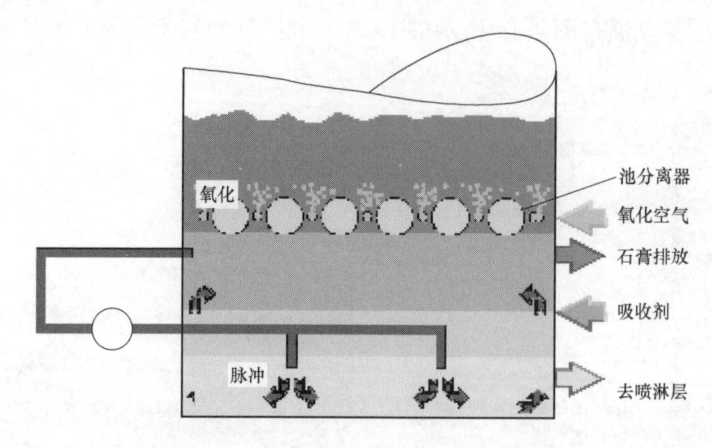

图 4-15 LLB 工艺中的吸收塔反应池示意图

池分离技术具有以下特点：

（1）反应池上部悬浮液的 pH 值较低，根据亚硫酸盐和亚硫酸之间的平衡关系，较低的 pH 值有利于提高氧化效率。

（2）由于送入氧化空气，造成石灰石溶解度降低的 CO_2 被强制从浆液中排除，所以底部加入的石灰石的溶解过程得以优化。

（3）石膏浆液排出处的石灰石浓度最低而石膏浓度最高，这对于获得高纯度石膏最为有利。

（4）底部通过添加新鲜的石灰石 pH 值也随之上升，进而提高了吸收 SO_2 的能力。

二、单塔双循环技术

吸收塔浆液 pH 值是影响石灰石－石膏湿法脱硫系统性能最主要的运行参数之一。pH 值和脱硫效率及石膏品质之间有相互制约的关系：提高 pH 值即意味着吸收塔浆液中 $CaCO_3$ 含量增加，有利于提高脱硫效率；但高 pH 值时氧化效率低，相应的石灰石利用率和石膏品质将下降。低 pH 值有利于提高氧化效率，促进石灰石溶解及得到高品质石膏，但脱硫效率降低。

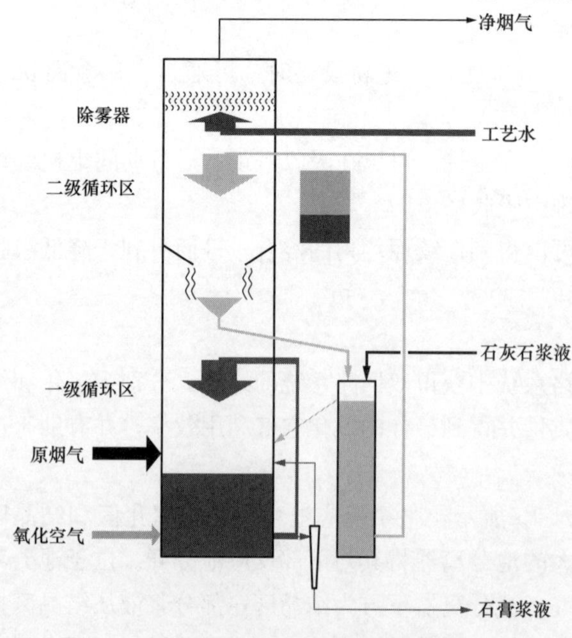

图 4-16 单塔双循环工艺流程图

单塔双循环技术的特点是浆液喷淋洗涤在一座吸收塔内完成，设置两个独立的反应罐，形成两个循环回路。每条循环回路在不同 pH 值下运行，工艺流程如图 4-16 所示。

一级循环浆液来自吸收塔反应罐，经一级循环浆液循环泵送至一级循环喷淋母管。二级循环浆液来自吸收塔外单独的反应罐，经二级循环浆液循环泵送至二级循环喷淋母管。新鲜的石灰石浆液分别补充到两个反应罐中。二级循环反应罐中石膏浆液流入吸收塔反应罐，一级循环反应罐中的石膏浆液排除至石膏处理系统。

烟气首先经过一级循环（见图 4-16），一级循环 pH 值一般控制在 4.5～5.2，低 pH 值有利于石灰石的溶解，使浆液中的石灰石得到充分利用，从而减少石灰石耗量。同时低 pH 值使得 $CaSO_3 \cdot 1/2H_2O$ 的溶解度增加，有助于提高氧化空气利用率，利于石膏的氧化结晶，能够得到品质很高的石膏。

一级循环主要化学反应为

$$SO_2 + CaCO_3 + 1/2O_2 + 2H_2O = CaSO_4 \cdot 2H_2O + CO_2$$

$$CaSO_3 \cdot 1/2H_2O + 1/2O_2 + 3/2H_2O = CaSO_4 \cdot 2H_2O$$

$$SO_2 + CaCO_3 \cdot 1/2H_2O + 1/2H_2O = Ca(HSO_3)_2$$

经过一级循环的烟气直接进入二级循环（见图 4-16），实现主要的脱硫洗涤过程，pH 值一般控制在 5.8～6.4。浆液的高 pH 值可以一定程度上降低所需液气比，减少需要的浆液循环量，稳定得到较高的脱硫效率。

二级循环主要化学反应为

$$SO_2 + CaCO_3 + 1/2O_2 + 2H_2O = CaSO_4 \cdot 2H_2O + CO_2$$

$$SO_2 + 2CaCO_3 + 2H_2O = CaSO_3 \cdot H_2O + Ca(HCO_3)_2$$

单塔双循环技术每个循环独立控制，易于优化和快速调整，能适应含硫量和负荷的大幅变化。但较单塔单循环技术多了集液斗、二级循环反应罐及相应的测量控制设备等，一、二级循环需要相互协调控制，增加了运行操作的复杂性。

工程案例：广州某电厂 2 台 300MW 机组脱硫装置原采用循环流化床半干法脱硫工艺。因实际燃用煤质及环保标准变化，采用单塔双循环技术对该机组进行了石灰石－石膏湿法脱硫改造。改造后设计煤种收到基含硫量 $S_{ar}=1.5\%$，设计入口 SO_2 浓度为 $3846mg/m^3$，设计烟气量为 $114.1 \times 10^4 m^3/h$，设计脱硫率不低于 98.7%，净烟气中 SO_2 含量小于或等于 $50mg/m^3$。吸收塔直径为 13.1m，高度为 42.5m，二级循环浆液箱直径为 8.5m，高度为 22m。吸收塔共设置 5 层喷淋层，对应 5 台流量为 $5000m^3/h$ 的浆液循环泵，其中一级循环设置 2 层喷淋层，二级循环设置 3 层喷淋层。吸收塔配套设置除雾器及氧化空气系统。2 台机组分别于 2013 年 5 月和 2014 年 4 月完成 168h 试运行，168h 试运期间在设计入口 SO_2 浓度条件下，净烟气 SO_2 浓度低于 $35mg/m^3$，达到“超低排放”要求。

第三节　双塔双循环技术

双塔双循环技术是单塔双循环技术的延伸，将两座吸收塔串联运行，中间通过联络烟道连接。根据现场位置及现有吸收塔设计参数，既可利用现有吸收塔作为一级吸收塔，新建二级吸收塔串联运行，也可利用现有吸收塔作为二级吸收塔，新建一级吸收塔串联运行。典型的双塔双循环工艺流程图见图 4-17。

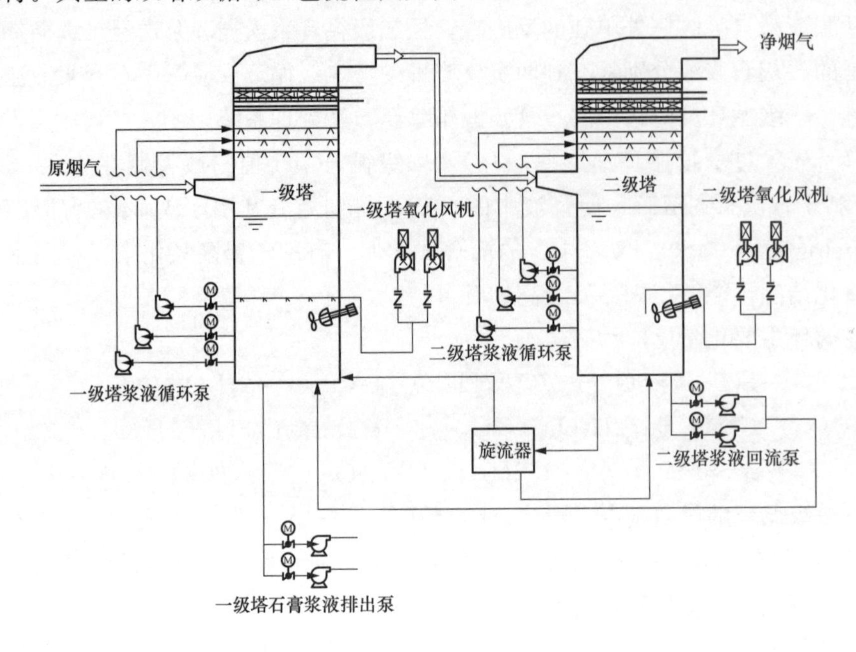

图 4-17　双塔双循环工艺流程图

单塔单循环技术的吸收、中和、氧化和沉淀结晶是在一个脱硫塔内进行的，而上述各反应的最佳反应条件是不同的。在双塔双循环技术中，每个吸收塔有独立的浆池，可各自设定独立的 pH 值、密度和浆池容积等参数。这样就可以对两个脱硫塔的功能进行划分，使每个塔的功能有所侧重，使脱硫吸收、氧化、中和、沉淀结晶的综合反应发挥到最佳。

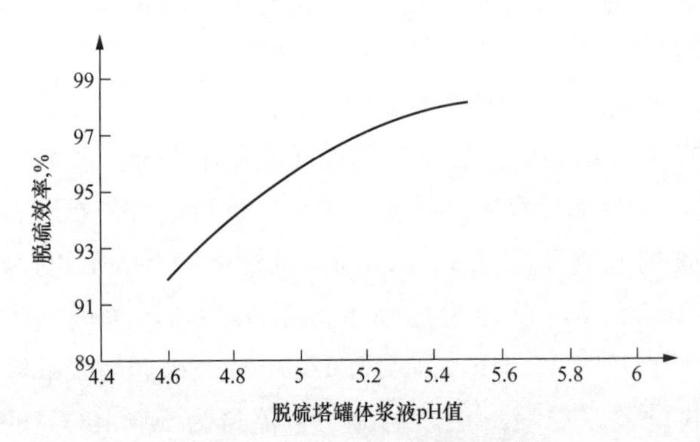

图 4-18　pH 值对脱硫效率的影响

pH 值是影响脱硫效率和石膏品质的重要参数。pH 值对二氧化硫吸收的影响极为显著，图 4-18 所示为某电厂脱硫塔 pH 值对脱硫效率的影响。

由图 4-18 可以看出，在一定范围内两者几乎成线性关系。pH 值是通过液膜增强系数来影响脱硫效率的，pH 值越高，液膜增强系数越大，总传质系数也越大，从而影响 SO_2 的吸收。提高浆液的 pH 值，一方面增加了浆液中溶解的碱性物质的浓度；另一方面增加了未溶解的碱性物质的浓度，在溶解的碱性物质耗尽时，未溶解的碱性物质及时溶解，保证了 SO_2 的吸收。但是总传质系数不会随着 pH 值的增大无限增大，当 pH 值增大到一定程度时，液膜增强系数对总传质系数的影响就逐渐减弱，脱硫效率的增长也逐渐缓慢。

pH 值对吸收剂 $CaCO_3$ 的溶解也至关重要，当 pH 值高于 5.7 后石灰石的溶解速率急剧下降，较低的浆液 pH 值有助于提高石灰石的溶解速度和石灰石的利用率。

pH 值对 $CaSO_3$ 氧化速率也有着显著影响。图 4-19 所示为 pH 值对亚硫酸钙氧化速率的影响。由图 4-19 可知，pH 值为 4.5 时，亚硫酸盐的氧化速率最高，并且是 pH 值为 6 时氧化速率的 2.5 倍。

图 4-20 所示为 pH 值对石膏沉淀结晶的影响。$CaSO_3 \cdot 2H_2O$ 的溶解度随 pH 值的升高而急剧下降。$CaSO_3 \cdot 2H_2O$ 溶解度下降，会使亚硫酸盐难以完全氧化，降低石膏品质，并且容易使设备结垢。

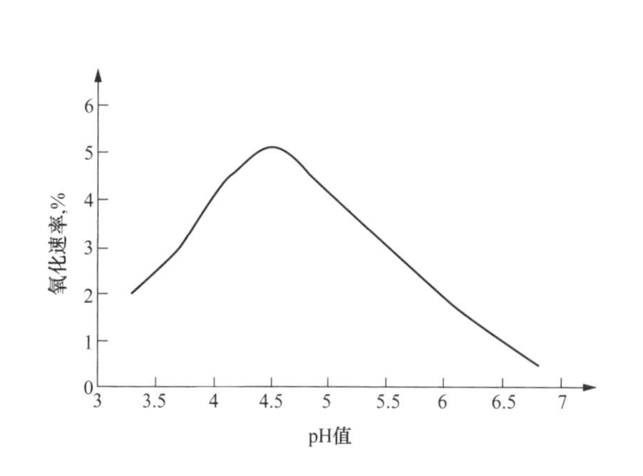

图 4-19　pH 对亚硫酸钙氧化速率的影响

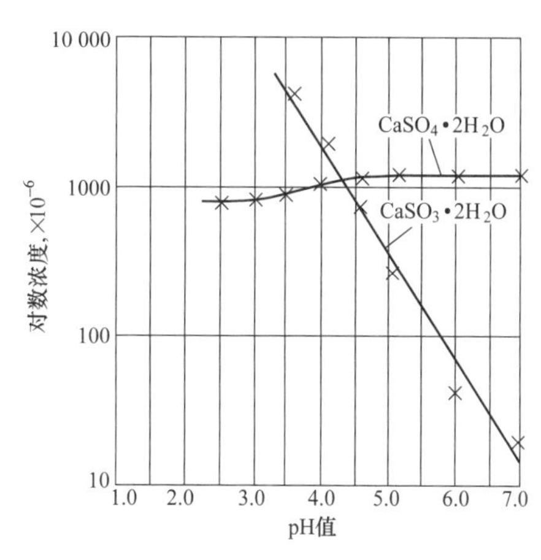

图 4-20　pH 值对 $CaSO_3 \cdot 2H_2O$ 和 $CaSO_4 \cdot 2H_2O$ 溶解度的影响

双塔双循环技术的主要特点是可通过控制一、二级吸收塔的 pH 值及浆液密度等实现分区控制。一级吸收塔低 pH 值（4.5～5.2）保证石灰石的充分溶解、石膏浆液的充分氧化沉淀结晶，二级吸收塔高 pH 值（5.8～6.4）有利于吸收反应。从功能上划分，一级吸收塔侧重溶解氧化沉淀结晶反应，二级吸收塔侧重提高效率。通过两座脱硫塔 pH 值分区控制，在保证高脱硫效率的同时提高石膏品质，因二级吸收塔 pH 值可维持在较高值，可有效降低总的液气比，进而降低整个吸收塔系统的能耗。根据设计入口 SO_2浓度的不同，一般一级吸收塔设计脱硫效率为 80%～90%，控制一级吸收塔出口 SO_2浓度为 500～700mg/m^3，二级吸收塔设计脱硫效率为 93%～95%左右。通过两级吸收塔后，控制净烟气 SO_2 排放浓度在 35mg/m^3 以下，达到“超低排放”要求。

双塔双循环技术两个吸收塔形成两个独立的循环回路，如何保证两座吸收塔之间水平衡及如何控制两座吸收塔的浆液密度，是在运行中需要特别关注的问题。

烟气进入一级塔内与浆液接触传质换热后即达到饱和状态，稳定运行时，烟气再进入二级塔内几乎没有换热过程，水的蒸发在一级塔内完成，二级塔内几乎没有水的蒸发，也即没有水耗。而为保证二级塔除雾器运行性能，需定期冲洗。形成了一级吸收塔大量消耗水，但补充少，二级吸收塔消耗少但补充多的现象。为维持二级塔内的浆池液位稳定及两座吸收塔水平衡，需要将二级塔的一部分浆液输送到一级塔。为此可以采用两种方法：一种是用强制浆液输送泵；另一种是在两座吸收塔距离较近时可设置联络管道，采用自流方式将二级吸收塔浆液排至一级吸收塔。

二级塔的密度不仅影响脱硫效率，而且影响到石膏的品质甚至是结垢，因此建议二级塔的密度能单独调节，最好不要与液位和 pH 值的调节关联太多，这样往往造成各参数调节的困难。简单易行的办法是二级塔密度单独设浆液旋流器，旋流器的溢流进入一级塔，底流返回二级塔。

还应注意一级塔浆液的密度，石膏在浆液中浓度超过其溶解度就会以晶体的形式从浆液中析出。晶体的成核和生长都与溶液的过饱和度密切相关。当浆液中石膏晶种浓度足够时，相对过饱和度较低，晶体的成长现象占主导地位，所有结晶都在石膏晶体表面进行，不会发生结垢现象。等温结晶过程中，可以形成比较理想的晶体。当过饱和度超过 1.3～1.4 时，以成核现象为主，吸收塔内将形成大量不可控的晶核，在塔内逐渐变成坚硬的垢，即硬垢。一级塔石膏的结晶条件较好，如果密度控制不好，将会在塔内设备（如循环泵入口滤网）上积累硬垢，影响设备运行。

工程案例：山东某电厂 300MW 机组采用湿式石灰石－石膏法烟气脱硫技术，一炉一塔配置，引增合一，无 GGH，吸收塔为逆流喷淋空塔，设置四层喷淋层。改造前设计煤质收到基硫分 S_{ar} 为 2.2%，FGD 入口 SO_2 浓度为 5547mg/m^3（标准状态），设计脱硫效率大于 97%，出口 SO_2 浓度小于 166mg/m^3（标准状态）。为达到“超低排放”要求，电厂对现有装置进行了超低排放提效改造，改造后设计入口/出口 SO_2 浓度为 5750/32mg/m^3（标准状态，干基，6% 含氧量），设计脱硫效率达到 99.44%。改造方案本着充分利旧的原则，利旧现有吸收塔作为一级吸收塔，新建一座吸收塔作为二级吸收塔。新建二级吸收塔直径为 12.5m，高 29m，吸收塔内烟气流速为 3.5m/s，设置三层喷淋层，层间距为 2m。新建二级吸收塔配套设置除雾器和氧化风客气系统。目前该脱硫增容改造工程已通过 168h 试运，投入运行，在入口 SO_2 浓度为 5000mg/m^3 左右时，净烟气 SO_2 排放浓度低于 30mg/m^3，满足“超低排放”要求。

第四节　SO_2 超低排放技术路线

一、超低排放技术特点

石灰石-石膏湿法脱硫技术经过几十年的发展，从机理、工艺上已经非常成熟。目前的超低排放技术主要是通过对 SO_2 吸收塔进一步优化设计及精细化设计，提高传质单元数 *NTU*，防止烟气短路。主要包括以下几个方面。

（1）增加吸收塔浆液循环量，提高液气比。增加浆液循环量是喷淋塔提效改造最主要、最基本的措施之一。喷淋浆液循环量决定了吸收 SO_2 可利用表面积的大小。增加喷淋浆液总流量可有效增加 *A* 值，脱硫效率随之提高。喷淋浆液流量增加不仅增加了传质表面积，因可利用吸收 SO_2 的总碱量增加，吸收过程推动力增加，所以也提高了传质系统 *K* 值，促使脱硫效率提高。

（2）设置增强气液传质及烟气均布性的塔内构件。在保证一定的浆液循环总量的前提下，在喷淋层下设置合金托盘、旋汇耦合器、FGD PLUS 等，也可大大提高传质单元数 NTU，提高脱硫效率。此类构件一般设置在吸收塔吸收区下部，多数情况下设置在吸收塔入口烟道上沿和最下层喷淋层之间的位置。主要作用一方面是均布气流，另一方面是强化气液接触及气液传质。

（3）优化喷淋层及喷嘴布置，喷嘴的型式及雾化粒径。超低排放对喷淋层及喷嘴布置提出了更高的要求，为防止烟气短路，要求喷淋层喷嘴雾化覆盖率要大于原常规吸收塔。而在同样浆液循环流量的情况下，喷嘴的雾化粒径决定了气液接触传质面积 A。降低雾化粒径有利于增加总传质面积，但雾化粒径过小又会影响除雾器除雾效果，增加除雾器后雾滴携带量。

（4）CFD 流场优化技术。CFD（Computational Fluid Dynamics，CFD）技术即计算流体动力学技术，在超低排放技术中得到了越来越多的重视和应用。因超低排放要求的排放净烟气 SO_2 浓度非常低，所以吸收塔内烟气流场分布均匀性也是提高脱硫效率的重要因素。通过 CFD 技术可对吸收塔结构进行进一步的精细化设计，优化吸收塔进出烟道结构、塔内构件的布置方式等。

（5）双循环技术。双循环技术核心是 pH 值的分区控制。pH 值和脱硫效率及石膏品质之间有相互制约的关系：提高 pH 值即意味着吸收塔浆液中 $CaCO_3$ 含量增加，有利于提高脱硫效率，但高 pH 值时氧化效率低，相应的石灰石利用率和石膏品质将下降。低 pH 值有利于提高氧化效率，促进石灰石溶解及得到高品质石膏，但脱硫效率降低。双循环技术通过 pH 值分区控制，形成两个相对独立的循环系统，有效地兼顾到脱硫效率和石膏品质。一级（吸收塔）循环低 pH 值运行，有利于提高石灰石利用率和提高石膏品质；二级（吸收塔）循环高 pH 值运行，反应传质推动力增加，有利于提高脱硫效率，使净烟气 SO_2 浓度达到较低数值，同时可在同等工况条件下降低总的浆液循环流量，降低浆液循环泵能耗。

二、影响超低排放技术方案的主要因素

（一）入口烟气参数

脱硫系统入口烟气参数主要包括烟气流量、SO_2 浓度、粉尘浓度、烟气温度等，是脱硫装置最基本的设计依据。DL/T 5196—2004《火力发电厂烟气脱硫设计技术规程》规定：烟气脱硫装置的设计工况宜采用锅炉 BMCR、燃用设计煤种下的烟气条件，校核工况采用锅炉 BMCR、燃用校核煤种下的烟气条件。已建电厂加装烟气脱硫装置时，宜根据实测烟气参数确定烟气脱硫装置的设计工况和校核工况，并充分考虑煤源变化趋势。脱硫装置入口的烟气设计参数均应采用脱硫装置与主机组烟道接口处的数据。

脱硫系统入口烟气流量、SO_2 浓度不仅脱硫系统设计的基本依据，也是脱硫装置投运后影响脱硫稳定运行的主要参数。

脱硫系统入口烟气流量受多种因素影响，如锅炉燃烧工况、过量空气系数、排烟温度、空气预热器漏风、除尘器漏风等，但在锅炉侧相关设备参数、运行工况确定的情况下主要还是由燃煤煤质决定的。

脱硫前烟气中的 SO_2 含量根据下列公式计算，即

$$M_{SO_2}=2KB_g\left(1-\frac{\eta_{SO_2}}{100}\right)\left(1-\frac{q_4}{100}\right)\times\frac{S_{ar}}{100}$$

式中 M_{SO_2}——脱硫前烟气中的 SO_2 含量，t/h；

K——燃煤中的含硫量燃烧后氧化成 SO_2 的份额，对于煤粉炉 $K=0.85\sim0.9$，K 值主要体现了在燃烧过程中S氧化成 SO_2 的水平，建议在脱硫装置的设计中取用上限0.9；

B_g——锅炉BMCR负荷时的燃煤量，t/h；

η_{SO_2}——除尘器的脱硫效率，干式除尘器为0；

q_4——锅炉机械未完全燃烧的热损失，%；

S_{ar}——燃料煤的收到基硫分，%。

根据上式得到的烟气中 SO_2 含量，再根据燃煤工业、元素分析，以及过量空气系数、漏风率及燃煤量等计算出BMCR工况下的烟气流量，即可计算得到脱硫系统入口 SO_2 浓度。

从上述计算公式可见，燃煤含硫量一定的情况下，单位质量燃煤产生的 SO_2 质量是一定的。但烟气流量计算程序较为复杂，与燃煤成分、发热量有很大关系，即使含硫量一样，因其他成分及发热量不一样产生的烟气流量会有较大差别，从而造成烟气中 SO_2 浓度有较大差异。

烟气中的 SO_2 浓度是决定超低排放改造方案的最主要因素。在确定设计煤质时，应充分考虑燃煤来源的不确定性，留有一定裕量。并应在BMCR工况下对炉后（脱硫装置前）烟气参数进行摸底测试，根据实际测试结果，结合设计煤质来最终确定设计脱硫系统入口烟气参数。

（二）原脱硫装置现状

现有脱硫装置的吸收塔结构参数、基础处理方式、脱硫岛区域场地情况及吸收塔实际运行性能等都是确定改造方案的前提条件。

已经设置脱硫装置的机组在进行超低排放改造时，应对现有脱硫装置进行全面的运行性能评估试验及设备运行状况调研，以充分了解现有脱硫装置运行性能，为改造方案提供基础数据和参考。试验工况宜尽量选用拟改造煤质，满负荷运行。主要试验项目应至少包括烟气流量，烟气含湿量，进出口烟气温度，进出口 SO_2 浓度、氧量、烟尘含量，脱硫效率，除尘效率，除雾器后雾滴含量，GGH漏风率，系统阻力，吸收剂品质分析，石膏品质分析等。

（三）工期和投资

在确定超低排放改造方案时，不仅要技术可行，同时还要考虑改造工期尤其是停炉工期及投资情况。在多方案技术可行的情况下，应综合考虑工期、投资及运行能耗因素等来确定最合理的技术方案。

三、原则性技术路线

根据国内目前实际工程案例及各种技术的特点，提出原则性超低排放技术路线如下：

（1）对于原脱硫装置设计裕量较大、实际燃煤品质好转的机组，宜优选控煤措施，通过进一步控制燃煤硫分，配合采用脱硫增效剂，达到排放 SO_2 浓度小于 35mg/m^{3}的要求。

（2）原有脱硫装置设置有回转式 GGH 的，应尽量取消回转式 GGH，降低原烟气 SO_2 至净烟气的泄漏，可用 WGGH 替代、采取其他净烟气加热措施或者进行湿烟囱防腐改造。

（3）原烟气中 SO_2 浓度不大于 4000mg/m^{3}时，宜对原石灰石－石膏湿法脱硫吸收塔优化设计，以及采取提高吸收塔液气比或者增强气液传质等措施，利用单塔单循环技术达到小于 35mg/m^{3}的排放要求。

（4）原烟气中 SO_2 浓度大于 4000mg/m^{3}时，宜采用双循环技术达到小于 35mg/m^{3}的排放要求。

目前超低排放以现役脱硫装置改造为主，上述技术路线主要针对现役脱硫装置改造提出的，新建机组亦可参考。因现役脱硫装置从设计参数、运行性能、场地条件等千差万别，所以具体在实施超低排放技术改造时，应根据实际情况进行充分的可行性研究，通过多方案的技术经济性比较后确定最合理的技术方案。

第五章 烟尘控制技术

第一节 概 述

我国是能源生产和消费大国，在未来较长一段时期内，煤炭仍将是我国的主要能源，煤炭工业仍将是我国重要的能源基础产业。预计到2020年，我国煤炭消耗量将达48亿t左右。2014年底全国火电装机容量为9.2亿kW，燃煤电厂煤炭消耗约19亿万t。燃煤中的灰分90%以上在燃烧后形成飞灰，随烟气经过脱硝、除尘、脱硫等工艺协同除尘后排放到大气环境中。据统计，2014年我国燃煤电厂烟尘排放总量约为150万t。鉴于我国燃煤电厂大多采用常规烟尘控制技术，难以有效去除粒径为0.1～2.0μm的颗粒物，因此排放烟尘中大部分是可吸入颗粒物PM_{10}和细颗粒物$PM_{2.5}$，燃煤电厂排放量约占$PM_{2.5}$排放总量的10%左右。

研究表明细颗粒物$PM_{2.5}$在大气中滞留时间长，传输距离远，是多种污染物的载体和催化剂，其中包含多种有毒有害物质，而且与其他空气污染物存在着复杂转化关系。$PM_{2.5}$易于滞留在细支气管和肺泡中，其中某些还可以穿透肺泡进入血液，也更易于吸附各种有毒的有机物和重金属物质，对人体健康的危害极大。$PM_{2.5}$还具有较强的吸附能力，通过对可见光的散射和吸收，能显著减弱光信号，导致城市能见度下降，产生雾霾天气，造成大气环境空气质量下降。

面对我国燃煤电厂燃烧高灰分劣质煤且煤种多变的现状，燃煤电厂实现烟尘超低排放，严格控制可吸入颗粒物PM_{10}和细颗粒物$PM_{2.5}$排放量，净化蓝天，保护国民身心健康，是发展的必然趋势和企业应尽的社会责任。

我国燃煤电厂烟尘控制技术主要有电除尘器、袋式除尘器、电袋复合除尘器，以及近几年为实现超低排放采用的湿式电除尘器等。由于各种除尘器的除尘机理不同，技术特点决定了其对不同烟气粉尘特性的适应性。

电除尘器目前仍是燃煤电厂烟尘控制的主流技术，经统计电除尘器所占比重约为80%以上；电袋复合除尘器、布袋除尘器所占比重约为20%；湿式电除尘器作为燃煤电厂烟尘超低排放控制的新型技术，近年来得到快速发展。截至2015年3月，燃煤电厂已有百余台机组完成湿式电除尘器改造和正在进行技术改造，应用较早的湿式电除尘器已投运近一年半，达到烟尘超低排放水平。

燃煤电厂实现烟尘超低排放需要充分考虑已有的烟尘控制现状及场地条件，针对实际情况统筹考虑系统烟气污染物净化工艺，通过技术经济比较优选最合理的烟尘超低排放技术路线。

第二节　烟　尘　特　性

除尘器设备的设计选型取决于多方面因素，其中烟尘物理化学特性是重要因素之一。烟气中主要包括 SO_2、NO_x、CO_2、H_2O 等气体和飞灰颗粒物。飞灰特性主要包括飞灰粒径分布、质量浓度、密度、飞灰成分、比电阻、吸湿性和附着性等。其中飞灰粒径分布、比电阻、飞灰成分是决定除尘器选型的关键因素。不同的除尘设备适用于不同的烟尘工况，应根据不同烟尘特性、性能指标、场地条件等因素选择经济合理的除尘设备，实现超低排放。

一、飞灰粒径分布特性

飞灰粒径主要指飞灰颗粒尺寸的大小，以通过某种尺寸的筛孔目的飞灰质量占飞灰总筛分样质量百分比表示。飞灰的粒径分布主要是指飞灰样中各种飞灰粒径与该粒径的飞灰质量占飞灰样质量百分比之间的关系。对颗粒物而言，大部分情况下使用粒度来表明粒子大小的代表性尺寸。测定粒度的目的是要获得颗粒物粒度特性资料。对粒度的分析主要获得：①颗粒物粒径的集中趋势；②集中趋势下的粒径大小。一般而言，从气体中捕集较大的粒子比较容易，粒子越细小则捕捉越困难。粒子的形状和结构会影响除尘器的性能，获取飞灰粒径及其分布特性，对除尘器选择具有重要的指导作用。

锅炉制粉系统特点和燃烧器形式、配风量、锅炉负荷、燃烧温度、燃烧时间等因素都影响燃煤锅炉飞灰排放量及粒径分布。不同的锅炉型式燃烧生成的飞灰粒径分布不尽相同，循环流化床锅炉产生的亚微米颗粒占飞灰比例比煤粉炉大。煤粉粒径大小以及燃烧破裂过程也直接影响飞灰粒径分布特性，煤粉颗粒越细，飞灰中 $PM_{2.5}$ 和 PM_{10} 所占比例均增加，尤其以 $PM_{2.5}$ 的增加最为显著。

煤粉炉飞灰粒径大多在 5～100μm，飞灰中 PM_{10} 约占总质量的 20%～40%，其中 $PM_{2.5}$ 约占总质量的 5%～10%；粒径在 10～100μm 的约占总质量的 55%；大于 100μm 的粒径占总质量的 10%左右，统计锅炉飞灰粒径分布特性见图 5-1。

燃煤锅炉烟气经过脱硝、除尘、脱硫后，飞灰中 PM_{10} 和 $PM_{2.5}$ 所占个数分布浓度和质量分布浓度均有所提高。对国内电厂典型烟尘个数分布进行统计分析，测试结果见图 5-2。飞灰粒径在 0.1～1μm 区间所占个数浓度比重最大。

对飞灰质量分布进行统计分析，湿法脱硫后飞灰中 PM_{10} 占总排放质量的 75%～88%左右，其中 $PM_{2.5}$ 占总飞灰质量的 45%～57%左右，见图 5-3。目前燃煤电厂烟尘控制技术中，对于飞灰中较大颗粒物的去除效果较好，而对于 PM_{10}、$PM_{2.5}$ 颗粒物去除效果较差。因此必须提高对飞灰中 PM_{10} 及 $PM_{2.5}$ 的去除效果，才能达到进一步降低烟尘排放的目的。

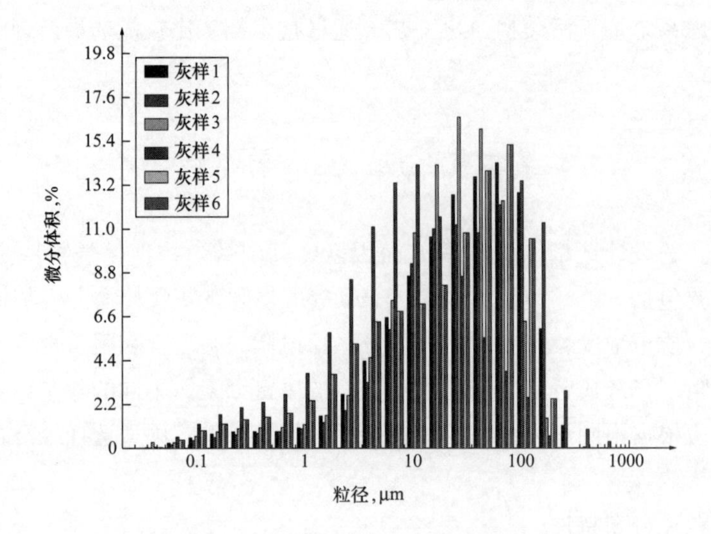

图 5-1　锅炉飞灰质量分布特性

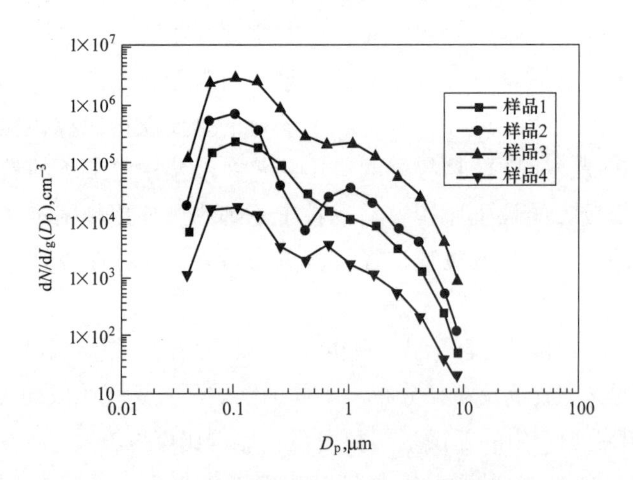

图 5-2　除尘脱硫后飞灰个数分布特性

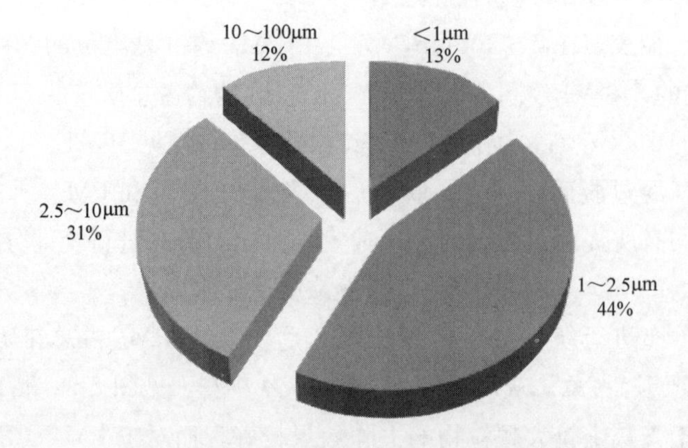

图 5-3　除尘脱硫后不同飞灰粒径质量分布

二、飞灰比电阻

飞灰比电阻是粉尘介电性质的表征参数，它表示相对单位面积（cm^2）、单位厚度（cm）粉尘层上的电阻值（Ω）。其与飞灰层厚度成正比，与电流通过的飞灰层面积成反比。可用如下公式表示，即

$$\rho = (A/d)(U/I) = (A/d)R$$

式中　A——飞灰层截面积；

d——飞灰层厚度；

I——通过飞灰层的电流；

U——施加于飞灰层上的电压；

R——飞灰层的电阻。

飞灰层是由大量微细颗粒物组成的，其导电机理不同于一般固态导体，电子是沿着表面和内部两条路径移动的，所以粉尘的比电阻分为表面比电阻和体积比电阻，总的比电阻值为表面比电阻和体积比电阻的综合作用值。表面导电是通过颗粒物表面的液膜传递的。由于表面液膜和颗粒物本身的物理和化学性质均区别较大，表面比电阻和体积比电阻随温度的变化规律各不相同，表面比电阻随温度升高而升高，在温度低于 130℃ 时起主要作用；而体积比电阻随温度升高而降低，在温度高于 170℃ 时起主导作用。在 130～170℃ 的温度范围内，则由两者共同影响粉尘比电阻值。研究统计不同灰样飞灰比电阻随温度变化的曲线规律，飞灰比电阻在 120～130℃ 温度区间达到峰值，不同灰样比电阻峰值区间不同，但是其随温度变化趋势基本相同，见图 5-4。

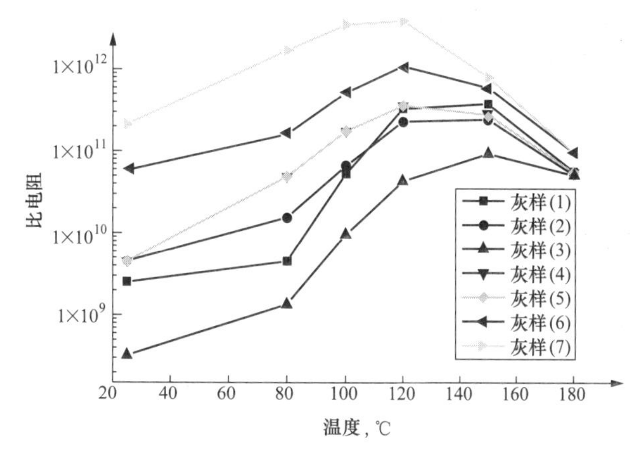

图 5-4　飞灰比电阻随温度变化特性

对于不同煤种，飞灰比电阻范围偏差较大，烟气成分变化也会改变飞灰比电阻特性。一般飞灰比电阻在 10^4～10^{11} Ω·cm 范围内，电除尘器有较好的除尘效果。飞灰比电阻过低和过高都不利于电除尘器高效运行。

当比电阻过低、小于 10^4 Ω·cm 时，粉尘颗粒到达收尘极表面后，会立即丧失电荷，并且由静电感应获得和收尘极相同的正电荷。带正电荷后，与阳极板相斥，很容易重返气流，形成二次扬尘。比电阻升高时，电除尘器效率会随着比电阻增大而减小，若比电阻超过 10^{12} Ω·cm，应用电除尘器会出现粉尘排放超标。因为比电阻过高会形成电场反电晕现象，降低电除尘器收尘效率。

三、飞灰成分

飞灰成分主要包括 SiO_2、Al_2O_3、Na_2O、K_2O、Fe_2O_3、SO_3、CaO、MgO、P_2O_5、Li_2O、MnO_2、TiO_2 及飞灰可燃物等。

SiO_2为无色固体，为飞灰中的主要物质，约占20.7%～70.3%。Al_2O_3为白色无定形粉状物，白色固体，飞灰中含量约为9.04%～46.5%，是飞灰中较难去除的成分。Na_2O为白色无定形状或白色粉末状物体，在火电机组飞灰中含量较少，一般约为0.02%～3.72%。K_2O为白色固体，飞灰中含量在0.12%～4.17%。Fe_2O_3为红棕色粉末状物体，飞灰中含量约为1.52%～25.88%。SO_3在标准状态下为无色固体，飞灰中含量约为0.02%～21.7%，非标准状态下呈气态或液态存在。CaO为白色无定形粉末状物体，飞灰中含量为0.6%～28.4%；MgO、P_2O_5、Li_2O、MnO_2、TiO_2等物质在飞灰中含量较少，属于微量部分。飞灰中还存在可燃物，即未燃烧完的煤粉（炭粉）；另外飞灰中还含有部分重金属元素。上述成分通常以固溶体混合物形态存在灰粒中。我国燃煤飞灰的主要成分含量分布见表5-1。

表5-1　国内燃煤飞灰成分

成　分	变化范围（参考值）	平均值（参考值）
SiO_2	20.7%～70.3%	50.18%
Al_2O_3	9.04%～46.5%	26.33%
Na_2O	0.02%～3.72%	0.69%
Fe_2O_3	1.52%～25.88%	7.84%
K_2O	0.12%～4.17%	1.16%
MgO	0.17%～6.37%	1.35%
SO_3	0.02%～21.7%	3.18%
CaO	0.6%～28.4%	6.34%

四、飞灰可燃物特性

我国燃煤电厂飞灰的含碳量在5%～10%之间，仅少数电厂小于5%。飞灰含碳量高对比电阻降低有利。飞灰中的碳有利于比电阻降低，当含碳量小于10%时，对比电阻影响不显著。当含碳量超过10%时，飞灰比电阻下降明显。但从另一个角度来看，飞灰含碳量的升高表明锅炉燃烧效率的下降。

五、烟尘中细颗粒物（$PM_{2.5}$）特性

燃煤电厂经过脱硝、除尘、脱硫后，排放飞灰中主要以PM_{10}和$PM_{2.5}$为主。细颗粒物$PM_{2.5}$在大气中的滞留时间更长、传输距离更远，因而其影响范围更大且持续时间更长。PM_{10}被认为是局地或城市尺度的污染物，而$PM_{2.5}$被认为是地区性甚至跨大陆输送的污染物。

燃煤电厂排放的细颗粒物$PM_{2.5}$从形态上分为球形颗粒和非球形颗粒，多以球形颗粒为主，随着颗粒物粒径的减小，非球形颗粒数量增多。$PM_{2.5}$颗粒表面并不光滑，布满了纳米级细颗粒，能够吸附更小的颗粒物。不同粒径的颗粒物之间也存在逐步吸附的现象，即粗颗粒物表面吸附细颗粒物，而细颗粒物吸附更小的颗粒物，见图5-5。因此$PM_{2.5}$具有更大的比表面积，更容易富集重金属等有害物质，特别是随着颗粒物粒径的减小，重金属质量比重总体上表现出增加趋势。控制$PM_{2.5}$排放量有利于减少烟气中重金属污染物的排放量。

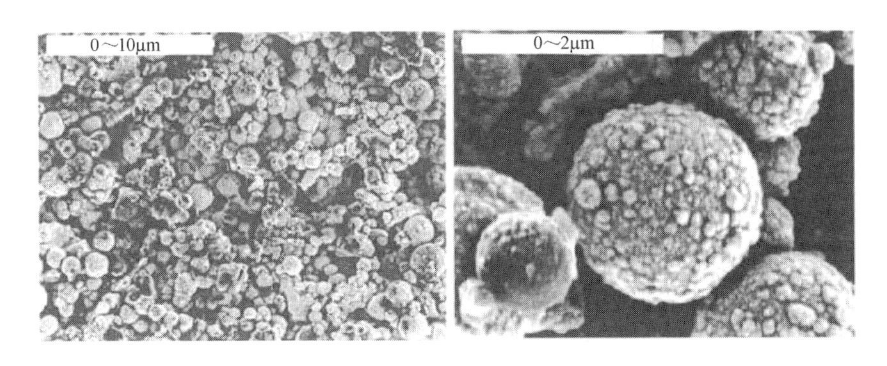

图 5-5　飞灰中细颗粒物 $PM_{2.5}$ 表面特征

因此，实现火电厂烟尘超低排放，主要是提高对 PM_{10} 及 $PM_{2.5}$ 的控制水平，才能达到预期效果。

第三节　电　除　尘　器

电除尘器具有除尘效率高、运行维护费用低、无二次污染等特点，在国内外电力行业应用广泛。随着烟尘排放标准的提高，电除尘器技术仍需不断挖掘潜力进行提效，以适应环保发展形势要求。

一、除尘原理

电除尘器是利用电场力将烟气中的粉尘分离去除的。在阴阳极间施加高压直流电，放电极附近产生强电场，将气体电离，形成稳定的电晕放电，从而使粉尘颗粒荷电。荷电粉尘在电场力作用下向收尘极迁移，通过振打系统对阳极和阴极系统周期性地振打清灰，收集粉尘通过灰斗和输灰系统去除，见图 5-6。电除尘器系统主要包括壳体、阴极系统、阳极系统、振打系统、气流均布装置、灰斗、高低压电气系统等，见图 5-7。

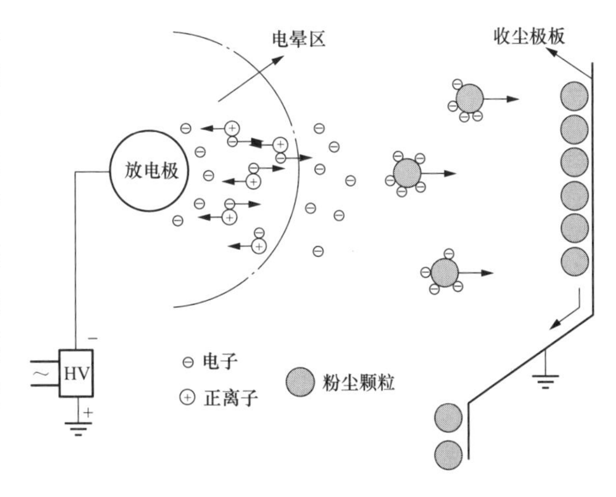

图 5-6　电除尘器原理图

二、影响电除尘器性能因素

电除尘器通过高压电晕放电使粉尘颗粒荷电，在电场力作用下迁移至收尘极，通过周期振打去除。电除尘器的性能受到与这一过程相关的诸多因素影响。粉尘比电阻对电除尘器性能的影响最为突出。粉尘比电阻取决于燃煤、飞灰成分特性，同时还受烟气温度、湿度、烟气成分的影响。电除尘器流场均布、振打清灰效果、电源特性等因素也直接影响电除尘器性能。

（一）燃煤与飞灰成分

燃煤与飞灰成分是电除尘器选型设计中需要考虑的关键因素，是决定烟气中粉尘比电阻的重要因素。燃煤对电除尘器性能的影响主要是灰分、水分和硫分。西安热工研究院在2013～2014年间对110台火电厂电除尘器进行了性能试验，通过对测试结果的统计分析，总结如下。

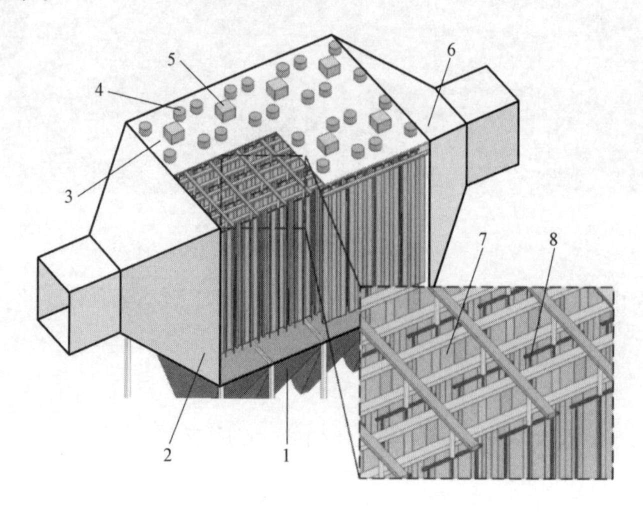

图5-7　电除尘器设备结构图

1—灰斗；2—进气段；3—壳体；4—阴极悬吊；5—高压电源；6—出气段；7—阳极系统；8—阴极系统

1. 燃煤硫分

烟气中的硫主要来自燃煤携带。高硫煤对燃烧不利，但对电除尘收尘有利。烟气中含有较多的SO_2时，可以在一定条件下以一定比率转化为SO_3。SO_3容易吸附于粉尘颗粒表面，改善粉尘的表面导电性，降低粉尘比电阻。SO_3所起的作用大于SO_2。高硫煤燃烧会产生更多的SO_3，因此高硫煤粉尘比电阻小于低硫煤燃烧粉尘比电阻。当整体烟温较低时，局部温度可能降到酸露点以下，这更有利于降低粉尘比电阻。燃煤全硫分与除尘效率间呈正相关趋势，见图5-8。硫分低于1.5%时，硫分的增加对除尘效率的提高较为显著；硫分超过1.5%时，硫分的增加对电除尘器除尘效率的提高作用不明显。

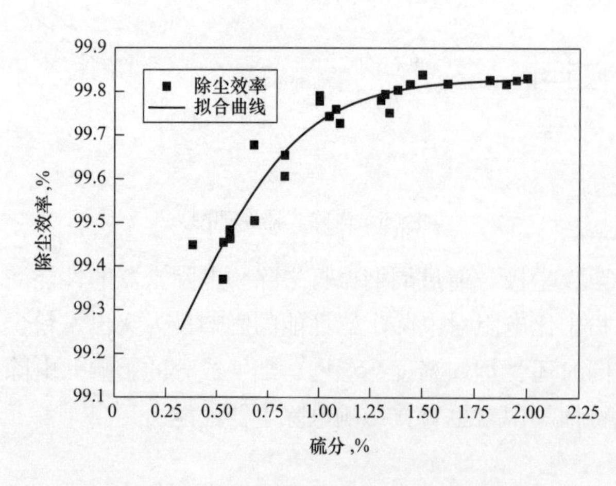

图5-8　燃煤含硫与除尘效率的关系

2. 煤中水分

烟气中的水分主要来自燃煤携带和燃烧过程中氢元素生成的水。水分对电除尘通常有促进作用。一方面水分附着于粉尘表面，可以有效降低粉尘的表面比电阻，还能提高粉尘的黏性，使其更容易相互碰撞凝并为大颗粒。另一方面，水蒸气的介电常数远高于空气，与空气中的自由电子结合会形成重离子，使电场击穿电压提高，有利于粉尘荷电。两方面都对提高除尘效率有利。水分对电除尘效率的影响还与烟温有较大关系。当烟温较低时，水分更容易在烟尘表面凝结，电除尘器效果较好。烟温若低于酸露点以下，则容易造成除尘器内部设备腐蚀、板结。

统计试验测试结果，烟气温度在 110～150℃范围时，燃煤含水量与除尘效率间呈正相关趋势。燃煤水分的增加有利于电除尘器效率的提高。燃煤水分大于 15%时，随着燃煤含水量的提高，电除尘器效率的提高不明显。烟气温度超过 150℃时，燃煤含水量的增加对电除尘效率的提高并不显著，见图 5-9。

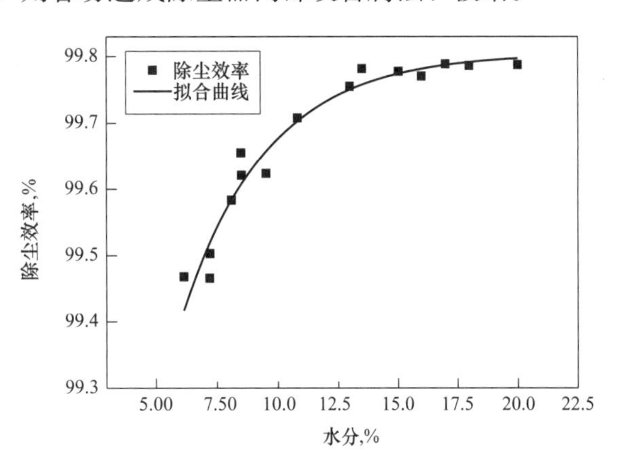

图 5-9 燃煤水分与除尘效率关系

3. 煤中灰分

煤中灰分直接决定了烟气中的含尘浓度。燃煤中灰分越高，则电除尘器入口烟气含尘浓度越高。电除尘器入口烟尘浓度超过一定范围后，电场电流随着烟尘浓度的提高而逐渐减小，当烟尘浓度高到一定程度后，电场电流趋近于零，会产生电晕封闭，电除尘器除尘效率大幅降低。

统计大量除尘器性能试验结果，常规四电场电除尘器，在一定灰分范围内，燃煤灰分与除尘效率呈正相关趋势，随着燃煤灰分的增加，除尘效率提高；但除尘器出口粉尘浓度会相应增加。当煤种灰分超过 40%时，电除尘器除尘效率随煤种灰分的增加而降低。所以高灰分煤种对电除尘是不利的，要求相同的出口排放浓度时，其设计电除尘器除尘效率也需提高。燃煤灰分与除尘效率之间关系见图 5-10；燃煤灰分与排放浓度之间的关系见图 5-11。

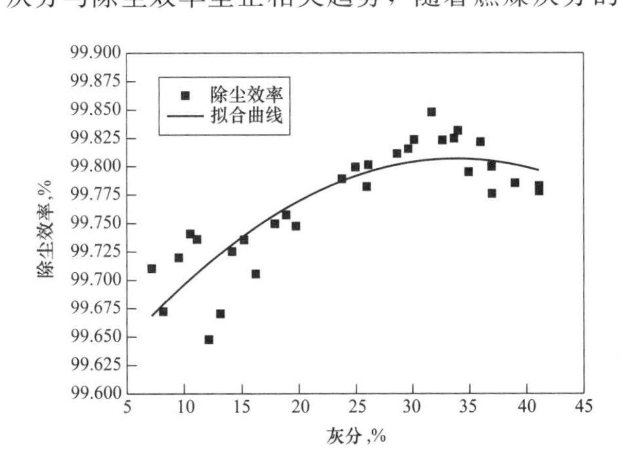

图 5-10 燃煤灰分与除尘效率的关系

4. 飞灰成分对电除尘器的影响

飞灰成分直接影响粉尘比电阻。我国大部分动力煤燃烧所产生的飞灰中 Al_2O_3 与 SiO_2 之和占到 70%以上，Al_2O_3、SiO_2 含量越高，越不利于电除尘器捕集；飞灰成分中 Na_2O、Fe_2O_3 有利于电除尘器收尘；K_2O、Li_2O、CaO、MgO、TiO_2 对电除尘器没有显著影响。

(1) 电除尘器有利因素。Na_2O、Fe_2O_3 有利于提高电除尘效率。Na_2O 可以降低烟尘的体积比电阻，同时还可以与烟气中的硫氧化物协同作用降低粉尘表面比电阻。当 Na_2O 含量小于 2%时，提高 Na_2O 的含量可以显著提高除尘效率。特别是对低硫煤，随 Na_2O 含量的增加，能有效抵消因硫含量少带来的不利影响。当 Na_2O 含量大于或等

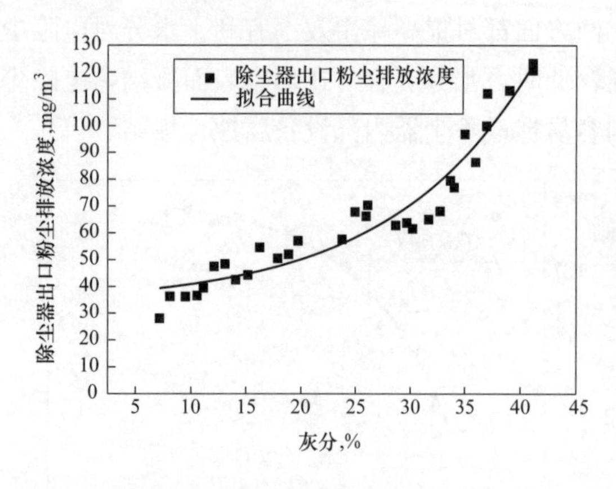

图 5-11 燃煤灰分与排放浓度关系

于2%时，进一步增加其含量对除尘效果的提升不大。Fe_2O_3 可以作为催化剂，加速 SO_2 氧化为 SO_3 的过程，也可以增加飞灰体积导电。Fe_2O_3 比 Na_2O 对电除尘的促进作用小，当 Fe_2O_3 含量大于11%时，进一步增加其含量对除尘效果的提升不大。这两种成分的共同点是其对低硫煤的除尘过程提效明显，但对高硫煤提效作用不大。

（2）电除尘器不利因素。Al_2O_3 与 SiO_2 是飞灰中的主要成分，但这两种成分都有较高的比电阻，对除尘不利。当 Al_2O_3 与 SiO_2 含量之和超过80%时，除尘效率将大幅下降。Al_2O_3 含量高还容易导致粉尘平均粒径变小，形成大量微细颗粒，是 PM_{10}、$PM_{2.5}$ 的主要组成部分，常规电除尘器难以去除。统计大量除尘器性能试验结果，飞灰中 Al_2O_3 与除尘效率的关系见图5-12。

（二）比集尘面积

比集尘面积是电除尘器的关键设计参数之一。相同煤质等工况条件下，电除尘器比集尘面积越大，除尘能力越强，除尘效果更好。

西安热工研究院对64台未进行提效改造的燃煤电厂电除尘器性能试验结果进行统计，比集尘面积与除尘效率呈现正相关趋势，如图5-13所示。除尘效率在99.80%以上的电除尘器，其比集尘面积不宜小于 $110m^2/(m^3/s)$。比集尘面积低于 $70m^2/(m^3/s)$ 的除尘设备中，效率低于99.00%的占到70%以上。因此，若要达到较高的除尘效率，比集尘面积应该设计在合适的范围内。比集尘面积过小，除尘效率难以保证。比集尘面积过大，对除尘效率的提高也不显著，设备投资和运行维护费用均较高。

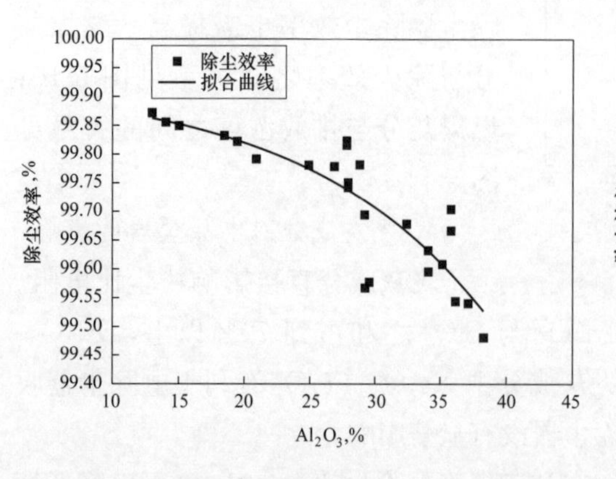

图 5-12 飞灰中 Al_2O_3 与除尘效率的关系

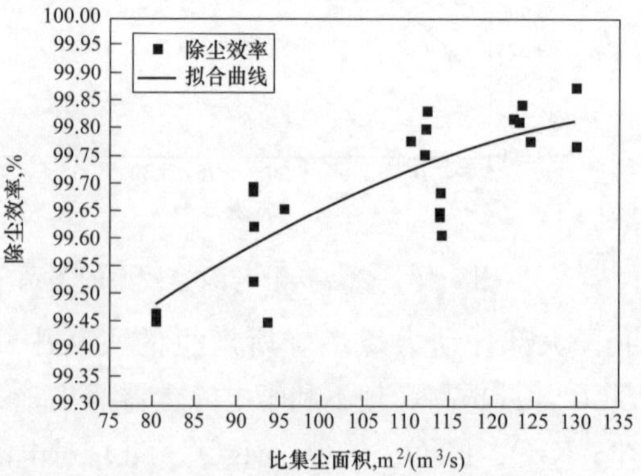

图 5-13 比集尘面积与除尘效率

（三）烟气流速

烟气流速主要影响烟尘在电场内的停留时间，从而影响除尘效率。烟尘在电场内极短的时间内就能达到饱和荷电，实际运行中受到影响因素较多。统计测试结果表明，烟气流速越低，对电除尘效率提高、降低排放越有利。降低烟气流速的主要手段是增大除尘器电场断面积或者减少工况烟气量。受到场地条件、设备投资以及烟尘排放要求的限制，目前在电除尘器的选型设计中，电场内烟气流速通常为 0.7～1.0m/s 左右，应在条件允许的范围内尽可能降低烟气流速。流速与除尘效率的关系如图 5-14 所示。

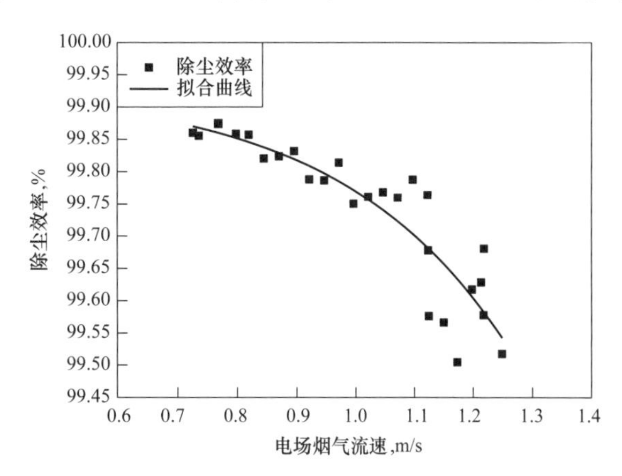

图 5-14　烟气流速与除尘效率关系

（四）其他因素

电除尘器流场均布、振打效果等对除尘效率也有显著影响。

流场均布包括除尘器进口烟道内的烟气流量分配和除尘器进口电场断面的均布两方面问题。烟道内烟气流量分配不均，除尘器各室烟气流量偏差大于 10%以上，造成除尘器处理气量不平衡，对除尘性能影响较大。除尘器各室电场断面的气流分布不均时，会导致局部电场风速过高，除尘效率低下，另一些区域风速过低偏离设计。同时还需要通过导流均流装置解决电场内部烟气短路和烟气窜流问题，流场均布是一个系统问题。

振打系统对除尘性能的影响主要由于振打效果不佳和振打力分布不均匀，容易造成过度振打使设备损坏，出现运行故障；或者出现阴阳极振打力不足，不能及时清理附着于阳极板和阴极线上的积灰，导致电晕封闭和清灰不彻底。此外不合理的振打强度和振打周期导致粉尘二次飞扬，同样降低除尘效果。

（五）常规电除尘器排放现状

西安热工研究院在 2013～2014 年间对 100 台电除尘器进行了性能试验。其中常规电除尘器（即未采用低低温、高频电源等电除尘新技术进行提效改造）共 64 台，对其排放浓度进行统计，见表 5-2。

表 5-2　　常规电除尘器性能测试汇总表

排放浓度	数量	百分比	平均比集尘面积 [$m^2/(m^3/s)$]	平均全硫（%）	平均灰分（%）	平均烟温（℃）
<30mg/m^3(标准状态)	0	—	—	—	—	—
30～40 mg/m^3(标准状态)	1	1.6%	130.12	1.36	24.97	127
40～50 mg/m^3(标准状态)	10	15.6%	105.53	1.42	21.38	138.31
50～60mg/m^3(标准状态)	10	15.6%	102.78	0.91	19.49	138.85
60～70mg/m^3(标准状态)	5	7.8%	110.9	0.92	26.54	131

续表

排放浓度	数量	百分比	平均比集尘面积[$m^2/(m^3/s)$]	平均全硫(%)	平均灰分(%)	平均烟温(℃)
70～80mg/m^3(标准状态)	10	15.6%	105.12	0.98	21.21	130.65
80～90mg/m^3(标准状态)	10	16.6%	88.54	0.85	17.22	130.25
90～100mg/m^3(标准状态)	4	6.3%	94.84	0.81	24.53	125.95
＞100mg/m^3(标准状态)	14	21.9%	89.31	0.85	29.22	133.21

这些电除尘器分布于全国各地，其对应的机组容量与燃煤煤种具有典型的代表性。大量试验结果统计表明，常规电除尘器普遍存在除尘效率偏低，烟尘排放难以达到国家现行标准的问题，其中一部分设备烟尘排放已达不到原设计标准。常规电除尘器对微细粉尘去除效率不高，为实现烟尘超低排放，电除尘器必须进行提效改造，或者采用配套新技术，以适应环保发展要求。

三、新技术

电除尘器的新技术主要是采用低低温换热器、高效电源、转动电极、烟气调质等技术以提高常规电除尘器的除尘效果。

（一）低低温电除尘器技术

低低温技术是通过在电除尘器前加装烟气换热装置使烟气温度降低到接近露点温度或以下，改善粉尘的荷电特性，同时降低烟温可以直接减少工况烟气量，降低烟气流速，延长在电场停留时间，提高除尘效率。但同时会带来二次扬尘增大、输灰不畅等问题。

低低温电除尘器性能汇总见表5-3和表5-4。统计结果表明：①由于受煤种的影响，国内已投运的低低温电除尘器大多运行在100℃左右。②低低温电除尘器对除尘效率的提高有限，烟温降低约30℃，烟气量减少约8%，除尘效率提升0.12%以上。③电除尘器比集尘面积大于120$m^2/(m^3/s)$，煤种适宜时，低低温电除尘技术并配套高效电源可以使烟尘排放降至30mg/m^3；实现烟尘排放低于20mg/m^3仍有困难。

表5-3　　低低温电除尘器性能测试汇总表

机组名	江阴电厂2号				平顶山电厂1号				日照电厂2号			
装机容量(MW)	660				1000				350			
除尘器(电场)	4				4				4			
低温设备状况	余热利用投运		余热利用停运		低省投运		低省停运		低省投运		低省停运	
除尘器编号	A台	B台	A台	B台	A台	B台	A台	B台	A台	B台	A台	B台
发电负荷(MW)	603		609		950		950		347		347	
入炉煤空干基灰分(%)	6.73		6.73		41.49		38.19		25.34		25.34	
入炉煤空干基硫分(%)	0.83		0.83		0.42		0.45		0.77		0.77	

续表

机组名	江阴电厂2号				平顶山电厂1号				日照电厂2号			
水分(%)	24.4		24.4		7.2		6.8		7.9		7.9	
比集尘面积	—	—	—	—	107.83	107.06	101.11	98.38	114		—	
入口烟温(℃)	102	110	142	141	103	104	129	137	97	97	133	131
除尘效率(%)	99.515	99.488	99.405	99.368	99.857	99.854	99.741	99.737	99.84	99.85	99.74	99.75
入口浓度(g/m^3,标准状态)	7.09	7.07	7.08	7.05	44.63	45.88	40.20	40.24	24.70	24.80	24.68	24.00
出口浓度(mg/m^3,标准状态)	33.55	35.09	41.05	43.20	61.72	65.13	100.6	102.88	39.80	35.42	63.85	58.02

表5-4　　低低温电除尘器性能测试汇总表

机组名	烟台6号		烟台7号		合川4号		南通新厂1号		南通新厂2号	
装机容量(MW)	160		160		660		1050		1050	
除尘器(电场)	5		5		5		4		4	
低温设备状况	余热利用投运		余热利用投运		低省投运		低省投运		低省投运	
除尘器编号	A台	B台	A台	B台	A台	B台	A台	B台	A台	B台
发电负荷(MW)	160		160		660		1050		1050	
入炉煤空干基灰分(%)	26.51		25.39		14.2		18.65		21.56	
入炉煤空干基硫分(%)	1.29		1.44		0.94		1.20		1.30	
水分(%)	12.2		10.6		13.94		9.8		10.3	
比集尘面积[$m^2/(m^3/s)$]	127		124		108.3	105.7	103.9	104.8	108.4	111.3
入口烟温(℃)	122	128	118	120	137	138	117	116	108	108
除尘效率(%)	99.88	99.87	99.86	99.88	99.68	99.62	99.746	99.711	99.759	99.790
入口浓度(g/m^3,标准状态)	20.63	21.89	21.36	22.03	12.83	12.60	17.54	17.89	21.46	22.19
出口浓度(mg/m^3,标准状态)	24.32	26.54	28.73	25.55	40.99	46.82	44.43	50.74	50.55	45.64

（二）高效电源技术

电除尘器高压电源特性直接影响电除尘器的性能。常规电除尘器的电源为晶闸管控制高压直流电源。在常规电源基础上，目前已发展出多种新型高效电源技术，主要包括高频电源、脉冲电源和三相电源等。

高频电源可以产生不同波形以适应电除尘器的各种工况，有着良好的适应性。其输出的电压峰值与谷值接近，可以有效减少因峰值电压过高而造成的闪络现象，因而可以提升平均供电电压。

脉冲电源在基础电压之上，供给电除尘器一组宽度窄、峰值高的微秒量级叠加脉冲电压。相比常规电源，脉冲电源可以有效减少因粉尘比电阻过高引起的反电晕现象，提高对高比电阻粉尘的去除效果。

三相电源采用三相输入而非单相输入，电压的输出效率高、输出波形平展。在有效提高平均电压与电流的同时，三相电源还能有效减少因三相不平衡导致的电网波动。

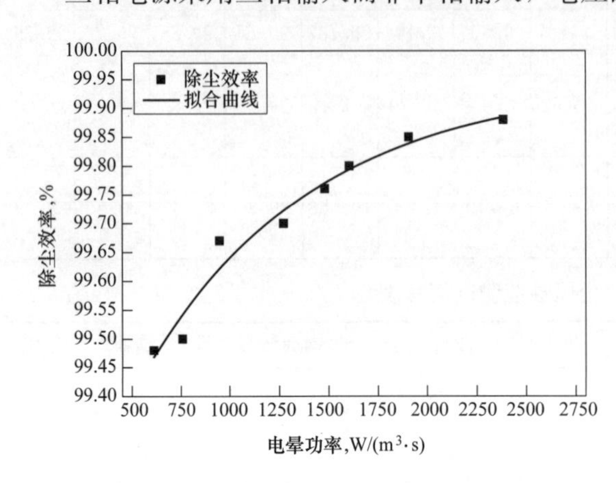

图 5-15　有效输入功率与除尘效率的关系

高效电源的根本优势体现在其比常规电源提高电场有效输入功率上，并提高电场电能的转化效率，通过增加电场的输入功率提高电除尘效率。在运行工况相同的情况下，电场有效输入功率越高，意味着电场内粉尘荷电、导电效果越好，有利于提高除尘效率。电场有效输入功率与除尘效率的关系见图 5-15。

西安热工研究院在 2013～2014 年间对 36 台机组实施高效电源改造的除尘设备进行了性能测试，结果汇总见表 5-5。

表 5-5　　高效电源电除尘器性能测试汇总

排放浓度	数量	占总数百分比（%）	平均比集尘面积 [$m^2/(m^3/s)$]	平均全硫（%）	平均灰分（%）	平均烟温（℃）	电源形式
＜30mg/m^3(标准状态)	2	5.56	116.54	0.44	13.88	123.5	脉冲 1 三相 1
30～40mg/m^3(标准状态)	6	16.67	113.39	1.03	14.94	128.8	脉冲 2 三相 2 高频 2
40～50mg/m^3(标准状态)	15	41.67	109.05	0.99	15.98	131.1	脉冲 1 高频 14
50～60mg/m^3(标准状态)	6	16.67	82.6	1.22	22.77	133.3	高频 6
＞60mg/m^3(标准状态)	7	19.43	85.76	4.16	19.86	136.7	脉冲 1 高频 6

这些电除尘器分布于全国各地，其对应的机组容量与燃煤煤种具有典型的代表性。大量试验结果统计表明：①高效电源可以有效提高电除尘器的电晕功率，从而提高除尘效率，降低烟尘排放浓度；②高效电源技术的应用效果仍受到煤种、烟气、粉尘特性等多种因素的影响；③采用高效电源技术的电除尘器，当比集尘面积在 90～130m^2/（m^3/s）之间，燃煤灰分不高于 25%，运行烟温为 100～130℃时，烟尘排放浓度范围在 30～65mg/m^3。④脉冲电源、三相电源性能优于高频电源。

（三）转动电极技术

转动电极技术主要用于解决末电场因振打不良引起的微细粉尘二次扬尘问题。将末电场收尘极设计成回转形式，当收尘极板旋转到电场下端的灰斗时，转动电刷将附着的粉尘刷入灰斗。当常规电除尘器的末级电场阳极板积灰较难清除、电场内反电晕明显、振打二次飞扬严重时，该技术能提高电除尘器的除尘效率，降低烟尘排放。

该技术的除尘原理与电除尘器相同，仍然是对煤种的适应性差，解决不了微细粉尘荷电和有效收集的关键技术难题，对微细粉尘 $PM_{2.5}$ 难以有效去除。同时，转动电极电除尘器由于其自身结构原因，传动链条长期受到烟气酸碱腐蚀，容易受到烟气粉尘的腐蚀磨损，使用寿命难以保证；运行中会出现转动机构卡涩、链条磨损等情况，增加日常维护量。已投运机组性能试验结果见表 5-6。

表 5-6　　转动电极电除尘器性能测试汇总表

机组大小	烟温（℃）	比集尘面积［m^2/（m^3/s）］	全硫（%）	灰分（%）	排放浓度（mg/m^3，标准状态）	效率
300MW	144	103.9	0.66	20.14	48.06	99.68%
300MW	145	102.5	0.66	20.14	47.62	99.80%
300MW	141	79.7	1.30	17.22	87.35	99.53%
300MW	144	85.2	1.46	17.08	60.18	99.70%
330MW	154	78.3	0.62	22.32	70.35	99.72%
330MW	154	79.9	0.55	24.09	94.20	99.66%
300MW	132	93.4	1.53	38.40	77.01	99.81%

四、超低排放对电除尘设计选型的启示

1. 细颗粒物电场中的特性

电除尘器设计选型时，典型的多依奇公式已不适用于烟尘超低排放要求，选型设计思路需不断完善，关键需提高微细颗粒物的去除效果。

微细颗粒物在电除尘器电场中同时受到两个力的作用，一个是颗粒荷电后受到的电场力，另一个是流体作用力，包括惯性力和颗粒受到的阻力。电场力促进颗粒物迁移至收尘极；而流体作用力则使颗粒沿流动方向前进。电场力与流体作用力的比值越大，则颗粒的驱进速度越高，越容易被收集去除。因此，电场内微细颗粒物的运动过程是一个电场和流场的协同作用过程。超低排放电除尘设计选型中需要提高微细颗粒物在电场内的荷电效果，增强电场力作用效果；同时保证流场分布均匀稳定，将电场风速控制在 1m/s 以下，尽可能减小流场偏流。

2. 选型设计经验公式修正

1964 年，瑞典专家 S·麦兹（Sigvard Matts）对多依奇经验公式进行了修正，使用了表观驱进速度 ω_k 方法，其计算式为

$$\eta = 1 - \exp\left[-\left(\frac{A}{Q}\omega_k\right)^k\right]$$

$$f = A/Q$$

式中　f——比集尘面积（单位烟气所对应的收尘板面积），$m^2/m^3/s$；

k——修正系数，取 0.5；

A——收尘板面积，m^2；

Q——烟气量，m^3/s；

ω_k——表观驱进速，cm/s。

在S·麦兹公式中，修正系数 k 为某一常数，选择不同的 k，值表观驱进速 $\omega_k = f(x)$ 曲线有不同的形态。当 $k=1$ 时，ω_k 变成了 ω，即为多依奇公式；经验参数多取 $k=0.5$，则 $\omega_k = f(x)$ 接近于常数，此时 ω_k 趋势不再随前后电场粉尘粒径的变化而改变，ω_k 更接近某一个常数，如此修正与实际运行情况存在较大差异。

实际运行证明粉尘驱进速度是变化量，微细颗粒物在电场中的驱进速度偏低，粉尘粒径越小，粉尘的驱进速度越低。修正后的经验公式得到的驱进速度仍然偏高，造成微细颗粒物的去除效率偏高。因此，微细粉尘的驱进速度修正应充分考虑到粉尘颗粒粒径、粉尘荷电量、电场强度等多种因素，不同粒径区间的粉尘实际驱进速度应不同。驱进速度计算公式为

$$\omega = \frac{qE_p}{3\pi\mu d_p}$$

粉尘颗粒电荷量 q 又主要取决于粉尘直径、粒子介电系数和电场强度，粒径是影响粒子能否达到饱和荷电量的主要因素。粉尘颗粒饱和电荷的计算式为

$$q_s = \frac{3\pi\varepsilon_p\varepsilon_0 E_0 d_p^2}{\varepsilon_p + 2}$$

式中　ε_p——粒子的相对介电系数（无因次）；

ε_0——真空介电常数，8.85×10^{-12}C/(V·m)；

d_p——粒子直径，m；

E_0——两极间的平均场强。

驱进速度计算公式中将粉尘电荷量 q 近似等于粉尘饱和荷电量 q_s，实际运行中也存在较大差异。通过测试得到从电除尘器出口逃逸的细颗粒物几乎均未达到饱和荷电，与经验公式中的理想情况存在偏差，微细粉尘颗粒的不饱和荷电是导致除尘效率低的重要因素之一。

因此驱进速度 ω_k 主要受到粉尘粒径和荷电量的影响，不同粒径范围和不同荷电量的粉尘颗粒驱进速度不同，目前选型设计中微细颗粒物的驱进速度偏高。同时粉尘驱进速度还受到煤种和烟气工况的影响，电除尘器入口烟气温度应根据燃煤含硫量的不同优化确定，当煤种含硫量低于0.5%时，电除尘器入口烟温可控制在90℃左右，可以有效改善微细粉尘颗粒的荷电性和导电性，提高微细粉尘颗粒的驱进速度和去除效果。

比集尘面积是电除尘器经验公式中的关键设计参数之一，其表示单位烟气所对应的收尘板面积。为保证较高的细颗粒物去除效率，当细颗粒物驱进速度降低时，则需要增加足够的比集尘面积和足够高的电晕功率。建议烟尘超低排放中电除尘器比集尘面积不宜小于120 $m^2/(m^3/s)$，采用高效电源保证有效电源功率不宜小于1600W/(m^3/s)较稳妥。

第四节　袋式除尘器

袋式除尘器是采用过滤除尘原理将烟气中的固体颗粒物进行分离，袋式除尘器的除

尘效率一般可达到99.9%以上，能够实现烟尘排放浓度小于20mg/m³甚至更低。

一、袋式除尘原理

含尘烟气从滤袋外表面通过滤袋时粉尘颗粒被截留下来，净烟气从滤袋内部通过，由净气室排出；沉积于滤袋外表面的粉尘层，在脉冲清灰喷吹气流的作用下从滤袋表面脱落去除，袋式除尘器除尘原理如图5-16所示，结构如图5-17所示。

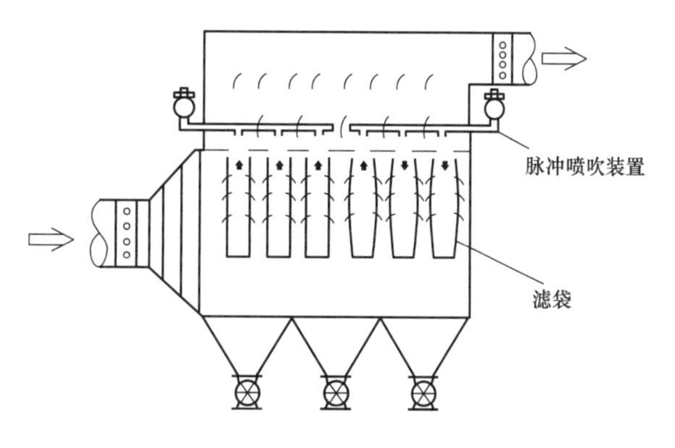

图5-16　袋式除尘器原理图

袋式除尘器的除尘原理见图5-18，有筛分、惯性碰撞、拦截、扩散等作用。筛分作用是袋式除尘器的主要除尘机理，当粉尘粒径大于滤袋中纤维间空隙时，粉尘颗粒被阻挡下来。袋式除尘器选用的滤袋有多种，不同结构的滤袋对粉尘颗粒物的去除效率不相同。如图5-18所示，开始过滤时，气流从滤袋间的网孔通过，较大粉尘颗粒嵌入滤袋间的网孔，由于黏附力的作用，在滤袋网孔之间逐渐产生粉尘桥架，形成一层初次黏附层，又称粉尘初层。粉尘初层在滤袋表面上稳定形成后，实现了对后续烟气中的细粉尘颗粒的过滤去除，使滤袋对粗、细粉尘皆有较好的去除分离效果。因此在投运前，需要对滤袋进行预涂灰，形成完好的粉尘初层。

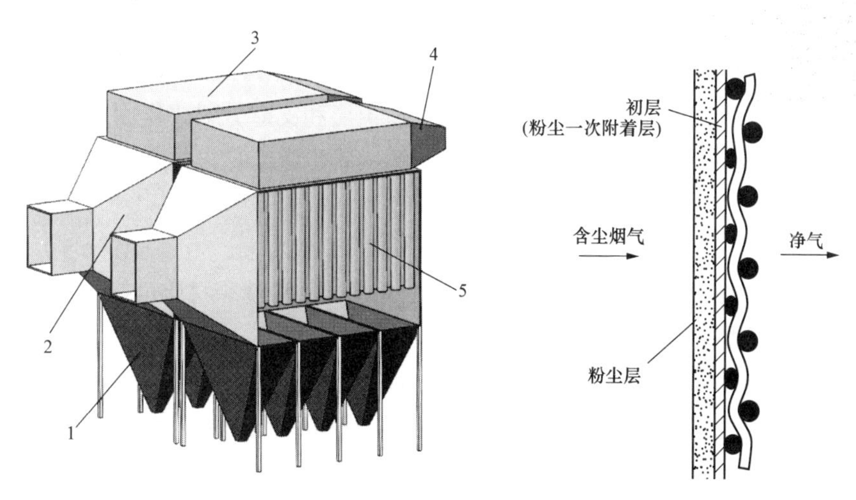

图5-17　袋式除尘器结构图

1—灰斗；2—进气段；3—净气室；4—出口烟道；5—布袋

图5-18　滤袋过滤除尘过程

二、性能影响因素

影响袋式除尘器性能的因素主要有煤种及粉尘特性、烟气温度、滤袋特性、脉冲清灰及流场分布等。

1. 煤种及粉尘特性

研究和实际运行情况表明，袋式除尘器更适宜于燃烧低灰分煤种。煤种灰分一般小于15%时，应用袋式除尘器最稳妥。煤种灰分超过20%时应用袋式除尘器的经济性降低。烟气含尘浓度越高，一方面需降低过滤风速，对滤袋的性能要求更高，设备投资费用相应增加；另一方面烟尘浓度越高，除尘器运行阻力增加到1500～2000Pa，引风机功率需增加，见图5-19。要保证除尘器正常运行，对喷吹系统要求提高，喷吹周期缩短，滤袋使用寿命缩短，运行维护费用增高。同时煤灰中SiO_2含量较高时，会加速滤袋磨损，影响除尘器正常稳定运行。

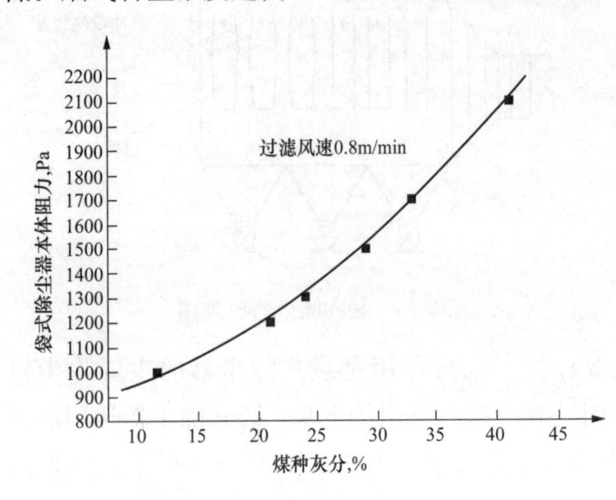

图5-19　袋式除尘器运行阻力与燃煤灰分关系

高硫、高水煤种需慎重应袋式除尘器，高硫煤烟气中生成SO_2含量较高，增加脱硝后，容易生成SO_3。烟气中SO_3含量增加易造成滤袋氧化腐蚀，缩短滤袋使用寿命；烟气中含水量较高时，容易在滤袋表面结露，造成粉尘糊袋，迅速增加运行阻力，同时在滤袋表面形成SO_3酸雾，加速滤袋腐蚀破损。

粉尘粒径大小直接影响袋式除尘器的除尘效果。对于粒径为0.2～0.4μm的粉尘，过滤效率最低。这一粒径范围的粉尘主要依靠碰撞和拦截作用收集去除，初期使用的滤料对该粒径除尘效率最低。滤袋主要起着形成粉尘层和支撑骨架的作用，因此滤袋纤维直径越细密，形成的滤袋支撑结构越密实，对微细粉尘颗粒物去除效果更高。为实现烟尘超低排放，滤袋表层多采用超细纤维或覆膜。

2. 烟气温度

袋式除尘器应根据烟气温度选型合适的滤袋材质，各种滤袋材质也均有其适宜的应用烟气温度范围。为保证滤袋使用寿命，建议烟气温度范围在120～150℃，滤袋材质选型比较经济合理，使用寿命能够保证。烟气温度过高超过160℃，滤袋材质造价较高，容易造成滤袋高温老化。烟气温度低于110℃，则容易形成酸结露，造成滤袋糊袋失效。

3. 滤袋特性

滤袋是袋式除尘器的关键部件，不同的滤袋材质适应不同烟气工况；不同的滤袋加工工艺对粉尘的过滤去除效果不同。国内燃煤锅炉袋式除尘器最常用的滤料为PPS、PTFE、PPS+PTFE混纺、P84、玻璃纤维等。我国高温滤料纤维市场供不应求，滤袋纤维多从日本、欧洲等进口。

对于低硫煤，烟气烟温为120～145℃的工况，应用PPS滤袋材质最经济。对于高硫分煤种，含硫量大于2%以上，烟温为120～150℃，可考虑应用PPS/PTFE（基布）或者PPS+PTFE混纺/PTFE（基布）材质滤袋。PPS滤料采取PTFE浸渍处理，使

PPS滤料受到PTFE的保护，延缓了高温烟气中的化学腐蚀，能够有效应对SO_3腐蚀。PPS滤料的PTFE覆膜工艺为滤料表面形成均匀致密表层，达到最佳过滤效果。PTFE做基布可以提高滤料的整体强度，并提升耐受高温烟气冲击性能，从而使滤料的强度不至于衰减过快，延长滤袋的使用寿命。对于烟温为150～180℃的工况，应考虑采用PTFE或者P84材质滤袋，其抗化学腐蚀性、抗氧化性能最好，耐高温190℃以上。

4. 脉冲清灰

袋式除尘器依靠附着在滤袋表面上的粉尘层作为过滤层，当滤袋表面粉尘层厚度增加到一定程度时，运行阻力增加，需要进行清灰，多采用低压脉冲清灰方式。清灰系统设计原则既要能够保证滤袋有效清灰，降低运行阻力；又要避免过度清灰，破坏滤袋表面的粉尘初层，引起除尘效率显著下降，同时减小由于清灰造成滤袋的磨损。

脉冲清灰直接影响袋式除尘器的运行效果。为保证滤袋清灰效果，滤袋长度不宜超过8500mm，同时滤袋间距不宜过小。脉冲喷吹清灰系统设计需合理优化，固定行喷吹控制脉冲清灰压力范围在0.25～0.35MPa；回转喷吹控制脉冲清灰压在0.08MPa左右，应根据运行情况采用定阻力清灰或者定时清灰。

5. 流场均布

袋式除尘器的流场分布直接影响设备运行阻力和滤袋使用寿命，流场分布不均容易加速滤袋局部磨损，并造成设备运行阻力居高不下。燃煤电厂袋式除尘器结构形式多采用水平直通式或者下进气方式。应根据结构形式采取合理的流场均布设计方案，在进口烟道、滤袋区等位置设置导流和均流装置，降低滤袋迎风面风速，保证各室烟气流量偏差小于10%，避免局部烟气流速分布不均。同时控制滤袋底部上升气流速度，减小上升气流造成粉尘附着和袋底磨损。

6. 过滤风速

袋式除尘器过滤风速的选择需综合考虑煤种、结构形式和设备投资等多方面因素。一般控制过滤风速小于1.0m/min。燃用高灰分煤种时，过滤风速不宜选得过高，减小滤袋过滤面积，虽然节省除尘器设备投资，但是会造成运行阻力提高，滤袋破损率增加，增加了运行维护费用。因此需要根据工况选取经济合理的过滤风速范围。

三、袋式除尘器应用情况

2001年，袋式除尘技术开始陆续应用于我国燃煤电厂，适用于新建或改造机组，大型机组袋式除尘器应用业绩并不多。袋式除尘器在无烟煤电厂锅炉、循环流化床锅炉及干法脱硫装置的烟气除尘中具有一定优势，适用于排放要求严格的地区。

袋式除尘器作为高效除尘器，能收集比电阻高、电除尘器难收集的粉尘，尤其对微细粉尘有较高的去除效率，一般可达99.9%以上。除尘器出口烟尘排放浓度可稳定控制在$20mg/m^3$以下，适用于烟尘超低排放技术路线，并且袋式除尘器能够协同去除重金属汞等多种污染物。

袋式除尘器应用过程中存在滤袋使用寿命短、系统阻力高、运行维护费用高等技术问题。我国燃煤电厂排烟温度偏高，烟气中NO_x、SO_x、O_2含量高，含尘浓度高，目前应用袋式除尘器滤袋使用寿命普遍达不到30 000h，而国外运行良好的设备可5～8年更换一次滤袋。对于灰分大于20%的煤种，袋式除尘器存在运行阻力高、清灰周期短的问题。运行阻力一般在1500～2000Pa之间，通过运行调控可使运行阻力降低300～500Pa。

四、袋式除尘器设计选型

（1）过滤风速。根据燃煤灰分的大小，宜选择在0.6～1.0m/min。

（2）除尘器滤料选用参考见表5-7。

表5-7　除尘器滤料选用

序号	烟气温度 t(℃)	滤料		
		纤维	基布	克重*(g/m²)
1	$(t_{ld}{}^{a}+15)<t\leqslant145$	PPS[b]	PTFE[c] 或 PPS	≥550
2	$(t_{ld}+15)<t\leqslant155$	PPS或70%PPS+30%PTFE	PTFE	≥600
3	$(t_{ld}+15)<t\leqslant145\sim160$ （连续运行温度区域越高，建议PTFE的配比也相应提高）	PPS或70%PPS+30%PTFE 50%PPS+50%PTFE	PTFE	≥620
4	$(t_{ld}+15)<t\leqslant240$	15%PI[d]+85%PTFE	PTFE	≥650
5	$(t_{ld}+15)<t\leqslant160$	30%PPS+70%PTFE	PTFE	≥640
6	$(t_{ld}+15)<t\leqslant240$	PTFE	PTFE	≥750

* 当除尘器的出口气体含尘浓度要求低于30mg/m³（标准状态，干基）时，克重应适当相应增大（或者选用添加合理比例的超细纤维）。PTFE浸渍处理也可以适当提升滤料的过滤效率。

a　t_{ld}为烟气的酸露点温度。

b　PPS为聚苯硫醚缩写，以PPS纤维为主的滤料，烟气中含氧量应不大于8%、NO_2的含量应不大于15mg/m³。循环流化床锅炉因为更低的炉膛燃烧温度产生较少的NO_2，以及炉内添加石灰石脱硫等因素，在序号1或2的温度条件下使用PPS滤料一般可以满足相应的寿命。

c　PTFE为聚四氟乙烯缩写。

d　PI为聚酰亚胺缩写。

第五节　电袋复合除尘器

电袋复合除尘器有机结合了电除尘器和袋式除尘器的技术特点，充分发挥电除尘器和袋式除尘器各自的除尘优势，烟尘排放浓度小于15mg/m³甚至更低。

一、除尘原理

电袋复合除尘器为串联一体式结构，电场区水平布置，布袋区多采用固定行喷吹或者旋转喷吹形式。含尘烟气进入除尘器后，烟气中约70%～80%粗颗粒粉尘在电场内被去除，剩余20%～30%的微细粉尘随烟气经过布袋除尘区导流均流装置后，一部分随烟气水平进入滤袋收尘区，大部分随烟气流动导向滤袋下部，自下而上进入滤袋收尘区。含尘烟气经过滤袋外表面时，微细粉尘被过滤去除，净烟气从滤袋的内部流出，进入上部净气室，然后汇入出口烟道，经引风机后排出，如图5-20所示。设备结构如图5-21所示。

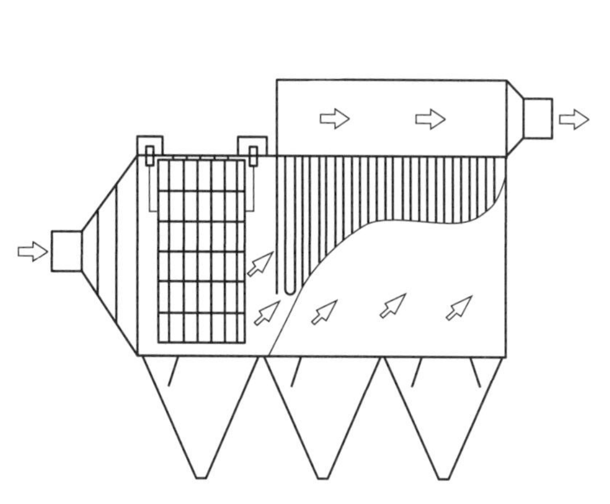

图 5-20　电袋复合除尘器原理图

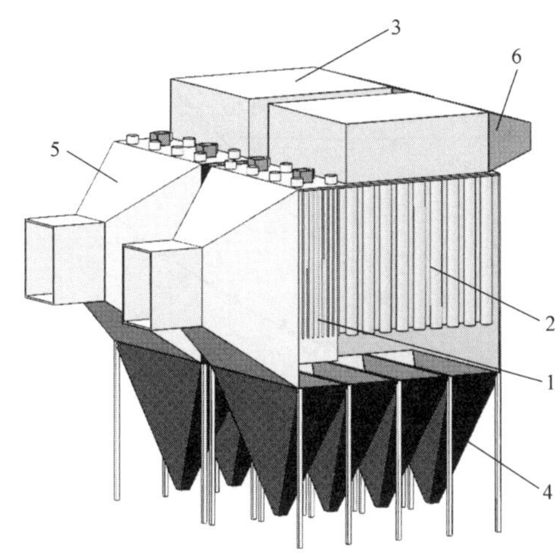

图 5-21　电袋复合除尘器结构图

1—电场区；2—布袋区；3—净气室；4—灰斗；

5—进口喇叭；6—出口烟道

二、技术特点

（1）电袋复合式除尘器的除尘效率不受煤种、烟气特性、飞灰比电阻的影响，可以长期保持高效、稳定、可靠地运行，烟尘排放浓度小于 15mg/m^3 甚至更低。对微细粉尘 $PM_{2.5}$的去除效率达到 99.8％以上，解决了高比电阻、高 Fe_2O_3 粉尘难以去除的问题。

（2）电袋复合除尘器在电场内使粉尘荷电，荷电粉尘具有凝并作用，在滤袋表面形成荷电粉尘层，排列疏松、孔隙率高，有利于粉尘过滤和清灰。粉尘层荷电前后对比见图 5-22。

图 5-22　粉尘层荷电前后对比

滤袋表面形成的荷电粉尘层比常规袋式除尘器运行阻力低 500Pa 以上，清灰周期时间是常规袋式除尘器的 5 倍以上，大大降低了设备的运行阻力，如图 5-23 所示。

（3）电袋复合式除尘器解决了袋式除尘器烟气粉尘负荷高、对滤袋冲刷磨损严重、清灰频率高、滤袋使用寿命短的难题。通过延长滤袋的使用寿命、降低运行阻力、延长

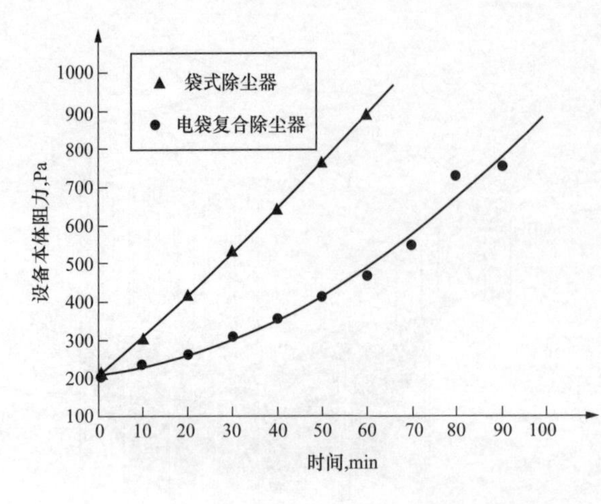

图 5-23　电袋复合除尘器和袋式除尘器运行阻力对比

清灰周期等途径降低除尘器运行、维护费用。

(4) 电袋复合除尘器是控制火电厂细颗粒物 $PM_{2.5}$的有效技术。

电袋复合除尘器荷电粉尘具有凝并作用，使微细粉尘凝并，对 $PM_{2.5}$微细颗粒的除尘效率能够达到 99.8%以上，试验测试结果见表 5-8。因此荷电粉尘凝并是最一种有效的控制技术，比其他除尘技术能够提高对细微颗粒的去除效率。通过改善过滤纤维材质和结构，以及滤袋加工生产工艺，例如过滤层加 P84 面层或加超细纤维层等技术手段，优化合理的滤袋清灰控制方式，能够使电袋复合除尘器对 $PM_{2.5}$去除效率达到 99.9%以上。

表 5-8　　电袋复合除尘器对 $PM_{2.5}$去除效率统计

序号	应用电厂	机组容量	入口 $PM_{2.5}$浓度 (g/m³)	出口 $PM_{2.5}$浓度 (mg/m³)	$PM_{2.5}$去除效率 (%)
1	河南某厂 6 号	300MW	4.18	9.2	99.78
2	贵州某厂 1 号	300MW	6.25	10.0	99.84
3	贵州某厂 3 号	135MW	4.71	8.0	99.83
4	内蒙古某厂 4 号	300MW	5.06	8.1	99.84

(5) 电袋复合除尘器是控制火电厂重金属汞的有效技术。重金属类污染物的净化处理主要采取降低烟气温度、活性炭吸附、电袋、布袋除尘等控制措施。电袋复合除尘器由于应用了电场荷电、粉尘凝并、滤袋过滤除尘原理，对于重金属颗粒的捕集效率，明显高于电除尘器，试验测试电袋复合除尘器对总汞（气态汞和颗粒汞）的去除效率可以达到 70%以上，而电除尘器对总汞的去除效率为 40%～50%左右。

三、电袋复合除尘器应用情况

电袋复合除尘器是电除尘技术和袋式除尘技术的有机结合，前电后袋，技术优势互补，既发挥了电除尘器对粗颗粒粉尘去除效率高、设备阻力小、运行安全可靠、维护方便等技术优势，又发挥了袋式除尘器对微细粉尘去除效率高等技术优势。同时对重金属汞去除效率较高，可以作为烟尘超低排放技术路线之一。

电袋复合除尘器与袋式除尘器不同，更适用于燃烧煤种灰分高、粉尘比电阻较高的机组，或燃烧煤矸石的循环流化床锅炉和常规煤粉锅炉，或采用干法、半干法脱硫技术的机组。高硫分煤种应用时选型防腐性能更高的滤袋材质。烟气温度、滤袋特性、脉冲清灰效果及流场分布等因素同样影响设备性能指标，与袋式除尘器的适应性类似。电袋复合除尘器滤袋区粉尘负荷大大降低，过滤风速比袋式除尘器更高，可以达到 1.0～

1.3m/min。

该技术已在燃煤电厂广泛应用，目前国内约有 800 多台机组应用电袋复合除尘技术，其中 300MW 机组以上约 400 台机组，已有数台百万机组运行业绩，燃煤机组采用电袋复合除尘器约占总量的 12%。该技术将在我国燃煤电厂烟尘的超低排放中发挥重要作用。

四、电袋复合除尘器设计选型

（1）除尘器电场区宜采用一电场，前后分小区供电，比集尘面积在 20～30$m^2/(m^3/s)$ 之间。

（2）除尘器的电场风速宜小于 1.1m/s。

（3）除尘器的滤袋过滤风速宜选用 1.0～1.3m/min。

（4）滤料选用参照表 5-7。

第六节　湿式电除尘器

湿式电除尘器应用于湿法脱硫后，作为颗粒物控制的终端技术，能够有效去除 $PM_{2.5}$、SO_3 酸雾、重金属汞、石膏等多种污染物，实现烟尘超低排放。

一、除尘原理

湿式电除尘器的除尘原理与电除尘器相同，通过向电场空间输送直流负高压，使电场空间气体电离，对脱硫后湿烟气中颗粒物和雾滴进行荷电，在电场力的作用下，将其收集在收尘极表面上。利用在收尘极表面形成的连续水膜将粉尘颗粒携带去除，并通过清洗系统对阴阳极系统进行彻底清洗。除尘原理如图 5-24 所示。湿式电除尘系统主要包括壳体、阳极系统、阴极系统、清洗系统、导流均流装置、高压低压电气及控制系统

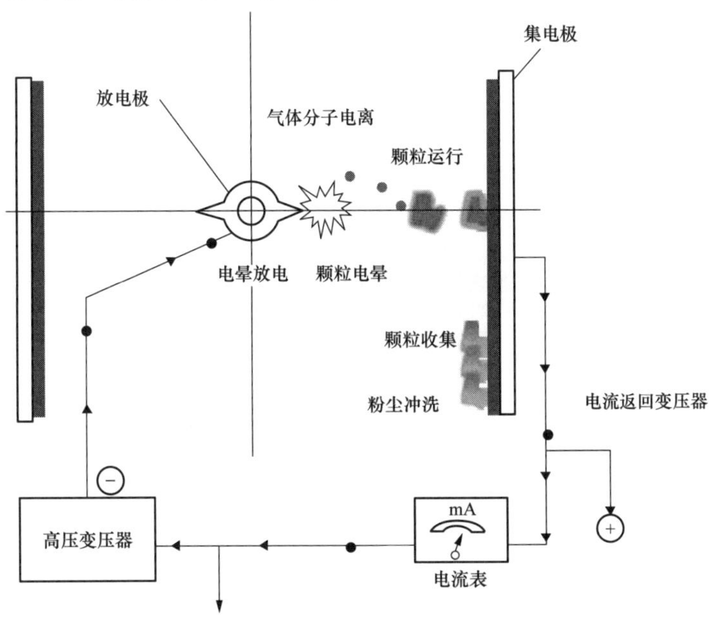

图 5-24　湿式电除尘器原理图

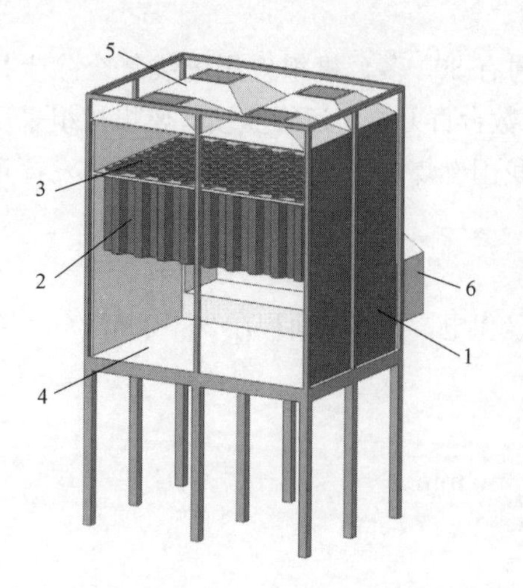

图 5-25　湿式电除尘器结构图

1—壳体；2—阳极系统；3—阴极系统；4—积水斗；5—进口喇叭；6—出口烟道

等，见图 5-25。

二、结构形式及应用

湿式电除尘技术在国外应用较早，主要应用于欧洲和日本电厂。在国内冶金行业和化工行业中应用较多，近年开始在燃煤电厂大型化工程应用。主要有水平卧式湿式电除尘器、非金属立式湿式电除尘器和柔性收尘极湿式电除尘器三种结构形式。

（一）卧式湿式电除尘器

卧式湿式电除尘器在日本应用较多，收尘极、放电极均采用金属不锈钢材质，以 316L 为主。收尘极为卧式板式结构，与常规干式电除尘器结构类似，如图 5-26 所示。运行时通过电场上部喷嘴在极板上形成连续均匀水膜，收集粉尘被冲洗去除。连续喷入大量碱性水，与烟气环境中的酸进行中和，用于提高不锈钢收尘极板的抗酸腐蚀性，解决阳极板在强酸环境下的腐蚀问题，延长设备使用寿命。运行中循环水量较大，300MW 机组规模需要循环水量约 80t/h。为维持水量平衡，系统每小时排放水量和补给水量约为 15t/h，同时需要向循环水中添加 NaOH 药剂中和酸性，如图 5-27 所示。湿式电除尘器冲洗系统包括阳极冲洗和阴极冲洗。阳极冲洗为连续运行方式，形成连续稳定水膜；阴极冲洗为定期冲洗运行方式，冲洗时需将电场断电或者降电压运行。为保证形成水膜的均匀性，阳极板高度一般不超过 10m，电场数量一般为 1～2 个。

国内电厂 300、600MW 机组已有应用。已投运机组湿式电除尘器存在电场运行参数

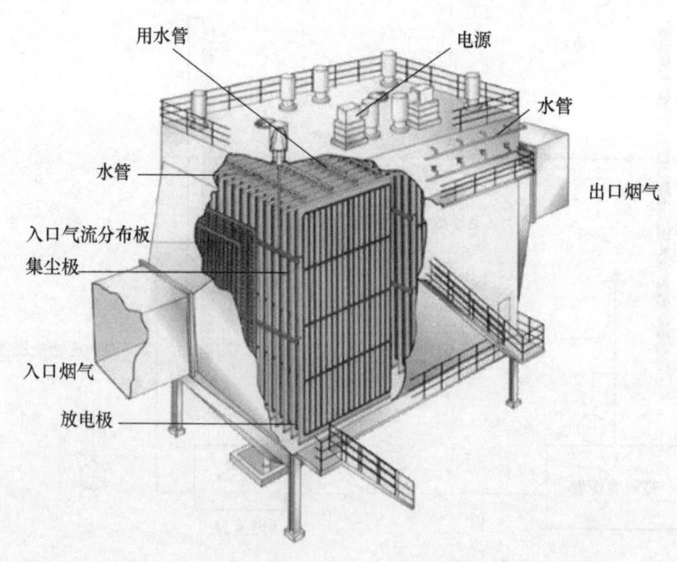

图 5-26　卧式湿式电除尘器

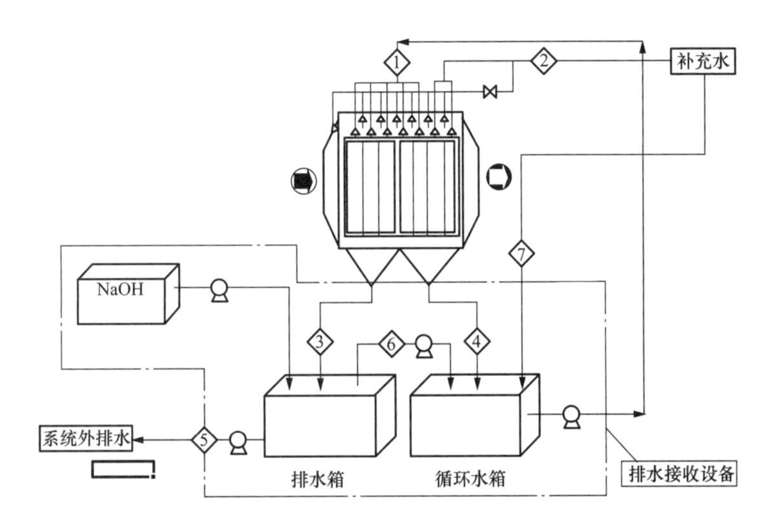

图 5-27　卧式湿式电除尘器水循环系统

不稳定，电流、电压运行参数不高，参数波动等问题。卧式结构形式上存在烟气窜流问题，烟气会不经过电场区直接外排。同时该形式湿式电除尘器容易造成水雾携带，实际除尘除雾效果降低。由于设备配套水循环处理系统，运行维护相对复杂，会增加投资和运行维护费用，目前已投运机组运行时间不长，收尘极、放电极使用寿命还需进一步检验。

（二）立式湿式电除尘器

立式湿式电除尘器放电极采用不锈钢、铅合金或钛合金。收尘极多采用非金属耐腐蚀材质，这种材质具有良好的导电性和耐酸腐蚀性，密度小、强度高、耐电火花腐蚀等，使用寿命大于 15 年。立式 FRP 湿式电除尘杜绝了烟气短路窜流问题，同时解决了金属材质的湿式电除尘器在运行中连续喷入碱性水的问题，省略了循环水及处理系统。湿式电除尘器收集湿饱和烟气中的水雾滴，在收尘极表面形成连续水膜，从而达到极板清灰的作用。为了保证极板的清洁，设备内部配有清洗系统，采用分区域、定期间断的清洗方式，保证了电场的高效运行。湿式电除尘器耗水量少，300MW 机组清洗耗水量仅为 10t/天。

收尘极采用非金属耐腐蚀材质，设备质量大大降低，结构紧凑，布置方式灵活。采用立式蜂窝状模块布置，安装时模块采用整体吊装，见图 5-28。

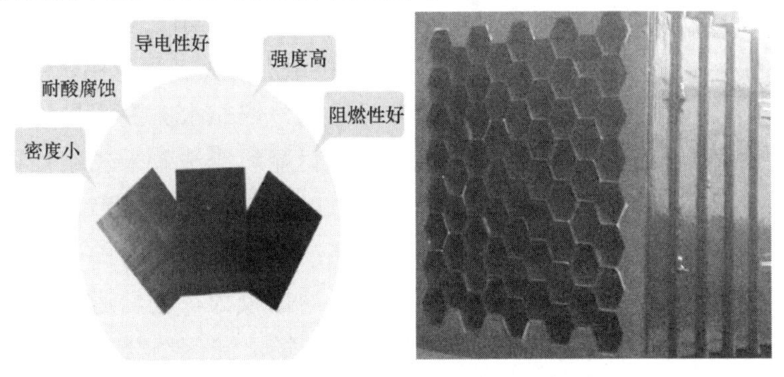

图 5-28　非金属耐腐蚀材料特性和收尘极

立式湿式电除尘器可独立布置，也可放置于湿法脱硫吸收塔顶部，如图 5-29 所示。对于新建机组湿式电除尘器可设置在脱硫塔顶部，与脱硫塔统一布置，设备阻力最小，系统简单。对于改造机组，场地空间允许，可以采用立式单独立布置方案。增加部分烟道，设备阻力增加，占地面积稍大。

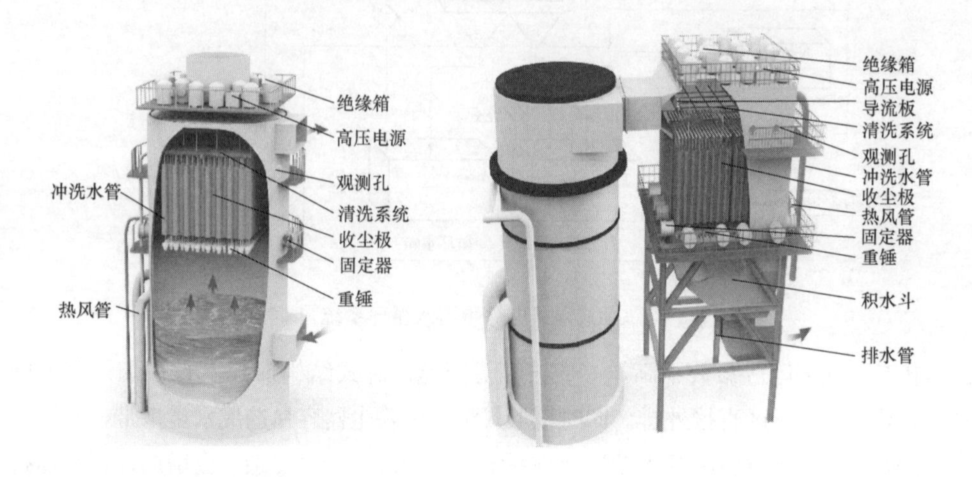

图 5-29　脱硫塔一体布置与独立布置湿式电除尘器

湿式电除尘器在国内电厂 300、600MW 机组已有几十台应用业绩。投运机组运行已 1 年多，运行稳定。收尘极、放电极运行状况良好，无结垢堵塞和电火花腐蚀问题。根据进出口烟道设计导流和均流装置，所有烟气均匀通过电场，无烟气流场窜流问题，实际运行除尘、除雾效果良好，是实现超低排放有效手段。

（三）柔性电极湿式电除尘器

柔性电极湿式电除尘器收尘极采用柔性涤纶布，如图 5-30 所示，放电极采用不锈钢或铅合金，可布置在脱硫塔顶部或者独立布置。收尘极高度一般不超过 10m。湿式电除尘器在运行时不消耗碱性水，采用定期间断清洗方式。无水循环处理系统，冲洗水和收集水均排放到脱硫系统中。

柔性电极湿式电除尘器，可根据现场具体情况选择塔内整体布置，或者独立布置结构形式，如图 5-31 所示。已在几台 300MW 和 600MW 机组上完成工程应用。由于柔性涤纶布本身不导电，依靠水膜润湿导电，加之平整正度不好，润湿和清洗效果较刚性极板差。收尘极堆积的正电荷不能有效释放，运行电压电流参数不高；收尘极与放电极极距保持不好，风速高时摆动比较大，电场运行参数不稳定，并容易造成电场火花闪络烧损收尘极，使用寿命有待验证。

图 5-30　柔性收尘极

图 5-31　柔性电极湿式电除尘器布置形式

（四）三种形式湿式电除尘器技术比较

三种形式湿式电除尘器技术特点的比较见表 5-9。

表 5-9　湿式电除尘器特点技术比较

项目	水平卧式板式	立式管式非金属	柔性收尘极
技术来源	在美国、日本电厂应用案例，国内多为引进技术	自主研发技术，在国内电力、化工行业应用较多，应用成熟可靠	国内自主研发技术
布置方式	卧式，水平进气、出气，独立布置	立式，烟气下进上出或者上进下出。可与脱硫塔一体布置或独立布置	立式，烟气下进上出。可与脱硫塔一体布置或独立布置
技术特点	（1）金属极板，机械强度高，不易变形，多采用不锈钢 316L	（1）导电玻璃钢作为收尘极，机械强度高，电场稳定性好，运行参数较高	（1）柔性涤纶布作为收尘极，机械强度弱，极间距不易保证，电场稳定性较差，运行参数较低
	（2）收尘极采用连续喷水冲洗，放电极定期断电清洗。耗水量较大，碱耗量较大	（2）收尘极、放电极采用定期间断水冲洗方式，每天清洗一次，耗水量小，不易积灰	（2）收尘极、放电极采用定期间断水冲洗，每隔一周清洗一次。耗水量小，但易积灰
	（3）存在烟气窜流和水雾携带问题，排放效果不稳定	（3）无烟气窜流，电场参数较高，烟尘排放效果稳定	（3）无烟气窜流，电场参数不高，排放效果不稳定
	（4）独立布置，受场地影响较大	（4）独立布置或与脱硫塔一体布置，型式较灵活	（4）独立布置或与脱硫塔一体布置，型式较灵活
	（5）需新增水循环处理系统，运行维护复杂	（5）无水处理系统，废水排放至脱硫，运行维护简便	（5）无水处理系统，废水排放至脱硫，运行维护简便

续表

项目	水平卧式板式	立式管式非金属	柔性收尘极
可靠性比较	（1）收尘极、放电极多应用316L材质，实际运行使用寿命待验证	（1）收尘极非金属，使用寿命大于15年	（1）收尘极使用寿命难保证，易被电火花烧损
	（2）耐高温	（2）耐高温性能差，运行温度小于90℃	（2）不耐高温
	（3）配绝缘子电加热	（3）配热风和电加热，配阴极固定系统，提高运行稳定性	（3）配绝缘子电加热
运行费用	（1）循环耗水量大、化学药剂量大	（1）无水循环系统，耗水量小，无化学药剂	（1）无水循环系统，耗水量小，无化学药剂
	（2）易损件较少，主要是阴极线、喷嘴	（2）易损件较少	（2）易损件较多，收尘极、阴极线需定期更换
应用业绩	国内电力、冶金行业，大机组应用案例	在国内电力、化工行业，大型机组应用案例较多	在国内电力行业大机组应用案例少

三、设计选型

湿式电除尘器应用于收集湿饱和烟气中的水雾滴与微细颗粒混合物。由于湿饱和烟气中的水雾滴存在，改善了粉尘颗粒的荷电性和导电性，大大降低粉尘比电阻，使之能在低电压下发生电晕放电。这种混合物的荷电特性不受微细颗粒物物理特性的影响，很容易被荷电和收集去除。因此，湿式电除尘器与干式电除尘器在设计选型上有较大区别，除尘效果不受煤质、粉尘特性的影响。

西安热工研究院对湿式电除尘器工业应用试验装置进行了不同工况对比试验研究，并对国内已投运的几十台机组湿式电除尘器应用测试结果进行统计分析，为湿式电除尘器选型设计参数提供参考借鉴。

（一）电场风速

根据不同入口烟尘浓度和出口烟尘排放，选用经济合理的电场风速范围，达到最佳除尘效果。湿式电除尘器电场风速是干式电除尘器电场风速的3倍左右。湿式电除尘器在烟尘排放浓度小于10mg/m³时，电场风速不宜大于3m/s，烟气停留时间不宜小于2s。湿式电除尘器在烟尘排放浓度小于5mg/m³时，电场风速不宜大于2.5m/s。如图5-32所示，电场风速越小，烟尘排放越低。

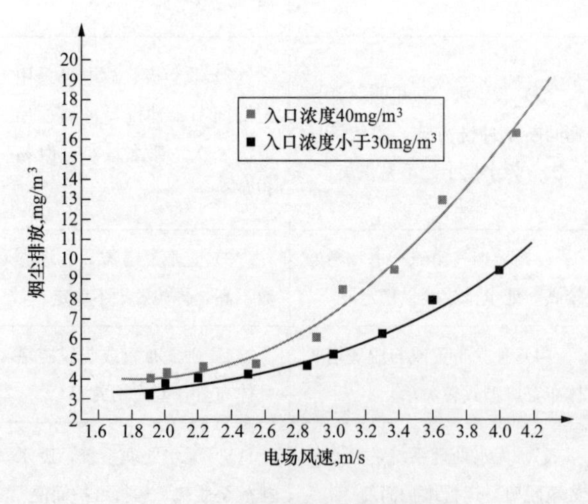

图5-32 电场风速与烟尘排放

（二）收尘面积

入口烟尘浓度不同时，需选取合理的比集尘面积，以达到最佳排放效果。湿式电除尘器比集尘面积大于25m²/(m³/s)时，对除尘效率的提高不显著，因此湿式电除尘器设计选用一个电场较经济合理。如图 5-33 所示，比集尘面积越大，烟尘排放越小，但超过一定范围后，增加比集尘面积对降低粉尘排放浓度的作用不显著。

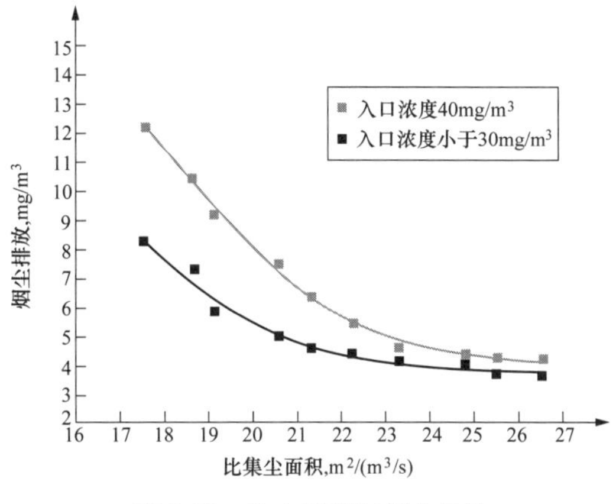

图 5-33　收尘面积与烟尘排放

（三）配套电源及控制

湿式电除尘器应配套先进高效的高压电源及低压控制系统，能够根据烟气粉尘特性、锅炉负荷工况优化运行控制方式，提高除尘效果，提高设备运行的稳定性和可靠性。

湿式电除尘器湿饱和烟气条件更利于电除尘器电晕放电和收尘，空间电荷数量增加，高压电源应能够有效减少电场闪络次数，避免电场拉弧造成收尘极损坏，提高设备运行的稳定性。因此湿式电除尘器电源选型设计时应比干式电除尘器大，更高的电源输出功率能够保证除尘效果。宜选用恒流电源，恒流高压电源具有良好的运行特性，加到电场本体上的是电流源，它的输出电流是恒定不变的，保证电场高效投运效果。由于湿式电除尘器清洗时采用不断电分区清洗方式，根据结构布置和运行控制方案，对于 300、600MW 机组湿式电除尘器不宜少于 4 个电场分区，保证分区清洗时除尘效果。

四、湿式电除尘器在超低排放中的作用

湿式电除尘器技术是实现烟尘超低排放技术路线中的关键环节。湿式电除尘器对于烟尘、细颗粒物 $PM_{2.5}$、SO_3 酸雾、重金属汞等多种污染物均有较好的去除效果，能够实现多种污染物的协同控制，适应未来环保发展的趋势。

（一）烟尘超低排放

已投运机组配套湿式电除尘器能够达到烟尘超低排放水平，甚至小于 5mg/m³，如图 5-34 所示。

（二）对 $PM_{2.5}$ 去除效果

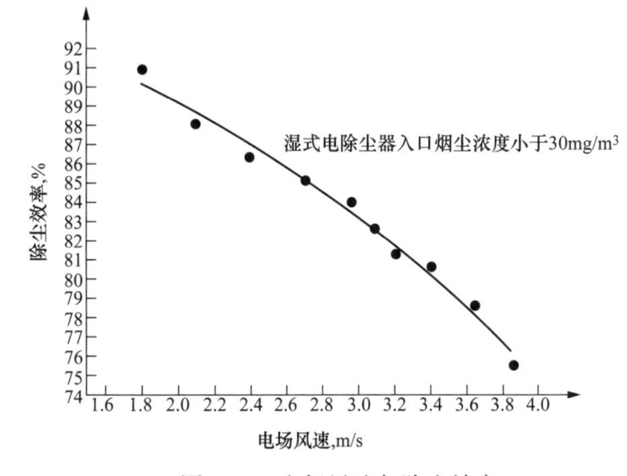

图 5-34　电场风速与除尘效率

湿式电除尘器可以实现 $PM_{2.5}$ 排放浓度小于 1mg/m³，对 $PM_{2.5}$ 的去除效率可大于 80%，如图 5-35 所示；电场风速越低，$PM_{2.5}$ 排放浓度越低，去除率越高，如图 5-36 所示。

（三）对 SO_3 的去除效果

湿式电除尘器可以有效控制 SO_3 酸雾，去除效率可大于 87%。如图 5-37 所示；电场风速越低，SO_3 酸雾排放浓度越低，对 SO_3 酸雾去除率越高，如图 5-38 所示。

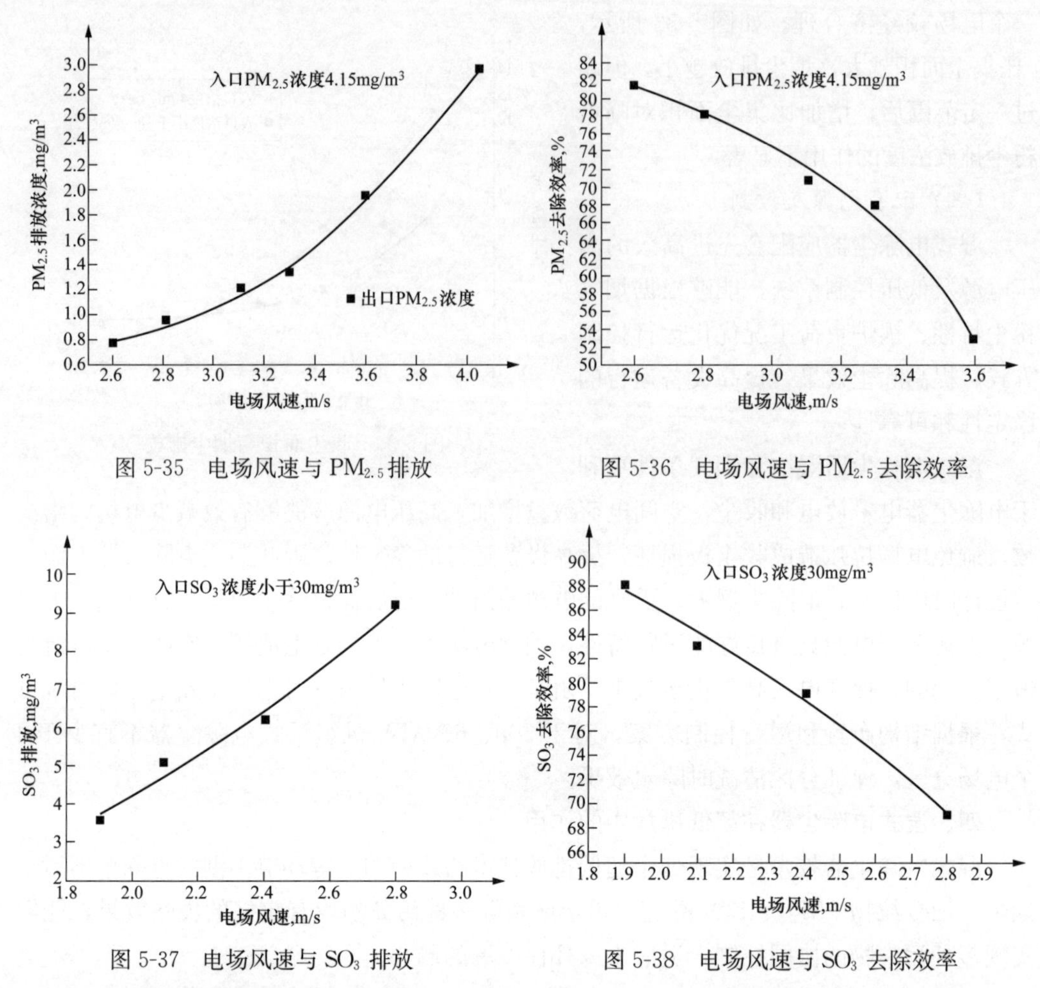

图 5-35　电场风速与 $PM_{2.5}$ 排放　　图 5-36　电场风速与 $PM_{2.5}$ 去除效率

图 5-37　电场风速与 SO_3 排放　　图 5-38　电场风速与 SO_3 去除效率

（四）对汞的去除效果

湿式电除尘器可以有效去除烟气中的重金属汞，去除效率可大于 75%，如图 5-39 所示。电场风速越低，重金属汞排放越低，去除率越高，如图 5-40 所示。

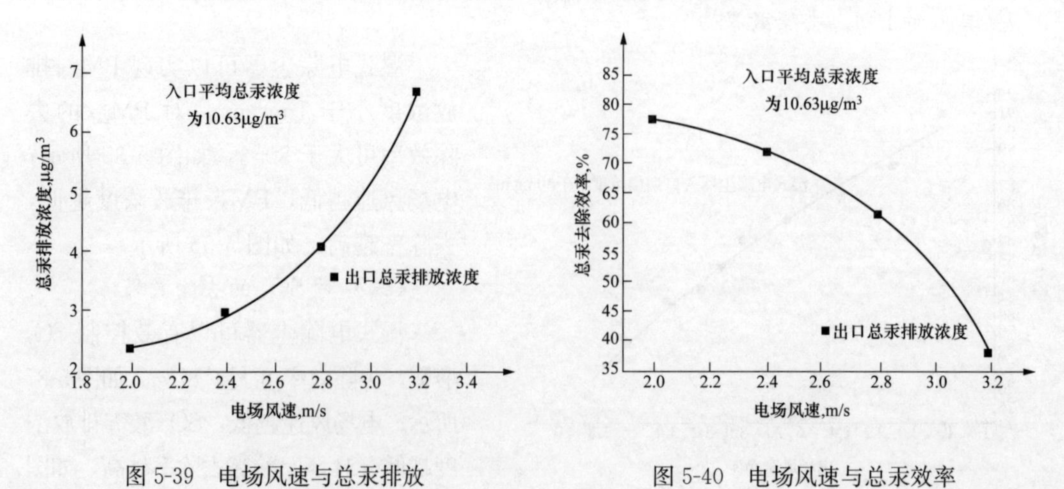

图 5-39　电场风速与总汞排放　　图 5-40　电场风速与总汞效率

第七节 烟尘超低排放技术

烟尘超低排放技术是发挥各种先进技术的协同除尘作用，使燃煤机组的烟尘排放浓度达到或低于燃气机组的排放水平（$10mg/m^3$ 或 $5mg/m^3$）。

烟尘超低排放对燃煤机组现有除尘技术提出了非常苛刻的要求，仅靠单一除尘器几乎无法达到要求，必须根据具体条件（燃煤、炉型、场地等）结合机组设备（特别是锅炉、脱硝、烟气换热器、湿法脱硫）的运行现状，选择合理的技术路线并统筹考虑技术路线的能耗和经济性，制定最佳的技术路线。

一、烟尘超低排放技术路线的制定原则

根据国家或地方政府要求，拟订主要污染物控制目标且具有适当前瞻性，新建机组一次建成达到要求。

优先控制燃煤品质，优化机组和环保设施的运行方式，加强检修维护，在仍不能满足要求或经济性不佳的情况下，再考虑进行环保升级改造。

充分评估原环保设施现状，统筹考虑节能降耗、技术经济、检修安排等因素，因厂制宜、因煤制宜、因炉制宜制订技术路线。

发挥各类设备协同治理作用达到控制烟尘、SO_2、氮氧化物的目的，并考虑汞、SO_3、细颗粒物（$PM_{2.5}$）、酸雨、石膏雨等污染物的排放控制，为其提供改造条件。

同步进行除尘、脱硫、脱硝等多项环保改造的机组，应统筹考虑各单项工艺路线的选择；具备条件的机组，可同步进行烟道流场优化、引风机/增压风机合并扩容及烟气余热利用改造，使整个系统在满足环保要求的情况下，安全、经济运行，提高改造综合效益。

二、烟超低排放烟尘综合治理技术

1. 电除尘器/低低温电除尘器

当燃煤及烟气条件有利于电除尘器时，如低灰分、高水分、中高硫分、且灰成分有利于电除尘器时，应优先采用高效电除尘器或者低低温电除尘器。

常规电除尘器在比集尘面积为 $100m^2/(m^3/s)$以下时，很难达到粉尘排放浓度小于 $30mg/m^3$ 的要求。应采用新的供电技术并适当增加比集尘面积以达到烟尘排放浓度小于 $30mg/m^3$。电除尘器电场扩容时，建议比集尘面积不宜小于 $120m^2/(m^3/s)$，对于低灰分的燃煤可适当降低，并配套采用高效电源、小分区供电等新技术提高电除尘器效率，控制电除尘器出口烟尘浓度小于 $30mg/m^3$。

2. 电袋/袋式除尘器

当燃煤及烟气条件不利于电除尘器（如高灰分、高比电阻、低硫分以及飞灰中细颗粒物偏多，Al_2O_3 偏高、Na_2O 偏低等），且改造场地受限可采用电袋/袋式除尘器，除尘器出口烟尘排放浓度小于 $20mg/m^3$。电袋/袋式除尘器采用超细纤维滤袋，即将滤袋过滤层加 P84 面层或超细纤维层，同时优化选型设计参数和运行控制参数，则对 $PM_{2.5}$ 的去除效率可达到 99.9%。

3. 湿法脱硫协同除尘

湿法脱硫装置是烟尘控制的关键环节。统计目前湿法脱硫装置的综合除尘效率在30%～70%（实际测试）。烟尘超低排放技术路线需要对湿法脱硫装置的综合除尘效率进行科学、客观、准确的评估，以此确定除尘器出口烟尘排放浓度控制目标，选择合理的技术路线。

4. 湿式电除尘器

湿式电除尘器应用于湿法脱硫后，作为颗粒物控制的终端技术，能够有效去除$PM_{2.5}$、SO_3酸雾、重金属汞、石膏等多种污染物，实现烟尘超低排放。可实现烟尘排放浓度小于$5mg/m^3$或更低。

三、几种典型烟尘超低排放技术路线介绍

（一）湿法脱硫后新增湿式电除尘器

1. ESP＋FGD＋WESP

该烟尘超低排放技术路线，目前已在多家电厂应用实施，并取得较好的应用效果，烟尘排放浓度小于$5mg/m^3$，烟尘超低排放的技术路线系统如图5-41所示。

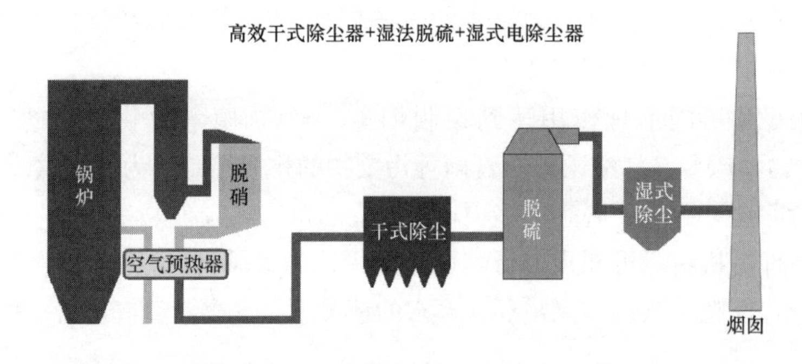

图5-41　烟尘超低排放技术路线系统图

（1）适应范围。

1）干式电除尘器入口烟气温度低于120℃，烟尘排放浓度小于$70mg/m^3$。

2）脱硫吸收塔协同除尘器效果好，除尘效率在50%以上。

（2）设备改造范围。

1）干式电除尘器增容提效，比集尘面积大于$80m^2/(m^3/s)$，采用高效供电电源。

2）脱硫系统对除雾器改造，脱硫系统协同除尘效率大于50%。

3）新增高效节能湿式电除尘器。

（3）注意问题。烟气经湿式除尘器后直接进入烟囱，需要解决烟囱防腐问题。

2. ESP＋FGD＋WESP ＋MGGH技术路线

原电除尘器扩容提效空间有限，可考虑在除尘器前增加烟气冷却器，将现有电除尘器改为低温电除尘器，并配套进行高效电源改造。如图5-42所示为电除尘器前降温段和湿式电除尘器后升温段组合成MGGH系统。

（1）适应范围。

1）低低温电除尘器入口烟气温度降至90～100℃（煤质含硫量小于0.5%，烟气温

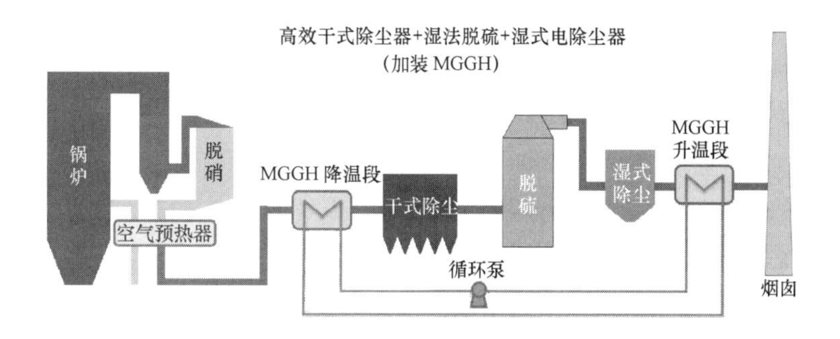

图 5-42　烟尘超低排放技术路线系统图

度可降至90℃；含硫量大于1.0，烟气温度高于100℃）。

2）烟尘排放浓度小于70mg/m³。

3）脱硫吸收塔协同除尘器效果好，除尘效率大于50%。

4）烟筒为干烟囱，提高烟筒出口烟气扩散能力。

（2）设备改造范围

1）干式电除尘器增容提效，比集尘面积大于80m²/(m³/s)，采用高效供电电源。

2）电除尘器增加低温省煤器和湿式电除尘器后增加升温段，组合成MGGH系统。

3）脱硫系统对除雾器改造，脱硫系统协同除尘效率大于50%。

4）新增高效节能湿式电除尘器。

（3）注意问题。

1）烟温降低后灰斗堵灰问题。

2）烟温接近酸露点，除尘器设备腐蚀。

3. DHRQ +ESP+FGD+WESP

将烟气冷却器获取的热量用来加热锅炉低压加热器给水，如图5-43所示，可提高锅炉热效率，使机组煤耗降低。

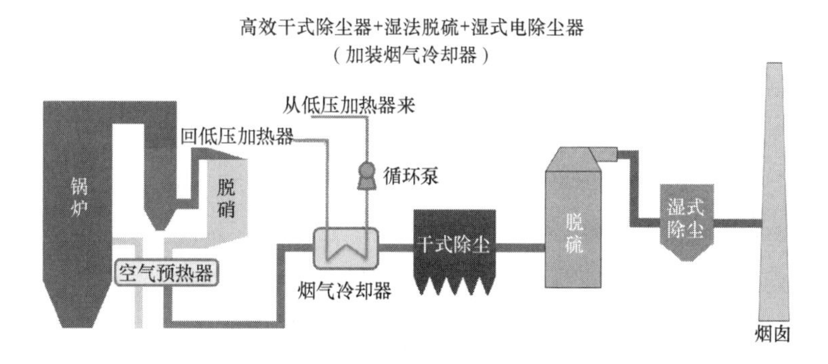

图 5-43　烟尘超低排放技术路线系统图

（1）适应范围。

1）低低温电除尘器入口烟气温度降至90～100℃（煤质含硫量小于0.5%，烟气温度可降至90℃；含硫量大于1.0，烟气温度高于100℃）。

2）烟尘排放浓度小于70mg/m³。

3）脱硫吸收塔协同除尘器效果好，除尘效率大于50%。

（2）设备改造范围。

1）干式电除尘器增容提效，比集尘面积大于$80m^2/(m^3/s)$，采用高效供电电源。

2）电除尘器增加低温省煤器。

3）脱硫系统对除雾器改造，脱硫系统协同除尘效率大于50%。

4）新增高效节能湿式电除尘器。

（3）注意问题。

1）烟温降低后灰斗堵灰问题。

2）烟温接近酸露点，设备腐蚀问题。

3）烟气经湿式除尘器后直接进入烟囱，需要解决烟囱防腐问题。

（二）湿法脱硫后不新增湿式电除尘器

对于原有干式除尘器改造后烟尘排放浓度小于$30mg/m^3$、脱硫系统改造后协同除尘效率大于40%～70%的机组，不新建湿式电除尘器可实现烟尘超低排放小于$10mg/m^3$，要实现烟尘超低排放小于$5mg/m^3$风险大，不稳妥。如图5-44所示为一级脱硫塔湿法脱硫系统，根据燃煤含流量可采用双塔串联系统，提高脱硫效率的同时增强湿法脱硫协同除尘作用，如图5-45所示。此时，脱硫系统作为烟尘排放的终端控制技术，必须发挥协同除尘效果才能达到超低排放要求。

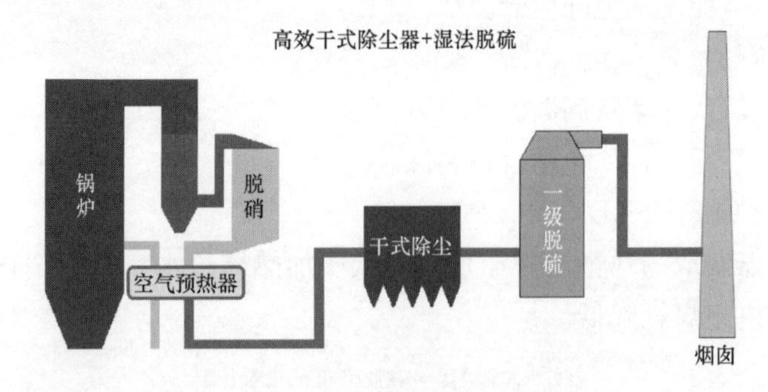

图5-44　烟尘超低排放技术路线系统图

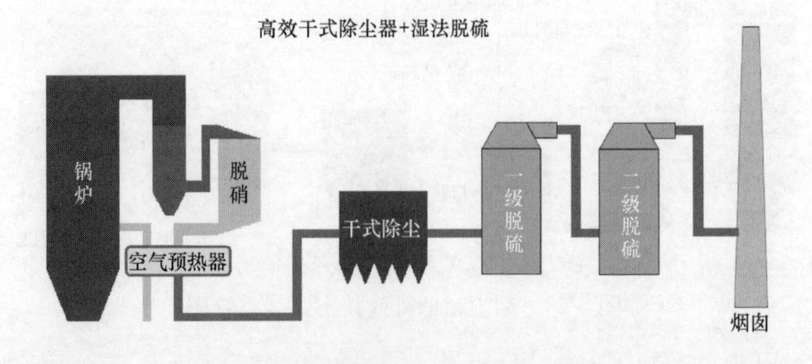

图5-45　烟尘超低排放技术路线系统图

1. 适应范围

（1）烟气降温。电除尘器烟气温度降至90～100℃（煤质含硫量小于0.5%，烟气温度可降至 90℃；含硫量大于 1.0，烟气温度高于 100℃）；电袋复合除尘器、布袋除尘器烟气温度降低到露点温度 15℃以上。

（2）干式电除尘器烟尘排放浓度小于 30mg/m^3，脱硫协同除尘效率大于 70%。

（3）电袋复合除尘器、布袋除尘器烟尘排放浓度小于 20mg/m^3，脱硫协同除尘效率大于 55%。

（4）烟囱烟尘排放浓度小于 10mg/m^3。

2. 设备改造范围

（1）干式电除尘器增容提效，比集尘面积大于 120m^2/（m^3/s），采用高效供电电源；对于受场地条件限制的机组改为电袋复合除尘器、布袋除尘器。

（2）脱硫系统对除雾器改造，脱硫系统协同除尘效率大于 70%；

（3）增加低温省煤器。

3. 注意问题

（1）烟温降低后灰斗堵灰问题。

（2）烟温接近酸露点，设备腐蚀问题。

（3）烟气经湿式除尘器后直接进入烟囱，需要解决烟囱防腐问题。

湿法脱硫后不新增湿式电除尘器技术路线，也可以在电除尘器前增加降温段，湿法脱硫后增加升温段组合成 MGGH 系统，避免烟筒防腐，提高烟筒出口烟气的扩散能力。

一体化协同脱除技术

第一节 概　　述

我国的煤炭资源丰富，能够稳定地满足国内经济发展对电力的需求，这决定了我国发电能源以煤为主的格局。这种能源结构与传统的煤利用方式产生了大量大气污染物，如 SO_x、NO_x、烟尘和有毒重金属汞等。这些污染物在大气中会发生各种化学反应，生成更多的污染物，形成二次污染。相对硫氧化物、氮氧化物，汞更易于在环境中富集，通过食物链对人体产生毒性。

随着国家环保法规的日益严格，对于烟尘、SO_x、NO_x 等污染物的治理已经广泛开展。以火电厂为例，《火电厂大气污染物排放标准》（GB 13223—2011）自 2012 年起实施，代替了 GB 13223—2003，进一步提高了燃煤电厂 SO_2、NO_x 及烟尘的排放标准，甚至优于发达国家的环保标准。按照 GB 13223—2011 的规定，要求燃煤电厂 NO_x 排放控制在 100mg/m^3（标况下、6%O_2、下同），重点地区控制在 50mg/m^3；SO_2 排放控制在 200mg/m^3，重点地区控制在 100mg/m^3；烟尘排放控制在 30mg/m^3，重点地区控制在 20mg/m^3。部分地方政府也相继出台了更严厉的环保要求：广州、山东（淄博）、陕西（关中）、河北（邯郸）、新疆（阜康）等地要求区域内燃煤机组执行特别排放限值；浙江现役 600MW 等级及以上燃煤机组需在 2017 年前达到燃机排放标准（二氧化硫 35mg/m^3、氮氧化物 50mg/m^3、烟尘 5mg/m^3）。

国内环保要求的日趋严格，燃煤机组实施清洁化生产大势所趋，燃煤电厂满足天然气电厂的排放要求是一个发展趋势。为了满足环保要求，我国所有的火电厂都安装了除尘装置（如静电除尘器、布袋除尘器），而 SCR 和 WFGD 也成为我国火电厂脱硝和脱硫的主流技术。作为负责任的大国，我国也必须承担汞减排的义务，对火电厂汞的排放控制只是时间问题。

火电厂的脱硝装置、脱硫装置和除尘装置依次串联布置在同一烟气流程上，相互之间存在某种联系，如上游设备的出口边界条件同时成为下游设备的入口边界条件，以脱除某种污染物为主要功能的上游设备之后的下游设备可能同时兼有脱除上游设备残余的污染物的辅助功能。从技术经济角度讲，通过单一设备脱除某种污染物以满足国家或地方的排放标准在技术上虽然可实现，但可能比通过两个或多个环节/设备以合理分担协同脱除的方式来实现要付出更多的代价。如烟气脱硫、脱硝和除尘技术等大多是单独开发的，各自考虑各自的边界条件，形成相对独立的工艺流程和技术装备。各种污染物单独脱除存在一系列问题，如系统复杂、总占地面积大、总费用高、总阻力大、运行和维护困难等。

因此，既然传统的通用的单项烟气污染物脱除设备之间存在着这些内在天然的联系，就可以加以合理的利用，各自采取相应的控制策略，发挥出它们的协同效应，以最低的成本达到最佳的排放效果。图 6-1 所示为烟气污染物脱除是各种技术手段以及相互之间的关联性。从各自的主功能上来说，依次为锅炉具有控制 NO_x 生成浓度的功能；SCR 承担对已生成的 NO_x 还原的功能；ESP 承担脱除烟气中烟尘的功能；FGD 承担脱除烟气中 SO_2 的功能。这些均为单一设备的主功能。但它们相互之间还存在一定的关联性。对于 NO_x 来说，与之相关的设备有锅炉和 SCR；对于烟尘来说，相关的设备有烟气冷却器（FGC）、ESP、FGD、WESP；对于 SO_2 来说，相关的设备有 SCR、GC、ESP、FGD、WESP。

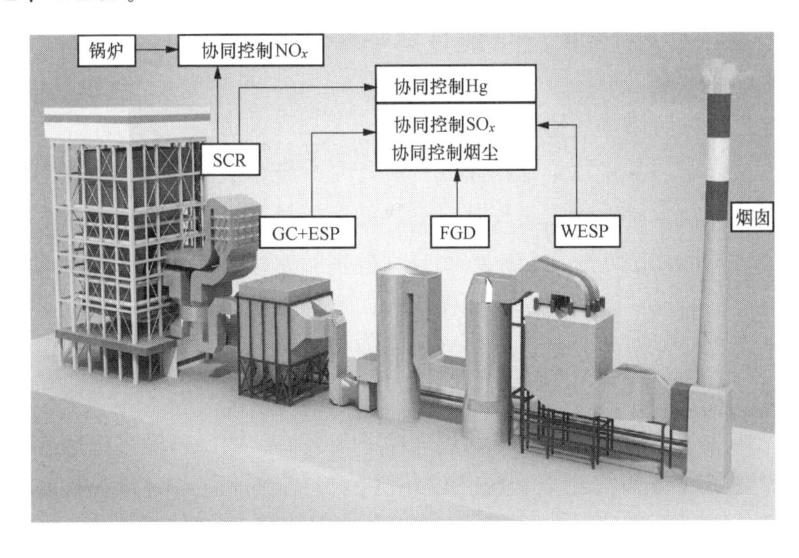

图 6-1　烟气污染物一体化协同脱除技术的关联性

引入一体化和协同的概念，即将两个或两个以上的互不相同、互不协调的事项，采取适当的方式、方法或措施，将其有机地融合为一个整体，尽管子系统功能属性不同，但在整个环境中，各个系统间存在着相互影响而又相互合作的关系形成协同效应。将这一概念应用于烟气污染物的脱除领域，形成烟气污染物一体化协同脱除技术，即综合考虑各污染物控制设备除主功能以外的附属功能以及量力而行分担原则，达到技术经济性最优。需要指出的是，这里所说的一体化不是指物理意义上的一体化，而是注重不同主次功能全局性的统一，从而形成一体化协同效应。

一体化协同脱除的思路对于新建火电机组的烟气净化技术方案和已建电厂的超低排放改造都有极大的指导意义。火电厂烟气多污染物的一体化协同脱除技术是在充分考虑燃煤电厂现有烟气污染物脱除设备性能（或进行适当的升级和改造）的基础上，引入“协同治理”的理念建立的，具体表现为综合考虑脱硝系统、除尘系统和脱硫装置之间的协同关系，在每个装置脱除其主要目标污染物的同时，协同脱除其他污染物或为下游装置脱除污染物创造有利条件，以及某种烟气污染物在多个设备间高效联合脱除。火电厂烟气多污染物一体化协同脱除技术的最大优势在于强调设备间的协同效应，充分提高设备主、辅污染物的脱除能力，在满足烟气污染物治理的同时，实现经济、稳定运行。对于新建燃煤机组，可以从一体化协同脱除的角度出发，结合环保指标和电厂情况，并综合各种工艺技术的特点，一次建成烟气多污染物一体化脱除的整体优化方案。对于已建火电厂的超低排放环保改造有：低氮燃烧改造、烟气脱硝改造、除尘器改造和脱硫改造，以及配套的引风机改造、烟囱改造、烟气余热利用系统改造。这些环保改造可以单独进行，也可以整体实施。如果从一体化协同脱除的角度出发，可以最大限度地减小环保改造对锅炉热效率、厂用电率及机组效率的影响，最终实现环保方案可行、技术路线优化、整体投资少、环保指标先进、节能降耗显著等。

第二节　火电厂超低排放的一体化协同脱除技术

一、火电厂烟气污染物的协同脱除原理

为满足大型火电厂常规污染物的超低排放，对污染物脱除技术的要求越来越高，甚至现有的专门环保技术单独无法实现某污染物的超低排放指标，或者必须付出非常大的代价才能实现。一体化协同脱除技术按照合理分担的原则，通过次要功能设备的协同效应辅助主功能设备实现最终的严苛的环保指标，这种做法是科学的。同时，一体化协同脱除技术也是具有经济性的，避免因忽视协同效应造成的主设备过度设计，从而降低成本，避免浪费。

燃煤电厂烟气污染物的协同脱除原理如图 6-2 所示，烟气污染物协同脱除系统是在充分考虑燃煤电厂现有烟气污染物脱除设备性能（或进行适当的升级和改造）的基础上，引入一体化协同脱除的理念建立的。具体表现为综合考虑脱硝系统、除尘系统和脱硫系统之间的协同关系，在每个装置脱除其主要目标污染物的同时能脱除其他污染物。

各个流程处理的污染物协同脱除要素如表 6-1 所示，具体的各环保技术的协同特点归纳如下：

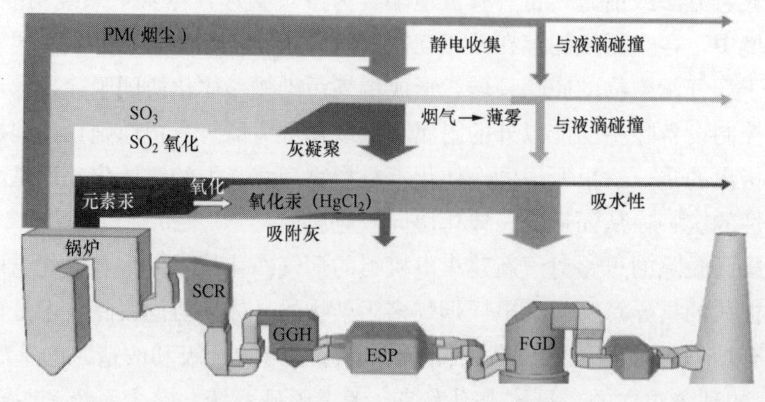

图 6-2　烟气污染物的协同脱除技术原理

（1）脱硝系统（SCR，装设高效汞氧化催化剂）。其主要功能是实现 NO_x 的高效脱除，同时实现较高的汞氧化率和较低的 SO_3 的生成率。通过在脱硝系统中加装高效汞氧化催化剂，提高单质汞的氧化效率，有利于在其后的除尘设备和脱硫设备中对汞进行脱除；同时抑制 SO_2 向 SO_3 的转化率，减少 SO_3 的生成。

（2）烟气冷却器（FGC）。其主要功能是使大部分 SO_3 在烟气降温过程中凝结并被烟尘（烟气冷却器出口烟气温度低于酸露点温度并工作在高灰区域）充分吸附和中和，从而有效地防止低温腐蚀的发生。同时实现余热利用或加热湿法脱硫后的净烟气，而且其出口的烟尘粒径会增大，有利于烟尘在除尘器和脱硫吸收塔中被脱除。

（3）高效电除尘器（ESP）。其主要功能是实现烟尘的高效脱除，同时实现 SO_3、汞的协同脱除。当烟气经过烟气冷却器时，烟气温度降低，导致烟尘比电阻降低，从而可以提高除尘效率，同时还可脱除吸附在烟尘中的 SO_3 和汞。

（4）高效湿法脱硫装置（WFGD）。其主要功能是实现 SO_2 的高效脱除，同时实现烟尘、SO_3、汞的协同脱除。在保证脱硫效果的同时，通过优化设计脱硫塔（喷淋层和除雾器），WFGD 的除尘效率可大幅度提高，并脱除烟气中剩余的 SO_3 和 Hg^{2+}。

（5）湿式电除尘器（WESP）。其主要功能是实现烟气污染物包括烟尘、SO_3 等的精细化处理，具体工程可根据烟囱出口污染物排放浓度的要求选择性安装。

（6）烟气再热器（FGR）。其主要功能是将湿烟气加热至较高温度的干烟气，改善烟囱运行条件，同时还可避免石膏雨和烟囱冒白烟的现象，具体工程可根据环境评估报告或经济比较后选择性安装。

表 6-1　　各污染物的协同脱除要素

序号	设备名称	污染物		
		烟尘	汞	SO_3
1	脱硝装置	无作用	采用高效汞氧化催化剂，将零价汞 Hg^0 氧化为 Hg^{2+}	高效的汞氧化催化剂可降低 SO_2 向 SO_3 的转化率
2	烟气冷却器	降低烟温从而降低烟尘的比电阻，烟尘的粒径增大，利于在除尘器和吸收塔中被脱除	在较低温度下会增加颗粒汞被除尘器捕获的几率	大部分 SO_3 被烟尘吸附
3	低低温静电除尘器	由于烟尘比电阻的降低，除尘效率提高	颗粒态汞、Hg^{2+} 被灰颗粒吸附、中和并去除	95%以上的 SO_3 在高烟尘区被吸附在烟尘表面，而被除尘器去除
4	湿法脱硫装置	（1）降低吸收塔出口的液滴携带量，提高湿法脱硫装置的除尘效率。 （2）优化的除雾器和喷淋层设计可达到较高的除尘效率	（1）颗粒态汞和 Hg^{2+} 在湿法脱硫装置中被吸收。 （2）部分 Hg^{2+} 被 SO_2 还原为 Hg^0	湿法脱硫装置可进一步脱除 SO_3

二、火电厂烟气超低排放的协同脱除系统

图 6-3 所示为典型的火电厂烟气超低排放的协同脱除技术，主要由协同脱硝系统、协同除尘系统、协同脱硫系统、协同脱汞系统组成。

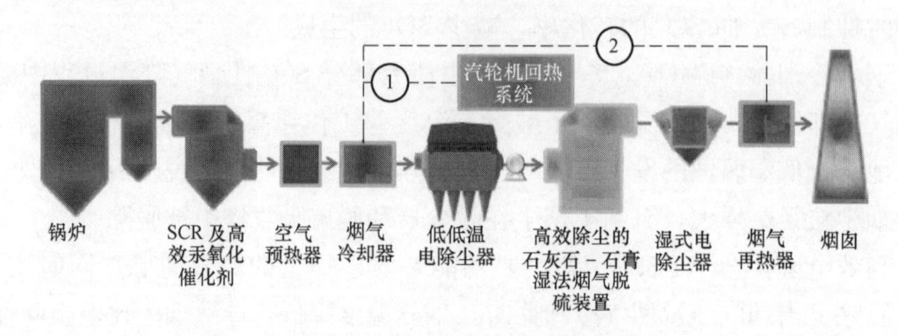

图 6-3　烟气协同治理典型技术路线

注：当不设置烟气再热器（FGR）时，烟气冷却器处的换热量按上图①所示回收至汽轮机回热系统；当设置烟气再热器（FGR）时，烟气冷却器处的换热量按上图②所示至烟气再热器（FGR）。

烟气冷却器(FGC，可选择安装)、高效电除尘器(ESP)、高效湿法脱硫系统(WFGD)、湿式电除尘器(WESP，可选择安装)组成的协同除尘系统可使烟囱中的总颗粒物排放控制在 5mg/m^3 以内。选择性催化还原脱硝系统(SCR，可选择安装高效汞氧化催化剂)、高效电除尘器、高效湿法脱硫系统、湿式电除尘器组成的协同脱汞系统能够将烟囱排放的烟气汞浓度降至 3μg/m^3。通过低氮燃烧器、选择性非催化还原脱硝系统、选择性催化还原脱硝系统组成的协同脱硝系统可将 NO_x 浓度控制在 50 mg/m^3 以内。协同脱硫系统由高效湿法脱硫系统、烟气冷却器、高效电除尘器、湿式电除尘器组成，同时取消回转式气气换热器，避免原烟气向净烟气的泄漏，可将烟气中 SO_2 浓度控制在 35mg/m^3 以内。FGC 与烟气再热器(FGR)组成了水媒烟气-烟气换热系统(WGGH)。

(一) 协同脱硝系统

对于 NO_x 排放控制来说，主要可以通过炉膛中低 NO_x 燃烧措施与尾部的烟气脱硝装置（SCR）协同，将烟气中 NO_x 降至排放要求。烟气中的 NO_x 产生于炉膛，是煤在炉膛中燃烧时的必然产物。在炉膛中生成 NO_x 的主要途径有三个：

(1) 热力型 NO_x，它是空气中的氮气在高温下氧化而生成的 NO_x。

(2) 快速型 NO_x，它是燃烧时空气中的氮和燃料中的碳氢离子团如 HC 等反应生成的 NO_x。

(3) 燃料型 NO_x，它是燃料中含有的氮化合物在燃烧过程中热分解而又接着氧化而生成的 NO_x。

而对 NO_x 的形成起决定作用的是燃烧区域的温度水平和过量空气系数。因此，可以通过控制燃烧区域的温度和过量空气系数等低 NO_x 燃烧技术措施，达到抑制 NO_x 生成的目的。

国际上，低 NO_x 燃烧措施经过长期的研究发展，已经到了顶峰阶段，各种措施无

所不用其极，在降低炉膛出口 NO_x 的排放起到了重要的作用，其控制效果根据煤种的不同而不同。对燃烧烟煤的场合控制效果最好，可将排放浓度控制到 200mg/m^3 以下；燃烧贫煤时效果次之，可控制在 500mg/m^3 左右；燃烧无烟煤时效果最小，可控制在 800mg/m^3 左右。但随着排放标准越来越严格，即使燃烧烟煤的情况下，单一依靠炉内低 NO_x 燃烧措施也是无法满足目前严格的 NO_x 排放标准，即 100mg/m^3 的，更无法满足超低排放标准 50mg/m^3。尾部烟气脱硝装置（SCR）已不可放弃。原则上存在一个合理分担的问题，即在炉膛中要采取多少措施，控制炉膛出口的 NO_x 排放浓度，交由下游的烟气脱硝装置继续还原脱除，使得 NO_x 总的控制成本最优或最合理。事实上，由于低 NO_x 燃烧措施的投资和运行成本远低于烟气脱硝装置的投资和运行成本，在炉膛中将 NO_x 排放控制得越低，尾部烟气脱硝装置的负担越轻，对烟气脱硝装置的投资和运行成本均产生有利的影响，控制 NO_x 排放的总体成本就越低。只要最大限度地挖掘和发挥低 NO_x 燃烧技术的潜力，就是实现最优。

问题关键在于如何确定和发挥低 NO_x 燃烧技术的最大潜力。采用低 NO_x 燃烧技术降低炉膛 NO_x 的同时，炉膛的燃烧稳定性、飞灰含碳量、受热面高温腐蚀等均受到不利的影响。因此，存在一个折中点，兼顾 NO_x 排放控制和燃烧稳定性、飞灰含碳量、受热面高温腐蚀等方面的问题。

从技术经济角度看，控制烟气 NO_x 最终排放浓度必须发挥好一次措施和二次措施的协同效应。如果把低 NO_x 燃烧技术和烟气脱硝装置作为两个独立的过程对待，往往会出现边界条件有重叠现象。即不把低 NO_x 燃烧技术实施后的烟气 NO_x 浓度作为烟气脱硝装置的入口条件，而是人为地放大余量，造成烟气脱硝装置过度设计，增加投资成本。按照 NO_x 一体化协同脱除的理念可以避免这种情况的发生。

图 6-1 中可以发现锅炉炉膛及 SCR 共同承担了 NO_x 的控制，尽管下游还有除尘、脱硫装置，但它们对于 NO_x 控制来说没有作用，也就是说 SCR 是 NO_x 控制的最后一道关口。为了实现超低排放，由低氮燃烧器、SCR 系统和 SNCR 系统组成高效脱硝系统，将低氮燃烧技术、SNCR 和 SCR 这三种脱硝技术的整体优化组合以实现深度脱硝。在运行时，通过优化低氮燃烧器运行方式（如 OFA 风率），严格监控锅炉排烟中的飞灰可燃物含量与 CO 含量，确保锅炉运行的安全性和经济性。

（二）协同脱硫系统

烟气中的 SO_2 是煤粉在炉膛中燃烧时产生的。尽管在炉膛中可以加入脱硫剂脱除部分 SO_2，但由于高温条件下，脱硫效率太低、脱硫运行成本高并且对锅炉受热面传热、磨损等均产生不利影响，所以往往会放弃炉内脱硫，而留待锅炉尾部专门的脱硫装置来实现脱除。对 SO_2 而言，炉膛不作为协同脱除的设备。如图 6-1 所示流程中，对 SO_2 承担主要功能的设备是烟气脱硫装置（WFGD）其他设备如 SCR、FGC＋ESP、WESP 对 SO_2 的脱除具有不同程度的影响。以上所有设备对 SO_2 的脱除具有协同效应。

SCR 工艺中脱硝催化剂的主要活性成分 V_2O_5 对烟气中的 SO_2 具有催化氧化作用，使得一小部分（通常在1%以下）SO_2 被氧化成 SO_3。这些 SO_3 部分地与 SCR 逃逸的氨和烟气中的水蒸气反应生成硫酸氢氨，在下游较低温度区域容易沉积在受热面上（主要是空预器蓄热元件）；而在更下游以脱除SO_2为主要功能的烟气脱硫装置主要是针对脱除SO_2而设计的，其脱除SO_3的效率要远远低于脱除SO_2的效率。从这个意义上说，这个协同效应是负面的。

在空气预热器与干式电除尘器之间设置烟气冷却器，将烟气温度从通常的120～130℃降低到90℃左右，由于在该温度范围大部分SO_3发生凝结，沉积在灰颗粒表面，随烟尘一起在干式电除尘器被除掉，意味着该烟气冷却器与除尘器产生了协同效应从而将大部分SO_3予以脱除。当然这种协同脱除的效应还与其他一些因素有关，如烟气速度场、烟尘颗粒浓度场分布等。要取得良好的协同效应必须采取均流混合措施优化烟气速度场、烟尘颗粒浓度场的分布，使烟气中的SO_3有足够的机会沉积到烟尘颗粒表面。

烟气脱硫装置是脱除SO_2的主要设备，设计良好的烟气脱硫装置（单塔）的脱硫效率可以达到98.8%左右，对于入口SO_2浓度在3000mg/m^{3}以下时将出口浓度控制到35mg/m^{3}以下，即达到超低排放标准。入口SO_2浓度在4000mg/m^{3}以上时，无法将出口浓度控制到35mg/m^{3}以下。为了实现超低排放，协同脱硫系统由双级循环双塔石灰石-石膏湿法脱硫系统、烟气冷却器、干式电除尘器、湿法脱硫装置、湿式电除尘器组成。同时取消回转式气气换热器，避免原烟气向净烟气的泄漏。为有效减轻“烟囱雨”问题，将一级石灰石-石膏湿法脱硫系统和二级石灰石-石膏湿法脱硫系统串联，且一级石灰石-石膏湿法脱硫系统和二级石灰石-石膏湿法脱硫系统的吸收塔内均安装有塔内积液板以及高效除雾器。同时控制一、二级吸收塔的pH值：一级吸收塔低pH值运行，利于石膏氧化结晶；二级吸收塔高pH值运行，利于高效脱硫，最高效率可以达到99.4%，实现SO_2超低排放标准。

脱除SO_2为主要功能的烟气脱硫装置主要是针对脱除SO_2而设计的，其脱除SO_3的效率要远远低于脱除SO_2的效率。因此在烟气冷却器与干式电除尘器协同脱除大部分SO_3后，剩余部分可通过湿式电除尘器脱除，效率可达到60%以上。

上述分析中，无论是脱除SO_2还是脱除SO_3，都属于脱硫，从SCR开始，到下游的烟气冷却器、干式电除尘器、湿法脱硫装置、湿式电除尘器全部参与了脱硫过程，形成协同效应。这种协同效应对主功能设备湿法脱硫装置优化设计具有一定的影响，如果充分考虑这种协同效应的正面影响，有利于降低湿法脱硫装置的投资和运行成本。

（三）协同除尘系统

传统的烟尘控制主要是通过除尘设备来实现，根据控制要求的不同，有一系列成熟的除尘工艺可以选择。随着火电机组烟尘超低排放要求的提出，单一的除尘技术基本上无法满足，协同脱除已成为必须选择。

对于现代大型火电厂，承担除尘功能的主设备普遍采用静电除尘器或袋式除尘器或电袋复合除尘器，一般来说能够满足严格的排放要求。根据实际情况可能还需要采取一些辅助性提效技术，如采用高效电源、分区供电、振打优化、流场优化等，但这些手段是要增加投资成本的，有时甚至增加幅度还很大，存在经济性因素。由于在烟气除尘设备后，还布置烟气脱硫装置（主流技术为石灰/石灰石-石膏湿法脱硫），因此上述除尘设备出口的烟气含尘量并不是最终排放的含尘量。期望直接通过常规的烟气除尘设备达到烟尘最终排放要求没有实际意义，还需综合考虑烟气脱硫设备对烟尘的脱除、增加的影响，即考虑协同的影响，最佳地匹配与除尘有关的各个工艺环节，包括主功能环节和协同功能环节。目前已有工业实践的协同技术路线包括：①烟气冷却器＋高效干式电除尘器＋湿法脱硫（＋高效除雾器）；②高效干式电除尘器＋湿法脱硫＋湿式电除尘器。

协同技术路线①首先利用了烟气冷却器对除尘所产生的协同效应。烟气冷却器布置在空预器的下游、烟气除尘装置的上游。一方面降低了除尘装置入口的烟气温度，烟气体积流量及通过设备的烟气流速降低，有利于提高除尘效率；另一方面由于温度降低，灰的比电阻降低，也有利于提高除尘效率。该烟气冷却器对于烟气除尘起到正面协同效应。高效干式电除尘器脱除效率要求越高，投资成本就越高，有必要根据实际边界条件设定科学合理的效率目标，将最终的除尘功能交由下游的湿法脱硫装置。湿法脱硫装置对烟尘的协同效应具有两面性。当上游的烟气除尘设备通过多种辅助技术实现高效的除尘效率时，烟气再经过湿法脱硫装置，湿法脱硫装置对烟尘而言很可能表现出负面的协同效应。即湿法脱硫装置出口的烟尘含量高于除尘器出口的烟尘含量，即相对较高成本实现的烟尘控制效果又被破坏。

当上游的烟气除尘设备通过常规成本的技术措施实现较高的除尘效率时，烟气再经过湿法脱硫装置，湿法脱硫装置对烟尘而言则可能表现出正面的协同效应。即湿法脱硫装置出口的烟尘含量低于除尘器出口的烟尘含量，以相对较低成本实现的烟尘控制效果自然被加强，此时总的控制成本相对是经济合理的。协同技术路线①要达到最佳的烟尘控制效果，高效的除雾器是理所当然的选择，它本身就是湿法脱硫装置的组成部分。而在强调湿法脱硫装置对除尘的协同作用的时候必须强调除雾器本身的高效除雾功能，湿法脱硫装置配置普通的除雾器很可能无法达到最终烟尘排放控制目标，从而不得不采用其他相对昂贵的技术路线如技术路线②。

协同技术路线②相比协同技术路线①，可以放弃烟气冷却器。高效干式电除尘器的效率不必追求极致，意味着可以避免在干式电除尘器上做较大的投资，允许它最低限度地完成除尘任务，剩余烟尘交由湿法脱硫装置和湿式电除尘器来完成。据有关统计分析，湿法脱硫装置的平均协同除尘效率为73.7％。干式电除尘器“最低限度地完成除尘任务”应以带入下游湿法脱硫装置的烟尘对脱硫系统正常运行本身不造成干扰，同时湿法脱硫装置天然的协同除尘效应后，湿式电除尘器可以轻松可靠地将最终烟尘排放控制到超低排放水平。否则还需适当提高干式电除尘器的除尘效率，以确保烟尘的最终排放指标满足要求。该技术路线中由于湿式电除尘器是烟尘控制的最后一道关口，后续再无影响烟尘浓度的因素存在，因此湿法脱硫装置是否配置高效除雾器的必要性大大弱化，大多数情况下无需配置高效除雾器，合理设计的湿式电除尘器完全能够将普通除雾器出口烟气中所含的剩余烟尘和新增石膏浆液脱除至超低排放水平。

现有的干式电除尘器可以比较容易地将烟尘排放降低到30～40mg/m^3，经过湿法脱硫再降到15～20mg/m^3以下。路线②中的湿式电除尘器作为最后一级除尘装置，液体流过其集尘板并从其表面除去所吸附的物质，能有效脱除烟气中的SO_3酸雾、烟气携带的石膏雨等细微颗粒物以及$PM_{2.5}$与氧化汞等污染物，烟囱的总颗粒物排放可控制在 5mg/m^3 以内。最终通过湿式电除尘器可确保满足 5mg/m^3 的排放要求。

（四）协同脱汞系统

协同脱汞系统由SCR系统、高效电除尘器、高效湿法脱硫系统、湿式电除尘器构成，它能有效控制汞的排放浓度。

SCR用于脱除烟气中的NO_x，WFGD可脱除烟气中的SO_2，二者均是较成熟且广泛应用的技术。此外，SCR催化剂显示了一定的Hg氧化能力，而WFGD能够有效捕获氧化态的汞，故二者联用可在一定程度上同时控制NO_x、SO_2和Hg的排放。现有试验显示，SCR和WFGD联用，SO_2的脱除效率为95%，NO_x的脱除效率为90%～95%，Hg的脱除效率强烈依赖于煤种，为40%～90%。有关SCR对汞的氧化情况，B&W公司的试验显示，典型SCR温度下SCR催化剂存在时，氧化汞的比例从50.9%升高至93.4%；温度稍低的情况下，氧化汞比例从81.9%升至94.1%。但是，诸多试验显示汞的氧化率差别较大，为进一步提高SCR钒系催化剂对汞的氧化率，在选择性催化还原脱硝系统中布置的SCR钒系催化剂中添加MnO_x-CeO_2，且MnO_x-CeO_2占SCR钒系催化剂质量的1%～3%；从而保证单质汞的氧化率可以稳定达到90%以上。

借助高效电除尘器、高效湿法脱硫装置与湿式电除尘器能够将烟气中以颗粒形式存在的颗粒汞、易溶于水的二价汞脱除，颗粒汞及二价汞的脱除率在90%以上。同时，为抑制浆液中二价汞的还原，提高WFGD系统的脱汞效率，采用固化二价汞的硫氢化钠添加剂。最终，对总汞的脱除率在90%以上，实现烟囱处的烟气总汞浓度低于3μg/m^{3}的目标。

（五）WGGH

烟气冷却器和烟气再热器组成WGGH系统（水媒烟气-烟气换热器），脱硝后的烟气经空气预热器换热后进入烟气冷却器，烟气冷却器中的循环工质（水）吸收烟气中的热量，并将该热量传到烟气再热器的放热端。一般在电除尘器上游设置烟气冷却器，使电除尘器的入口烟温降低，从而提高除尘器的性能，回收的热量用于脱硫塔出口的烟气再加热，使烟气温度达到酸露点以上。含有高浓度烟尘和SO_2的烟气流经空气预热器后，烟气温度降至135℃左右，通过烟气冷却器，烟气温度降至95℃左右。由于排烟温度的降低使得烟尘比电阻下降，实际烟气量相应减少、烟气流速降低，使得除尘效率大大提高，可以达到99.8%。除尘后的烟气经过湿法脱硫后，温度进一步降低至50℃以下，此时饱和的烟气具有相当大的腐蚀性，利用烟气再热器吸收的热量对烟气进行加热，使其温度升高至80℃以上，避免对烟囱产生腐蚀以及白色烟羽的形成。

第三节　一体化协同脱除技术的工程应用

一、国外火电厂的一体化协同脱除工程技术路线

美国目前执行PPII计划（火电厂改进计划），美国能源部在国内AES Greenidge 4号机组（104MW机组）安装了一套协同脱除的环保型示范装置。主要的工艺路线为低NO_x燃烧器＋SNCR＋SCR＋CFB－FGD（烟气循环流化床脱除SO_2、SO_3工艺）＋脱

汞（活性炭脱汞工艺）＋布袋除尘器示范装置。SO_2 脱除率大于 95%，SO_3 脱除率大于 95%，脱汞率大于 90%，NO_x 排放浓度为 150mg/m^3。该项目 2008 年投运，将应用到美国近 500 个老燃煤机组，机组容量在 50～600MW 之间。

目前，美国大多数的燃煤机组采用的工艺路线是：布袋除尘器＋湿法烟气脱硫＋湿式电除尘器或电除尘器＋布袋除尘器＋湿法烟气脱硫＋湿式电除尘器。其中，湿式电除尘器主要针对新建机组以及燃中、高硫煤的电厂。例如，美国 Spurlock 电厂（1 号机组 340MW，2 号机组 550MW，燃煤硫分 4.2%）的烟气治理技术路线是：低 NO_x 燃烧器＋SCR＋电除尘器＋湿法烟气脱硫＋湿式电除尘器工艺。美国 Elm Road 1、2 号机组（2×670MW，燃煤硫分 2.6%）的环保技术路线是：低 NO_x 燃烧器＋SCR＋布袋除尘器＋湿法烟气脱硫＋湿式电除尘器。美国 Trimble County 电厂的 2 号机组是美国燃用高硫煤最环保的电厂之一，该机组的环保技术路线是：低 NO_x 燃烧器＋SCR（NO_x 综合脱除率大于 90%）＋石灰液喷射系统（脱除 SO_3）＋ESP＋活性炭脱汞装置＋FF＋WFGD（SO_2 脱除率大于 98%）＋WESP。

德国公司在著名的黑泵电厂（2×800MW 机组）、Boxberg 电厂（2×800MW 机组）和 Niederaussem 电厂（1×1027MW 机组）设计过程中对环保方面的设计十分严格，环保型电厂技术主要向高效环保方面发展，采用低 NO_x 燃烧器＋SCR 脱硝＋高效电除尘器＋湿法烟气脱硫＋烟塔合一技术。

日本的烟气污染物超低排放技术路线经历了下面的发展历程：

（1）低 NO_x 燃烧器＋SCR＋ESP＋WFGD＋WESP（碧南 1～3 号 3 台 700MW 机组，1991、1992、1993 年投运）＋烟气再热器。

（2）低 NO_x 燃烧器＋SCR＋热回收器＋低低温电除尘器（1997～2009 年）＋WFGD＋烟气再热器。

（3）低 NO_x 燃烧器＋SCR＋热回收器＋低低温电除尘器＋移动极板＋WFGD＋WESP（碧南 4、5 号 2 台 1000MW 机组，2009、2010 年投运）＋烟气再热器。

二、国内火电厂超低排放的一体化协同改造

国内火电厂的超低排放一体化环保改造的主要内容有脱硝改造、除尘改造及脱硫改造，配套的改造有引风机改造、烟气余热利用系统改造、湿烟囱改造。配套改造中通常引风机改造是必需的，其他的两个配套改造可根据实际情况取舍。

（一）脱硝改造

目前，适用于燃煤电厂锅炉的成熟的氮氧化物控制技术主要有低氮燃烧系统技术（LNB）、选择性非催化还原脱硝技术（SNCR）、选择性催化还原脱硝技术（SCR）等。

1. 低氮燃烧器改造

新建锅炉采用低氮燃烧系统，或现役锅炉进行低氮燃烧系统改造后，炉膛出口 NO_x 排放都有不同程度的降低。但是，采用低氮燃烧技术可能对锅炉运行性能产生一些影响。

（1）锅炉燃烧效率可能降低。空气分级燃烧不利于燃料的完全燃烧，可能导致锅炉排烟中的飞灰可燃物含量和 CO 含量升高，排烟损失增大，锅炉热效率降低。

（2）结渣与高温腐蚀。采用低过量空气量运行及炉内空气深度分级燃烧方式时，在燃烧器区域水冷壁附近会形成还原性气氛，导致灰熔点降低，引起燃烧器区域水冷壁受热面的结渣与腐蚀加剧。

（3）采用低氮燃烧技术后，炉膛水冷壁吸热量分布发生变化，有可能引起过热蒸汽、再热蒸汽温度的变化以及减温水量的增大，控制难度增加。

针对上述问题，在进行低氮燃烧改造的时候需要采取相应的技术措施：

（1）采用低氮燃烧系统不能盲目追求过低的 NO_x 控制指标，要根据锅炉燃煤特性与燃烧方式，通过技术经济比较，确定合适的 NO_x 控制目标。

（2）根据实际燃煤和炉型，优化设计低氮燃烧系统，在锅炉性能和 NO_x 控制指标上取得平衡。

（3）精细化组织燃烧，对锅炉燃烧及制粉系统进行优化调整试验，确定最佳过量空气量与经济合理的煤粉细度，有效控制各燃烧器的风煤配比，实现各燃烧器风量与煤量的均衡分配。

（4）优化低氮燃烧系统运行方式（如 OFA 风率），严格监控锅炉排烟中的飞灰可燃物含量与 CO 含量，确保锅炉运行的安全性和经济性。

2. SNCR 脱硝

SNCR 脱硝系统在实际应用中存在的主要问题是脱硝效率不高，约为 15%～50%。由于混合困难，锅炉容量越大，炉膛截面尺寸越大，SNCR 脱硝效率越低。另外，尿素利用率低（约为 15%～30%），氨（NH_3）消耗量较大，氨逃逸率较高（约为 5～10ppm）。在单独采用 SNCR 脱硝时，氨逃逸与烟气中的 SO_3 反应生成的硫酸氢铵将导致空气预热器受热面的沾污积灰与堵塞问题。

对于大容量锅炉，由于炉膛截面尺寸较大，采用 SNCR 脱硝系统时，难以保证喷氨均匀并与整个炉膛截面的烟气充分混合。因此，应有选择地采取 SNCR 工艺。通过技术经济分析比较，可单独采用 SNCR 脱硝，或者与 SCR 脱硝联合使用。

3. SCR 脱硝

SCR 是国内外燃煤电厂普遍采用的烟气脱硝技术，由于所采用的氧化钛基催化剂对运行温度范围的限制要求，通常布置在省煤器与空气预热器之间，可将 NO_x 排放控制在 $50mg/m^3$ 或者更低。

SCR 脱硝装置运行中存在的主要问题是催化剂冲蚀破损、催化剂失活过快。特别是煤质特性变化较大，燃用高灰分、高硫煤，以及负荷变化较大时，会导致催化剂体积增大、催化剂寿命降低等问题。此外，SO_2/SO_3 转化率和氨逃逸量控制不当时，会形成一定量的硫酸氢铵在空气预热器换热面上积聚，造成积灰堵塞和腐蚀等问题。

针对性技术解决措施如下：

（1）优化流场设计，确保烟气流动的均匀分布，可减轻催化剂的磨损。

（2）定期对脱硝装置进行运行性能诊断试验与运行优化，杜绝过量喷氨，提高喷氨均匀性，可以显著减轻硫酸氢铵的生成。

（3）加强检修与维护，及时清除积灰，可以延缓催化剂的失活。

（4）定期进行催化剂活性检测，分析失活成因，避免因失活造成SCR脱硝效率的降低。

综上所述，燃煤电厂脱硝改造技术方案的选择，主要根据NO_x排放现状与控制目标、机组容量、投资与运行成本等技术经济分析后确定。原则上应尽可能采取低氮燃烧方式，在炉内燃烧过程中最大限度地抑制NO_x的生成，从而减少SNCR与SCR烟气脱硝装置的建设和运行费用，降低氮氧化物的减排总成本。

（二）脱硫改造

目前，燃煤电厂面临燃煤硫分的不稳定、脱硫装置整体运行性能随运行时间增加而下降，以及环保部门要求取消脱硫旁路烟道等困难局面。随着环保排放标准的提高，几乎所有的燃煤电厂均面临脱硫装置增容改造、取消旁路烟道、提高脱硫设备运行可靠性等改造工作。

（1）脱硫装置入口SO_2浓度。如果脱硫系统设计裕量偏小，在实际燃煤含硫量增大时引起脱硫装置入口SO_2浓度提高，超出脱硫系统的处理能力。同时，由于脱硫装置整体运行性能随运行时间增加而下降，以及排放标准的提高，造成超标排放问题。为实现达标排放，需要对脱硫装置整体运行性能进行全面评估分析，优化改造方案，减少投资、缩短改造工期，同时降低改造后脱硫装置的运行能耗。

根据现有脱硫装置的设计与实际运行性能，针对脱硫装置入口SO_2浓度超出实际处理能力的不同程度，可采用的脱硫增容改造方案主要包括：脱硫添加剂、塔内积液板＋管网式氧化风、塔外氧化浆池、串/并联塔改造。

（2）取消旁路烟道后脱硫装置运行可靠性的问题。取消脱硫装置旁路烟道后，脱硫系统将与锅炉主机系统串联运行，必须同步启停，要求脱硫装置的投运率必须达到与主机相同的水平，对脱硫系统的运行可靠性提出了更高的要求。

（3）SO_2/SO_3转化率。烟气中的SO_3主要有两个来源，一是在锅炉燃烧过程中生成的，二是烟气中的SO_2在SCR催化剂的作用下被氧化生成的。由于湿法脱硫装置的SO_3脱除效率不高，烟气中的SO_3在湿法脱硫装置中会与水结合生成硫酸（SO_3酸雾），造成硫酸低温腐蚀，对净烟道乃至烟囱防腐等级提出了更高的要求。

（4）脱硫岛除尘效率及“石膏雨”问题。采用石灰石-石膏湿法脱硫工艺时，烟气与喷淋的石灰石浆液直接接触，一般对烟尘有40%～60%的脱除效果，其除雾器的性能将制约最终的烟尘排放指标。由于除雾器性能的原因，在石灰石-石膏湿法脱硫系统中取消GGH后，普遍存在烟囱排放“石膏雨”（或称“烟囱雨”）的问题。而安装有GGH的湿法脱硫装置则几乎没有“石膏雨”问题，主要原因是GGH充当了高效的二级除雾器，对脱硫装置后逃逸的雾滴进行了有效的二次拦截，但存在GGH结垢堵塞等问题。

解决石膏雨的技术措施，可采用烟气冷却器＋塔内积液板＋管式除雾器改造，或二级烟道除雾器改造，将除雾器后的雾滴含量控制在$50mg/m^3$以内，可有效减轻“烟囱雨”问题，并能缓解GGH结垢和堵塞，提高设备运行可靠性。

（5）取消GGH后的其他问题。在取消GGH后，由于脱硫装置入口烟气温度升高，烟气体积流量增大，需要增加喷水降温，工艺耗水量增大，塔内流速提高，影响除雾器运行效率和脱硫效率。技术解决措施一是在脱硫装置入口增加烟气冷却器，回收利用烟气余热降低脱硫装置入口烟气温度，使烟气体积流量降低，减小塔内烟气流速，同时减少工艺耗水量与运行能耗；二是采用高效的除雾器。

（三）除尘器改造

目前，国内燃煤电厂的除尘技术主要采用电除尘器、袋式除尘器以及电袋复合除尘器，其中以电除尘器和电袋复合除尘器为主。按照新标准要求燃煤电厂烟尘排放浓度小于或等于30mg/m^3，重点地区小于或等于20mg/m^{3}的规定，目前国内燃煤电厂80%以上现役电除尘器都需要技术改造。

实际应用中，在除尘器出口烟尘排放浓度小于100mg/m^{3}时，经湿法脱硫装置后，烟囱入口处的烟尘浓度小于50mg/m^3，说明湿法脱硫系统能达到50%的除尘效果。但是当除尘器出口烟尘排放浓度进一步降低时，烟尘中微细颗粒的比例大大增加，这时湿法脱硫装置的除尘效果存在一定的不确定性，有待进一步研究。此外，湿法脱硫装置取消GGH后，由于石膏雨问题，对保证最终烟尘达标排放造成不利影响。湿法脱硫系统除尘效率的不确定将带来以下问题：

（1）无法确定除尘器出口处烟尘浓度排放值，迫使除尘器设计效率比实际要求更高，将增加不必要的投资。

（2）影响除尘器的技术路线。当除尘器出口处烟尘浓度从50mg/m^{3}或40mg/m^{3}以下降低到30mg/m^{3}或20mg/m^{3}以下时，需要大大增加电除尘器的比集尘面积，技术经济性较差。并且由于受煤质和改造场地空间的限制，改造中存在一定的困难。袋式除尘器虽然可以达到上述排放要求，但是对滤料的选取、制造和安装技术要求将大大提高。

（3）增加了改造和运行维护费用。在燃煤品质较好，将电除尘器出口烟尘浓度控制在30mg/m^{3}以下时，其投资费用比控制在50mg/m^{3}以下时约增加50%以上，甚至将增加1倍。对于袋式除尘器，其投资费用也将增加。

（4）影响烟尘的最终达标排放。烟尘排放考核点是烟囱处的排放值，而湿法脱硫系统的除尘效率必然影响最终考核，影响烟尘的达标排放。

综上所述，除尘器出口烟尘排放浓度应根据环保标准要求和湿法脱硫系统的除尘效率，需要确定除尘与脱硫装置的整体优化改造方案。根据国内外燃煤电厂采用的各类除尘器的技术经济分析，提出的除尘器选型原则如下：

（1）在满足以下条件时，可优先采用电除尘器。

1）燃煤和飞灰特性适合电除尘器收集。

2）电除尘器在比集尘面积小于150m^2/（m^3/s）（电场数小于7个）时，经济性较好。

3）现场空间满足改造需求。

4）采用电除尘器时，需要合理选型，进行电源优化配置、运行优化控制等工作，提高除尘效率。

（2）在电除尘器无法达到环保要求或经济性较差，燃煤灰分大于15%时，可优先考虑选用电袋复合除尘器。

（3）对于新建机组，一般情况下袋式除尘器投资费用低于电袋复合除尘器。特别是在燃煤灰分低于15%时，可优先采用袋式除尘器。采用袋式除尘器时应对除尘器的设计、制造和运行整体优化，降低系统阻力；解决滤袋的非正常破损问题和废旧滤袋的处理、综合应用问题。

（4）采用低低温电除尘器。低低温电除尘器（需要将电除尘器入口烟气温度降低到酸露点以下）目前主要应用于日本燃用低灰分（10%左右）、低硫煤（0.5%左右）的燃煤电厂，能够有效降低烟尘比电阻，提高除尘效率，可将除尘器出口烟尘浓度控制在$30mg/m^3$以内。此外，由于烟气体积流量减小，除尘器的体积减小，阻力损失相应减少，有利于减小除尘器的厂用电率。

（5）采用湿式电除尘器。湿式电除尘器目前主要在日本、美国等燃煤电厂应用，通常作为最后一级除尘设备布置在湿法脱硫装置后。湿式ESP与干式ESP的主要区别在于，在湿式ESP中，液体流过集尘板并从其表面除去所吸附的物质，能有效脱除烟气中的SO_3酸雾、烟气携带的石膏雨等细微颗粒物以及$PM_{2.5}$与氧化汞等污染物，烟囱的总颗粒物排放可控制在$10mg/m^3$以内。此外，湿式ESP集尘板上形成的液体层可防止烟尘颗粒被烟气二次携带，提高了除尘性能，采用较高的烟气流速，减少除尘器尺寸。

（四）其他配套改造

脱硝、脱硫和除尘改造都会造成烟气侧阻力的变化，所以通常需要对引风机增容改造，出于节能考虑，可以同步进行引增合一改造。

SCR的氨逃逸增加了空气预热器低温腐蚀和堵塞的可能，因此在进行SCR改造的同时，根据需要可以对空气预热器进行局部改造，这部分改造通常包含在SCR改造中。

新增湿法脱硫改造必须同步进行湿烟囱防腐改造。随着技术的发展，低低温除尘和WGGH都得到了应用。这两种技术都可以通过烟气余热的回收和利用来实现。因此，在环保改造的过程中，通常根据实际情况，同时进行烟气余热回收利用改造。节能的同时，降低除尘和湿烟囱改造费用及后期的运行维护费用。

三、国内火电厂超低排放的一体化协同脱除方案

近年来一体化协同脱除技术已在国内快速推广应用，具有良好的环保效益、社会效益和市场应用前景。但是，国内对燃煤电厂烟气治理超低排放的技术路线正在探索过程中，而且我国的环保标准还在变化中，必须从长远考虑整个系统的烟气处理问题。燃煤电厂的多污染物协同治理根据不同的条件可能会有不同的技术工艺路线和方案。烟气污染物一体化协同的技术路线的选择需要做到因地制宜、因煤制宜、因炉制宜、因标准制宜和应对未来环保可能的变化对策制宜，例如：

（1）在我国东部地区的新建电厂，主要应以SCR烟气脱硝、烟气冷却器电除尘或电袋除尘、湿法脱硫装置为主要设备，同时灵活选择LNB、SNCR技术以达到不同水平的氮氧化物控制要求。选择性搭配湿式除尘器实现深度除尘，脱硫协同脱汞方案的多污染物协同治理工艺技术路线。

（2）在西部地区缺水且燃煤含硫低于1%的区域，可选择节水为主的技术路线，如循环流化床干法除尘脱硫脱汞一体化为核心的多污染物治理工艺技术路线，结合锅炉低氮燃烧以及SNCR或SCR烟气脱硝技术。

（3）对于已经建设了SCR烟气脱硝、WFGD、静电除尘器的电厂，应该在脱硝提效、除尘器改造、脱硫系统增容（或增加一套干法，实现干、湿法脱硫级联的灵活方式）、协同脱汞、风机改造、烟囱防腐等技术方面统筹考虑。例如，要平衡好低氮燃烧系统的 NO_x 控制指标与锅炉热效率变化之间的关系，采用低氮燃烧系统实施技术改造后，锅炉排烟中的飞灰可燃物含量与CO含量不应明显升高。平衡好设备的增加、烟道的变化与烟气阻力损失的关系，优化引风机、引增合一的风机改造技术，减小环保设备的厂用电率。

在借鉴美国、德国、日本的部分经验基础上，根据我国燃煤电厂烟气治理设备的现状，结合不同区域的经济、资源、环境条件，为了达到不同的环保指标，可采用不同的一体化协同脱除技术。主要的技术方案如下：

1. 烟囱出口的烟尘排放浓度值小于 $5mg/m^3$ 技术方案

该指标下的技术方案流程如图6-4和图6-5所示。

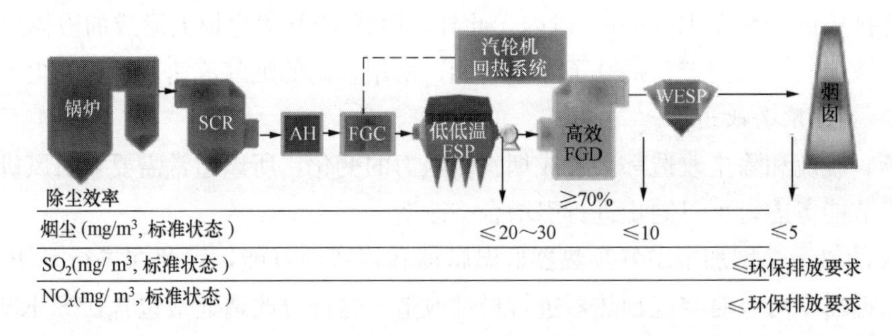

图6-4 设置烟气冷却器而不设置烟气再热器、烟囱为湿烟囱

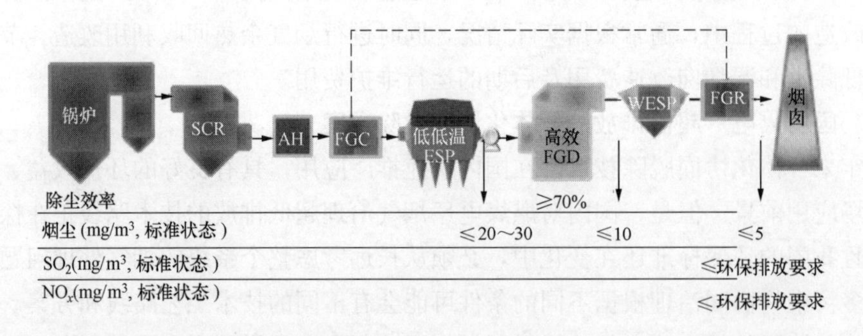

图6-5 设置烟气冷却器且设置烟气再热器、烟囱为干烟囱

该方案的技术特点有：①高效汞氧化催化剂的设置层数和方式应根据汞的环保排放要求确定；②低低温电除尘器入口烟气温度宜低于烟气酸露点温度（一般为90℃±1℃），低低温电除尘器出口烟尘浓度限值宜按20～$30mg/m^3$ 进行控制，SO_3 在低低温电除尘器中的脱除率应大于95%；③高效湿法脱硫装置的除尘效率不低于70%；④湿法脱硫装置后宜设置湿式电除尘器，烟囱出口烟尘浓度小于 $5mg/m^3$；⑤烟气再热器的

设置应根据环评报告要求确定，若脱硫塔后设置烟气再热器，烟气再热器与烟气冷却器宜采用以水为传热媒介的分体管式换热器；⑥整套烟气治理系统对 NO_x 和 SO_2 的脱除率应根据环保排放要求确定；⑦各烟气处理设备的配置应根据系统对各污染物脱除率的要求进行选型和确定。

2. 烟囱出口烟尘排放浓度值小于 10mg/m³ 技术方案

该指标下的技术方案流程如图 6-6 和图 6-7 所示。

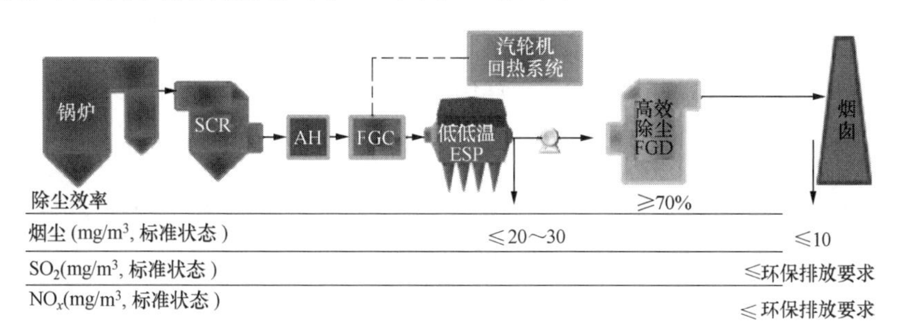

图 6-6　设置烟气冷却器而不设置烟气再热器、烟囱为湿烟囱

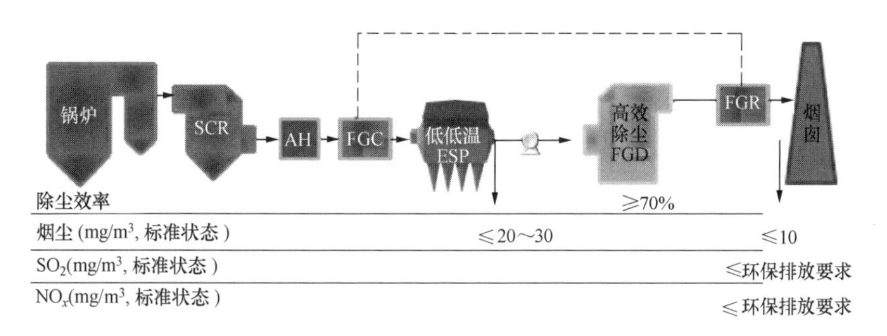

图 6-7　设置烟气冷却器且设置烟气再热器、烟囱为干烟囱

该方案的技术特点有：①高效汞氧化催化剂的设置层数和方式应根据汞的环保排放要求确定；②低低温电除尘器入口烟气温度宜低于烟气酸露点温度（一般为 90℃±1℃），低低温电除尘器出口烟尘浓度限值宜按 20～30mg/m³ 进行控制，SO_3 在低低温电除尘器中的脱除率应大于 95%；③高效湿法脱硫装置的除尘效率不低于 70%；④烟囱出口烟尘浓度小于 10mg/m³；⑤烟气再热器的设置应根据环评报告要求确定，若脱硫塔后设置烟气再热器，烟气再热器与烟气冷却器宜采用以水为传热媒介的分体管式换热器；⑥整套烟气治理系统对 NO_x 和 SO_2 的脱除率应根据环保排放要求确定；⑦各烟气处理设备的配置应根据系统对各污染物脱除率的要求进行选型和确定。

3. 烟囱出口烟尘排放浓度值介于 20～30mg/m³ 技术方案

该指标下的技术方案流程如图 6-8 和图 6-9 所示。

该方案的技术特点有：①高效汞氧化催化剂的设置层数和方式应根据汞的环保排放要求确定；②低低温电除尘器入口烟气温度宜低于烟气酸露点温度（一般为 90℃±1℃），低低温电除尘器出口烟尘浓度限值宜按 50mg/m³ 进行控制，SO_3 在低低温电除尘器中的脱除率应大于 95%；③高效湿法脱硫装置的除尘效率不低于 70%；④烟囱出

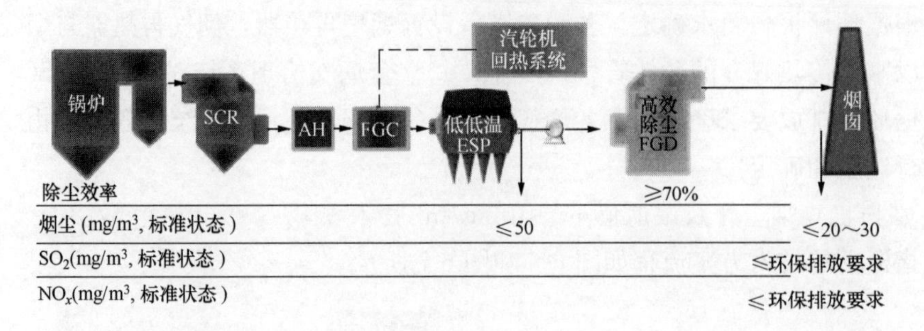

图 6-8 设置烟气冷却器（FGC）而不设置烟气再热器（FGR）、烟囱为湿烟囱

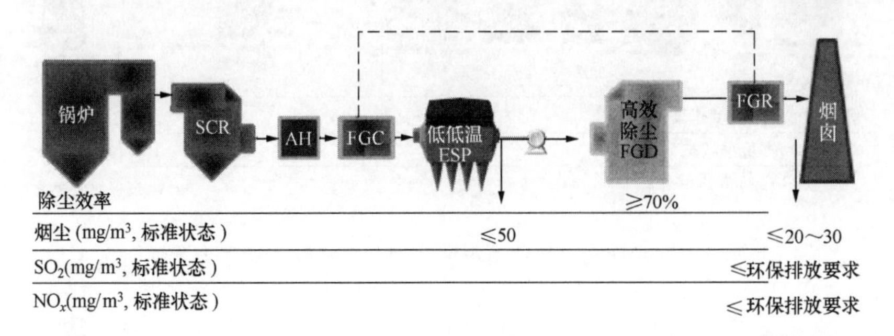

图 6-9 设置烟气冷却器（FGC）且设置烟气再热器（FGR）、烟囱为干烟囱

口的烟尘浓度小于 20～30mg/m^3；⑤烟气再热器的设置应根据环评报告要求确定，若脱硫塔后设置烟气再热器，烟气再热器与烟气冷却器宜采用以水为传热媒介的分体管式换热器；⑥整套烟气治理系统对 NO_x 和 SO_2 的脱除率应根据环保排放要求确定；⑦各烟气处理设备的配置应根据系统对各污染物脱除率的要求进行选型和确定。

第四节 陶瓷催化滤管一体化污染物脱除技术

一、陶瓷催化滤管一体化污染物脱除技术特点

对烟尘、SO_x、NO_x 和 Hg 的单项治理技术的研究及工程应用都已实施，特别是对烟尘、SO_x 和 NO_x 的单独脱除装置已经安装在每个火电厂（如 ESP、WFGD、SCR）。

传统的污染物单独控制模式（见图 6-10）忽略了三个基本事实：

（1）烟气中单一污染物治理对其他设备运行带来了负面影响。

（2）单独控制模式中各项控制技术，从设计、采购、工程施工到调试运行，整个过程难以高效配合，运行和维护困难，容易造成浪费。

（3）整个末端污染物脱除系统庞大、复杂，占地面积大，总体费用高，总体阻力大。

随着环保产业的迅速发展，为满足日益严格的环保法规的要求，多污染物联合脱除技术被日益重视，能综合控制 SO_x、NO_x 及 Hg 等多种污染物的控制技术已成为世界范围的开发热点。如脱硫脱硝一体化技术、脱硫脱硝除尘一体化技术、脱硫除尘一体化技术已被研究或采用。同时脱除 SO_x、NO_x 的技术有活性炭加氨、金属氧化物（如 CuO、NO_xSO 工艺）、鲁奇 CFB 加氨等；同时脱除 SO_x、NO_x、Hg 的技术主要有碳基吸附剂

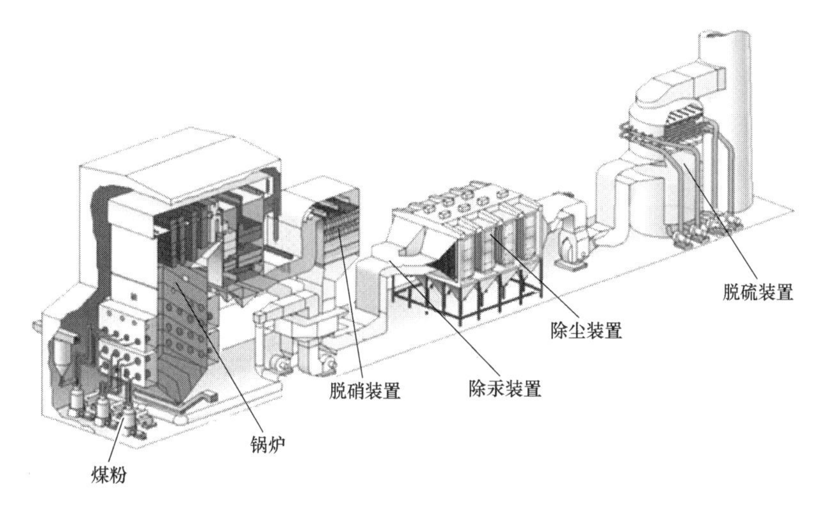

图 6-10　污染物单独控制模式

吸附法和氧化脱除法。氧化脱除法可分为化学氧化法和电催化法。化学氧化法是利用某种化学物质将 SO_x、NO_x、Hg 进行氧化。如美国 Argonne 国家实验室开发的 NO_x-SORB 技术，采用氯酸和氯酸钠将 NO 氧化成 NO_2，将 Hg^0 转化为可溶性的 Hg^{2+}，通过碱液吸收可以同时脱除 NO、SO_2 和 Hg^0。电催化技术则是利用低温非平衡等离子体放电过程中产生的高能电子与 H_2O、O_2 等作用产生活性自由基（·O、·OH），自由基再与 NO、SO_2、Hg 等进行反应。如 POWERSPAN 公司的 ECO 技术，采用介质阻挡放电结合碱液吸收和湿法电除尘同时对 SO_x、NO_x、Hg 进行有效控制。

我国火电厂常用的除尘、脱硝技术都是分两步独立进行的：先通过除尘装置，后进入低烟尘的选择性催化还原（SCR）脱硝装置；或者先脱硝后除尘。这两种净化技术都有明显的缺点：第一种没有成熟的低温催化剂可利用，只能将烟气加热到一定的催化反应温度（300～400℃）进行 SCR 脱硝；第二种烟尘会沉积在 SCR 催化剂上，堵塞 SCR 催化剂的孔隙和活性位，导致脱硝效率下降。

西安热工研究院对国内外的一体化协同脱除技术进行了较早的跟踪，通过学习、引进国外的新技术，结合我国国情提出了适用于我国火电厂的一体化脱除方案。如图 6-11 所示，将一体化脱除系统布置在锅炉尾部的省煤器与空气预热器之间，省煤器与一体化脱除塔之间的烟道上依次布置脱硫剂喷射系统、脱汞剂喷射系统、氨气喷射系统，一体化脱除塔中布有陶瓷催化滤管。引风机为整个系统提供动力，排烟装置为烟囱。

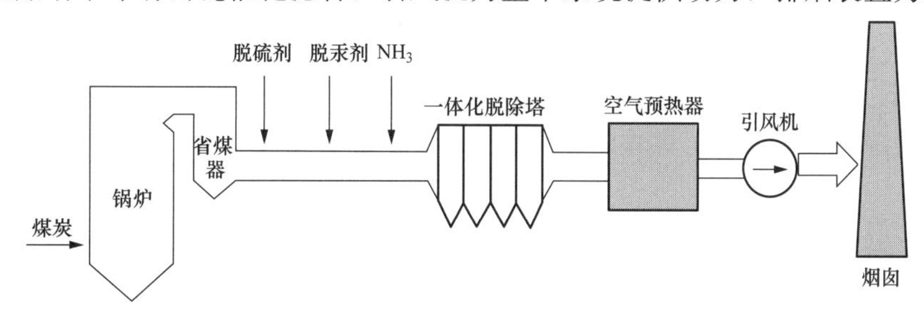

图 6-11　一体化脱除系统的流程图

在一体化脱除塔内布置多层陶瓷催化滤管，不仅具有普通袋式除尘器脱除烟尘的功能，还能在SCR催化剂的催化作用下将NO_x还原成水蒸气和氮气。陶瓷催化滤管能够实现高温烟气（高于300℃）下烟尘和NO_x的一体化高效脱除。SCR脱硝装置、除尘器和烟气脱硫装置的功能只需要借助喷射系统和一体化脱除塔就可以实现。

烟气从省煤器的尾部烟道中出来后，烟气中的SO_x和HCl与脱硫剂反应。烟气携带未反应完的脱硫剂和脱酸产物与氨气混合后进入一体化脱除塔，将混合体系中的烟尘、未反应的脱硫剂、脱酸产物以及NO_x除去，烟气得到净化，并通过排烟装置排出。

采用该火电厂烟气一体化净化工艺，其污染物净化效率高：脱硝效率在90%以上，NO_x可以达到超低排放的环保要求（出口浓度低于50mg/m^3），HCl脱除率为80%～90%，最高出口烟尘浓度可控制在5mg/m^3以内。该技术还具有以下优势：为干法烟气净化技术，具有节水、高效脱除多种污染物的优势，适用于缺水地区的燃煤电厂锅炉、垃圾焚烧锅炉、工业锅炉和烧结机等的烟气净化；缩短了烟尘净化流程、占地面积小；空气预热器处于"无尘"运行模式，可高效换热，利于烟气余热利用；排烟温度在SO_2酸露点以上，利于降低烟囱防腐费用；总投资和运行费用比分体式低（见表6-2）。

表6-2　技术经济性比较

编号	污染物脱除措施	污染物脱除指标（%）	单位造价（元/kW）	发电成本增加（元/kWh）	备注
1	湿法脱硫（WFGD）	≥95	200	0.015	
	SCR脱硝	≥80	150	0.01	
	静电除尘	≥99.6	90	0.003	
	湿式除尘	≥85	70	0.000 7	
	合计：		510	0.028 7	
2	一体化脱除技术	出口粉尘≤5mg/m^3 $\eta_{SOx}\geq 90\%$ $\eta_{NOx}\geq 85\%$ $\eta_{HCl}\geq 90\%$	约300	0.01～0.02	

为保证高效、稳定的脱硫效果，脱硫剂采用碳酸氢钠，脱硫剂储存及喷射系统主要包括运输、储存、制备、供应、物料流量控制装置、排放槽、计量输送器和输送器控制室等。喷射一定量的脱硫剂到烟道中，脱硫剂与烟气中的SO_x、HCl反应，生成亚硫酸钠、硫酸钠、氯化钠、CO_2等，随后进入到后面的一体化脱除塔，反应产物连同粉尘在一体化脱除塔中被捕集。具体反应式如下：

$$2NaHCO_3 + SO_2 \longrightarrow Na_2SO_3 + 2CO_2 + H_2O \quad (1)$$

$$2NaHCO_3 \longrightarrow Na_2CO_3 + H_2O + CO_2 \quad (2)$$

$$Na_2CO_3 + SO_2 + 1/2O_2 \longrightarrow Na_2SO_4(s) + CO_2 \quad (3)$$

$$Na_2CO_3 + SO_3 \longrightarrow Na_2SO_4 + CO_2 \tag{4}$$

$$Na_2CO_3 + 2HCl \longrightarrow 2NaCl + H_2O + CO_2 \tag{5}$$

$$NaHCO_3 + HCl \longrightarrow NaCl + H_2O + CO_2 \tag{6}$$

烟气携带未反应的脱硫剂和生成的脱酸产物与氨气喷射系统供应的氨气在烟气扩散和静态混合器湍流的作用下形成混合体系。气态 NH_3 经氨气缓冲槽及流量调节阀进入气体混合室，在气体混合室内气态 NH_3 与引入的空气充分混合均匀，然后由喷氨格栅喷入省煤器与一体化脱除塔之间的烟道内。在烟气扩散和静态混合器湍流的作用下，氨气与烟气中的 NO 充分混合，有利于氨气还原剂与烟气中的氮氧化物均匀、快速混合。

烟尘的一体化净化原理如图 6-12 所示。混合体系经烟道进入一体化脱除塔，混合体系中的烟尘、未反应的脱硫剂以及生成的脱酸产物捕集在陶瓷催化滤管的外表面，被捕集在陶瓷催化滤管外表面的烟尘、未反应的脱硫剂以及生成的脱酸产物通过喷吹系统清除至灰斗。同时，在陶瓷催化滤管所含的氮氧化物催化剂的催化作用下，气态 NH_3 还原剂将 NO_x 还原成氮气和水蒸气，混合体系被净化。得到的净化烟气从陶瓷催化滤管中送出后进入上箱体，然后从出气口排出一体化脱除塔，最后经空气预热器进行换热，由引风机送至烟囱排放。具体反应式如下：

$$4NO + 4NH_3 + O_2 \longrightarrow 4N_2 + 6H_2O \tag{7}$$

$$2NO_2 + 4NH_3 + O_2 \longrightarrow 3N_2 + 6H_2O \tag{8}$$

$$6NO_2 + 8NH_3 \longrightarrow 7N_2 + 12H_2O \tag{9}$$

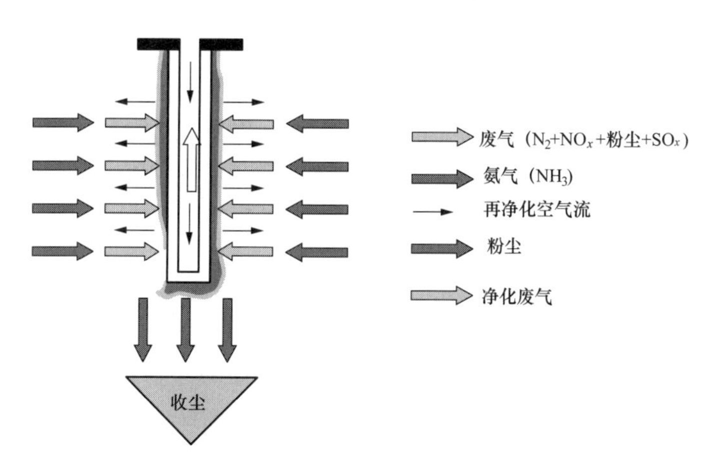

图 6-12　烟尘的一体化净化原理图

上述脱硝反应是在一体化脱除塔内进行的，一体化脱除塔布置在省煤器和空气预热器之间。一体化脱除塔内装有陶瓷催化滤管，进口烟道内装有氨注入装置和导流板。SCR 脱硝反应所需的氨气还原剂，可以通过液氨、氨水及尿素三种化学物质获得。

采用该火电厂烟气一体化净化工艺可以实现 NO_x 和烟尘的超低排放，NO_x 出口浓度低于 50mg/m^3，烟尘出口浓度可控制在 5mg/m^3 以内，而且 HCl 和汞脱除率也能达到 80%。但是由于脱硫剂对 SO_x 的吸附脱除过程本身是个放热过程，高温对该过程是一个不利因素，也会导致脱硫效率的下降。如温度对 $NaHCO_3$ 的脱硫过程影响较大，温度低于 150℃ 情况下的脱硫效果较好，当温度提高到 300℃时，脱硫效率会显著降低，无法满足 SO_x 较高的环保指标，特别是无法实现 SO_x 的超低排放。因此，采用陶瓷催化滤管一体化脱除技术实现烟尘、SO_x、NO_x 的超低排放还需要协同配套 SO_2 的其他脱除技术才能实现，例如在空气预热器后再加装小型的湿法脱硫塔等。

二、陶瓷催化滤管一体化脱除技术在国外的应用情况

美国巴威公司曾对陶瓷催化滤管一体化脱除 SO_2、NO_x、烟尘的特性进行了 5MW 的示范工程试验，结果发现：脱硝效率可以达到 95%以上，氨逃逸低于 3μL/L；SO_2 的脱除效率达到 90%以上，SO_2/SO_3 的转化率低于 0.5%；除尘效率达到 99.89%。法国 Maguin 公司、美国 Tri-Mer 公司等分别单独开发的陶瓷催化滤管一体化脱除技术已经广泛应用于小型火电、玻璃行业（见图 6-13）、工业废物焚烧（见图 6-14）、市政废物焚烧、污水处理污泥焚烧、生物质电厂、水泥、化工、钢铁等行业。大量的工业实验发现颗粒物排放浓度可以控制在 $2mg/m^3$ 以内，NO_x 的脱除率稳定在 90%以上，酸性气体（SO_2、HCl、HF）的脱除率在 90%以上。这项技术在工程上是可行的，而且经济优势明显。

图 6-13 某浮法玻璃生产厂的多污染物一体化净化系统（80 000m^3/h）

图 6-14 某垃圾焚烧厂的多污染物一体化净化系统（3×30 000m^3/h）

目前，美国、法国等发达国家已经将该技术广泛应用于玻璃行业、工业废物焚烧、市政废物焚烧、污泥焚烧、生物质电厂、水泥、化工、钢铁等行业。表 6-3 所示为陶瓷催化滤管一体化脱除技术的工业试验结果（数据截止到 2008 年）。大量的实践证明这项技术在工程上可行，但国内尚未开展类似的一体化高效脱除技术的应用。

表 6-3 陶瓷催化滤管一体化脱除技术的工业实验结果（数据截止到 2008 年）

污染物	温度（℃）	污染物入口浓度（mg/m^3）	出口浓度（干态，11%O_2）	试剂	性能	应用
烟尘	290	130	<1	—	>99%	玻璃行业
	325	330	<1	—	>99%	玻璃行业
	185	725	<1.5	—	>99%	垃圾焚烧

续表

污染物	温度（℃）	污染物入口浓度（mg/m^3）	出口浓度（干态，11%O_2）	试剂	性能	应用
SO_2	290	630	30	碳酸氢钠	95%	玻璃行业
	300	590	18	石灰石	97%	玻璃行业
	330	1165	480	石灰石	59%	玻璃行业
	320	1070	250	碳酸钠	77%	玻璃行业
	330	355	8	碳酸氢钠	98%	化工工业
	180	870	<5	碳酸氢钠	99%	垃圾焚烧
HCl	330	650	40	碳酸钠	94%	化工工业
		30	<1	碳酸氢钠	96%	垃圾焚烧
NO_x	280	1200	250	氨气	79%	玻璃行业
	290	2570	113	氨气	96%	发动机尾气
	320	350	50	氨气	86%	玻璃行业
	280	800	<9	氨气	97%	发动机尾气
	180	450	48	氨气	89%	垃圾焚烧

三、陶瓷催化滤管的现状

陶瓷催化滤管是由添加氮氧化物催化剂的陶瓷纤维制成的，NO_x 催化剂如 V_2O_5 和 WO_3 等。陶瓷催化滤管不仅能高效脱除粉尘，还能催化 NO_x 的还原反应。一体化脱除塔布置在省煤器的出口烟道，而省煤器出口烟道的烟气温度高达 320～400℃，因此需要陶瓷催化滤管具有良好的抗高温能力、耐腐蚀能力及较高的机械强度，保证在 320～400℃的高温环境中能长时间连续使用。

图 6-15 所示为陶瓷催化滤管的实验室制备流程。我国在陶瓷催化滤管脱除多污染物方面与先进国家相比还有很大差距，尤其是在陶瓷催化滤管的工业化制备方面。我国在高温陶瓷过滤管制备方面的起步较晚，仅限于陶瓷支撑体的研究，并且所研制的支撑体的抗压强度、过滤精度、膜压差、结构尺寸、使用寿命和清灰再生方面的性能均达不到国外水平。总体看来，国内在高温陶瓷过滤技术方面的研究缺乏系统性、针对性，大多偏重于陶瓷支撑体的制备和流体的流动特性、热力特性等方面的理

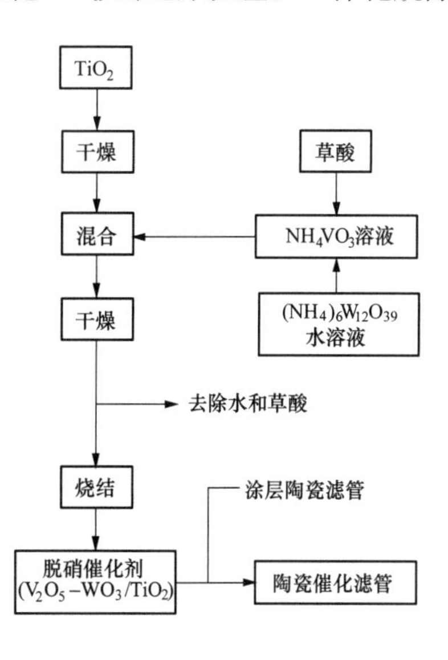

图 6-15　陶瓷催化滤管的实验室制备流程

论研究，没有深入研究陶瓷载体上的涂膜技术，以及陶瓷基体上活性组分的负载技术。对高温气体净化用的陶瓷过滤材料及制备技术的研究较少，特别是与高温高压气体净化有关的材料成型、烧结、结构设计、催化剂负载制备等方面。

陶瓷催化滤管如图 6-16 所示。法国、美国等发达国家在陶瓷催化滤管领域的起步较早，目前陶瓷催化滤管的制备技术主要被法国、美国等国家的几家企业集团所垄断，而且产品价格十分昂贵，无法满足中国火电厂的大烟气流量下的脱硝、除尘一体化的市场需求。如果能够自行研制出陶瓷催化过滤管，并使其性能达到国外同类产品水平，系列产品国产化后，将非常利于我国烟尘一体化净化技术（特别是烟尘和氮氧化物的一体化高效脱除）的发展，同时会给国家节省大量外汇，可预见该技术有广阔的应用前景和市场空间。

图 6-16　陶瓷催化滤管商品

四、陶瓷催化管的反吹再生

1. 一体化脱除塔的构造

一体化脱除塔的构造及工作原理如图 6-17 所示，它主要由上箱体、中箱体、下箱体、排灰系统及喷吹系统五部分组成。上箱体包括可掀起的盖板和出气口；中箱体内有多孔板、陶瓷催化管；下箱体由灰斗、进气口及检查门组成；喷吹系统包括脉冲喷吹控

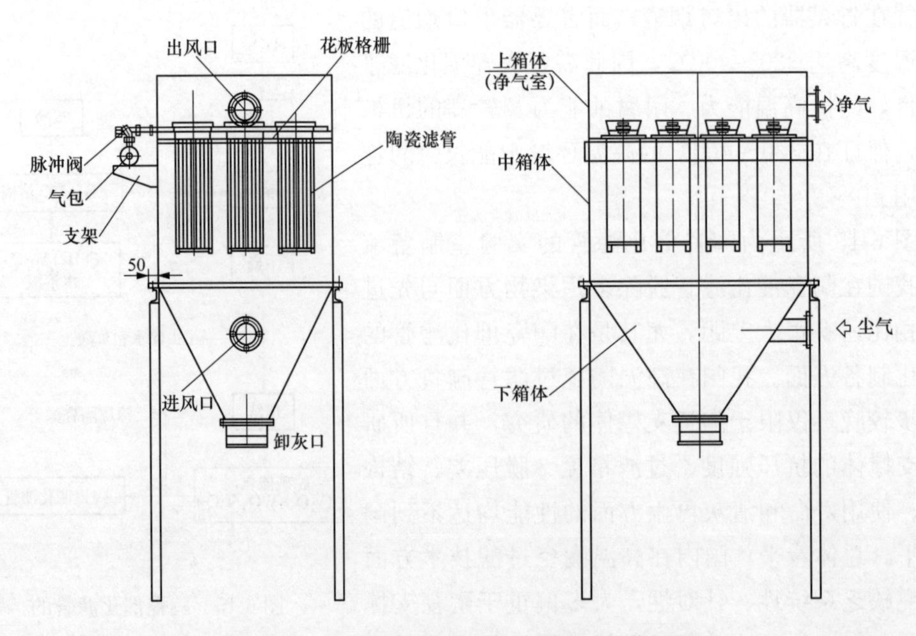

图 6-17　一体化脱除塔的基本构造及工作原理

制仪、气包、脉冲电磁控制阀、喷吹管等。排灰系统主要由卸灰阀组成。

2. 一体化脱除塔的工作原理

含尘气体由一体化脱除塔的进气口进入中箱体、下箱体，含尘气体通过陶瓷催化管进入上箱体的过程中由于陶瓷催化管的过滤作用将尘气分离开，脱硫剂、脱硫产物以及烟尘被吸附在陶瓷催化管的外表面。随着时间的增加，积附在陶瓷催化管上的烟尘越来越多，增加了陶瓷催化管的阻力，致使通过陶瓷催化管的气体量逐渐减少。为将阻力限定在一定的范围内，保证所需气体量，由脉冲喷吹控制仪发出指令，按顺序触发各控制阀从而开启脉冲阀，气包内的压缩空气瞬时经脉冲阀至喷吹管的喷吹孔喷出，经文氏管喷射到相应的陶瓷催化管内。在反吹气流的瞬间反向作用下，积附在陶瓷催化管表面的烟尘脱落，陶瓷催化管得到再生。被清除掉的灰尘落入灰斗，经卸灰阀排出反应塔。对陶瓷催化管周期性地脉冲喷吹，使净化后的气体正常通过，保证一体化脱除塔在合理的阻力状态下安全高效运行。

3. 喷吹系统及其工作原理

喷吹系统及其工作原理如图 6-18 和图 6-19 所示。脉冲阀 A 端接气包，B 端接喷吹管，脉冲阀背压室接控制阀，控制仪控制着控制阀和脉冲阀开启。当控制仪无信号输出时，控制阀的排气被关闭，脉冲阀喷吹口处与关闭状态；当控制仪发出信号时控制阀排气口被打开，脉冲阀背压室的气体泄掉，压力降低，膜片两面产生压差，膜片因压差作用而产生位移，脉冲阀喷吹打开，气包中的压缩空气通过脉冲阀经喷吹管的喷吹孔喷至文氏管进入陶瓷催化管（从喷吹管喷出的气体称为一次风）。高速气体流通过文氏管的过程会诱导数倍于一次风的周围空气（称为二次风），造成陶瓷催化管内瞬时正压，实现在线清灰。

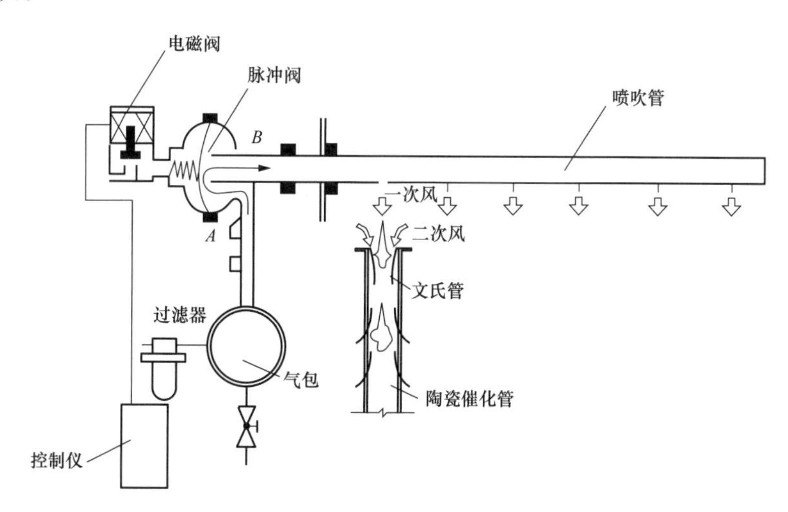

图 6-18　喷吹系统及其工作原理

在清除烟尘的过程中，脉冲阀每喷吹一次气体的时间称为脉冲时间或脉冲宽度；两个相邻脉冲阀的喷吹间隔时间为脉冲间隔（也称喷吹周期）。调整控制仪的脉冲周期和脉冲时间，可使除尘器阻力保持在合理的范围内。

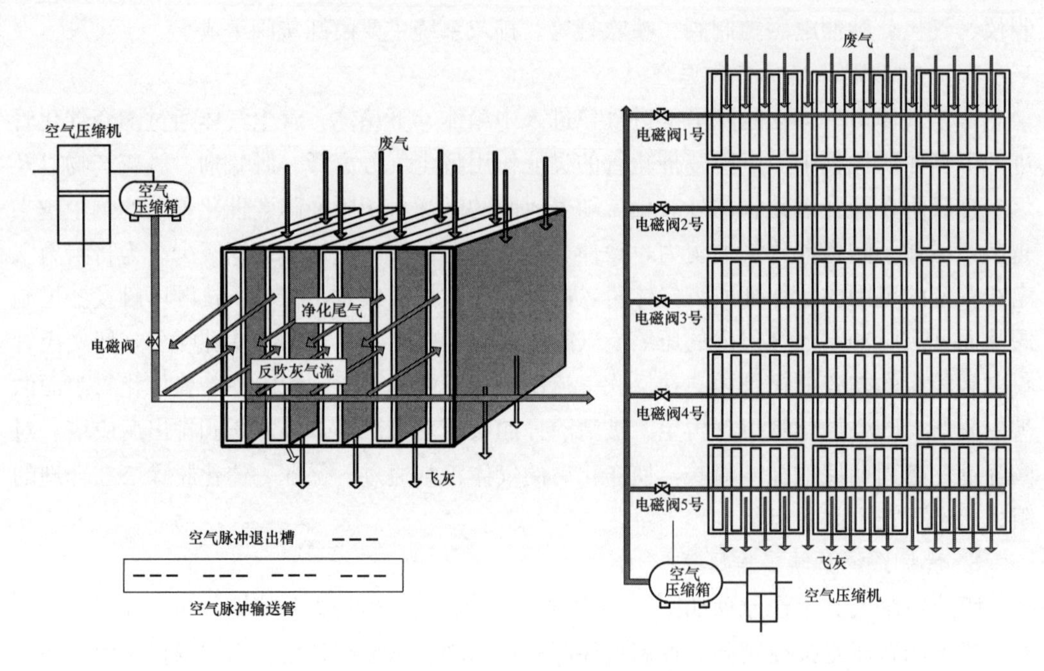

图 6-19　陶瓷催化管一体化脱除的运行和再生原理

工 程 案 例

第一节 铜川照金电厂1、2号机组超低排放改造工程案例

一、项目概述

华能铜川照金电厂一期工程建设2×600MW亚临界燃煤机组，2006年3月开工建设，分别于2007年11月、12月建成投产。每台机组尾部依次配备2台SCR反应器、2台卧式四电场电除尘器、2台动调轴流式引风机、1座石灰石-石膏湿法烟气脱硫塔。根据机组运行情况，NO_x、SO_2、粉尘排放等环保指标满足GB 13223—2011《火电厂大气污染物排放标准》标准。

然而，陕西省治污降霾的压力日益严峻，铜川电厂位于西安周边地区，属于重点排放控制区域。为促进火电污染物减排，陕西省政府按照国家《大气污染防治行动计划》的相关精神，明确指出对相应地区的火电机组实施超低排放值标准（即GB 13223—2011中天然气燃机排放限值），并实施超低排放的改造试点工程。因此，华能铜川照金电厂一期2×600MW烟气污染物排放拟按NO_x浓度不大于$50mg/m^3$（标准状态，干基，6%O_2），排放SO_2浓度不大于$35mg/m^3$（标准状态，干基，6%O_2），排放粉尘浓度不大于$5mg/m^3$（标准状态，干基，6%O_2）的环保指标进行污染物排放控制，机组原有的除尘、脱硝、脱硫、风机等不能满足系统要求，需要进行改造。该工程由西安西热锅炉环保工程有限公司以EPC模式承担了改造。

（一）项目建设条件

1. 厂址条件

华能铜川照金电厂位于关中平原北部，铜川新区规划区外西南的坡头镇，距铜川新区约4km。耀照（耀州-照金镇）三级公路在厂址北侧通过。厂址北靠北楼乡，南临华里坊村，东接坡头镇，西至冯兰村。

另外，电厂北距铜川煤矿60km，南距西安市70km，距西安咸阳国际机场72km，西安至黄陵高速公路穿境而过，咸铜、梅七两条支线铁路与陇海铁路大动脉相连。

电厂一期厂区总平面布置由东向西采用330kV升压站、空冷平台、主厂房、煤场四列式布置，输煤栈桥从扩建端进入煤仓间。

2. 运输条件

（1）坡头厂址。进厂公路可接自耀照公路，长约0.3km。另外新修的西延高速邻近坡头镇，可由坡头镇直接连入高速公路网络。

（2）燃料运输。

1）铜川矿务局陈家山煤矿、下石节煤矿、玉华煤矿煤矿共219.8万t/年，采用公路运输。

2）耀州区煤矿和耀州区秀房沟煤矿供煤75万t/年，由社会运力采用汽车运输。

3）耀县水泥厂三分厂所属的丁家山矿或陕西省监狱管理局水泥厂所属的桃曲坡矿的石灰石，由社会运力采用汽车运输。

3. 地质条件

电厂址地形方面，拟建厂址位于铜川市耀州区坡头镇楼村，距铜川市新区约5km（耀县县城西侧3km处），紧邻耀照公路。

厂址区地貌属渭北黄土塬，塬面地形平坦、开阔，相对高差小，地势西北高东南低，由西北向东南倾斜，地面标高734～715m。厂址区内无不良地质作用。

根据区域地质资料，该区出露地层主要有：上部为第四系风积黄土，厚度100m左右；下部为石炭、二叠系海陆交互相的煤层、泥岩、砂岩、页岩、石灰岩沉积层。对该工程建设有直接意义的主要是上部为第四系风积黄土。下部为石炭、二叠系地层由于埋深较大，对该工程无实际意义，不再叙述。

厂区地表有40cm左右棕褐色的黑垆土，但不连续，埋深最大0.8m，故未将其单独分层，一并归入下层黄土中。厂区地层上部为Q3黄土（厚7～9m），下部为Q2黄土。根据该次钻孔揭露黄土厚度92m。

根据GB 18306—2001《中国地震动参数区划图》，该地区地震震动峰值加速度为0.10g（相应的地震基本烈度为7度），特征周期值为0.45s。

4. 水文条件

坡头厂址位于铜川市耀州区坡头镇，在铜川市新市区以外西南4km的塬上，厂址东北约0.2km是坡头镇，耀照公路在厂址北侧通过。厂址内地形平坦，地势开阔，地面自然标高约720m，海拔高度为722.5m。由于厂址位于塬上，地势较高，远离河流，经现场调查踏勘分析认为，该厂址不受外来洪水影响，亦无内涝问题。

该区属于暖温带大陆性季风气候，四季分明，冬长夏短。冬季受来自西伯利亚和蒙古极地大陆气候的控制，干燥寒冷，雨雪稀少；夏季受来自太平洋的暖湿气团影响，炎热湿润，雨水较多；春秋两季气候多变；夏秋易涝，冬春易旱；年平均气温为12.5℃，年平均降水量为540.9mm，最热月平均气温为25.1℃，最冷月平均气温为－1.4℃。统计值见表7-1。

表7-1　耀县气象站基本气象要素统计值

项　目	单位	数值	发生日期
平均气压	hPa	934.8	
平均气温	℃	12.5	
最热月平均气温	℃	25.1	

续表

项　　目	单位	数值	发生日期
最冷月平均气温	℃	−1.4	
极端最高气温	℃	39.7	1972.6.11
极端最低气温	℃	−17.9	1991
平均水汽压	hPa	10.4	
最大水汽压	hPa	39.1	1976.8.1
最小水汽压	hPa	0	
平均相对湿度	%	62	
年平均降水量	mm	540.9	
一日最大降水量	mm	96.1	1988.8.14
年平均蒸发量	mm	1964.4	
平均风速	m/s	3.1	
最大风速	m/s	20.7	1982.6.7
最大积雪深度	cm	18	1975.12.8
最大冻土深度	cm	38	
平均雷暴日数	d	22.4	
最多雷暴日数	d	35	
平均沙暴日数	d	0.3	
平均大风日数	d	10.0	
降水日数	d	91.9	

（二）项目建设目标

华能铜川照金电厂一期 2×600MW 机组通过烟气污染物超低排放改造工程实现 NO_x 排放浓度不大于 50mg/m^3（标准状态，干基，6% O_2），SO_2 排放浓度不大于 35mg/m^3（标准状态，干基，6% O_2），粉尘排放浓度不大于 5mg/m^3（标准状态，干基，6% O_2）。

二、机组概况

（一）锅炉本体

华能铜川照金电厂一期 2 台 600MW 燃煤发电机组，配有哈尔滨锅炉厂采用 ABB-CE 燃烧公司引进技术设计和制造的 HG-2070/17.5-YM9 型锅炉。锅炉为亚临界参数，一次中间再热、控制循环、四角切圆燃烧方式、单炉膛平衡通风、固态干式排渣、露天布置、全钢构架的Π型汽包炉。每台机组配置 2 台 32-VI（T）-1833-SMR 型三分仓回转式空气预热器。机组采用中速磨煤机正压直吹制粉系统，配 6 台北京电力设备总厂生产的 ZGM113N 中速辊式磨煤机。锅炉主要设计参数见表 7-2。

表 7-2　　　　锅炉主要设计参数

序号	项目	单位	定压		高加停
			MCR	额定	额定
1	电负荷	MW		600	
2	汽包压力	MPa	19.0	18.83	
3	汽包温度	℃	362	361	
4	过热器出口蒸汽流量	t/h	2070	1876.4	1653.02
5	过热器出口蒸汽压力	MPa	17.5	17.45	17.16
6	过热器出口蒸汽温度	℃	541	541	541
7	再热器入口蒸汽压力	MPa	4.041	3.685	3.844
8	再热器入口蒸汽温度	℃	334.4	325.3	334.7
9	再热器出口蒸汽流量	t/h	1768	1642.5	1639.21
10	再热器出口蒸汽压力	MPa	3.861	3.521	3.677
11	再热器出口蒸汽温度	℃	541	541	541
12	给水压力	MPa	19.49	19.29	18.52
13	给水温度	℃	283.4	277.1	189.5
14	排烟温度（修正前）	℃	125	125	111
15	排烟温度（修正后）	℃	123	111	108
16	减温器喷水温度	℃	190.1	188.1	189.5
17	炉膛漏风	kg/h	115 418	112 997	109 459
18	总风量	kg/h	2 308 368	2 259 950	2 079 722
19	一次风量	kg/h	495 900	49 1580	485 100
20	二次风量	kg/h	1 697 049	1 655 372	1 594 622
21	空气预热器进口一次风温度	℃	26	26	26
22	空气预热器进口二次风温度	℃	23	23	30.6
23	空气预热器出口一次风温度	℃	325	324	279
24	空气预热器出口二次风温度	℃	342	340	293
25	炉膛总受热面积	m^3	9104		
26	炉膛容积热负荷	kW/m^3	86.59		
27	炉膛断面热负荷	kW/m^2	4903		
28	下炉膛出口烟温	℃	1120	1122	1100
29	炉膛出口烟气温度	℃	997	998	980
30	后屏过热器屏底烟气温度	℃	1336		
31	炉膛过量空气系数	%			

一期锅炉设计燃煤为铜川矿务局陈家山煤矿、下石节煤矿、玉华煤矿及铜川市耀州区煤矿烟煤，锅炉设计煤质见表 7-3。

表 7-3 设计煤种与校核煤种的燃料特性

项 目	符号	单位	设计煤种	校核煤种
水分	M_t	%	11.4	13.7
空气干燥基水分	M_{ad}	%	2.17	1.95
收到基灰分	A_{ar}	%	18.31	16.31
干燥无灰基挥发份	V_{daf}	%	36.87	35.52
收到基碳	C_{ar}	%	57.15	56.25
收到基氢	H_{ar}	%	3.55	3.45
收到基氧	O_{ar}	%	8.22	8.31
收到基氮	N_{ar}	%	0.64	0.58
收到基全硫	$S_{t,ar}$	%	0.73	1.4
收到基低位发热量	$Q_{net,ar}$	MJ/kg	21.42	21.02
变形温度	DT	℃	1240	1270
软化温度	ST	℃	1280	1330
半球温度	HT	℃	1290	1360
流动温度	FT	℃	1360	1390
哈氏可磨指数	HGI		62	59
二氧化硅	SiO_2	%	51.19	50.98
三氧化二铝	Al_2O_3	%	25.66	25.92
二氧化钛	TiO_2	%	1.08	0.92
三氧化二铁	Fe_2O_3	%	6.36	6.72
氧化钙	CaO	%	7.84	8.20
氧化镁	MgO	%	1.89	0.98
氧化钾	K_2O	%	1.19	1.03
氧化钠	Na_2O	%	0.36	0.30
三氧化硫	SO_3	%	2.04	2.00
二氧化锰	MnO_2	%	1.89	0.98
煤的冲刷磨损指数	K_e		3.8	4.33

设计的飞灰比电阻和飞灰密度及安息角见表 7-4 和表 7-5。

表 7-4 飞 灰 比 电 阻

测试温度（℃）	测试条件	电压（V）	电流（A）	比电阻值	
				设计煤种	校核煤种
				Ω·cm	
17.5	湿度：32% 温度：17.5℃	500		4.40×1010	2.8×109
80		500		3.60×1011	1.98×1010
100		500		2.02×1012	8.35×1010
120		500		3.80×1012	8.5×1011
150		500		1.45×1012	2.08×1012
180		500		9.00×1011	1.53×1012

表 7-5　　飞灰密度及安息角

序号	名　称	符　号	单 位	设计煤种
1	堆积密度	ρ_1	t/m³	0.7
2	真密度	ρ_2	t/m³	2.16～2.41
3	安息角	α	度	32～42
4	游离二氧化硅	SiO_2	%	2.36～3.75

（二）原脱硝系统

华能铜川电厂 2×600MW 机组已分别于 2011～2013 年先后进行了低氮燃烧器改造和 SCR 脱硝改造。SCR 装置采用“2+1”模式，催化剂为蜂窝式催化剂，反应器内催化剂模块布置按 7×10 矩阵布置。入口 NO_x 原设计浓度值为 300mg/m³，出口设计浓度为 100mg/m³。

目前实际运行中，SCR 入口浓度值为 200～250mg/m³，SCR 入口烟道布置有剧烈扩口，总体布置较不规则，流场设计难度较大。原 AIG 设计、还原剂与 NO_x 混合均匀性等流场参数不尽合理。

（三）原除尘系统

华能铜川照金电厂一期 2 台 600MW 燃煤发电机组每台机组锅炉尾部原配备 2 台卧式四电场电除尘器，由福建龙净环保股份有限公司设计制造，设计效率不小于 99.6%，入口设计浓度为 18.69g/m³，出口设计浓度小于 75mg/m³。

从 1 号机组电除尘器性能测试的结果来看，电除尘器运行结果较好，入口浓度为 28g/m³时，出口排放浓度可以达到 78mg/m³，但排放不达标。电厂拟对电除尘器进行提效改造，提效改造后除尘器出口排放浓度达到 50mg/m³。该次超低排放改造在电除尘提效改造后的基础上进行设计的。

（四）原脱硫系统

原脱硫系统由西北电力设计院设计，浙大网新机电工程有限公司承包建设。采用回转式气气再热器（GGH）加热，通过优化设计，以确保经济适用的换热系统，主轴垂直布置。采用石灰石-石膏湿法烟气脱硫工艺，在锅炉 BMCR 工况下全烟气脱硫（100%），一炉一塔设计，原设计烟气含硫量为 4891mg/m³，设计脱硫效率为 96%。BMCR 工况下，当 FGD 进口原烟气温度大于或等于设计温度时，烟囱入口烟气温度保证大于或等于 80℃。

实际运行中发现，GGH 的换热原件结垢严重，运行压损大，冲洗困难。特别是取消脱硫旁路后，GGH 作为炉后烟气串联系统，无法离线冲洗，运行中密封设备损坏较为严重。

（五）原引风机系统

机组原配置上海鼓风机厂有限公司生产的两台动调轴流式引风机以及一台动调轴流增压风机。2013 年，西热环保公司已经对 2 号机组进行了引、增风机合并改造，并且优化了引风机出口至脱硫吸收塔入口之间的烟道，改造后风机设计参数为：BMCR 工况下，流量为 475m³/h，压力为 7931Pa；TB 工况下，流量为 547m³/h，压力为 9335Pa。

三、超低排放改造设计方案

（一）设计边界条件

1. 设计煤质

本次超低排放改造工程中的设计煤质具体见表 7-6。

表 7-6　　超低排放设计煤质

项目	符号	单位	该次改造设计煤质
收到基碳	C_{ar}	%	50.35
收到基氢	H_{ar}	%	3.18
收到基氧	O_{ar}	%	7.52
收到基氮	N_{ar}	%	0.60
收到基硫	$S_{t,ar}$	%	2.2
收到基灰分	A_{ar}	%	29.49
收到基水分	M_{t}	%	7.6
空气干燥基水分	M_{ad}	%	—
可燃基挥发分（干燥无灰基）	V_{daf}	%	18.13
收到基低位发热量	$Q_{net,ar}$	MJ/kg	19.66

2. 烟气参数

各专业综合考虑了业主提供的相关性能试验报告及原有设备的设计参数，并且将实测烟气量和计算值进行了统一对比，最终沿烟气流程统一了标准状态烟气量和烟道压力，具体见表 7-7。

表 7-7　　各分区烟气参数

序号	进口烟气温度（℃）	出口烟气温度（℃）	烟气流量（标准状态、湿基、实际氧，m³/h）	阻力增加（Pa）	备注
脱硝	353	350	1 874 288	250	
WGGH 余热段	117	90	2 356 865	500	
电除尘	90	88	—	—	
风机	88	90	2 483 041	—	
1 级脱硫塔	90	—	2 483 041	1150	
湿式除尘器	50	47	2 580 000	400	
WGGH 再热段	47	72	2 580 000	700	

另外，优化设计后整个超低排放系统各区域烟气温度和相关设计参数具体见图 7-1。

（二）工艺设计方案

1. 脱硝改造设计方案

（1）性能保证。通过脱硝系统改造后实现：①SCR 装置入口 NO_x 浓度小于或等于

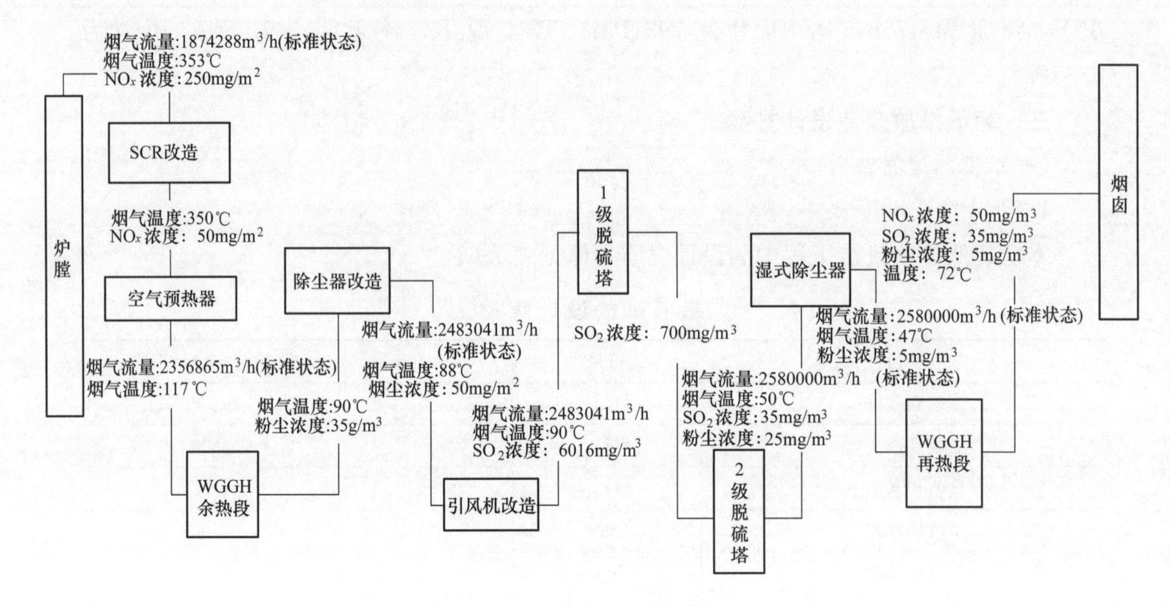

图 7-1　超低排放设计参数

≤250mg/m^3时，出口 NO_x浓度小于 50mg/m^3；②氨逃逸浓度小于 3μL/L；③SO_2/SO_3转化率小于 1%；④系统阻力性能考核试验期间不大于 1200Pa。

（2）技术方案。针对 SCR 装置自身的特点，氮氧化物排放浓度要小于 50mg/m^3，流场的分布特性至关重要。铜川电厂省煤器出口到 SCR 装置入口烟道变径剧烈，CFD 对原有流场的核算结果表明，流场分布的均匀性较差。此外，原 AIG 系统分区调节性能差，且 5 涡盘的设置使得氨/氮混合后浓度分布的均匀性较差。该次改造工程中对 SCR 装置入口烟道进行了优化布置以满足原烟气流场均匀性要求。每个反应器入口烟道上增设 4 个灰斗收集大颗粒飞灰，防止催化剂堵塞；更换原有的 AIG 系统。新的 AIG 系统具有良好的分区调节性能，其将整个烟道分为 3×13 个分区，每个分区的面积约 1m^2。每个分区单独对应 1 个管路系统，包含 1 个孔板流量计和 1 个手动调节阀。

根据 SCR 入口烟气参数条件及原有催化剂的活性，需要增加备用层催化剂。催化剂选用蜂窝式，模块布置按 7×10 矩阵布置。单台炉催化剂体积用量约为 235.2m^3。每层新增催化剂增加 3 台蒸汽吹灰器，4 台声波吹灰器。

经计算，改造后单台机组尿素用量为 306kg/h，原有的还原剂供应系统能够满足要求，无需改造。

2. 脱硫改造设计方案

（1）性能保证。通过脱硫系统改造后实现：①脱硫装置入口 SO_2浓度小于或等于 6016mg/m^3时，出口 SO_2浓度小于 35mg/m^3；②脱硫装置出口烟气雾滴含量小于或等于 50mg/m^3；③脱硫出口固体颗粒浓度小于 25mg/m^3；④脱硫装置系统阻力小于或等于 2650Pa。

（2）技术方案。该次改造利用原吸收塔作为二级塔，拆除原有 GGH 系统，新建一座逆流式喷淋空塔为一级塔，采用一炉双塔串联方式配置。一级吸收塔壳体由碳钢制做，内表面采用玻璃鳞片防腐设计，吸收区直径为16.5m，浆池区直径为16.5m，吸收塔总高41.06m；每塔配置3层喷淋层，每层喷淋层流量为12 500m^3/h；除雾器采用一级屋脊式+一级管式布置；吸收塔总阻力为800Pa（含吸收塔进出口、喷淋层、塔内除雾器阻力）；一级塔设置2台100%容量的氧化风机（1用1备）、5台吸收塔搅拌器及2台石膏排出泵，设置管网式氧化空气系统。2号FGD二级吸收塔拆除原除雾器系统，更换为2级屋脊式+1级管式除雾器，设置4层冲洗水，同时在最顶层喷淋层后将吸收塔抬高2m。

3. 除尘改造设计方案

（1）性能保证。通过湿式除尘器系统改造后实现：①湿式除尘装置入口粉尘浓度不大于30mg/m^3时，出口粉尘浓度小于5mg/m^3；②湿式除尘装置入口烟气雾滴含量小于或等于50mg/m^3时，出口雾滴含量小于或等于25mg/m^3；③湿式电除尘装置系统阻力小于或等于400Pa。

（2）技术方案。新建一套完整的湿式除尘器系统，包含本体、清洗系统、排污系统、窥视系统、热风系统、电气及控制系统等。

湿式除尘器入口装有气流均布装置，能够使气体均匀通过阳极管束达到最佳收尘效果，均流装置采用非金属耐腐蚀材料，防止在运行中烟气对其腐蚀。阴极系统和阳极系统悬挂在湿式电除尘器壳体内，并且在壳体上设置了窥视系统。壳体内部与烟气接触面均进行了玻璃鳞片防腐。

阳极系统采用西安西热锅炉环保工程有限公司开发的XR-13A型复合材料，该材料质量轻、强度高，具有良好的导电性和极强耐腐蚀性。单个模块由六边形蜂窝状管束组合而成，该工程阳极管束共分为48个模块，模块长度约为5m（见图7-2）。

图7-2 湿式电除尘器阳极管束

阴极系统采用西安西热锅炉环保工程有限公司基于钛合金开发的新型阴极线，具有强度高、耐腐蚀、放电效果好的特点。该工程共2784根阴极线，采用整体悬挂式结构，整台除尘器分为4个电场区，每个区通过4点将放电极悬挂在除尘器壳体的顶盖上，共16个点，每点通过一个绝缘箱保护，绝缘箱中通热风以隔绝湿烟气。

湿式电除尘器冲洗水采用电厂工艺水，冲洗水经过增压水泵（一用一备，单台流量100m^3/h，扬程80m，功率30kW）后，沿竖直管路到达湿式电除尘器顶部，进入冲洗系统，对阳极和阴极系统进行冲洗。根据设备运行情况，冲洗系统采用定期间断喷水冲洗阳极和阴极系统的运行方式，每天冲洗一次，可根据锅炉负荷优化清洗周期。冲洗系统采用自动控制，与供电装置分区相对应，各电场区交错完成冲洗，每个电场冲洗时间约为3～5min，机组冲洗时间约为10～20min，冲洗水压力大于0.3MPa，单台机组冲洗水耗量18m^3/次，喷水效果见图7-3。冲洗后的污水，经湿式除尘器底部的集水斗收

图 7-3　喷嘴喷水效果图

集后，通过外部管道排入二级脱硫塔地坑。

4. WGGH 改造设计方案

（1）性能保证。通过 WGGH 系统改造后实现：①设计工况下，除尘器前排烟温度不高于 90℃；②设计工况下，进入烟囱温度不低于 72℃；③烟气冷却器烟侧流阻小于 1200Pa；④换热器加管路系统整套系统水侧总阻力不大于 0.6MPa；⑤余热回收系统整套装置的可用率在正式移交后的一年中大于 98%。

（2）技术方案。WGGH 区的改造主要从整个排放系统全局出发，主要发挥降低进入除尘器的烟气温度，提高电除尘效率的作用，以及提高排烟温度、降低烟囱低温腐蚀的作用。针对以上两点，改造方从系统工艺、运行安全、节能及节资方面综合考虑，在超低排放系统中相应的位置增加了换热器系统。主要改造方案如下：

1）设置余热回收段及再热段换热器，并在每台机组余热回收段配置 8 支声波吹灰器，再热段配置 16 支蒸汽吹灰器，防止换热面积灰。余热回收段使烟气温度由 117℃降低到 90℃，在加热段使进入烟囱的烟气温度由 47℃升高到 72℃。

2）设置循环水系统，余热回收段以及再热段通过循环水管道组成一个整体。循环水管道系统是在 8 号低压加热器入口引出凝结水，控制进入系统的水温到 70℃，经过余热回收段加热到 101℃后，进入再热器使排烟温度达到 72℃以上。

5. 引风机改造设计方案

（1）性能保证。引风机改造后需满足系统安全运行要求，同时保证联合风机在 BMCR 工况，风机运行效率不低于 86%。

（2）技术方案。风机区的改造必须从整个锅炉系统全局出发，保证整个机组运行安全、节能可靠。通过对超低排放系统及整个锅炉系统阻力及烟气量的仔细校核，根据校核结果与原风机区设备参数进行对比，确定了最终的改造方案。风机区主要改造方案如下：

1）由于超低排放系统改造，系统阻力增加，通过核算原风机压头 TB 工况下压头 9335Pa 不满足系统安全运行所需要的压头 11 000Pa，需要对风机改造。具体需要更换轮毂及壳体，原有叶片停机后进行返厂顶部切割后利旧，需更换油站，并对叶轮机壳进行局部防腐。

2）根据风机最大设计 TB 点工况下运行参数计算可得，风机区的安全运行所需电动机最大轴功率为 6060kW。现有电动机型号为 YKK1000-8，额定功率为 6100kW，防护等级为 IP54，满足改造后系统做功要求，该次改造中电动机利旧。另外，原有电动机油站与风机润滑油站共用，所以该次改造中无需对电动机油站及相关热控测点进行改动。

3）为了在引风机解列时方便检修，在进出口烟道增加循环风管路。

（三）土建结构设计方案

1. 建构筑物的结构形式

（1）脱硫装置。循环泵房加长部分采用钢筋混凝土框架结构，钢结构压型钢板混凝土组合屋面；浆液循环管支架采用钢筋混凝土框架结构；烟道支架为钢结构，设备基础采用钢筋混凝土基础。

（2）脱硝装置。对原有脱硝钢架进行加固。

（3）WGGH 装置。余热回收段利用原有烟道钢支架加固后支撑，再加热段为新起钢支架。

（4）湿式除尘装置。支撑在原有脱硫区 GGH 钢架顶部，对原有钢架需加固。

（5）引风机装置。引风机基础无需改造。

（6）所有烟道支架均采用钢结构。

（7）所有室内外设备基础均采用钢筋混凝土基础。

2. 技术方案

（1）脱硝装置。由于脱硝入口烟道的优化改造，烟道的支撑点有所改变，在新的支撑点处增加相应的钢结构构件；WGGH 余热回收段设备布置于脱硝钢架上，由于荷载的增大及部分荷载点的转移，通过对脱硝钢结构进行强度及稳定性的校核，在原结构中局部地区进行了相应的加固。经过对脱硝钢架基础核算，基础不需要加固。

（2）脱硫装置。一级吸收塔入口烟道由风机出口水平烟道引出，该段烟道及一、二级脱硫塔之间联络烟道的支撑需要新起钢架。对 GGH 支架进行相应的改造加固，用来支撑湿式除尘器。

脱硫区建（构）筑物主要脱硫建筑物、大型设备基础采用桩基础。设备基础（包括各型泵、电动机、风机等）采用大块式混凝土基础；大体积混凝土基础应配筋，防止出现温度裂缝。

脱硫区建（构）筑物基础、地基处理和地下设施均满足规范所规定的强度、承载力、变形（沉降）、稳定和抗滑动及抗倾覆的要求。

（3）湿式除尘装置。新增湿式除尘器支撑在原有 GGH 钢架顶部，因尺寸需要，通过局部的优化设计，需在原有 GGH 钢支架尾排再增加一个框架，并对原有部分烟道及杆件等进行拆除。由于 GGH 支架荷载增加较多，该部分钢架改造中对钢架上所有荷载进行了统一考虑及优化分配，根据优化分配的结果，对新增部分与原有 GGH 支架部分进行整体校核计算，并根据结果统一加固。

GGH 钢支架改造完成后，单个柱底荷载约 5000kN 竖向荷载，原有 GGH 钢支架基础不需要加固。新增框架基础尽量不影响原有基础的性能，新增桩基拟选用与原桩基相同的旋挖钻孔灌注桩，为了防止不均匀沉降，在新增桩基承台与原有承台之间设置联系梁。

（4）WGGH 装置。WGGH 区域分为两部分，分别为余热回收段以及再加热段。

1）余热回收段布置于空气预热器到除尘器之前的水平烟道，具体设备布置于脱硝钢架下方 M 到 N 轴 18.6m 平面钢架上，因荷载增加对原脱硝钢架进行了校核补强设计。

2）再加热段布置于湿式除尘器出口到烟囱入口水平烟道上，对原烟道支架进行了加固改造，使其能够支撑 WGGH 及其相关烟道的荷载。

（四）电气设计方案

华能铜川照金电厂一期工程 2 台机组均以发电机—变压器组单元接线接入 330kV 母线。330kV 采用 GIS SF_6 气体绝缘金属封闭开关设备，采用双母线接线。1 号启动/备用变压器以双母线方式接自 330kV 母线，作为 1、2 号机组的厂用启动/备用电源；每台机组设置一台容量为 50/31.5-31.5MV・A 的厂用高压变压器，设置 1 台容量为 31.5MV・A 的高压公用变压器，变压器的高压侧电源均由该机组发电机出口封闭母线引出线上支接。每台机组设置两段 6kV 工作母线和一段 6kV 公用母线，机组负荷接自 6kV 工作母线，公用负荷接自 6kV 公用母线，互为备用及成对出现的高压厂用电动机及低压厂用变压器分别从不同的 6kV 工作段及公用段上引接。启动/备用变压器容量为 63/35-35MV・A，采用有载调压分裂变压器，6kV 侧通过共箱母线连接到 2 台机组的 2 段 6kV 工作母线和 1 段 6kV 公用母线上作为备用电源。启动/备用变压器容量可以满足以下几种情况：可作为厂用高压变压器或高压公用变压器故障情况下的备用，满足一台机组启动容量；若同一机组的厂用高压变压器及高压公用变压器同时故障，起动/备用变压器可带一台厂用高压变压器和高压公用变压器的高压电动机负荷，高压公用段的低压变压器及脱硫负荷由另一台机组的高压公用段接带。6kV 工作段设厂用快切装置，6kV 公用段、脱硫段设有备自投装置；脱硫系统采用高、低压两级电压供电方式，6kV 脱硫 A、B 段由 6kV 公用段各提供一路电源，互为备用。

该工程涉及的电气系统及要求如下：

（1）脱硝系统。机组原脱硝系统采用 1 台 1250kV・A 变压器给原脱硝系统供电，该次脱硝改造系统新增电气负荷较少，电源引自原脱硝系统 PC 段备用间隔，就近布置在机组原脱硝 SCR 反应区。

（2）脱硫系统。该次脱硫改造 1、2 号机组共新增 10 个 6kV 供电设备。改造同时拆除原 1 号吸收塔氧化风机 2（450kW）和原 2 号吸收塔氧化风机 2（450kW）。对 6kV ⅠA 段 1 个备用真空断路器、6kV ⅠB 段 1 个备用真空断路器、6kV ⅡB 段 2 个备用真空断路器，共计 4 个真空断路器进行改造。6kV ⅠB 段增加 1 个真空断路器间隔、6kV ⅡA 段增加 1 个真空断路器间隔、脱硫 6kV A 段增加 4 个真空断路器间隔、脱硫 6kV B 段增加 4 个真空断路器间隔，共增加 10 个真空断路器间隔。改造后脱硫 6kV 段总计算负荷为 21548kV・A，原脱硫 6kV 段进线电缆和开关能够满足改造要求。该次改造在脱硫 PC A、B 段上改造 12 个抽屉回路，在烟气吸收 MCC A、B 段上新增 4 面低压柜，在石灰石制浆系统 MCC 段上新增 1 面低压柜，在脱硫保安 MCC A、B 段上改造 6 个抽屉回路，为改造新增的低压负荷进行供电。改造后低压计算负荷为 2882kV・A，原低压变压器容量（3150kV・A）可满足改造后需求，将新增加的脱硫低压负荷接至原脱硫低压配电系统。

（3）WGGH 系统。WGGH 系统负荷集中处设置一面配电柜，一面蒸汽吹灰动力柜和两面变频器柜。配电柜和蒸汽吹灰动力柜电源就近取自脱硝PC段备用间隔，柜子布置在锅炉0m。变频器柜电源就近取自锅炉PC段。

（4）除尘系统。湿式电除尘器的总电气负荷为1034kV·A，4套高压柜通过双绞线串联RS485通信至控制系统，单台炉设计配套一台干式变压器、一台进线柜、四套高压柜控制柜、一台远程柜和一个配电柜。整流变压器高位布置在除尘器顶部，高低压控制柜、配电柜、控制柜等布置在原有氧化风机房内，2台炉湿式电除尘器电源取自脱硫系统6kV增压风机间隔。利旧原有氧化风机房作为湿式电除尘器配电室间，供两台炉使用。

（5）引风机系统。引风机电动机功率不变，其配套系统油站、冷却风机电气系统无变化。该次改造引风机系统新增电气负荷较少，对原有电气系统影响较小。

（五）热控设计方案

该次华能铜川照金电厂一期2×600MW机组烟气超低排放改造工程中脱硝、脱硫、湿式电除尘、WGGH、风机部分均采用集中控制方式，分别纳入相应机组分散控制系统DCS。脱硫系统增加1台操作员站，布置在原主机集控室内，用于监控脱硫塔区及WGGH系统设备的正常运行及启停。分界点在机组DCS的设备端子排和通信端口上。

脱硝控制系统采用扩展IO方式纳入原机组脱硝DCS，利用原机组脱硝操作员站完成对该次新增设备的监控。

脱硫部分新增单元机组控制系统采用DCS远程IO的方式纳入到对应主机DCS，新增DCS机柜布置在原脱硫DCS电子间，通过光纤通信到主机DCS，在新增操作员站完成对该次新增脱硫、WGGH设备的监控；新增公用系统的控制纳入到原脱硫公用DCS，利用原脱硫DCS操作员站完成对该次新增公用设备的监控。

风机部分新增4台循环风门/炉，其控制纳入到主机DCS，在原锅炉DCS内增加相应的扩展IO卡件即可；电源引自原锅炉电动门配电箱，电源、控制电缆新增。

WGGH控制系统采用远程IO的方式纳入主机DCS（与脱硫部分统一考虑）。

湿式除尘的控制采用就地PLC控制方式，并纳入辅网控制系统，在就地设有操作员站，用于监控整个系统设备的启停及运行状况。

四、总平面布置

整个超低排放系统基本布置在了一期各台机组东西方向主轴线附近，布置满足工艺的需要。脱硝装置进行了优化改造，维持原有设备位置不变；WGGH余热回收段布置在空气预热器出口至除尘器入口的水平烟道上；引风机在原有设备上进行了简单的扩容改造，维持原有设备位置不变；原吸收塔与引风机出口水平烟道之间的空地新建一级吸收塔，原吸收塔作为二级吸收塔，一级吸收塔与二级吸收塔东西方向在同一轴线上，两个吸收塔之间通过联络烟道连接，组成双塔脱硫系统，通过一级塔入口烟道将烟气引入；在二级吸收塔的北侧，利用原GGH支架作为支撑，新建湿式除尘器系统；在湿式除尘器出口水平烟道上新增WGGH烟气再热段，通过烟气再热段出口烟道与烟囱入口水平烟道连接。具体布置如图7-4所示。

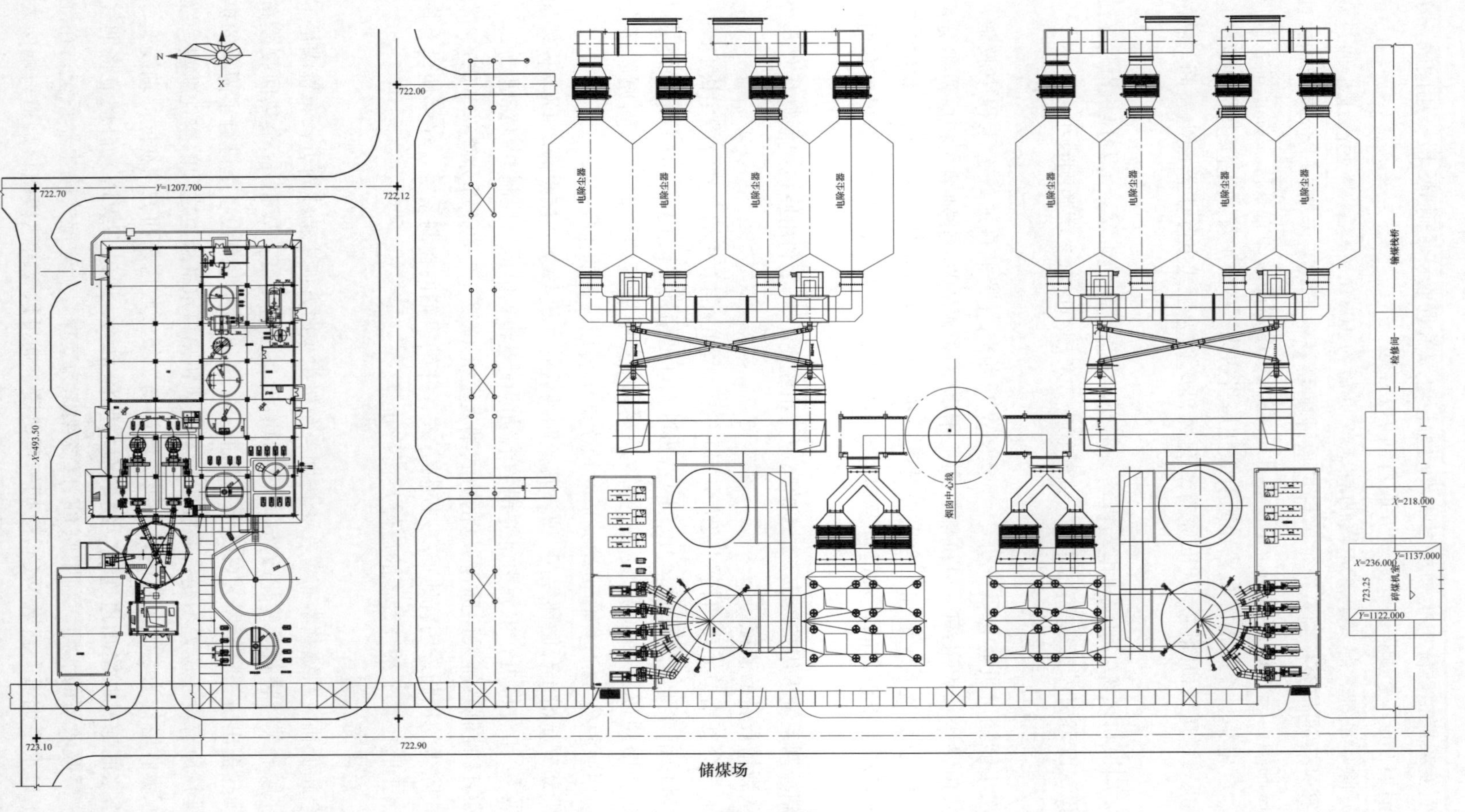

图 7-4 超低排放系统总平面布置

五、施工组织设计

（一）施工组织机构图

该次超低排放改造工程由西安西热锅炉环保工程有限公司采用 EPC 总承包建造方式，负责华能铜川照金电厂一期 2×600MW 机组超低排放改造工程的全部设计、采购及安装等工作，项目部施工组织机构具体如图 7-5 所示。

（二）施工总平面

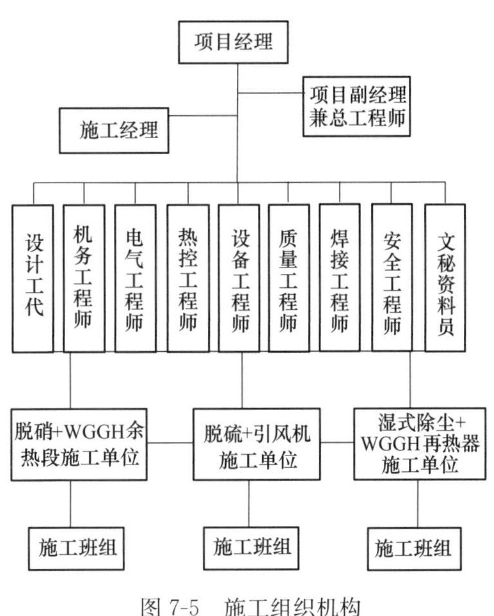

图 7-5 施工组织机构

根据现场空间位置（在 2 号机组南侧有输煤栈桥）及各设备质量要求，为了满足脱硝及 WGGH 余热回收段设备安装，在 2 号机组锅炉脱硝区域南侧马路上布置了一台 400t 履带吊进行起吊作业。但 WGGH 余热回收段共有四段设备，400t 履带吊只能满足其中较近两个设备的安装要求，为此在两台机组中间相应位置布置了一台 260t 的汽车吊，满足另外两台 WGGH 模块的安装要求。在煤场前面马路中心线及原 GGH 支架东西方向轴向交叉点上布置一台 25t 塔吊，满足湿式除尘器安装。在烟囱与原氧化风机房之间空地布置一台 260t 的汽车吊配合 25t 塔吊完成 WGGH 烟气再热段安装。在一级吸收塔及预制场地之间的空地上布置一台 32t 的塔吊满足吸收塔系统的安装要求。此外，配置了一台 50t、一台 100t 及 3 台 25t 的汽车吊负责预置区及安装区的吊装工作；2 台平板车负责拆除设备和设备的倒运工作。大型机械的具体布置如图 7-6 所示。

（三）施工方案

该工程为改造工程，工期紧，停炉时间仅为 60 天。工程烟道采用原材料供货方式，全部在现场制作和组合，停炉前按照图纸及起重机械性能表、现场吊装就位空挡等要求，将各系统烟道的组合成型。为了有效利用好停炉时间，在停炉前完成了具备条件的所有钢架构的加固工作，如脱硝钢架及 GGH 支架柱子腹板加强、剪刀撑安装等。由于原有 GGH 系统只能停炉后进行拆除，拆除后交土建单位施工，期间吸收塔及湿式除尘器同时在进行安装作业，因此该区域的拆除、土建及安装的衔接与交叉作业成为该工程施工的重点及难点，总包单位针对该部分的衔接工序、进度计划及安全措施编写了专项说明。

拆除工作开始前，根据现场实际情况对要拆除部件进行了分段，并根据拆除顺序对需要拆除的每个部件做了详细的编号，保证拆除工作的安全顺利进行。

机组炉后设备布置紧凑，现场施工场地狭窄，没有多余的工作面，为了保证工期及充分利用施工场地，吊装及安装的设备材料在施工区域停留时间不能超出 12h，必须做

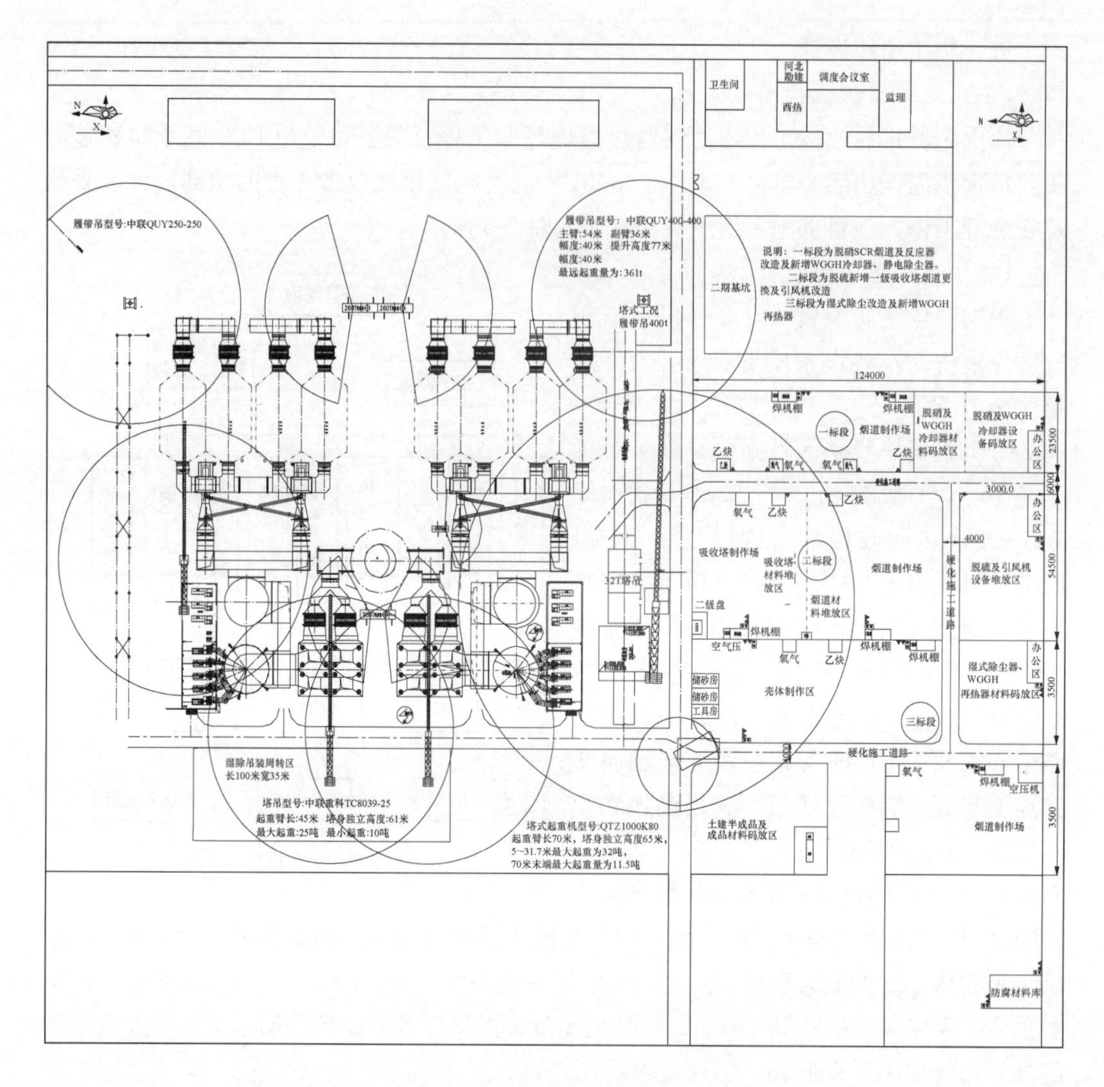

图 7-6　大型机械的具体布置

到勤吊勤运。

根据工程特点，主要施工顺序依据从里到外、便于吊装、保证进退路线和站位的原则，具体如下。

（1）脱硫区停炉前以一级吸收塔安装施工为主线。

（2）脱硝停炉前以钢架加固为主线。

（3）WGGH 烟气冷却器停炉前拖运临时平台制作安装为主线。

（4）停炉后引风机出口烟道至二级吸收塔拆除工作为主线。

（5）停炉后 WGGH 烟气再热器出入口烟道土建基础开挖及施工主线。

（6）停炉后原湿式除尘器及烟道拆除工作为主线。

（7）WGGH 烟气再热器的设备质量大，最大吊重约 32t，根据现场起重机械条件与厂家沟通可以分段供货，方便现场施工。

为了合理安排劳动力，连续均衡施工，施工进度安排考虑到各项安装工作适当交叉。电气热控随着机务系统安装工程的顺序展开，电气接地、电气热控各类电缆预埋套管施工注意与土建施工配合。

六、改造效果

华能铜川照金电厂2号机组于2014年11月25日10时至2014年12月2日完成了系统168h连续运行试用。试运期间高负荷工况下SO_2排放浓度约为12mg/m^3，NO_x排放浓度约为8mg/m^3，粉尘浓度约为1.3mg/m^3。各项排放指标均优于燃气机组排放标准限值，改造效果优良。

第二节 黄台电厂9号机组超低排放改造工程案例

一、项目概述

山东黄台火力发电厂位于济南市东郊，始建于1958年9月，是山东电网主力电厂之一，也是济南市东部供热区的首要热源。

华能济南黄台发电有限公司（以下简称黄台电厂）9、10号国产2×350MW热电联产机组配备最大蒸发量为1146t/h的超超临界参数变压直流炉，机组同步建设两套石灰石-石膏湿法烟气脱硫系统，两套脱硫系统均由山东电力工程咨询院设计，黄台电厂自主组织采购，山东电力建设一、二公司负责建设，两套烟气脱硫装置于2010年投运。

该工程原选用高效静电除尘器，除尘效率为99.8%，加上湿法脱硫系统的除尘效率，综合除尘效率为99.95%。工程同期配套建设脱硫、脱硝系统，脱硫系统采用石灰石-石膏湿法脱硫工艺，脱硫效率为97.75%；炉内采用低氮燃烧器，炉后设置选择性催化还原脱硝装置，以液氨为脱硝剂，脱硝效率大于或等于80%，NO_x排放浓度控制在120mg/m^3（标准状态）以下。

（一）项目建设条件

1. 厂址概述

黄台电厂位于济南市东北部，距市中心区约10km，处于济南的东部产业带内。

工业北路在厂区北围墙外500m处通过，胶济铁路在厂区南面东西贯穿而过。厂区南北长约550m（不包括水塔区），东西宽约1000m。

2. 地形地貌

工程建设场地地形平坦。地貌成因类型为洪积冲积平原，地貌类型为洪积扇，场地经多次建设，原始地貌已被破坏。建设场地地形平坦，地势略呈南高北低向北倾斜之势，地面高程为27.51～31.34m。

厂区工程场地的场地土类型为中软场地土，工程场地的建筑场地类别为Ⅱ类；地震基本烈度为6度（平均土条件下的地震基本烈度为6.3度），地震动反应谱特征周期为0.45s。

建设场地上覆地层由第四系人工填土（Q4S）、全新统洪积冲积层（Q4pl＋al）和上更新统冲积层（Q3pl＋al）构成，岩性主要为杂填土、素填土、黄土状粉土、粉质黏土、黏土、卵石。第四系覆盖层厚度约为25.30～40.35m；下伏基岩地层为中生界燕山晚期侵入岩（δ_5），岩性为辉长岩。

建设厂址区的地下水类型为第四系孔隙潜水。地下水稳定水位埋深为 1.70～3.60m，相应高程为 24.89～28.74m，地下水年变化幅度为 1.50～2.00m。地下水对混凝土结构无腐蚀性，对钢筋混凝土结构中的钢筋无腐蚀性，对钢结构具弱腐蚀性。

3. 交通运输

济南地理位置优越，交通发达。电厂燃料用煤、烟气脱硫用石灰石、锅炉灰渣、脱硫副产物石膏等以及工程建设期间所需的大批设备物资，通过铁路或公路运输。

（1）铁路运输。济南市是重要的铁路交通枢纽，位于京沪线、胶济线、邯济线三大铁路干线交汇点，已有黄台电厂铁路专用线接轨于黄台站，接轨点至厂内站区间线路长 956m。

（2）公路运输。目前，济南向东有济青、济青南线高速公路，向南、向北有京福（北京—福州）、京沪（北京—上海）、济菏（济南—菏泽）高速公路，向西有济聊（济南—聊城）高速公路。绕城高速公路将济南环绕其中，国道 104 线、105 线、220 线、308 线、309 线及 16 条省道横贯济南。随着绕城高速大北环等重点工程项目的逐步建成通车，济南公路通达深度和公路集疏能力将进一步提高。电厂公路运输十分便利，工业北路在厂区北围墙外 500m 处通过，现有进厂道路从工业北路接入，向南至电厂，路面宽 15.0m，水泥混凝土路面。道路路面状况良好。电厂东西两侧均设有货物出入口，现有货运道路均与工业北路相连，路面宽 7.0m，水泥混凝土路面。道路路面状况良好。运灰渣道路（灰场段）长度约为 2400m，路面宽 7.0m，水泥混凝土路面。

4. 气象条件

济南市地处中纬度地带，属于北温带亚湿润大区鲁淮区。春季干旱少雨，夏季炎热多雨，秋季天高气爽，冬季严寒干燥。济南市东、西、南三面环山，北面是黄河，且黄河在下游山东段是高出地面的地上“悬河”，其特殊的地形决定了济南市“冬冷夏热”的气候特点。多年平均降水量为 670.5mm，全年盛行西南风，年平均风速 3.1m/s，冬季主导风向为东北风；夏季主导风向为西南风。

5. 工程地质

略。

（二）项目建设目标

根据发改委《煤电节能减排升级与改造行动计划（2014～2020 年）》（发改能源〔2014〕2093 号）文件的要求，黄台电厂 9 号炉排放指标优于燃气排放标准。

二、机组概况

（一）锅炉本体

电厂主要设备参数见表 7-8。

表 7-8　　电厂主要设备参数

项　目		单位	9、10 号机
锅炉	种类		超超临界参数变压直流炉
	BMCR 蒸发量	t/h	2×1146.3
	排烟温度	℃	126

续表

项 目			单位	9、10号机
汽轮机	种类			抽汽凝汽式
	容量		MW	2×350
烟气治理设备	烟气除尘装置	种类		双室五电场静电除尘器
		效率	%	99.8
	烟囱	型式		单套筒
		高度	m	210
		出口内径	m	7.6

（二）原脱硝系统

原脱硝系统由哈尔滨锅炉厂设计供货。炉内采用低氮燃烧器，炉后设置选择性催化还原脱硝装置，以液氨为脱硝剂，脱硝效率大于或等于80%，NO_x排放浓度控制在120mg/m^3以下。锅炉BMCR工况脱硝系统入口烟气中污染物成分见表7-9。

表7-9　锅炉BMCR工况脱硝系统入口烟气中污染物成分（设计煤种，干基，6%含氧量）

项目	单位	数据
		设计煤
烟尘浓度	g/m^3（标准状态）	35.1
NO_x（以NO_2计）	mg/m^3（标准状态）	600
SO_2	mg/m^3（标准状态）	4351
SO_3	mg/m^3（标准状态）	27
脱硝效率	%	80
脱硝后NO_x（以NO_2计）	mg/m^3（标准状态）	120

1. SCR反应器系统及设备

（1）SCR反应器。每台锅炉配2个SCR反应器，外形尺寸为9000mm×11 390mm×10 000mm，自立钢结构型式，里面填充有催化剂，截面成矩形，被固定在中心并向外膨胀，从而获得最小的水平位移。省煤器出口烟气经“Z”向转弯进入反应器的顶部并且垂直向下通过反应器，反应器入口设气流均布装置，其出入口段均设导流板，对于反应器内部易于磨损的部位设计必要的防磨措施。反应器内部各类加强板、支架设计成不易积灰的型式，同时考虑热膨胀的补偿措施。为防止催化剂层积灰，在每层催化剂上装有蒸汽吹灰器和声波吹灰器。蒸汽吹灰器的反应器设计考虑内部催化剂维修及更换所必须的起吊装置。

反应器设置足够大小和数量的人孔门。SCR脱硝装置能够在入口烟气粉尘和NO_x浓度为最小值和最大值之间任何点运行。SCR反应器的设计压力和瞬时不变形承载压力取值与炉膛设计参数相同。

SCR反应器直接布置在省煤器之后空气预热器之前的烟道上，不设置SCR烟气旁路。空气预热器不采用拉出布置方式。脱硝装置布置在一次风机和送风机上方的框架内，该框架同时承担以上风机及其电动机的起吊重量，还承担烟道和其他管道的荷载。脱硝装置支架随锅炉设备供货；锅炉厂在设计钢架时同时考虑风机检修起吊、烟道等的荷载。

（2）烟道。脱硝系统烟道根据可能发生的最差运行条件进行设计。烟道设计能够承受如下负荷：烟道自重、风雪荷载、地震荷载、灰尘积累、内衬和保温的重量等。烟道最小壁厚按 6mm 设计，烟道内烟气流速不超过 15m/s。

所有烟道在适当位置配有足够数量和大小的人孔门和清灰孔，以便于烟道的检修及清除积灰。

为了使与烟道连接的设备的受力在允许范围内，特别考虑烟道系统的热膨胀，热膨胀通过膨胀节（采用非金属膨胀节及焊接连接方式）进行补偿。

烟道在适当位置配有足够数量测试孔以及操作平台及扶梯。SCR 烟道的设计压力和瞬时不变形承载压力取值与炉膛设计参数相同。烟道支吊架的部件进行强度计算，应保证安全可靠。

反应器入口烟道结构设计合理，催化剂入口烟气条件满足催化剂厂家技术要求，但是至少满足以下要求：

1）入口烟气流速偏差小于±15％（均方根偏差率）。

2）入口烟气流向偏差小于±10°。

3）入口烟气温度偏差小于±10℃。

4）NH_3/NO_x 摩尔比绝对偏差小于 5％。

5）在 BMCR 工况时，SCR 系统范围内的烟道进出口的烟气温度降不大于 2℃。

（3）催化剂。该工程采用蜂窝式催化剂。催化剂以氧化钛为载体，五氧化二钒和三氧化钨为活性催化剂成分。

根据锅炉飞灰的特性合理选择孔径大小并设计有防堵灰措施，以确保催化剂不堵灰，同时催化剂设计尽可能降低压力损失。

蜂窝式催化剂选型原则如下：

1）蜂窝式催化剂整体成型。

2）蜂窝式催化剂节距为 8.2mm。

3）蜂窝式催化剂壁厚不小于 0.83mm。

催化剂模块设计有效防止烟气短路的密封系统，密封装置的寿命不低于催化剂的寿命。催化剂各层模块规格统一、具有互换性。

催化剂设计考虑燃料中含有的任何微量元素可能导致的催化剂中毒。

在加装新的催化剂之前，催化剂体积能满足性能保证中关于脱硝效率和氨的逃逸率等的要求。同时，考虑预留加装催化剂的空间。

每层催化剂（包括备用层）均设置蒸汽吹灰器和声波吹灰器（备用层预留吹灰器的空间及接口）。

每层催化剂设计有九块可拆卸的催化剂测试单体。

SCR 反应器内催化剂能承受运行温度 420℃不少于 5h 而不产生任何损坏。

（4）稀释风机及氨/空气混合器。氨气进入SCR反应器前，在氨/空气混合器内与大量空气混合，稀释后成为5%左右氨气的混合气体。所选择的稀释风机满足脱除烟气中NO_x最大值的要求，并留有风量10%的余量，风压20%的余量。每台机组的稀释风机按两台（一用一备）设置。稀释风机尽量靠近脱硝装置布置。

（5）氨喷射系统。氨喷射系统的作用是保证氨气和烟气混合均匀。氨和空气在混合器及管路内借流体动力原理将两者充分混合，再将此混合物导入氨气分配总管内。氨喷射系统包括供应函箱、喷射格栅和喷嘴，喷射系统设置流量调节阀，使每个喷嘴的氨流量达到运行的要求，设置流量控制阀可对需要的氨喷入量进行控制。喷氨量由入口处测得的NO_x浓度和烟气流量来调整。喷射格栅具有良好的热膨胀性、抗热变形性和抗振性。

（6）吹灰系统。为了防止飞灰对催化剂造成堵塞，必须去除锅炉燃烧产生的硬且大直径飞灰颗粒，在保留省煤器灰斗的前提下，在SCR反应器的每层催化剂设置吹灰器，定期对催化剂表面进行吹灰，防止催化剂孔堵塞，吹灰范围覆盖整个催化剂表面。

考虑到工程燃煤特点，脱硝反应器内同时设置声波吹灰器和蒸汽吹灰器。

每台锅炉的SCR反应器共设12只声波吹灰器，备用层吹灰器不安装。声波吹灰器采用进口产品。声波吹灰器以压缩空气为动力源，声波吹灰器每10min运行40s，运行期间压缩空气消耗量为$8m^3/min$（标准状态）。压缩空气来自于主体工程空气压缩机站。

同时每层催化剂另设3台蒸汽吹灰器，吹灰介质为过热蒸汽，压力大于1.5MPa，温度大于300℃。每台机组的蒸汽耗量为0.276t/min，每次50min，每天3次。蒸汽取自锅炉本体吹灰减压站。

2. SCR反应器规范

主要设备规范见表7-10。

表7-10　　SCR反应器主要设备规范（两台机组）

设备名称	型号规格	数量	备　注
SCR反应器	9.00m×11.39m×10.0m，壳体材料：碳钢	4套	每炉2套
催化剂	蜂窝式	$564.2m^3$	
喷氨格栅	带混合器和喷嘴	4套	
蒸汽吹灰器	耙式	24台	
声波吹灰器		24台	进口
稀释风机	离心式，$Q=6143m^3/h$，压头：6000Pa	4台	
氨/空气混合器	DN400	4	

（三）原除尘系统

设备名称：静电除尘器；

型式：板式、卧式、干式；

布置方式和布置位置：炉后并列布置；

每台炉所配台数：2台双室五电场；

每台除尘器入口烟气量：537.22m^3/s（设计煤种，BMCR工况），536.49m^3/s（校核煤种，BMCR工况）；

除尘器入口烟气温度：131.85℃（设计煤种，已考虑温度裕量），130.31℃（校核煤种，已考虑温度裕量）；

除尘器入口烟气酸露点：104℃（设计煤种），108℃（校核煤种）；

除尘器入口含尘量：30.809g/m^3（设计煤种，标准状态），38.344g/m^3（校核煤种，标准状态）；

除尘器出口含尘量：小于或等于50mg/m^3（设计煤种，标准状态），小于或等于50mg/m^3（校核煤种，标准状态）；

保证效率：大于或等于99.8%；

本体阻力：小于200Pa；

本体漏风率：小于2%；

保证效率下的电耗：小于或等于938kW；

电场数：2×5个/台；

每台除尘器进、出口数：进口2个，出口2个。

1号机组电除尘器主要设计参数及技术性能指标见表7-11。

表7-11　原电除尘器主要设计参数

序号	项　目	单位	内　容
1	设计效率（正常运行/停运1个供电区）	%	99.89/99.8
2	保证效率	%	≥99.8
3	校核煤种效率（正常运行/停运1个供电区）	%	99.89/99.8
4	烟尘排放浓度（标准状态，干况）	mg/m^3	≤50
5	本体压力降	Pa	<200
6	本体漏风率	%	<2
7	噪　声	dB	<85
8	设计烟气量	m^2/s	537.22
9	设计烟气温度	℃	131.85
10	电场通道数	个	44
11	单电场有效长度	m	4.0
12	电场有效宽度	m	8.8
13	电场有效高度	m	15.1
14	同极距离	mm	400
15	总收尘极板投影面积（每台炉）	m^2	53 152
16	有效断面积	m^2	265.76
17	长、高比		1.32
18	室数/电场数		2/5
19	收尘极板型式及总投影面积（每台炉）	m^2	C/53152

续表

序号	项　目	单位	内　容
20	放电极线型式及总长度（每台炉）	m	一二电场：RSB线/21260 三四电场：RSB-1线/21260 第五电场：螺旋线/21260
21	比集尘面积/一个供电区不工作时的比集尘面积	$m^2/(m^3\cdot s)$	98.94/93.99
22	驱进速度/一个供电区不工作时的驱进速度	cm/s	6.28/6.29
23	电场烟气流速	m/s	1.0
24	壳体设计压力		
25	负　压	kPa	－9.8
26	正　压	kPa	＋9.8
27	壳体材料		Q235-A
28	每台除尘器灰斗数量	个	10
29	灰斗加热形式		蒸汽加热
30	每台除尘器所配整流变压器台数	台	10
31	整流变压器型式及重量	t	油浸式/1.8
32	每台整流变压器的额定容量	kV·A	103
33	电除尘器总的电容量（每台炉）	kV·A	2209
34	整流变压器适用的海拔高度和环境温度	m，℃	1500/－25～＋45

（四）原脱硫系统

黄台电厂9、10号脱硫采用石灰石-石膏湿法脱硫方式，由山东电力工程咨询院设计，电厂自主组织采购，山东电力建设一、二公司负责建设。石灰石-石膏湿法脱硫工艺采用石灰石作为吸收剂，主要由吸收剂制备与供应系统、SO_2吸收系统、烟气系统、石膏脱水系统、工艺水系统、废水处理系统、控制系统及电气系统组成。其原理为：成品石灰石粉与水混合搅拌成吸收浆液，在吸收塔内，吸收浆液与烟气充分接触混合，烟气中的SO_2与浆液中的$CaCO_3$以及送入的氧化空气进行化学反应后，SO_2被脱除，最终反应产物为石膏。脱硫石膏浆由石膏排出泵经二级脱水后形成含水量小于10%、纯度大于90%的二水石膏存放到石膏库。系统入口烟气参数见表7-12，装置主要参数见表7-13，系统主要设备见表7-14。

表7-12　原设计脱硫系统入口烟气参数

项　目	设计煤质
脱硫装置进口烟气温度（℃）	116.4
FGD进口烟气量（m^3/h，湿态，标准状态）	1 252 417
FGD进口烟气量（m^3/h，干态，标准状态）	1 174 832
CO_2（Vol%，干态，实际含氧量）	13.295 3
O_2（Vol%，干态）	6.399 5
N_2（Vol%，干态，实际含氧量）	80.156 9

续表

项　　目	设计煤质
SO_2（Vol%，干态，实际含氧量）	0.148 3
H_2O（Vol%，实际含氧量）	6.198 8
FGD进口SO_2浓度（mg/m^3，干态，标准状态，6%O_2）	4351.7
脱硫装置进口烟尘浓度（mg/m^3，标准状态）	<67
脱硫效率（%）	≥97.75
SO_2去除量（kg/h）	4864.2
化学计量比（mol/mol）	1.03
液气比（L/m^3）	19.34
FGD出口烟气量（m^3/h，湿态，标准状态）	1 330 491
FGD出口SO_2浓度（mg/m^3，干态，标准状态，6%O_2）	≤98
FGD出口烟气温度（℃）	49.7
脱硫塔除尘效率（%）	50
除雾器出口烟气携带的水滴含量	<75mg/m^3（标准状态）
负荷变化范围（%）	30～100

表 7-13　　原脱硫装置主要设计参数

项　　目	单位	数　据
吸收塔型式		喷淋塔
流向（顺流/逆流）		逆流
吸收塔前烟气量（标准状态，湿态，实际氧）	m^3/h	1 252 417
吸收塔后烟气量（标准状态、湿态，实际氧）	m^3/h	1 330 491
浆液循环停留时间	min	4.65
浆液全部排空所需时间	h	<12.9
液/气比（L/m^3）	L/m^3	17.4
烟气流速	m/s	3.54
烟气在吸收区内停留时间	s	2.23
化学计量比$CaCO_3$/去除的SO_2	mol/mol	1.03
浆池固体含量：最小/最大	Wt%	12～18
浆液含氯量	g/L	<20
浆液pH值		5.5～6.5
吸收塔吸收区直径	m	12
吸收塔吸收区高度	m	7.9
浆池区直径	m	13
浆池高度	m	10.1
浆池液位正常/最高/最低	m	9.6/10.1/9
浆池容积	m^3	1800
吸收塔总高度	m	31.4

续表

项目	单位	数据
材质		
吸收塔壳体/内衬		碳钢/橡胶
入口干湿界面烟道材质/厚度		碳钢衬 C276/2mm
喷淋层/喷嘴		FRP/SiC
氧化空气形式		茅枪式
喷淋层数/层间距		4/1.8m
喷嘴型式		空心锥
搅拌器数量	台	4
除雾器位置		吸收塔上部
除雾器级数		2级
吸收塔烟气阻力（含除雾器）	Pa	950

表 7-14　　原脱硫系统主要设备

序号	名称	型号和规范	单位	数量
一	吸收系统			
1	吸收塔	ϕ12.0m×31.4m，底部浆池直径 15.5m，吸收区域直径 12.0m，浆池容积 1662m^3	座	2
2	吸收塔除雾器	屋脊式，材质：增强阻燃聚丙烯，冲洗管及喷嘴材质：PP	套	2
3	吸收塔喷淋层	流量：5800m^3/h，材质：FRP	层	8
4	喷淋喷嘴	NTG-420 型切线喷嘴，材质：SiC，单个流量 60.42m^3/h	个	808
5	吸收塔浆池搅拌器	50SV30M-5.61 型，电动机功率：37kW，电压 380V，轴材料：1.4529，叶片材料：SAF2507	台	8
6	循环浆液泵	离心式，600DT-A82 型，Q=5800m^3/h，H=20.2/22/23.8/25.6m，配套电动机：YKK450-4，电动机功率：500/560/630/710kW 6kV	台	2
7	石膏浆液排出泵	离心式，LCF125/405I 型；Q=140m^3/h，H=58m，转速 1470r/min，效率 46%，轴功率 53.9kW；壳体材质：Cr30，叶轮材质：Cr30，变频调速；配套电动机：Y2280S-4，75kW，380V	台	4
8	石膏浆液排出泵入口滤网	材质：1.4529，管径 2×DN175	套	2
9	氧化风机	SL350WD 型罗茨送风机，入口 Q_s=9663m^3/h，Δp=115kPa，出口空气温度小于 100℃，配套电动机：YKK4504-6，450kW，6kV；隔声罩排气扇：2×0.75kW，220V	台	4
二	烟气系统	（略）		
三	吸收剂制备及供应系统	（略）		

续表

序号	名 称	型号和规范	单位	数量
四	石膏脱水系统	（略）		
五	废水系统	（略）		
六	工艺水系统	（略）		
七	事故浆液系统	（略）		
八	起吊设备	（略）		

三、超低排放改造设计方案

（一）设计边界条件

1. 设计煤质

设计煤质参数见表 7-15。

表 7-15 设 计 煤 质 参 数

项目	符号	单位	设计煤质
收到基碳	C_{ar}	%	54.50
收到基氢	H_{ar}	%	2.60
收到基氧	O_{ar}	%	5.02
收到基氮	N_{ar}	%	0.91
收到基硫	$S_{t,ar}$	%	1.80
收到基灰分	A_{ar}	%	27.87
收到基水分	M_t	%	7.3
空气干燥基水分	M_{ad}	%	1.58
可燃基挥发分（干燥无灰基）	V_{daf}	%	18.65
收到基低位发热量	$Q_{net,ar}$	MJ/kg	20.21

2. 烟气参数

设计烟气参数见表 7-16。

表 7-16 设 计 烟 气 参 数

项 目	设计煤质	项 目	设计煤质
脱硫装置进口烟气温度（℃）	116.4	SO_2（Vol%，干态，实际含氧量）	0.148 3
FGD进口烟气量（m^3/h，湿态）	1 252 417	H_2O（Vol%，实际含氧量）	6.198 8
FGD进口烟气量（m^3/h，干态）	1 174 832	烟尘浓度（g/m^3）	35.1
CO_2（Vol%，干态，实际含氧量）	13.295 3	NO_x（以 NO_2 计）（mg/m^3）	600
O_2（Vol%，干态）	6.399 5	SO_2 浓度（mg/m^3）	4832
N_2（Vol%，干态，实际含氧量）	80.156 9		

（二）工艺设计方案

1. 脱硝改造设计方案

华能济南黄台发电有限公司“上大压小”热电联产工程 2 台 350MW 燃煤锅炉和

SCR脱硝装置由哈尔滨锅炉厂有限责任公司同期设计制造，2011年1月投入运行，采用选择性催化还原法（SCR）工艺，以液氨为还原剂，催化剂层数2层运行1层备用。设计脱硝系统入口烟气中NO_x含量为600mg/m^3（标准状态），脱硝效率达到80%，脱硝系统出口NO_x排放浓度小于120mg/m^3（6%O_2，干态，标准状态）。催化剂采用瑞基科技发展有限公司生产的蜂窝型催化剂，设计化学寿命为24 000h，体积用量为208m^3/炉，每个反应器每层布置45个模块（深和宽方向为5×9）。催化剂节距7.4mm，壁厚1.0mm。

通过两次调整试验数据结果和催化剂模块活性试验评估数据，该次设计为加装备用层催化剂，催化剂体积不少于150m^3。使NO_x排放浓度控制在50mg/m^{3}以下。

2. 脱硫改造设计方案

该次改造按原烟气中SO_2浓度为4834mg/m^3（标准状态，干基，6%O_2），脱硫系统出口SO_2浓度小于或等于32mg/m^3（标准状态，干基，6%O_2）设计，脱硫系统效率达到了99%。

（1）工艺系统及主要设备。根据最新颁布的GB 13223—2011要求，重点地区SO_2排放浓度为50mg/m^3。华能济南黄台发电有限公司处于山东省济南市，属于重点控制区域范围，即将执行50mg/m^{3}的SO_2排放限值。目前华能济南黄台发电有限公司脱硫系统排放标准为200mg/m^3，9、10号机组现有脱硫装置无法满足新环保标准要求，需对9、10号机组脱硫装置进行增容改造。华能济南黄台发电有限公司9、10号机组脱硫增容改造工程，采用石灰石-石膏湿法脱硫，一级吸收塔入口浓度为4834mg/m^3，二级吸收塔入口浓度为600mg/m^3（标准状态，干基，6%O_2），要求出口排放浓度小于32mg/m^3（标准状态，干基，6%O_2），满足重点地区SO_2排放浓度为50mg/m^{3}的标准。

改造工程对原吸收塔进行改造，用于一级吸收塔，新建1座逆流式喷淋空塔作为二级塔，采用一炉双塔串联方式配置。吸收塔吸收区直径12.5m，浆池区直径12.5m，吸收塔总高27.5m。每塔配置3层喷淋层，每层喷淋层流量为5000m^3/h；吸收塔总阻力为955Pa（含吸收塔进出口、喷淋层、塔内除雾器阻力）；一级塔设置2台100%容量的氧化风机，一运一备，并设置一套管网式氧化空气系统；两塔分别设置2台脉冲悬浮泵及一套脉冲悬浮管网；二级塔设置2台石膏浆液旋流泵及1台二级塔石膏旋流器。

利用原石灰石粉制浆及输送系统，保留原有大回路供浆管道，新增向两座二级吸收塔供浆支管。

（2）烟气系统。

1）工艺描述。该工程按照无旁路系统设计，现有脱硫旁路挡板门已取消。该次改造不拆除原烟道，事故喷淋及干湿界面冲洗系统均利旧，对原吸收塔顶部出口方向及大小进行改造，出口烟道接入新建二级塔，经湿式除尘器与原脱硫烟道联通，并封堵原入口烟道。

烟气从锅炉引风机引出后进入吸收塔，与浆液逆流接触，进行脱硫吸收反应，脱硫后的净烟气经吸收塔顶部除雾器除去携带的液滴，并经湿式除尘器除尘后进入净烟道，通过烟囱排放至大气。

2）主要设备。烟气系统主要设备包括烟道及其附件。

① 烟道设计原则。从锅炉启动至100%BMCR工况条件下，FGD装置的烟气系统都能正常运行。

② 烟气挡板。该次改造不设置旁路，利用原吸收塔出口净烟气挡板门。

③ 膨胀节。该次根据工艺要求在烟道系统设置膨胀节。

（3）SO_2 吸收系统。

1）工艺描述。该次改造采用石灰石-石膏湿法烟气脱硫。利用原吸收塔作为一级塔，新建1座逆流式喷淋空塔为二级塔，采用一炉双塔串联方式配置。新建二级吸收塔吸收区直径12.5m，浆池区直径12.5m，吸收塔总高27.5m；每塔配置3层喷淋层，每层喷淋层流量为5000m^3/h；吸收塔总阻力为955Pa（含吸收塔进出口、喷淋层、塔内除雾器阻力）；二级塔设置2台脉冲悬浮泵、2台石膏浆液旋流泵及1台二级塔石膏旋流器。

2）设计原则。原吸收塔氧化风机由罗茨式更换为离心式风机，并改造为管网式氧化空气系统，拆除第二级除雾器及对应冲洗水系统。新建二级吸收塔系统设置3台浆液循环泵，除雾器为屋脊式加管式（2+1），吸收塔为喷淋空塔。原烟气从一级吸收塔浆池上部侧面进入，净烟气从一级吸收塔上部侧面排出，进入二级吸收塔后经湿式除尘器除尘后通过烟囱排放。浆液循环泵将吸收塔浆池内的浆液送至塔内与烟气逆向接触，浆液中的石灰石与烟气中的SO_2发生化学反应生成$CaSO_3$；在吸收塔循环浆池中，塔外送入的氧化空气将$CaSO_3$氧化成$CaSO_4$；二级吸收塔生成的石膏较少，通过设置浆液返回泵将生成浆液打回一级吸收塔氧化，通过石膏排出泵将石膏浆液从一级吸收塔送到石膏脱水系统。

为适应煤质硫分的变化及排放要求，增容改造工程新增二级吸收塔，设置3台浆液循环泵及3层喷淋层，每层喷管配有约112个喷嘴。

设置2台脉冲悬浮泵及1套管网式氧化空气系统。

设置2台石膏浆液旋流泵。

设置1台石膏旋流器。

3）主要设备。主要包括：

① 新建吸收塔。吸收塔采用喷淋空塔，主要性能参数见表7-17。

表7-17　主要性能参数（单台吸收塔数据）

项目	单位	规格
吸收塔型式	—	喷淋塔
流向	—	逆流
是否设置托盘	—	否
吸收塔直径	m	12.5
吸收塔前烟气量（标准状态，湿基，实际O_2）	m^3/h	1 331 632
吸收塔后烟气量（标准状态，湿基，实际O_2）	m^3/h	1 339 943

续表

项目	单位	规格
浆液循环停留时间	min	4.91
液/气比（L/G）（塔出口标准状态湿基烟气量）	L/m³	11.19
烟气流速	m/s	3.63
烟气在吸收塔内停留时间	s	4.46
浆池固体含量	wt%	12～18
浆液含氯量	$\times10^{-6}$	<20 000
浆液 pH 值	—	5～7
浆池区直径	m	12.5
浆池高度	m	10
浆池总容积	m³	1227
吸收塔总高度	m	27.5
吸收塔阻力（含除雾器）	Pa	834
喷淋层数/层间距（单塔）	m	3/2
浆液循环泵数量（单塔）	台	3
浆液循环泵流量	m³/h	15 000
除雾器型式		屋脊式、管式
除雾器级数		3
除雾器材质		阻燃聚丙烯
氧化空气布风方式	—	—
氧化风机流量	m³/h	—

② 吸收塔浆液循环泵。原有 9、10 号脱硫系统吸收塔配置有 4 台浆液循环泵。改造后新增加的二级吸收塔系统增设 3 台浆液循环泵。

吸收塔浆液循环泵设计选用的材料适于输送的介质，叶轮由防腐耐磨的合金钢材料制作，循环泵为整台全金属离心泵或壳体采用球墨铸铁加橡胶衬。循环泵吸入口配备滤网，滤网材料至少为 1.452 9，滤网固定板为 C22/C276 合金，或采用其他方式防止大颗粒杂质进入循环泵，滤网通流面积大于浆液循环泵入口管道截面积的 3 倍。

浆液泵的防振动要求。在泵轴承处测量得到的振动数值符合浆液泵的通用标准，而且不超过 4.5mm/s 均方根值。在轴承处测量的温度不超过 75℃，或温升不超过 55℃。上述要求对其他浆液泵同样适用。

无论泵何时停止运转，都能进行自动排空和用水冲洗。轴承上提供温度测量装置，并有报警和记录。

吸收塔循环泵根据未处理烟气中 SO_2 的浓度情况进行调整或停机，以便使脱硫过程经济化。

每套二级吸收塔系统配置 3 台循环泵，流量为（3×5000）m³/h。

在每台泵的吸入端装设自动关断阀。吸收塔浆液循环泵的选型见表 7-18。

表 7-18　　吸收塔浆液循环泵的选型

序号	项　目	内　容
	选型参数	
1	介质	15%浓度石膏浆液
2	介质温度	50℃
3	设计流量	$(3\times5000)m^3/h$
4	设计扬程	21/23/25m

③ 氧化风机。每台一级吸收塔改造 2 台罗茨式氧化风机为离心型氧化风机（一运一备），每台氧化风机的出力为每台炉 100%的风量。

每台氧化风机流量裕量为 10%，压头裕量为 20%。氧化风机选型见表 7-19。

表 7-19　　氧化风机的选型

序号	项 目	内 容
1	介质	空气
2	介质温度	常温
3	设计流量	$12\ 000m^3/h$（标准状态）
4	设计压头	85kPa

④ 石膏浆液排出泵。对原石膏浆液排出泵进行更换，采用离心泵，每个一级吸收塔设置 2 台（一运一备）。石膏浆液通过石膏排出泵送至石膏旋流器。

⑤ 石膏浆液旋流泵。石膏浆液旋流泵采用离心泵，每个二级吸收塔设置 2 台（一运一备）。

二级吸收塔浆液通过石膏浆液旋流泵送至二级塔石膏旋流器，经石膏旋流器回一级或二级吸收塔。

⑥ 脉冲悬浮泵。该次改造拆除原吸收塔 4 台侧进式搅拌器，设置 2 台流量为 $1650m^3/h$、扬程为 22m 的脉冲悬浮泵，一用一备配置；新建吸收塔也采用脉冲悬浮射流搅拌方式，设置 2 台流量为 $1060m^3/h$、扬程为 22m 的脉冲悬浮泵，一用一备配置。

（4）石灰石供浆系统。

1）工艺描述。石灰石浆液通过石灰石浆液泵输送到吸收塔，保留大回流供浆管路，从原回流管路增设至二级吸收塔供浆支管。二级吸收塔石灰石浆液支管设有流量测量和流量控制。供浆量是根据进口 SO_2 浓度、吸收塔进口烟气量、吸收塔出口 SO_2 浓度、吸收塔内浆液的 pH 值、石灰石浆液浓度在 DCS 中进行运算来控制的。两台炉共用一个石灰石浆液箱，箱内的石灰石浆液浓度控制在 20%～30%（Wt）之间。石灰石浆液箱容积为 $290m^3$。

2）设计原则。脱硫增容改造后，2 台机组脱硫系统满负荷运行时每小时消耗石灰石量为 19.3t，现有湿式钢球磨煤机制浆系统出力为 2 台机组脱硫装置 BMCR 工况下需求的 144%，基本满足改造后供浆需求。

制浆系统石灰石供浆密度含固量按 25%～30%计算，目前石灰石浆液箱有效容积约为 290m^3，改造后 2 台机组 BMCR 工况下每小时需浆液量 78m^3，现有石灰石浆液箱可满足 2 台脱硫装置 BMCR 工况 3.7h 用量，基本满足改造后供浆需求。

现两机组共设置 4 台流量为 70m^3/h 的石灰石供浆泵（两运两备），满足改造后系统需求，利旧使用，保留原有大回路供浆管道，增设一路石灰石供浆支管为新建吸收塔供浆。

3）设备选型。该次石灰石供浆系统改造的主要设备为石灰石浆液泵，以及系统内的管道、阀门及其所有附件。主要设备清单见表 7-20。

表 7-20　石灰石供浆系统主要设备清单

名称	规格及技术要求	单位	数量	备注
石灰石浆液供浆泵	离心式，LCF65/350I 型，Q＝70m^3/h，H＝46m；转速 1470r/min，效率 42%，轴功率 26.5kW，壳体材质：Cr30，叶轮材质：Cr30；配套电动机：Y225S-4，37kW，380V，转速 1470r/min	台	4	利旧

（5）石膏脱水系统。现有石膏脱水系统处理能力为 50t/h，改造后两台机组 BMCR 工况下石膏产量为 35t/h，石膏脱水系统的出力为两套脱硫设备 BMCR 工况下 143%，容量基本满足改造后系统需求，无需进行改造。

（6）工艺水系统。现有 9、10 号脱硫系统设一个工艺水箱，脱硫工艺水取自电厂循环冷却水。工艺水系统满足 FGD 装置正常运行和事故工况下脱硫工艺系统的用水。

工艺水系统为 2 台炉共用，工艺水泵的容量按 2 台炉 100%BMCR 工况的用水量（共 2 台，一运一备）设计。3 台工艺水泵改变频控制。

除雾器冲洗水箱水源取自工艺水系统。

优化工艺水系统设计，节约用水。设备、管道及箱罐的冲洗水回收至集地坑或浆池重复使用。设备清单见表 7-21。

表 7-21　工艺水系统主要设备清单

名称	规格及技术要求	单位	数量	备注
工艺水泵	离心式，IS125-100-250A 型；Q＝180m^3/h，H＝66m；壳体材质 HT250；叶轮材质：QT450；配套电动机：Y250M-2，电动机功率：55kW，380V	台	3	利旧，改变频控制

（7）排空系统。现有 9、10 号脱硫系统设有一个公用的事故浆液箱，吸收塔浆池检修需要排空时，吸收塔的石膏浆液输送至事故浆液箱，可以作为下次 FGD 启动时的晶种。

FGD 装置的浆液管道和浆液泵等，在停运时需要进行冲洗，其冲洗水就近收集在吸收塔区或石膏脱水制备区设置的集水坑内，在工艺过程中进行回收利用。

新建吸收塔区域设置一个废水池，并设置搅拌器及两台废水泵。

（8）压缩空气系统。压缩空气系统包括杂用气和仪用气。原脱硫系统的压缩空气系统可以满足改造后的要求，该次扩容改造不对压缩空气系统改造，只是增加部分阀门及管道，压缩空气管就近接入原有脱硫管道系统。

3. 除尘改造设计方案

（1）电除尘器改造的必要性。

1）系统现状及影响因素。

① 锅炉系统排烟温度。黄台电厂9号炉电除尘器入口烟气温度设计值为131℃；夏季排烟温度稍高，最高达到140℃；冬季排烟温度偏低，最高达到120℃。

2013年11月对9号炉电除尘器摸底试验，机组高负荷350MW工况下测试除尘器入口最高烟气温度为135℃，最低烟气温度为126℃，平均烟气温度131℃；机组低负荷250MW工况下，入口最高烟气温度为125℃，最低烟气温度为119℃，平均烟气温度122℃。

② 目前电除尘器效率低，出口烟尘排放浓度超标。2013年11月对黄台电厂9号机组电除尘器性能摸底试验，在高、低负荷下的主要性能指标试验结果见表7-22和表7-23。

表7-22　　9号机组电除尘器高负荷下主要试验结果（350MW）

电除尘器	电除尘器入口烟气量（工况）	电场风速	除尘效率	出口烟尘浓度（标准状态、干况、6%氧）
甲除尘器	$90.27\times10^4m^3/h$	0.94m/s	99.51%	$105.72mg/m^3$
乙除尘器	$93.77\times10^4m^3/h$	0.98m/s	99.45%	$112.02mg/m^3$
9号炉除尘器	$184.05\times10^4m^3/h$	0.96m/s	99.48%	$108.87mg/m^3$

表7-23　　9号机组电除尘器低负荷下主要试验结果（250MW）

电除尘器	电除尘器入口烟气量（工况）	电场风速	除尘效率	出口烟尘浓度（标准状态、干况、6%氧）
甲除尘器	$69.72\times10^4m^3/h$	0.73m/s	99.62%	$81.50mg/m^3$
乙除尘器	$71.04\times10^4m^3/h$	0.74m/s	99.63%	$79.57mg/m^3$
9号炉除尘器	$140.76\times10^4m^3/h$	0.74m/s	99.63%	$80.53mg/m^3$

试验结果表明，实际除尘效率低于设计保证值。试验工况下，甲台除尘器测试平均除尘效率为99.51%，乙台除尘器测试平均除尘效率为99.48%，均低于设计效率保证值99.89%。

电除尘器出口烟尘排放超标。试验工况高负荷下，在除尘器各电场最大功率下运行，实测甲台电尘器出口排放浓度为$105.72mg/m^3$，乙台电除尘器出口排放浓度为$112.02mg/m^3$，平均烟尘排放浓度为$108.87mg/m^3$；除尘器出口排放浓度大于设计值$50mg/m^3$，脱硫出口烟尘排放浓度为$65.76\ mg/m^3$，不能满足新实施的国家环保标准要求。

③ 试验测试结果计算出高负荷下2台除尘器入口工况烟气量分别为$90.27\times10^4m^3/h$、$93.77\times10^4m^3/h$，2台除尘器入口总烟气量为$184.05\times10^4m^3/h$，小于最大设计值（$193.39\times10^4m^3/h$）。

2）电除尘器存在的主要问题。电除尘器原设计选型偏小。电除尘器设计效率为99.80%，根据原设计入口烟尘浓度（30.8g/m^3）计算，原除尘器设计烟尘排放为60mg/m^3。

依据2013年11月对9号炉电除尘器性能摸底试验结果，机组在350MW负荷下，除尘器入口含尘浓度为21.47g/m^3；9号机组除尘器实测除尘效率为99.48%，除尘器出口平均烟尘排放为108.87mg/m^3。目前电除尘器实际测试比集尘面积为103m^2/(m^3·s)，相对于新的环保标准，电除尘器选型明显偏小，要达到目前实行的烟尘排放标准，需要再增加一个电场，目前场地条件是不可能实现的。

（2）电除尘器能力有限。2013年11月对9号炉电除尘器性能摸底试验得到，目前电除尘器设备运行正常，摸底试验工况已经将电场调整为最大火花供电模式，全部电场最大功率运行，各个电场运行参数均在较高范围，二次电压达到45～65kV，平均值已接近50kV；二次电流也高达400～800mA，平均值达到600mA；电除尘器整体运行处于较高水平。但是实际烟尘排放仍然达到108.87mg/m^3，说明目前电除尘器的除尘能力有限。

根据黄台电厂9号机组运行和场地现状，需要在脱硫后设置立式湿式电除尘器，才能够保证除尘器出口烟尘排放浓度小于或等于5mg/m^3。

（3）性能保证。通过湿式除尘器系统改造后实现：①湿式除尘装置入口粉尘浓度不大于30mg/m^3时，出口粉尘浓度小于5mg/m^3；②湿式电除尘装置系统阻力小于或等于400Pa。

湿式除尘器布置在9号机组新加二级脱硫吸收塔下游，采用立式钢框架结构，位于脱硫综合楼之上。具体设计参数见表7-24。

表7-24　湿式除尘器具体设计参数

序号	项目	单位	数值	备注
1	除尘器型号		TPRI-165	
2	除尘器布置型式		立式	
3	除尘器进出风口布置		上部进气/下部出气	
4	效　率	%	83.3	入口浓度小于30mg/m^3
5	出口粉尘浓度	mg/m^3	≤5	
6	本体阻力	Pa	<400	
7	处理烟气量	m^3/h	1 470 000	
8	烟气温度	℃	50	
9	系统阻力	Pa	<450	
10	烟气流通截面积	m^2	165.44	
11	集尘面积	m^2	10 937	
12	比集尘面积	m^2/ m^3/s	26.8	
13	设备寿命	年	15	
14	阳极规格			

续表

序号	项目	单位	数值	备注
15	阳极长度	mm	6000	
16	阳极材质		XR-13A	
17	极板原材料产地		上海	
18	阳极数量	根	1504	
19	阳极安装方式		垂直安装	
20	阳极清灰方式		间断水冲洗	
21	同极间距	mm	350	
22	电场数量		4	
23	壳体设计压力	Pa	2000	
24	阴极线	根	1504	
25	阴极线长度	mm	8400	
26	阴极线材质		合金钢	
27	阴极清灰方式		间断清洗	
28	阴极线型式		柔性多刺螺旋线	
29	极线安装方式		自由悬挂	
30	冲洗喷嘴规格		TPRI-60/3	
31	冲洗喷嘴规格数量	个	足量	
32	冲洗喷嘴材质		XR-13F	
33	烟气流速	m/s	2.46	
34	烟气停留时间	s	2.43	
35	收集液水量	m^3/h	3～5	
36	电源型号	A/kV	1.2/72	
37	电场变压器数量	台	4	
38	规格型号		HLD-72kV/1200mA	

（4）技术方案。

1）除尘器外壳。采用同济大学空间钢结构系统 CAD 软件 3D3S，采用空间框架模型，依据下列规范设计。

DL 5022—2012《火力发电厂土建结构设计技术规定》

GB 50017—2003《钢结构设计规范》

GB 50009—2012《建筑结构荷载规范》

GB 50260—2013《电力设施抗震设计规范》

GB 50007—2011《建筑地基基础设计规范》

JGJ 181—2002《建筑钢结构焊接规程》

JGJ 82—1991《钢结构高强度螺栓连接的设计、施工及验收规程》

2）气流均布。湿式电除尘器采用顶部进气、下部侧出气方式。烟气自上而下，经过电场净化后，烟气从除尘器下部出口进入如烟囱烟道。采用计算机模拟以及物理模型对烟气流场分布进行系统优化设计，保证除尘器进口断面烟气流场分布均匀，减少设备阻力。

通过模拟后的气流分布设计气流均布装置，不同区域开孔率不同。均流板采用PVC材质板材，根据不同的开孔率在板上打孔，孔径为ϕ100。

3）收尘极。收尘极的结构形式直接影响湿式电除尘器的效率和结构。因此对收尘极要求是有良好的导电性；变形小，有足够的刚度；形状简单，平面度好，易制造。因此西安热工研究院开发了XR-13A型材料作为收尘器。这种材料质量轻、强度高，具有良好的导电性和极强耐腐蚀性，避免了采用金属收尘极，运行中需连续喷入大量碱性水和繁琐的水处理系统，降低了运行维护费和投资。同时使湿式除尘器布置灵活，运行维护费用大大降低。

图7-7 湿式电除尘器收尘极

收尘极依照结构布置与阴极系统相对应分为四个区（见图7-7），每个区域376只管束，4个区域共1504只管束，收尘极采用六边形管束组合布置，管束公称直径为350mm，按照蜂窝状组合（见图7-8）。每个分区管束组合上下端各有一个接地装置，这种结构紧凑、占地面积少，完全适合黄台电厂湿式除尘器用地紧张的情况。

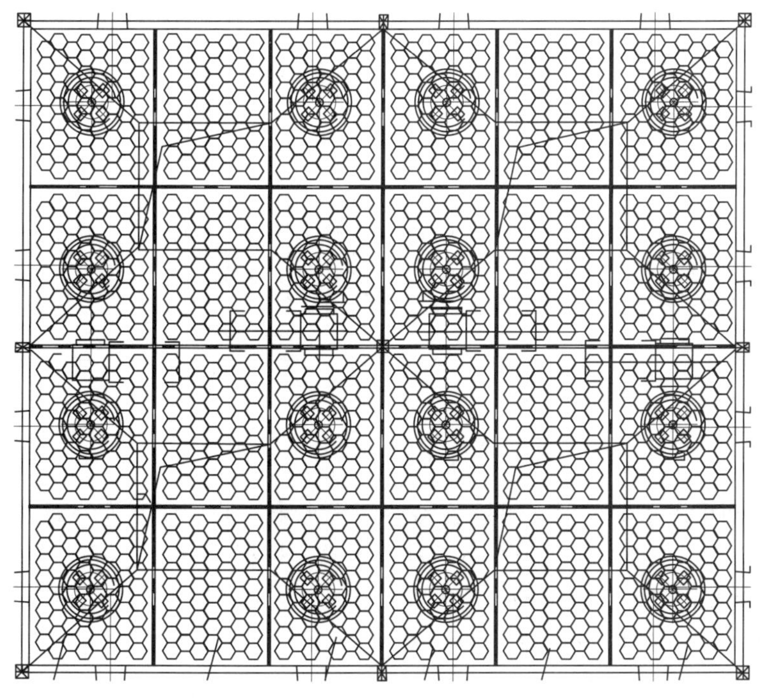

图7-8 湿式电除尘器收尘极分区

4）放电极。放电极又称阴极，作用是与收尘极一起构成电场，产生电晕，形成电晕的主要构件，包括极线、顶部绝缘箱、阴极悬吊系统、下部的阴极限位系统及固定器。

湿式除尘器对阴极线的要求是：①放电性能好，起晕电压低；②机械强度高，不易断线，变形；③耐腐蚀。西安热工研究院开发了一次成型芒刺线，材料使用特种合金钢，具有耐腐蚀性和一定的强度。该线对于蜂窝形阳极管束是极好的极配形式，其上端固定在阴极线悬吊梁上，下端吊以重锤固定在阴极限位系统上。

顶部绝缘箱安装在顶部平台之上，是变压器与放电极电路联通的中转箱，起到放电极与壳体绝缘的作用，又是承载整个阴极系统的承力件。考虑到湿式电除尘器的特性，西安热工研究院开发了耐腐蚀的绝缘箱体，绝缘支撑件使用4只瓷柱承载，满足承载放电极的重量要求，又避免了可能有湿烟气进入使放电极短路的可能。

阴极悬吊系统采用整体悬挂式结构，依据阳极的布置分为4个小分区，每个分区通过4点将放电极悬挂在除尘器外壳上。内部分为主次梁结构，阴极悬吊在主梁上，主梁下并列若干阴极线悬吊梁，阴极线固定在阴极线悬吊梁上。

由于阴极线自身的物理特性，在每根阴极线下安装了一只重锤保证其垂直度。每个室下部设有固定装置，防止放电线在运行中摆动，影响运行电压波动（见图7-9）。

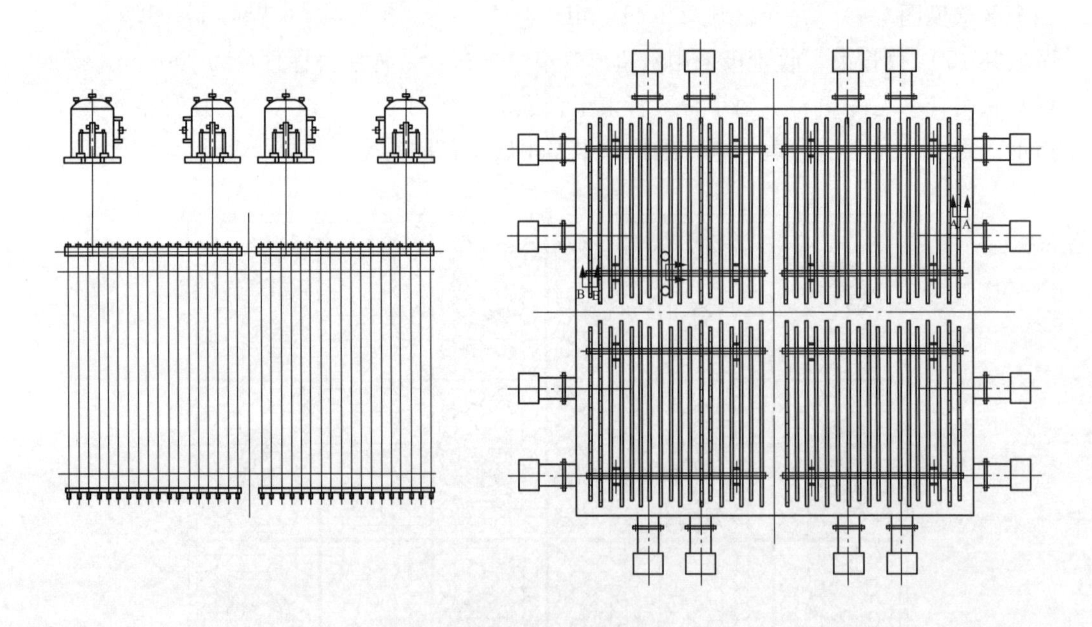

图7-9　湿式电除尘器放电极结构

5）清洗和排污系统。湿式电除尘器的清洗水采用脱硫工艺水，给水系统从脱硫事故喷淋水总管路上取，不需要配备单独给水泵。根据设备运行情况，采用定期间断喷水冲洗收尘集和阴极放电线的运行方式；按照最频繁每天冲洗一次设计考虑，实际运行可根据锅炉负荷优化清洗周期，冲洗水压力为0.3MPa，每次总冲洗时间为20min，单台炉总清洗耗水量$10m^3$/次（设计4个电场区单独控制，每个电场区冲洗时间为 3～5min，水清洗系统与供电装置分区相对应，采用自动控制，各电场区交错完成）。

湿式电除尘器满负荷正常运行时收集烟气中水雾滴和冷凝水总量约 1～3m^3/h，锅炉负荷降低则收集水量减少，该部分收集水量为连续外排水量；设备冲洗过程中，短时间内冲洗水量会增加 10m^3，该部分水量为间断瞬时水量，短时间内对脱硫系统总水平衡影响不大。水量汇总后通过除尘器灰斗下部的排水管路排出，灰斗底部设置 2 个排水管口（DN200），能够满足正常运行和喷水冲洗时排水要求。排水管汇总后排放到脱硫浆液地坑中，通过浆液循环泵打回到脱硫浆液循环系统中。

6）热风加热系统。为保证湿式电除尘器正常稳定投运，设计了热风系统。湿式电除尘器顶部设置 16 个绝缘保箱，下部设置 16 个阴极系统固定器，通过高压风机和电加热炉将净化空气加热后送到顶部绝缘箱和底部固定器内，连续高压热风起到封闭作用，实现绝缘子与饱和湿烟气有效隔离，防止绝缘子处受潮爬电。

热风系统共配备两台高压风机，一运一备，两台风机并联与热风总管（DN450）连接，一台与换热器相连接；空气经过蒸汽换热器后，由管道 DN400 和管道 DN250 分别将热风送到顶部绝缘箱和底部固定器系统。顶部绝缘箱共 16 个，每个绝缘箱单独从上部主管道（DN250）上引入热风，从绝缘箱上部管道（DN80）和下部管道（DN50）同时将热风送入绝缘箱内。每个管道上都配有阀门，可以实现单独隔离检修更换。下部固定器共 16 个，同样从主管道（DN250）上分别引入到固定器内，每个固定器上分两路（DN80 和 DN50）同时引入固定器中。每个管道上均配有阀门，可以实现单独隔离检修。热风系统风机、蒸汽换热器和配套管路根据现场场地情况灵活布置。绝缘箱和固定器都配有一组压力变送器和温度变送器，根据绝缘子室的温度和压力值，调整控制热风温度和风机流量。

7）楼梯平台设置。平台共分 4 层，标高 17.33m。层设有人孔门、窥视孔、阴极固定器等装置，标高 20.83m。平台设有人孔门、窥视孔等装置，上部冲洗口装置平台设在标高 24.32m，顶部平台放置阴极绝缘箱、变压器等。平台设置一圈栏杆满足安全检修需要。

8）防腐蚀设计说明。

湿式电除尘器各部件均考虑防腐要求。收尘极采用耐腐蚀导电材料，耐腐蚀性能好，使用寿命大于 15 年；放电极：线采用特种合金钢；阴极悬吊系统主梁及吊线管采用方管及钢管外部进行防腐，下部重锤限位系统采用非金属材料进行限位；除尘器内部冲水管采耐腐蚀材料；除尘器壳体、内部钢结构、烟道等内表面采用玻璃钢鳞片防腐，防腐要求等级与脱硫系统相同。

9）电气设计方案。湿式电除尘器的总电气负荷小于 279.6kW（电气负荷参数见表 7-25），新建脱硫系统负荷余量可以满足。该工程电源接口从 9、10 号炉 400 段电源柜上取，引到除尘配电内，湿式电除尘器控制系统配套 1 台配电柜（2200mm×800mm×800mm）、4 台高压控制柜（2200mm×800mm×800mm）和 1 台低压控制柜（2200mm×800mm×800mm）。

表 7-25　　湿式电除尘器电气负荷参数

序号	用电设备	台数	单位	额定负荷（kV·A）	运行电耗（kW）
1	高压电源 1（72kV/1.2A）	1	套	104	62.4
2	高压电源 2（72kV/1.2A）	1	套	104	62.4
3	高压电源 3（72kV/1.2A）	1	套	104	62.4
4	高压电源 4（72kV/1.2A）	1	套	104	62.4
5	热风风机	2	套	61	22
6	照明灯（500W/个）	35	台	17.5	8
7	功率合计			494.5	279.6

高压电源采用恒流（L-C）控制方式，电源规格为 72kV/1.2A。在两端口网络中，在电感 $L_1=L_2=L$，且与电容 C 的关系满足于串联谐振，即 $W^2LC=1$（W 为电网电压角频率）的条件下，则负载上的电流与负载阻抗无关，仅取决于电网电压和网络参数。亦即二者不变时，其端口输出电流恒定。因此应用于电除尘工况变化时，负载阻抗相应变化而电流恒定不变，输出电压自动升高，弥补了粉尘层的压降，保持了电场强度不变、收尘效率不受影响的结果。

恒流电源能有效地抑制电场放电，避免电场闪络拉弧，实现自动控制、监控功能。高压控制设备工作这种方式下，通过采样输出电流并反馈，柜内可控装置调整运放使其改变导通状态，达到回路电压和电阻之比恒定不变或在设定区域内不变，从而实现了电流恒定控制，能有效地抑制电场放电，避免电场闪络拉弧，提高了收尘效果又节约了能源。

低压控制采用 PLC 控制方式，分别对加热系统、清洗系统、进出口压力、浓度实行自动控制与监测。

根据压力变送器反馈压力值和温度变送器采集的温度信号，通过对加热风机的启停、调节阀开度调节，实现母管压力和温度稳定在设定值范围内，从而达到热风温度和流量依据绝缘子室的温度和压力自动控制。

通过对阴极绝缘子箱、阴极固定器内的温度和压力监测、显示，实现恒温恒压控制，且能够发出低温、低压报警。

根据设备运行情况，采用定时控制喷水冲洗收尘集和阴极放电线运行方式，调整时间间隔。

除尘器进出口压力温度监测和显示。

除尘器进出口新装浓度监测仪进行粉尘浓度监测。

10）热控设计方案。

a. 加热控制系统。加热控制系统分为调压控制系统和调温控制系统。调压控制系统根据压力变送器反馈压力值控制调节阀开度调节流量，使设备母管压力工作在设定范围内；调温控制系统根据温度变送器采集温度信号变化，通过改变换热器入口调节阀开度，使得母管温度工作在设定范围内，从而达到热风温度和流量依据绝缘子室的温度和压力自动控制。

b. 清洗控制系统。根据设备运行情况，采用定时控制喷水冲洗收尘集和阴极放电线运行方式，使得冲洗水压力保持在 0.3MPa 附近，每次冲洗时间为 5min，每天冲洗一次。喷水清洗系统与供电装置分区相对应，实现自动控制。

c. 通信系统。本工程采用上位机+下位机（PLC 控制系统）相结合的方式进行控制，上位机系统包括操作员站工控机及相应的上位机组态软件，下位机系统包括低压柜 PLC 控制系统和高压控制柜智能控制系统。上、下位机之间采用通信电缆按照标准 TCP/IP 网络通信协议/EIA、RS-232-C/EIA、RS-485 等数据通信协议进行通信。

4. 引风机改造设计方案

2011 年引风机试验结论如下：引风机的实测流量值与 BMCR 点设计参数相比，A 侧偏大 3.3%，B 侧偏大 4.0%；实测压力值与 BMCR 点设计压力相比，A 侧偏低 1.8%，B 侧偏低 8.1%。实测值与 TB 点对应值相比较，风量裕量为 5.9%，风压裕量为 28.5%，风压裕量偏高。引风机基本达到其保证的性能参数；引风机实际运行效率不高，特别是在低负荷工况下引风机运行效率低于 60%，具有一定的节能空间。目前引风机可以满足机组各个工况运行要求，引风机运行点远离失速线，风机运行在其安全工作区域。

5. 电气改造方案

（1）供配电系统。

1）6kV 配电系统。新增 9 号脱硫 6kV 负荷吸收塔浆液循环泵 F、G，电源分别接自现 9 号脱硫 6kV 电源开关柜，新增 9 号脱硫电源开关柜之间用母排与原 6kV 段连接；新增 9 号脱硫 6kV 负荷吸收塔浆液循环泵 E，电源分别接自 9 号机组工作脱硫 6kV 段相应位置。

经负荷计算，原 9 号机组高压厂用电负荷约为 39047kV·A。

2）380V 配电系统。9 号机脱硫原 380/220V 电气系统接线方式保持不变，改造后的低压电负荷由对应机组脱硫配电装置供电，保持单元机组供电原则。在原脱硫低压 PC 段分别引出 1 路电源至脱硫除尘器平台 6.5m 层 MCC 配电室，在新配电室增设 3 面低压柜及改造原配电柜的部分设备配电抽屉以配合增容改造后的设备参数。

原脱硫低压负荷约为 1383kV·A。根据该次改造方案，单台机组新增加低压负荷约为 525kV·A。

经计算，原低压变压器容量（2500kV·A）可满足改造后需求，将新增加的脱硫低压负荷接至原脱硫低压配电系统。

3）事故保安系统。该次改造不新增事故保安系统，有需要接入相应保安系统备用回路。

4）直流系统。该次改造不新增直流系统，有需要接入相应脱硫直流系统。

5）交流不停电电源系统。该次改造不新增 UPS 电源，有需要接入相应脱硫 UPS 系统。

6）供电电压及接地方式。供电电压等级为 6kV 及 380/220V，直流系统采用 220V 电压等级。接地方式与原接地方式一致，即 6kV 系统采用中性点经低电阻接地方式，

380/220V 系统采用中性点直接接地方式。

(2) 电气二次接线、继电保护及自动装置。

1) 控制方式。脱硫岛电气系统纳入脱硫岛 DCS 控制，不设常规控制屏。纳入脱硫岛监控的电气设备包括脱硫岛 6kV 开关、380V PC 进线及分段开关、MCC 馈线开关。电气系统与脱硫岛 DCS 采用硬接线。高压开关设备、低压 PC 段框架开关设备供电采用直流 220V。其余采用交流 220V 供电。

2) 信号与测量。脱硫岛控制室不设常规音响及光字牌，所有开关状态信号、电气事故信号及预告信号均送入脱硫岛 DCS。脱硫岛控制室不设常规测量表计，所有规程规定需要在 DCS 上显示的电气连续量信号（电流、电压、功率等），在开关柜中采用变送器将其变成 4～20mA 信号输出送入脱硫岛 DCS，或由智能测控模块将其变为数字信号通过通信接口以总线方式送至脱硫岛 DCS。测量点按《电测量及电能计量装置设计技术规程》配置。脱硫岛就地或远方（根据规程规定）至少有如下电气信号及测量（不限于此）：6kV 高压厂用电源电流、有功功率、电压；6kV 高压电动机及 380V 及 380V 以上低压电动机单相电流；6kV 开关合闸、跳闸状态、保护动作、保护装置故障、控制电源异常、小车位置信号；380V 低压 PC 进线及分段开关所有开关合闸、跳闸状态、控制电源消失；所有电动机的合闸、跳闸状态、控制电源消失；脱硫岛低压变压器进线以及 6kV 高压电动机装设脉冲式有功电能表；其脉冲输出送入脱硫 DCS，实现脱硫岛重要设备自动计量。

脱硫6kV 系统设备电能量需接入远方自动抄表系统，对不满足条件的脱硫 6kV 设备进行更换，电能表选用 1.0 级。送入脱硫 DCS 的电气量实现从智能电能表上自动采集数据，定期打印制表，实时调阅、显示电气接线、事故自动记录及故障追忆等功能。

3) 同期。脱硫电气系统不设同期。

4) 继电保护。脱硫 6kV 系统采用微机式综合保护装置，安装于 6kV 开关柜仪表室；380V 厂用系统及电动机由电动机智能控制器实现保护（脱扣器有完善的保护，具有接地保护功能），脱硫系统微机综合保护装置设备厂家及型号与主系统配置相同。

继电保护配置按《火力发电厂厂用电设计技术规定》配置，基本配置见表 7-26。

表 7-26　继电保护基本配置

6kV 进线、馈线回路	电流速断保护、过流及过负荷、接地保护、电缆差动保护
6kV 电动机	差动保护（2MW 及以上）或电流速断保护，过电流、过负荷、单相接地保护，低电压、断相保护
低压电动机	相间短路保护、单相接地短路保护、过负荷保护、低电压保护、断相保护

6. 控制系统改造方案

(1) 控制方式。原有脱硫控制系统采用集中控制方式，运行人员在灰网控制室内对 9、10 号脱硫系统进行监控。原 9、10 号脱硫 FGD DCS 系统采用 1 套 DCS，选型为 AB

PLC控制系统，采用控制机柜集中布置。

该次对9号机组进行脱硫增容改造，改造后的机组脱硫装置的控制仍采用集中控制方式，利用原有操作员站完成脱硫的监视和控制。该次改造需将脱硫、干灰、电除尘操作员站，移至脱硫新建控制室内，盘台重新制作。工业电视监控系统操作站及所有监视显示器也一并移位。9号机组新增过程控制机柜布置在脱硫新建电子设备间内。

（2）自动化水平。原有控制系统采用以微处理器为基础的分散控制系统（FGD DCS）完成脱硫系统的控制，采用1套FGD DCS。FGD DCS完成功能包括：数据采集和处理系统（DAS）、模拟量控制系统（MCS）、顺序控制系统（SCS）、连锁保护功能及电气控制系统（ECS），顺序控制做到驱动级。FGD DCS配置必要的通信接口，用于与SIS进行信息传输，FGD DCS配置与全厂时钟系统（GPS）的接口。

该次增容改造利用原有FGD DCS的构架和人机交互界面设备，对原有FGD DCS进行扩容和补充，并保留原有控制系统的完整功能。

改造后的机组脱硫装置的控制依然采用1套DCS实现，控制系统具有较高的可靠性、可维护性与扩展性、具有较高的自动化水平。

改造后的脱硫系统的正常运行是以LCD、键盘和鼠标为监控手段，在脱硫新建控制室内实现：

1）在机组正常运行工况下，对脱硫装置的运行参数和设备的运行状况进行有效的监视和控制，并能够根据锅炉运行工况自动维持SO_x等污染物的排放浓度在正常范围内，以满足环保要求；同时节约石灰石、工艺水的消耗。

2）机组出现异常或脱硫工艺系统出现非正常工况时，能按预定的顺序进行处理，使脱硫系统与相应的事故状态相适应。

3）出现危及单元机组运行以及脱硫工艺系统运行的工况时，能自动进行系统的连锁保护，停止相应的设备甚至整套脱硫装置的运行。

4）无需现场人员的操作配合，完成整套脱硫系统的启动与停止控制。

脱硫控制室不设常规的控制表盘。

7. 结构部分改造方案

（1）主要建（构）筑物。工程新增主要建（构）筑物：2座吸收塔基础，2座综合楼（顶部放除尘器），3个钢烟道支架。

（2）建（构）筑结构的结构型式。吸收塔基础：桩基筏板；综合楼：钢筋混凝土框架；烟道支架：钢支架。

吸收塔基础采用桩基筏板基础，根据电厂原有工程资料，初选基桩直径为800mm，桩端进入全风化辉长岩不小于2m，总桩长25m左右，其承载力特征值大于330t。

2座综合楼顶部放置除尘器，上部结构为钢筋混凝土框架，基础采用桩基础，为施工方便，亦采用直径为800mm的桩基。

新建钢烟道支架与现有综合管架有交集，结合实际情况，二者共纵向轴线（顺道路方向），建成后二者联为一体。烟道支架为钢结构支架，采用柱下独立基础，地基持力层为处理后的杂填土。部分利旧原综合管架基础。

（三）改造布置图

平面布置图见图 7-10 和图 7-11。

图 7-10 平面布置（一）

图 7-11 平面布置（二）

四、改造效果

设计 SO_2 排放浓度小于 32mg/m³。西安西热锅炉环保工程有限公司采用双塔双循环技术脱硫、湿式电除尘技术控制排放，经过性能测试，SO_2 脱除率为 99.43%，修正前排放为 11mg/m³，修正后为 28mg/m³，粉尘浓度约 2.6mg/m³，均优于设计值。9 号炉于 2014 年 9 月 8 日投运，目前设备运行正常。脱硫排放指标优异。能耗、水耗、石灰石耗量均小于设计保证值，也小于改造前的耗量。

通过增容改造，9号炉每年可减排 SO_2 30 912t（含硫 S_{ar} 为2.0%，入口 SO_2 浓度为4834mg/m^3，机组年利用5500h），相对于原设计煤种多减排 SO_2 约4860t。改造后，黄台电厂9号炉每年 SO_2 排污总量约为207t（机组年利用5500h）。经过超低排放改造后，脱硫增加成本约4.65元/(MW·h)（机组年利用5500h）。

参 考 文 献

[1] 孙亦騄. 煤中矿物杂质对锅炉的危害[M]. 北京：水利电力出版社，1993.

[2] 张永照，牛长山. 环境保护与综合利用[M]. 北京：机械工业出版社，1982.

[3] 车德福，庄正宁，李军，等. 锅炉[M]. 2版. 西安：西安交通大学出版社，2008：51-68.

[4] 吴忠标. 实用环境工程手册 大气污染控制工程[M]. 北京：化学工业出版社，2001：2-10.

[5] 刘桂建，郑刘根，高连芬. 煤中某些有害微量元素与人体健康[J]. 中国非金属矿工业导刊，2004(5)：78-80.

[6] 张殿印，王纯，朱晓华，等. 除尘器手册[M]. 北京：化学工业出版社，2014：68-184.

[7] 陈隆枢，陶晖. 袋式除尘技术手册[M]. 北京：机械工业出版社，2010：272-394.

[8] 郭东明. 脱硫工程技术与设备[M]. 2版. 北京：化学工业出版社，2015：5-91.

[9] 西安热工研究院. 火电厂SCR烟气脱硝技术[M]. 北京：中国电力出版社，2013：5-13.

[10] 张智慧，曾汉才. 对燃煤重金属研究的文献综述[J]. 锅炉压力容器安全技术，1997(5)：15-18.

[11] 国务院. 国务院关于印发大气污染防治行动计划的通知[EB/OL]. [2013-09-10]. http://www.gov.cn/zwgk/2013-09/12/content_2486773.htm.

[12] 国家能源局. 2014年煤电机组环保改造示范项目名单确定[EB/OL]. [2014-07-08]. http://www.nea.gov.cn/2014-07/08/c_133469028.htm.

[13] 国家能源局. 煤电节能减排升级与改造行动计划(2014—2020年)[R]. 北京：国家能源局，2014：1-19.

[14] 姬海民，李红智，姚明宇，聂剑平. 低NO_x燃气燃烧器结构设计及性能试验[J]. 热力发电，2015，(02)：115-118.

[15] 欧俭平，吴青娇，赵迪，等. 高效低污染燃气燃烧器特性的数值模拟[J]. 金属热处理，2009，34(4)：105-109.

[16] 姬海民，李红智，赵治平，孟鹏飞，姚明宇，聂剑平. 新型低NO_x燃气燃烧器数值模拟及改造[J]. 热力发电，2015，(12)：107-112.

[17] 惠世恩，庄正宁，周屈兰，谭厚章. 煤的清洁利用与污染防治[M]. 北京：机械工业出版社，2009.

[18] 毛建雄，毛健全，赵树民. 煤的清洁燃烧[M]. 北京：科学出版社，1998.

[19] 姚强，陈超. 洁净煤技术[M]. 北京：化学工业出版社，2005.

[20] 张强，许世森，王志强. 选择性催化还原烟气脱硝技术进展及工程应用[J]. 热力发电，2004，(04)：1-6.

[21] 黄霞. 刘辉，吴少华. 选择性非催化还原(SNCR)技术及其应用前景[J]. 电站系统工程，2008，24(1)：12-14.

[22] 张强. 燃煤电站SCR烟气脱硝技术及工程应用[M]. 北京：化学工业出版社，2007.

[23] 中国大唐集团科技工程有限公司. 燃煤电站SCR烟气脱硝工程技术[M]. 北京：中国电力出版社，2009.

[24] M. Tayyeb Javed，N. Irfan，B. M. Gibbs. Control of combustion-generated nitrogen oxides by

selective non-catalytic reduction[J]. Journal of Environmental Management. 2007. 83. (3). 251-289.

[25] R. Rota, E. F. Zanoelo. Influence of oxygenated additives on the NOxOUT process efficiency [J]. Fuel. 2003. 82. (7). 765-770.

[26] G. W. Lee, B. H. Shon, J. H. Jung, W. J. Choi, K. J. Oh. Effect of mixing on NO removal in the selective noncatalytic reduction reaction process[J]. Journal of Material Cycles and Waste Management. 2010. 12. (3). 204-211.

[27] 郝吉明，等. 燃煤二氧化硫污染控制技术手册[M]. 北京：化学工业出版社，2001.

[28] 周至祥，段建中，薛建明. 火电厂湿法烟气脱硫技术手册[M]. 北京：中国电力出版社，2006.

[29] 赵健植，金保升，仲兆平，等. 湿法烟气脱硫喷淋塔的实验与反应模型研究[J]. 热能动力工程，2007，22(4)：457-462.

[30] 郭瑞堂，高翔，王惠挺，等. 石灰石活性对 SO_2 吸收的影响[J]. 燃烧科学与技术，2009，15 (2)：141-145.

[31] 钟毅，高翔，骆仲泱，等. 湿法烟气脱硫系统脱硫效率的影响因素[J]. 浙江大学学报(工学版)，2008，42(5)：890-894.

[32] 张力，钟毅，施平平. 湿法烟气脱硫系统喷淋塔喷嘴特性与布置研究[J]. 湖南电力，2007，27(5)：9-13.

[33] 李兆东，鄢璐，王小明，等. 湿法烟气脱硫喷淋塔不同喷嘴布置雾化性能比较试验[J]. 热能动力工程，2008，23(3)：303-305.

[34] 林朝扶，兰建辉，梁国柱，等. 串联吸收塔脱硫技术在燃超高硫煤火电厂的应用[J]. 广西电力，2013，36(5)：11-15.

[35] 郝吉明，段雷，易红宏，李兴华，胡京南. 燃烧源可吸入颗粒物的物理化学特征[M]. 北京：科学出版社，2008.

[36] 徐明厚，于敦喜，刘小伟. 燃煤可吸入颗粒物的形成与排放[M]. 北京：科学出版社，2009.

[37] 聂孝峰，李东阳，刘源，张超，李强. 电袋复合除尘器气流分布数值模拟优化试验研究[J]. 热力发电. 2010，07.

[38] 聂孝峰，李强，李东阳，等. 燃煤电厂湿式电除尘(雾)技术研发与应用[J]. 电力科技与环保，2015，31(4)：28-30.

[39] 刘练波，许世森. 静电布袋复合除尘器的试验研究[J]. 动力工程，2007，27(1)：103-106.

[40] 杨林军. 燃烧源细颗粒物污染控制技术[M]. 北京：化学工业出版社，2011.

[41] 陈志炜，姚群，陈隆枢. 火电厂锅炉烟气电除尘与袋式除尘技术经济比较[J]. 电力环境保护，2007，23(4).

[42] 祁君田，党小庆，张滨渭. 现代烟气除尘技术[M]. 北京：化学工业出版社，2008.

[43] 肖宝恒. 袋式除尘器的发展及其在燃煤电厂的应用前景[J]. 电力环境保护，2001，17(3).

[44] 姚群，陈隆枢，韦鸣瑞，等. 大型火电厂锅炉烟气袋式除尘技术与应用[J]. 安全与环境学报，2005，8(5).

[45] 马广大. 大气污染控制工程[M]. 北京：中国环境科学出版社，2002.

[46] 刘后启，林宏. 电收尘器[M]. 北京：中国建筑工业出版社，1987.

[47] 唐国山. 工业电除尘器应用技术[M]. 北京：化学工业出版社，2006.

[48] 薛建明，纵宁生. 湿法电除尘器的特性及其发展方向[J]. 电力环境保护，1997.9 (3) 40-44.

[49] G. R. Markowski, D. S. Ensor, R. G. Hooper, et al. A submicron aerosol mode in flue gas from a pulverized coal utility boiler[J]. Environmental Science & Technology, 1980, 14(11): 1400-1402.

[50] C. T. Crowe, J. D. Schwarzkopf, M. Sommerfeld, et al. Multiphase flows with droplets and particles[M]. CRC press, 2011.

[51] M. W. McElroy, R. C. Carr, D. S. Ensor, et al. Size distribution of fine particles from coal combustion[J]. Science, 1982, 215(4528): 13-19.

[52] S. I. Ylatalo, J. Hautanen. Electrostatic precipitator penetration function for pulverized coal combustion[J]. Aerosol science and technology, 1998, 29(1): 17-30.

[53] 冯新斌，仇广乐，付学吾. 环境汞污染[J]. 化学进展，2009，21(2-3)：436-457.

[54] 王英. 汞公约与中国汞污染防治[J]，中国改革，2013，10(86)：83-84.

[55] H. Kobayashi, N. Takezawa, T. Niki. Removal of nitrogen oxides with aqueous solutions of inorganic and organic reagents[J]. Environmental Science and Technology, 1977, 11(2): 190-192.

[56] R. Hackam, H. Akiyama. Air Pollution Control by Electrical Discharges[J]. IEEE Transactions on Dielectrics and Electrical Insulation, 2000, 7(5): 654-683.

[57] 时钧，袁权，高从堦. 膜技术手册. 北京：化学工业出版社，2000.

[58] 刘静静. 高温陶瓷过滤除尘器的实验与数值模拟研究[D]. 北京：华北电力大学，2014.